煤炭高等教育“十四五”规划教材

# 非常规天然气开发

主　编　葛兆龙
副主编　汤积仁　周　雷　钟栋梁　周　哲

中国矿业大学出版社
·徐州·

## 内容提要

本书旨在介绍全球非常规天然气开发现状、理论、技术与工程案例。全书按“非常规天然气概述-前沿开发现状-实例”三个维度论述了非常规天然气开发的全球格局和体系。全书共分为6章，第1章阐明了非常规天然气的定义、分类、赋存现状；第2章介绍了各类非常规天然气的世界各国开发格局；第3～6章分别梳理了页岩气、煤层气、致密砂岩气、天然气水合物开发前沿技术及代表性工程应用。

本书为研究生教材，可作为采矿工程、安全工程、地质工程等多学科研究生教学使用，也可供相关领域工程技术人员参考。

**图书在版编目(CIP)数据**

非常规天然气开发 / 葛兆龙主编. — 徐州 ：中国矿业大学出版社，2024. 7. — ISBN 978-7-5646-6348-3

Ⅰ. TE37

中国国家版本馆 CIP 数据核字第 202481SH89 号

**书　　名**　非常规天然气开发
**主　　编**　葛兆龙
**责任编辑**　王美柱
**出版发行**　中国矿业大学出版社有限责任公司
（江苏省徐州市解放南路　邮编 221008）
**营销热线**　(0516)83885370　83884103
**出版服务**　(0516)83995789　83884920
**网　　址**　http://www.cumtp.com　**E-mail**:cumtpvip@cumtp.com
**印　　刷**　江苏淮阴新华印务有限公司
**开　　本**　787 mm×1092 mm　1/16　**印张** 14.5　**字数** 371 千字
**版次印次**　2024 年 7 月第 1 版　2024 年 7 月第 1 次印刷
**定　　价**　45.00 元
（图书出现印装质量问题，本社负责调换）

# 前　言

能源是人类文明进步的重要物质基础和动力，攸关国计民生和国家安全。当前，世界百年未有之大变局加速演进，我国作为一个拥有超过14亿人口的大国，对能源的需求量巨大。习近平总书记作出“能源的饭碗必须端在自己手里”“大力提升国内油气勘探开发力度，努力保障国家能源安全”的重要指示批示。近年来，我国天然气对外依存度居高不下，2023年我国天然气消费量为 $3.945\,3\times10^{11}\ m^3$，对外依存度达40.5%。同时，我国页岩气地质资源量世界第一（$1.057\,2\times10^{14}\ m^3$），开发潜力巨大。国务院新闻办公室发布的《新时代的中国能源发展》白皮书指出，党的十八大以来，中国能源生产和利用方式发生重大变革，形成了多轮驱动的能源稳定供应体系。加快构建现代清洁能源体系是保障国家能源安全，力争如期实现碳达峰、碳中和的内在要求，也是推动实现经济社会高质量发展的重要支撑。

经过数十年的技术积累，美国在2010年左右实现了页岩气技术体系的大突破，页岩气产量得到巨大提升。美国页岩气革命的巨大成功引发了全世界对非常规天然气的关注。非常规天然气是指那些难以用传统油气地质理论解释、用传统技术无法获得自然工业产量、需用新技术改善储层渗透率或流体黏度等才能经济开采、连续或准连续型聚集的油气资源，包括页岩气、煤层气、致密砂岩气和天然气水合物。根据中国工程院重大咨询项目数据，全球非常规天然气资源量丰富，达 $4.0\times10^{15}\ m^3$，是常规天然气资源量的8.3倍。截至2021年年底，我国累计提交天然气探明储量 $1.705\times10^{13}\ m^3$，其中非常规天然气占比47%。中国工程院院士康玉柱认为：非常规天然气是我国天然气的重要接替资源。

笔者根据重庆大学开设的“非常规天然气开发”课程的相关内容，组织编写了本教材。本书共分为6章，第1章系统介绍了非常规天然气的定义及开发非常规天然气的重要意义，第2章系统介绍了非常规天然气开发现状，第3～6章分别介绍了页岩气、煤层气、致密砂岩气和天然气水合物的相关概念、开采技术及开发案例。

由于编者水平所限，书中难免存在疏漏，敬请读者不吝批评指正！

编　者

2024年5月

# 目 录

# 第 1 章　非常规天然气概述

## 1.1　非常规天然气定义

### 1.1.1　常规天然气的定义

常规天然气是指能够运用传统油气生成理论解释，并采用传统油气开发技术进行开采的天然气。常规油气藏的储集体通常发育毫米级或微米级孔喉系统，毛细管阻力较小，其中油气运移符合达西渗流规律。油气从烃源岩排出后，通过浮力驱动发生二次运移，经过一系列输导体系，在相对独立的常规圈闭中的低势区聚集成藏，这一过程具有明确的圈闭度量要素。浮力作用下的油气"渗流"或"管流"成藏是常规油气的根本特征，贯穿从烃源岩到圈闭的整个成藏过程，也决定了单个油气藏的规模和范围。圈闭的有效性是常规油气地质理论与勘探实践的重要内容，取决于油气生成、运移、聚集和保存等多种地质条件的时空配置。根据圈闭定型时间与大规模油气排聚时间的匹配关系，圈闭可分为 3 种类型，即早圈闭型、同步圈闭型和晚圈闭型。只有那些在油气区域性运移以前或同时形成的圈闭，即早圈闭型与同步圈闭型圈闭对油气的聚集才是有效的。常规油气勘探以寻找有效聚油圈闭为目标，核心任务是有效识别地下构造、岩性地层圈闭并评价其有效性。三维地震精细勘探、测井识别流体技术、直井注水开发、酸化压裂等常规技术在油气勘探开发过程中应用广泛。

常规油气藏主要发育于断陷盆地大型构造带、前陆冲断带、被动大陆边缘及克拉通大型隆起等正向构造单元中，如中东地区前陆盆地、山前大型构造、墨西哥湾等深水大型构造，以及中国松辽盆地白垩系(K)长垣构造、库车前陆冲断带、准噶尔西北缘等，均具有常规二级构造单元控制油气分布的特征。油气或聚集于构造高点，平面上呈孤立的单体式分布；或聚集于岩性圈闭和地层圈闭中，平面上呈较大规模的集群式分布(图 1-1，表 1-1)。常规油气的流体分异作用强，具有统一的油气水界面和压力系统。相较大面积连片分布的非常规油气聚集，常规油气展布范围受圈闭控制，储层物性好、资源丰度较高、单井自然工业产量较高、开发难度较低。

### 1.1.2　非常规天然气的定义

非常规天然气是相对常规天然气的概念，指那些难以用传统油气地质理论解释、无法通过传统技术获得自然工业产量、需借助新技术改善储层渗透率或流体黏度等才能经济开采、连续或准连续型聚集的油气资源。非常规油气具有两个关键标志和两个关键参数，两个关键标志为：① 油气大面积连续分布，圈闭界限不明显；② 无自然工业稳定产量，达西渗流不明显。两个关键参数为：① 储层孔隙度小于 10%；② 孔喉直径小于 1 $\mu$m 或空气渗透率小

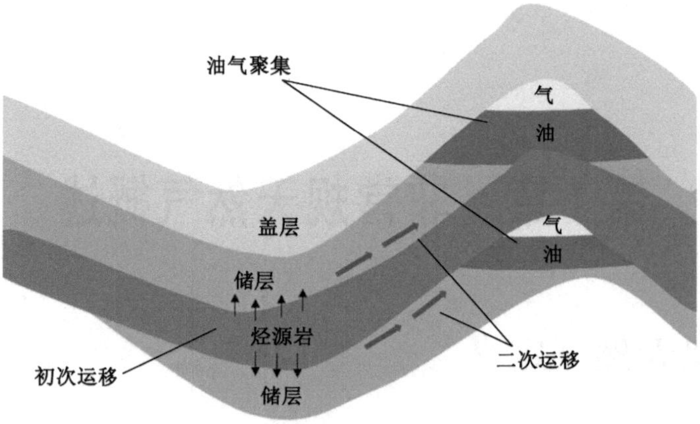


图 1-1　常规油气成藏示意图

**表 1-1　常规油气聚集与非常规油气聚集特征对比**[1]

| 项目 | 常规油气聚集(非连续圈闭聚集) | 非常规油气聚集(连续型储层聚集) |
| --- | --- | --- |
| 聚集单元 | 构造、岩性与地层等常规圈闭 | 无明显界限的非闭合圈闭 |
| 储层特征 | 常规毫米-微米级孔喉 | 非常规纳米级孔喉,滞留作用明显 |
| 源储配置 | 一般源外成藏,排聚时刻匹配 | 大面积源储共生 |
| 水动力作用 | 明显,重力分异、浮力聚集 | 不明显,流体分异差、浮力作用受限 |
| 运移方式 | 远距离二次运移为主 | 一次运移或短距离运移 |
| 渗流机理 | 达西渗流或管流 | 滞留、非达西渗流为主 |
| 油气水关系 | 上油气下水、压力系统界面明显,单井有自然工业产量 | 无统一油气水界面与压力系统,饱和度差异大,一般油气水共存、单井无自然工业产量 |
| 分布和聚集 | 单体型、集群型非连续分布,局部富集 | 盆地中心、斜坡等大面积(准)连续型分布,有“甜点”区 |
| 技术应用 | 直井、酸化压裂等常规技术 | 水平分支井、分段分层压裂等特殊技术 |

于 1 mD。非常规油气的主要特征表现为源储共生,在盆地中心、斜坡等区域大面积分布,圈闭界限与水动力效应不明显,储量丰度低,主要采用水平井体积压裂技术、平台式钻井-“工厂化”生产、纳米技术提高采收率等方式开采。储层普遍具有低孔隙率、低渗透率、连续成藏的特点,需进行储层改造才能开采。

非常规油气储集体广泛发育纳米级孔喉系统,具有大面积连续型或准连续型分布特征。根据我国与北美典型的非常规储层纳米级孔喉分布统计结果,页岩气储层孔喉直径介于 5～200 nm,致密气储层孔喉直径介于 40～700 nm,致密砂岩油储层孔喉直径介于 50～900 nm,致密灰岩油储层孔喉直径介于 40～500 nm[2]。连续型油气聚集的关键地质特征包括:① 源储共生,大面积层状含油气储集体连续分布,无明显圈闭与油气水界限;② 非浮力聚集,油气持续充注,不受水动力效应的明显影响,无统一油气水界面与压力系统。与常规油气聚集不同,非常规油气聚集突破了从烃源岩到圈闭的传统含油气系统概念,聚集动力以烃源岩排烃压力为主,受生烃增压、欠压实和构造应力等控制,聚集阻力主要为毛细管压力,二者耦合控制含油气边界;多表现为含油气饱和度差异较大,油、气、水多相共存,分布较复杂。纳米级孔喉系统限制了水柱压力与浮力在油气运聚中的作用，运移距离一般较短，主要为初次运移或短距离二次运移。煤层气、页岩气及页岩油具有“生-储-聚”三位一体的特征，基本上生烃后就地存储，可称为源岩油气、原地油气或原位滞留油气；致密油和气以渗流扩散作用为主，非达西渗流，运移距离较短；碳酸盐岩缝洞油气、火山岩缝洞油气及变质岩裂缝油气存在一定程度的二次运移，但其紧邻烃源岩发育，达西与非达西渗流共存，与常规油气聚集相比，运移距离较短且规模较小。

非常规油气储集体物性差，致密油和气、页岩油和气、煤层气储层孔隙度一般小于10%，地下渗透率小于 0.1 mD[3-4]。碳酸盐岩缝洞、火山岩缝洞与变质岩裂缝油气储层非均质性强，基质孔渗性差，一般无自然产能，局部存在高孔渗带。大面积连续型油气聚集的勘探，关键是寻找大面积层状储集体，核心工作是圈定储集体的空间展布和人工增大储集体的渗透能力。除运用常规技术方法外，还需采用非常规针对性技术与特殊开采方法，如叠前地震储层及流体预测技术、水平井钻井技术、大型分段分层压裂技术、微地震检测技术、资源空间分布预测技术、碳酸盐岩缝洞型储层定量雕刻技术、多分支井“工厂化”低成本开采模式等。

非常规油气主要分布于前陆盆地坳陷-斜坡、坳陷盆地中心及克拉通向斜部位等负向构造单元，如北美前陆大型斜坡、我国鄂尔多斯盆地中生界大型坳陷湖盆中心等（图 1-2）（扫描图中二维码获取彩图，下同）。油气分布并不局限于二级构造单元，而是涵盖了盆地中心及斜坡，有效勘探范围扩展至全盆地，具有大面积分布、丰度不均一的特征。平面上，油气或滞留在烃源岩内，或连续分布于紧邻烃源岩的大面积致密储层中；纵向上，多层系叠合连片含油，形成大规模展布的油气聚集。流体分异差，无统一的油水界面，油、气、水常多相共存，含油气饱和度变化大，具有整体普遍含油气的特征，一般单井无自然工业产量。例如，鄂尔多斯盆地延长组致密油区，油层大面积连续分布于斜坡等部位。非常规油气勘探进程从泥页岩生排油气向泥页岩储聚油气发展，“甜点”核心区控制下的有利区是优先开发的重点对象，“先富后贫”，最终实现油气资源的整体开发，水平井、分段分层压裂等特殊技术实现了工业化开采。

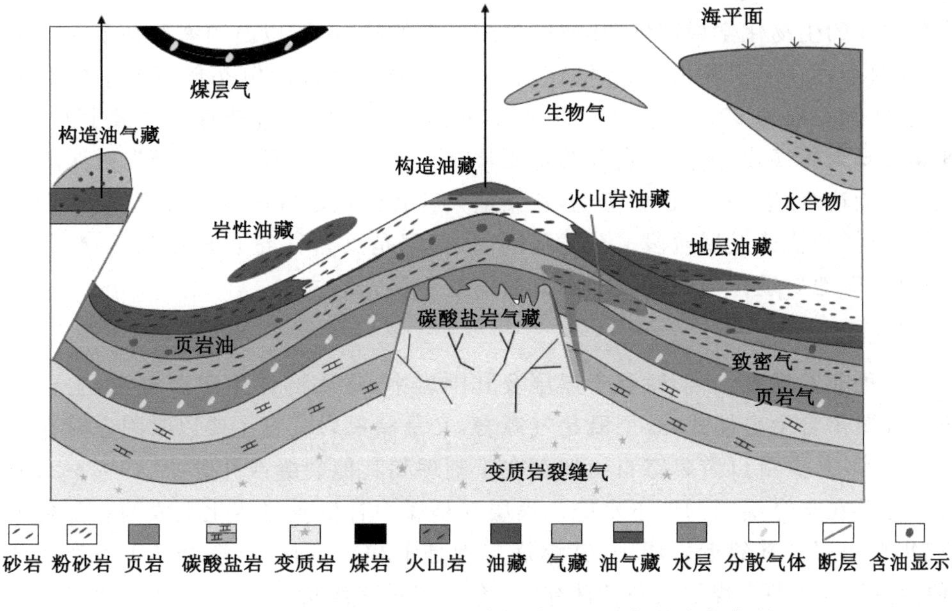


图 1-2　常规天然气与非常规天然气的聚集类型

### 1.1.3 “常规”与“非常规”的区别

常规与非常规油气的本质区别在于是否受圈闭控制、是否连续分布及单井是否有自然工业产量。常规油气研究的核心是成藏，目标是确定圈闭是否有油气；非常规油气研究的核心是储层，目标是确定储集了多少油气。目前，常规油气面临非常规的问题，常规领域的难动用储量、剩余的致密储层等成为非常规油气，而致密油和气、页岩油和气等非常规油气需要发展成新的“常规”油气。随理论技术进步，非常规油气可以向常规油气转化。由常规油气到非常规油气的转变，核心在于油气储集单元性质的改变。非常规页岩系统油气储集单元“生-储-盖”三位一体，广泛发育纳米级孔喉连通系统，明显不同于常规油气储集单元，从而进一步导致了二者聚集机理的差异性。

常规天然气藏勘探地质研究以圈闭为对象，评价“生、储、盖、运、圈、保”6 个成藏要素，核心是明确圈闭成藏有效性和储量规模；常规天然气开发地质研究则以气藏为对象，核心是控制水侵影响与最大限度提高采收率。非常规天然气藏勘探地质研究以源内或近源层系天然气有利区段为对象，评价其“岩性、烃源性、物性、脆性、含油气性、地应力各向异性”6 个特性，核心是明确连续型天然气聚集范围与储量规模；非常规天然气开发地质研究则以“甜点区(段)”为对象，核心是以水平井或丛式井平台式井群建产，通过体积压裂形成网络提高渗透率，实现对非常规天然气的开采。

### 1.1.4 非常规天然气的分类

#### 1.1.4.1 页岩气

页岩气是指富含有机质、成熟的暗色泥页岩或高碳泥页岩中由于有机质吸附作用或岩石中存在裂缝和基质孔隙，储集和保存了具有一定商业价值的生物化学成因、热成因及二者混合成因的天然气。页岩气赋存于以富有机质页岩为主的储集岩系中，属于非常规天然气。页岩气是连续生成的生物化学成因气、热成因气或二者的混合，可以游离态存在于天然裂缝和孔隙中，以吸附态存在于干酪根、黏土颗粒表面，还有极少量以溶解态储存于干酪根和沥青质中，游离气比例一般为 20％～85％。近年来，我国天然气的对外依存度持续上升，页岩气作为一种非常规天然气，是天然气资源的重要补充[5-6]。加大页岩气勘探开发对保障国家能源安全、支撑“碳达峰、碳中和”目标实现，意义重大。我国页岩气的开发程度较低，产量远低于美国，仍处于早期快速发展阶段。全球范围内，美国是页岩气商业开发最早、产量最高的国家，其在页岩气地质理论与开发技术等方面均处于领先地位。

#### 1.1.4.2 煤层气

煤层气是一种非常规天然气，赋存于煤层及其围岩中，是煤的伴生矿产资源，主要成分是甲烷。煤层气属于自生自储式，煤层既是气源岩，又是储集岩。它主要以吸附态赋存于煤孔隙中(70％～90％)，少量以游离态自由地存在于割理和其他裂缝或孔隙中(10％～20％)，极少量以溶解态存在于煤层内的地下水中。煤层气是煤中有机质热演化生成的非常规天然气，形成并储集在煤层及其邻近岩层中，其燃烧产物是水和二氧化碳，燃烧几乎不产生其他废气，是一种清洁高效能源。煤层气开发具有“一举三得”的多维价值，不仅有利于煤矿安全生产、减少煤矿瓦斯事故，也有利于优化能源结构、补充清洁能源，更有利于碳减排，从而助力推进碳达峰、碳中和目标。我国煤层埋深小于2 000 m的煤层气资源量为$3.005\times10^{13}$ $m^3$，居世界第三位，资源潜力巨大，产业前景值得期待[7-9]。经过近40年的发展，我国煤层气勘探开发理论与技术取得明显进展，煤层气产业已初具规模。但受资源禀赋复杂、理论基础薄弱等因素影响，我国煤层气产业与国外相比发展速度较慢、规模较小，与国家能源规划目标相比还存在较大差距[10]。

#### 1.1.4.3　致密砂岩气

致密砂岩气简称为致密气，是分布于致密砂岩中的天然气。致密气所在的储集岩孔隙度低(＜10%)、渗透率低、含气饱和度低(＜60%)、含水饱和度高(＞40%)，致密气是在砂岩层中流动速度较为缓慢的天然气[11]。致密气是目前开发规模最大的非常规天然气之一。1980年，美国联邦能源管理委员会将地层渗透率小于0.1 mD的砂岩气藏(不包含裂缝)定义为致密气藏，并以此作为是否给予生产商税收补贴的标准。根据我国国家标准《致密砂岩气地质评价方法》(GB/T 30501—2022)，致密气是指覆压基质渗透率小于或等于$1.0\times10^{-4}$ $\mu m^2$的砂岩类气层，单井一般无自然产能或自然产能低于工业气流下限，但在一定经济条件和技术措施下可以获得工业天然气产量。美国是全球致密气工业发展最早、开发利用最成功的国家，其致密气藏具有气层厚度大、丰度高且多含凝析油的特点，气井最终累计产气量高、开发效益较好。我国致密气也具有巨大的资源潜力和可观的规模储量，主要分布于鄂尔多斯、四川、松辽、吐哈等沉积盆地，其中鄂尔多斯盆地是我国最大的致密气生产基地。我国致密气藏以大面积、连续分布为主，典型代表包括鄂尔多斯盆地苏里格气田、神木气田、大牛地气田、延安气田等，同时也存在部分以构造控制为主的致密气藏，如四川盆地上三叠统须家河组气藏、吐哈盆地巴喀气藏等[12-13]。

#### 1.1.4.4　天然气水合物

天然气水合物(natural gas hydrate)是天然气与水在高压低温条件下形成的类冰状结晶物质，因其外观像冰，遇火即燃，因此也被称为“可燃冰”“固体瓦斯”和“气冰”。天然气水合物分布于深海或陆域永久冻土中，其燃烧后仅生成少量的二氧化碳和水，污染远小于煤、石油等，且储量巨大，因此被公认为石油等的接替能源。可燃冰并非真正的冰，而是一种自然存在的微观结构为笼形的化合物。此外，天然气水合物在资源环境气候变化、海底滑坡及地质历史演化等领域研究中均具有重要意义[14-15]，成为当前能源领域和地球科学研究中的一大热点。根据Kvenvolden等的研究，全球天然气水合物资源储量高达$1.5\times10^{16}$ $m^3$[16]。因此，实现天然气水合物的开发利用对于应对能源短缺和气候变化、保障国家能源安全和社会可持续发展具有重要的战略意义。

## 1.2　开发非常规天然气的重要意义

### 1.2.1　全球非常规天然气的巨大资源量

据《美国油气》杂志报告，截至2023年，全球常规天然气可采资源量接近$2.17\times10^{14}$ $m^3$。国家统计局公布的数据显示，截至2022年，全球天然气剩余探明可采储量为$1.94\times10^{14}$ $m^3$，其中陆上常规天然气为$8.523\times10^{13}$ $m^3$，海域常规天然气为$1.084\ 5\times10^{14}$ $m^3$。全球非常规天然气的地质资源量约为 $9.2\times10^{14}$ $m^3$，可采资源量为 $2.27\times10^{14}$ $m^3$。截至 2022 年，非常规天然气剩余探明技术可采储量为 $3.881\times10^{13}$ $m^3$。上述评价结果表明，世界非常规天然气资源丰富，勘探开发利用前景广阔[17-19]。

我国非常规天然气资源也极其丰富，可采资源量远大于常规天然气资源量。据自然资源部统计，截至 2023 年年底，我国煤层气剩余探明技术可采储量为 $5.348\ 4\times10^{11}$ $m^3$，页岩气剩余探明技术可采储量为 $5.516\ 1\times10^{11}$ $m^3$；我国常规天然气剩余探明技术可采储量为 $6.68\times10^{12}$ $m^3$。非常规天然气可采资源量是常规天然气可采资源量的近 3 倍，具备加快发展的条件。

### 1.2.2 美国页岩气革命的启示

美国的页岩气试验性开发早在 1821 年就已开始，但由于当时受技术条件限制，页岩气的产量极低，开发页岩气成本高昂。随着技术的进步，页岩气开发的成本逐渐降低，产量实现跨越式增长。美国国内能源领域这一重大变革被称为"页岩气革命"。

美国页岩气产量的显著增长发生于 2000 年以后，2000 年，页岩气占天然气总产量的比例接近 2%。随着页岩气开采技术的进步和新页岩层系的开发，2007 年以后美国页岩气产量更是实现井喷式增长，并呈现不断上涨的态势。2007—2015 年，页岩气产量年均增速高达 36.1%。2009 年，美国天然气产量达到 5 840 亿 $m^3$，超过俄罗斯，位居世界第一。彼时，页岩气产量增长至 881 亿 $m^3$，占天然气产量的 15.1%。2010 年，页岩气支撑起美国国内天然气总产量的 1/4，此后页岩气产量占比不断增长，至 2015 年已达到56.2%。从美国页岩气与天然气产量增长趋势上看，二者的变动轨迹基本保持一致。2007—2015 年间，美国天然气产量由 5 456 亿 $m^3$ 上升至 7 673 亿 $m^3$，但是年均增速仅为 4.3%。天然气产量增长幅度远小于页岩气，从侧面反映出页岩气正在弥补由常规天然气储量逐渐下降而造成的供需缺口，并成为推动美国天然气产量增长的新引擎[20]。

根据《BP 世界能源统计年鉴》2016 版，2005—2015 年，美国天然气供给由 5 111 亿 $m^3$ 增长至 7 673 亿 $m^3$，占全球天然气供给的比例由 18.3%上升至 21.6%。在此期间，美国天然气对外依存度也由 16.4%下降至 3.4%，EIA（美国能源信息署）预计，到 2035 年美国将实现天然气生产自足。在页岩气革命的推动下，美国石油和天然气的对外依存度逐渐降低，能源的独立性显著增强。

### 1.2.3 非常规天然气对我国能源安全和"双碳"战略的意义

当今世界正处于百年未有之大变局与第三次能源转换的浪潮交汇时期，绿色低碳转型已成为全球发展的重要驱动引擎。在我国提出 2060 年以前力争实现碳中和的背景下，推动绿色可持续发展面临新机遇与新挑战。天然气低碳优势显著，是连接传统化石能源向新能源转型的"最佳伙伴"，与储能协同，"气电调峰"助力新能源发展，具有不可替代的作用[21]。我国是油气进口第一大国，2022 年石油对外依存度达到 71.2%，超过国家能源安全 70%超危警戒线，天然气对外依存度也达到 40.2%。作为传统油气的重大战略接替资源，我国非常规天然气资源十分丰富，可采储量约为 $3.16\times10^{13}$ $m^3$，加大页岩气等非常规油气的勘探开发力度，是夯实油气"压舱石"地位、保障国家能源安全的重要举措。

## 1.2.4 世界天然气工业发展历程

1921 年至今，全球天然气工业经历了初始期、成长期、跨越期和革命期 4 个发展阶段（图 1-3），横跨 100 多年。1921—1950 年为初始期，全球天然气产量从 $2.0\times10^{10}$ $m^3$ 增长至 $3.0\times10^{11}$ $m^3$[1]，此时美国天然气产量占全球的 90%；1951—1970 年为成长期，天然气产量上升至 $1.0\times10^{12}$ $m^3$，天然气产区拓展到欧洲、苏联、中东、北非等地；1971—2005 年为跨越期，天然气产量达到 $2.9\times10^{12}$ $m^3$，全球形成北美、俄罗斯、中东、亚太、非洲 5 大主要天然气产区格局；2006 年至今为革命期，美国通过页岩气革命带动全球非常规天然气发展，全球天然气产量快速增长，2022 年达到 $4\times10^{12}$ $m^3$。据预测，2030 年天然气消费量将超过煤炭，2040 年将超过石油，成为能源绿色发展道路上最主要的能源[22-23]。

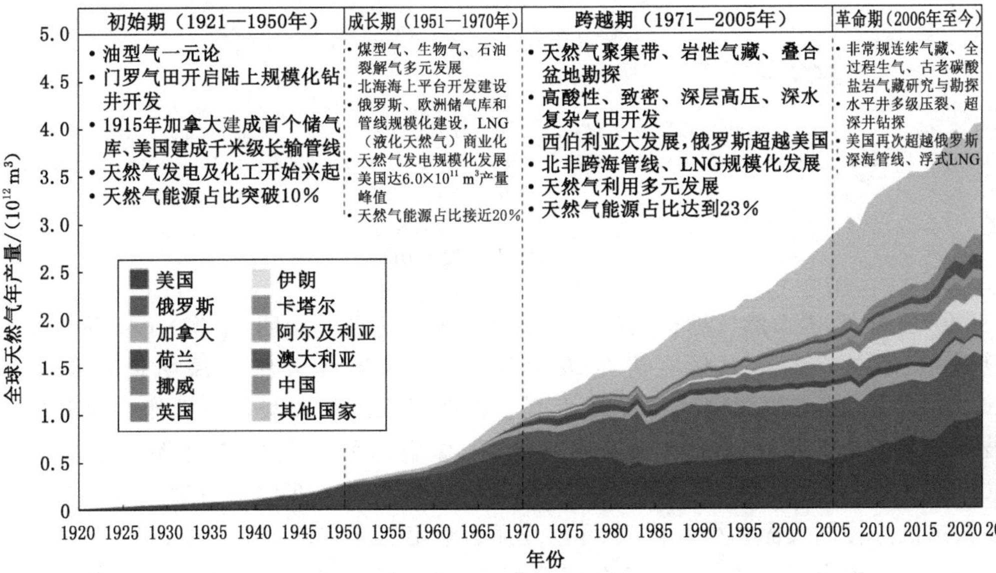


图 1-3　全球天然气工业发展阶段

1973 年，美国提出“能源独立”战略；1976 年，美国能源部设立东部页岩气项目（EGSP），开展页岩油气开发试验；1981—1998 年，Mitchell 能源开发公司经过 10 余年探索试验，于 1998 年最终实现 Barnett 页岩气的规模商业开发，开创页岩气开发新局面；2022 年，美国天然气产量为 $1.23\times10^{12}$ $m^3$，其中页岩气产量为 $8.068\times10^{11}$ $m^3$，占比超过 65%。目前，美国已建成 Marcellus、Permian、Haynesville、Utica 4 大页岩气主力产区，液化天然气（LNG）出口量达 1 100×$10^8$ $m^3$，由天然气进口国转变为出口国。美国通过页岩气革命，有力推动了国家实现“能源独立”[24]。

## 1.2.5 我国天然气工业发展历程

随着勘探开发程度加深，我国天然气工业不断发展。勘探开发区域大幅扩展，目前已覆盖全国大部分地区，主要包括四川、鄂尔多斯、塔里木、准噶尔、柴达木、松辽、渤海湾等盆地（图 1-4）；勘探开发对象从构造气藏扩展至岩性气藏，从单一碳酸盐岩气藏扩展至常规气藏、低渗透致密气藏、火山岩气藏等多种类型气藏[25]。勘探开发深度不断增大，由中浅层迈向深层-超深层。非常规天然气勘探开发取得突破，致密气、页岩气、煤层气（煤岩气）尚处于勘探早中期，是未来增储上产的主力，将成为常规油气资源的战略接替和有效补充[26-27]。

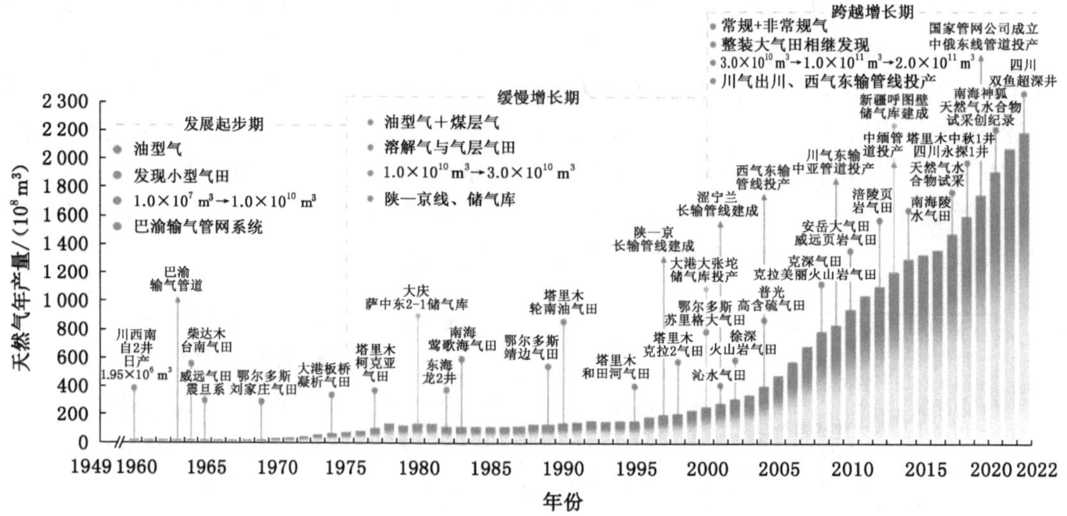


图 1-4　中国天然气工业发展历程

“十三五”期间，我国天然气勘探理论与实践取得重大进展。探明（落实）了安岳、克深、渤中 19-6 等千亿立方米至万亿立方米级大气田（区），累计天然气探明地质储量为 $5.21\times10^{12}$ m³[28]，天然气资源探明率提高 20%。创新形成海相碳酸盐岩天然气成藏理论和勘探技术、前陆冲断带深层天然气聚集理论，支撑安岳特大气田累计探明地质储量 $1.47\times10^{12}$ m³，塔里木盆地库车发现 2 个万亿立方米规模气区。我国近海油气勘探系统揭示了晚期快速沉降控制大面积生气机理、深层变质岩潜山三元共控成储机理，创新形成了晚期构造活动区超压动力封闭的天然气富集成藏模式，指导发现渤海湾盆地首个整装千亿立方米凝析气田——渤中 19-6 气田，新增天然气探明地质储量 $1.571\times10^{11}$ m³，对保障清洁能源的供给和接续发展具有重要意义。

# 参 考 文 献


[1] 邹才能，朱如凯，吴松涛，等. 常规与非常规油气聚集类型、特征、机理及展望：以中国致密油和致密气为例[J]. 石油学报，2012，33(2)：173-187.

[2] NELSON P H. 砂岩、致密砂岩和页岩的孔喉尺寸研究[J]. 卢雪梅，译. 白振瑞，校. 石油地质科技动态，2012(5)：1-10.

[3] 汪贺，师永民，徐大卫，等. 非常规储层孔隙结构表征技术及进展[J]. 油气地质与采收率，2019，26(5)：21-30.

[4] 王化尧，王帅栋，席思达，等. 非常规油气储层孔隙结构研究方法及评价参数综述[J]. 土木工程，2022(4)：644-663.

[5] 邹才能，赵群，董大忠，等. 页岩气基本特征、主要挑战与未来前景[J]. 天然气地球科学，

2017,28(12):1781-1796.

[6] FENG Z Q,HAO F,TIAN J Q,et al. Shale gas geochemistry in the Sichuan basin, China[J]. Earth-science reviews,2022,232:104141.

[7] 徐凤银,闫霞,林振盘,等. 我国煤层气高效开发关键技术研究进展与发展方向[J]. 煤田地质与勘探,2022,50(3):1-14.

[8] 门相勇,娄钰,王一兵,等. 中国煤层气产业“十三五”以来发展成效与建议[J]. 天然气工业,2022,42(6):173-178.

[9] 孙钦平,赵群,姜馨淳,等. 新形势下中国煤层气勘探开发前景与对策思考[J]. 煤炭学报,2021,46(1):65-76.

[10] 徐凤银,侯伟,熊先钺,等. 中国煤层气产业现状与发展战略[J]. 石油勘探与开发,2023,50(4):669-682.

[11] 贾爱林,位云生,郭智,等. 中国致密砂岩气开发现状与前景展望[J]. 天然气工业,2022,42(1):83-92.

[12] 唐大海,谭秀成,王小娟,等. 四川盆地须家河组致密气藏成藏要素及有利区带评价[J]. 特种油气藏,2020,27(3):40-46.

[13] 孙龙德,邹才能,贾爱林,等. 中国致密油气发展特征与方向[J]. 石油勘探与开发,2019,46(6):1015-1026.

[14] HESSELBO S P,GRÖCKE D R,JENKYNS H C,et al. Massive dissociation of gas hydrate during a Jurassic oceanic anoxic event[J]. Nature,2000,406:392-395.

[15] 孙嘉鑫,张凌,宁伏龙,等. 天然气水合物藏增产研究现状与展望[J]. 石油学报,2021,42(4):523-540.

[16] KVENVOLDEN K A. Methane hydrate:a major reservoir of carbon in the shallow geosphere? [J]. Chemical geology,1988,71(1/2/3):41-51.

[17] WANG H J,MA F,TONG X G,et al. Assessment of global unconventional oil and gas resources[J]. Petroleum exploration and development,2016,43(6):925-940.

[18] LI Y,ZHOU D H,WANG W H,et al. Development of unconventional gas and technologies adopted in China[J]. Energy geoscience,2020,1(1/2):55-68.

[19] ZOU C N,ZHAI G M,ZHANG G Y,et al. Formation,distribution,potential and prediction of global conventional and unconventional hydrocarbon resources[J]. Petroleum exploration and development,2015,42(1):14-28.

[20] 张君峰,周志,宋腾,等. 中美页岩气勘探开发历程、地质特征和开发利用条件对比及启示[J]. 石油学报,2022,43(12):1687-1701.

[21] 邹才能,薛华庆,熊波,等. “碳中和”的内涵、创新与愿景[J]. 天然气工业,2021,41(8):46-57.

[22] 邹才能,林敏捷,马锋,等. 碳中和目标下中国天然气工业进展、挑战及对策[J]. 石油勘探与开发,2024,51(2):418-435.

[23] 邹才能,杨智,何东博,等. 常规-非常规天然气理论、技术及前景[J]. 石油勘探与开发,2018,45(4):575-587.

[24] 郭旭升. 页岩油气富集机理探讨[N]. 石油商报,2023-12-6(49).

[25] 李鹭光. 中国天然气工业发展回顾与前景展望[J]. 天然气工业,2021,41(8):1-11.
[26] 李剑,曾旭,田继先,等. 中国陆上大气田成藏主控因素及勘探方向[J]. 中国石油勘探,2021,26(6):1-20.
[27] 中能传媒能源安全新战略研究院. 中国能源大数据报告(2023)[R]. 北京:中能传媒能源安全新战略研究院,2023.
[28] 赵文智,贾爱林,王坤,等. 中国天然气"十三五"勘探开发理论技术进展与前景展望[J]. 石油科技论坛,2021,40(3):11-23.

# 第 2 章　非常规天然气开发现状

## 2.1　页岩气开发现状

### 2.1.1　全球页岩气开发现状

#### 2.1.1.1　美洲地区

美国位于北美大陆主体部位，沉积盆地呈“M”形分布在稳定的北美克拉通周缘，是世界上最早进行页岩气勘探开发的国家，其开采历史可以追溯到 1821 年。当时，世界上第一口页岩气井在美国东部钻成，由此拉开了世界天然气工业发展的序幕。2000 年以来，美国依靠科技研发和管理创新掀起了页岩气革命。2006 年之前，美国的页岩气井数量约为 3 000 口，2007 年呈现爆发式增长，达到 41 726 口，并持续保持高速增长，仅 2011 年就新增 10 173 口。2020 年和 2021 年，美国页岩气产量分别达到 7 330 亿 $m^3$ 和 7 638 亿 $m^3$，大大降低了能源的对外依存度[1]（图 2-1）。

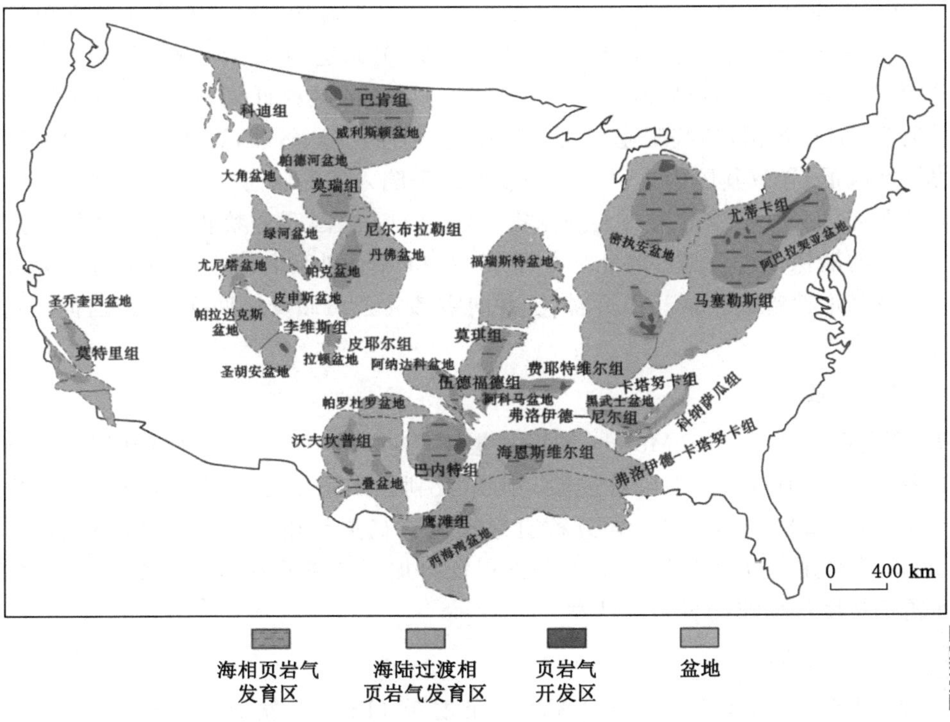


图 2-1　美国页岩气资源分布

世界上第二个对页岩气进行勘探开发的国家是加拿大。2007 年，加拿大在不列颠哥伦比亚省东北部开发了第一个页岩气藏，并成功进行商业化开采。加拿大的页岩气主产区集中在不列颠哥伦比亚省东北部和魁北克省，其中 Horn River、Montney、Utica 是几个主力产区。到 2020 年，加拿大页岩气年产量达到 55 亿 $m^3$[2]。加拿大页岩气的赋存条件与美国西部地区十分相似，因此在美国较为成熟的技术条件基础之上，页岩气资源的开采相对较为容易，这也是加拿大页岩气快速发展的重要原因。

拉丁美洲拥有可观的页岩气资源，其中阿根廷的页岩气技术可采资源量居世界第三位。2013 年，阿根廷国有油气公司(YPF)与美国陶氏化学阿根廷子公司开展页岩气开发合作，正式启动本国的页岩气开发工作。Vaca Muerta 页岩层良好的区位以及地质条件，不仅使阿根廷政府对页岩气开发抱有极大热情，同时也吸引包括来自马来西亚国家石油公司(Petronas)、壳牌 (Shell) 和道达尔 (Total)等公司的投资。到 2020 年，阿根廷页岩气年产量已达到 103 亿 $m^3$[3]。

2.1.1.2　欧洲地区

波兰是目前欧洲开发页岩气最积极的国家。波兰拥有欧洲最大规模的可采天然气资源量，达 $4.190\,9\times10^{12}$ $m^3$[4]，其页岩主要沉积在北部的波罗的海盆地、南部的卢布林盆地和东部的波德拉谢盆地。近年来，雪佛龙 (Chevron)、康菲石油 (ConocoPhillips) 和埃尼 (Eni) 集团等多家国际大型油气公司对波兰进行相关项目的投资，波兰政府积极响应，发出多份授权，授权开发的地区已占其国土面积的一半以上。同时，已获授权的公司仍在继续申请增加钻井数量。

2013 年，英国地质调查局 (BGS) 对英国北部 Bowland-Hodder 页岩层进行资源评价。结果显示，该页岩层页岩气资源量约为 $2.3\times10^{13}\sim6.5\times10^{13}$ $m^3$，技术可采资源量约为 $1.8\times10^{12}$ $m^3$。英国地质学家认为，若能开发其中的 10%，这些天然气资源就足够支持英国 50 年的天然气需求。因此，英国政府公布了针对页岩气的减税计划，将页岩气生产企业的税率降低至 30%(在英国，油气工业一般的税率为 65%)[5]。然而，近年来英国政府对页岩气开采的热情减退，导致其国内页岩气开采工作几乎陷入停滞状态。

法国是欧洲页岩气资源量第二大的国家。2011 年，法国明令禁止水力压裂，道达尔和其他公司所持的勘探许可证随即终止。德国、荷兰和保加利亚也禁止采用水力压裂方式开采页岩气。罗马尼亚曾热衷于开采页岩气，并向雪佛龙公司颁发过勘探许可证，但因遭到公众反对而未能推进。

2.1.1.3　非洲地区

壳牌、埃克森美孚 (ExxonMobil) 和埃尼集团已与阿尔及利亚政府就开发页岩油气资源进行了多轮磋商，但目前尚未取得进展。阿尔及利亚国家石油公司 (Sonatrach) 也曾表示计划钻探新井。2012 年，壳牌公司宣称有意投入 2 亿美元用于勘探南非的页岩气资源。2013 年，南非政府允许页岩气勘探，并向公众保证将加大环境监管力度。然而，水资源保护等环境问题仍将困扰南非的页岩气开发。

2.1.1.4　大洋洲地区

2010 年，澳大利亚全球勘探公司(AWE)在珀斯 (Perth) 盆地发现页岩气，经初步评估，其资源潜力为 $6.8\times10^{10}\sim5.7\times10^{11}$ $m^3$[6]。澳大利亚如火如荼的页岩气开发带来的巨大非常规天然气产量，将会为东海岸 3 个巨型 LNG 出口设施提供原料。这使得澳大利亚有望超越卡塔尔，成为全球最大的 LNG 出口国。然而，由于亚洲天然气市场格局的变化，以及澳大利亚的劳工和设备制造成本居高不下，多年来持续推高了其天然气生产成本。目前，澳大利亚 Santos 公司仍在努力推动页岩气开发，并已经获得澳大利亚北部麦克阿瑟(McArthur) 盆地的勘探权，在 Tanumbirini 地区钻探了一口深达 4 000 m 的探井。总体来说，澳大利亚的页岩气开发前景依然比较乐观。

### 2.1.2 国内页岩气开发现状

美国页岩气开发取得成功后，在世界范围内掀起了页岩气勘探开发的热潮。然而我国的页岩气开发与美国有较大差异，不能照搬美国的经验技术。与美国的页岩气成藏条件相比，我国的页岩气成藏条件较差，开发基础薄弱，具体差异见表 2-1[7]。在 2009 年之前，我国通过借鉴引进国外的先进技术和资源勘探手段，发现了长宁、涪陵等一批页岩气富集区域，并着手建立产业化示范基地。

**表 2-1 中美页岩气地质与开发条件对比**

| 项目 | | 中国 | 美国 |
|---|---|---|---|
| 地质条件 | 构造 | 复杂，多次改造，断裂发育 | 简单，一次抬升，断裂稀少 |
| | 沉积类型 | 多样，海相有效范围保存少 | 单一，主要为海相页岩 |
| | 有机碳含量 | 偏低，以 1%～5%为主 | 丰富，以 5%～10%为主 |
| | 含气量 | 偏低 | 高 |
| | 热演化程度 | 复杂，海相较高，湖相较低 | 适中，普遍为成气高峰阶段 |
| 开发条件 | 埋深 | 偏大，以超过 3 500 m 埋深为主 | 较浅，以 2 500～3 500 m 为主 |
| | 地表条件 | 复杂，南方多高山，北方少水 | 平原或者丘陵，水源好 |
| | 油气管网 | 总体不发达，部分地区无管网 | 发达，遍及各地 |

2010 年是我国页岩气工业化开采的元年，我国第一口页岩气勘探评价井(威 201 井)获得工业气流。此后，页岩气的产量逐年攀升，到 2012 年产量超过 $1.0\times10^8$ $m^3$。随着 2013 年涪陵页岩气田进入工业化开采阶段，我国页岩气产量飙升至 $2.0\times10^8$ $m^3$。2014 年后，长宁、威远等页岩气田的建成投产，使我国的页岩气产量实现更大飞跃，仅 2014 年产量就达到 $1.25\times10^9$ $m^3$[8]。

除上述地区外，南华北盆地、鄂尔多斯盆地、柴达木盆地等地也均发现海相、海陆过渡相、陆相页岩气。然而，由于含气量、开采难度等原因，目前尚未形成工业化开采。其中，南方地区广泛分布寒武系筇竹寺组页岩气，大部分储层含气量较低，仅在局部地区存在较高含气量，与龙马溪组页岩的对比见表 2-2[9]。在此区域进行了大量的页岩气勘探工作，仅在四川盆地威远—犍为区块的少数页岩气井中获得工业气流，平均日产量也远低于五峰组—龙马溪组页岩气储层。此外，广西柳州中泥盆统应堂组—罗富组、贵州六盘水上石炭统大塘组—旧司组等地区也均发现了页岩气。虽然这些地区的页岩气产量较低，但其为南方地区的页岩气地质综合评价、有利区优选及勘探突破提供了重要的基础依据。

**表 2-2 四川盆地及周缘龙马溪组与筇竹寺组页岩基础参数对比**

| | 总有机碳/% | 孔隙度/% | 含气量/($m^3$/t) | 脆性矿物含量/% | 镜质组反射率 $R_o$/% |
|---|---|---|---|---|---|
| 龙马溪组 | 2.2～4.8 | 3.1～7.2 | 1.7～8.4 | 40～80 | 2.0～3.0 |
| 筇竹寺组 | 4.3～8.1 | 0.9～1.9 | 0.8～2.8 | 52～95 | 2.5～3.4 |

我国的页岩气勘探开发的起步时间较晚，但在较短时间内实现了从理论储备到大规模工业化开采的飞跃。通过近 10 年的攻关克难，在四川盆地海相页岩气相关地质理论及页岩气开采关键工程技术两个方面均取得较大突破。3 500 m 以内浅层海相页岩气相关开采技术日益成熟，同时，针对 3 500～4 000 m 深层海相页岩气的开采技术也取得了阶段性进展[10]。

四川盆地内五峰组—龙马溪组海相页岩气储层是最具有开发潜力的页岩气储层，其具有高有机质含量和高纳米级孔隙度的“两高”特征。对川南地区储层的研究表明：龙马溪组底部存在 10～20 m 厚，且总有机碳（TOC）超过 3% 的页岩气储层[11]；同时，在威 201 井首次发现孔径介于 5～100 nm 的纳米级孔隙。层理发育是五峰组—龙马溪组海相页岩气储层的另一个显著特点，包括水平层理、韵律层理、块状层理、递变层理和交错层理，其中水平层理可以进一步细分为条带状粉砂型、递变型、砂泥递变型和砂泥互层型 4 种类型。条带状粉砂型水平层理中顺层缝最为发育，水平渗透率（184.285 mD）和垂直渗透率（0.655 mD）相差巨大[12]。顺层缝可将页岩气储层中的各种孔隙有效连接起来，成为油气水平运移的高速通道。

郭旭升等通过对涪陵页岩气储层的沉积及地质构造特征的深入研究，提出了深水沉积和有效保存“二元富集”规律[13]。邹才能等通过对比常规与非常规天然气聚集之间的差异，得出了常规-非常规天然气“有序聚集”的认识，并在此基础之上进一步提出页岩气富集区“甜点区”与“甜点段”理论[14]。由于页岩气储层大多较为致密，使用常规开发手段难以达到预期目标，在长期的开发实践中，逐渐形成以“甜点段”为目标，通过水平井多段压裂构建密集缝隙网络，形成高渗透性区域，建立“人造气藏”，从而实现高效生产页岩气的目标。

在页岩气开采关键工程技术上，我国建立了适合本土的技术体系，3 500 m 以内浅层页岩气开发技术实现了从第一代向第二代的跨越，钻井技术日渐成熟，完成了造斜段-水平段进尺 2 407 m 的目标[15]。压裂技术采用“多簇射孔、高强度加砂、暂堵转向”的新型工艺，大幅提升了储层改造效果。2014 年，我国首次提出了地质工程一体化理念。中石油在川南地区页岩气开发中，采用一体化设计、一体化管理和一体化滚动优化的方式，实现了“高产量、高 EUR、高采收率”的目标（EUR 即估算的最终可采储量）。目前，中石油和中石化已经在页岩气开采过程中引入光纤监测、人工智能大数据和数字化井场等新技术。在新技术的指导下，可以有效评价页岩气人造气藏的开发效果，并对工程技术加以改进。数字化的开采方式将储层-井筒-地面更加紧密地联系在一起，实现了“数据共享、专业分析、综合利用、辅助决策”，也实现了井场的无人值守，大幅降低了页岩气开发中的人工成本。

我国页岩气储量巨大、资源前景好且开采潜力足，但在实际开采过程中，仍面临着许多困难与制约，需要对一些关键技术进行突破。同时，页岩气的开采也面临以下挑战：

① 地质。目前我国的页岩气开发大多集中在四川盆地及其周缘地区，并且仅在这其中部分区域实现了工业化生产，获得的可用性数据较少，对页岩气富集规律和勘探开发理论的

积累相对薄弱。

② 技术。部分国家为了抢占我国的页岩气市场，对我国实行技术封锁，这使得我国页岩气开发面临众多卡脖子技术问题，加之国内的管网系统不够完善，在一定程度上制约了页岩气的开发进度。

③ 经济。我国的页岩气开发尚处于前期阶段，还需要大量资金投入。我国部分开发技术设备仍旧依赖国外进口，导致单井开发成本居高不下，投资风险较大。

④ 环境。页岩气的开发采用压裂技术对储层进行改造，目前采用的水力压裂会浪费大量的水资源，根据统计，一口水平井进行一次水力压裂约需用水 25 000 $m^3$[16]。页岩气的大规模开采还可能引起天然气、压裂液泄露，诱发地震和引起地面沉降等问题。

相较欧美一些发达国家，我国的页岩气勘探开发起步较晚，且国内页岩气资源禀赋较差、开采难度较大、技术设备相对落后。然而，随着近年来国家对页岩气开发的大力支持，众多的资金投入及技术理论上的不断突破，可以预见，中国页岩气发展前景十分广阔。在页岩气勘探开发不断加速，规模化、工业化开采即将到来的同时，我们仍需冷静思考，不断革新和研发新的开采技术，积极拓宽基础地质理论认识，持续进行新技术的现场先导性试验，以应对页岩气勘探开发过程中可能出现的挑战。

## 2.2　煤层气开发现状

煤层气既是常规油气资源的接替产品，又是一种优质、高效、洁净、环保、经济的绿色能源。随着世界石油和石化资源的日趋紧张，煤层气因其热值高、无污染等特性，展现出可大规模开发利用的广阔前景，被世界各国视为紧缺的战略性矿产资源。煤层气井产能是衡量其潜在产气能力的综合指标，直接反映了煤层气井的产量水平，是煤层气开发的核心目标，直接影响着煤层气项目的经济效益和盈亏情况。在项目经济评价中，煤层气井产能是影响项目经济指标最敏感的因素，直接决定了煤层气项目的实施效果，具有良好产能的煤层气井是项目得以延续和发展的基础[17]。煤层气井产能的控制因素既包括煤储层自身的性质及所处的地质条件，也包括开发动态参数和排采制度[18]。具体而言，影响煤层气井产能的地质因素主要包括含气量、含气饱和度、煤层厚度、渗透率、储层埋深、地应力、煤体结构、水文地质条件和地质构造等；影响煤层气井产能的工程因素主要包括开发方式、压裂技术、钻完井工艺、井网部署以及排采制度等。不同因素对煤层气井产能的控制效果和影响程度各不相同，各控制因素的组合方式及其控制程度共同决定了煤层气井产能[19]。目前，全球有 30 多个国家和地区开展了煤层气的勘探和开发工作。其中，美国是煤层气开采最早和最成功的国家，其商业化开发利用在全世界产生了积极的示范作用，加拿大、澳大利亚、中国、俄罗斯等国家也逐渐开始重视煤层气的勘探和开发试验，并在煤层气资源的勘探、钻井、采气和地面集气处理等技术领域取得了重要进展，少数国家（如澳大利亚、加拿大等）已进入工业化开采阶段[20-23]。在国家大力推进生态文明建设的背景下，加快发展清洁的煤层气资源已成为一项迫切需求。我国煤层气资源储量巨大，仅次于俄罗斯和美国，但在开发过程中面临诸多挑战，如低阶煤和深部煤层气开采技术尚未突破、开发技术通用性差、投资大、见效慢等，从而导致煤层气开发处于“储量大、产量低”的窘迫局面，发展步伐较为缓慢。煤炭资源平稳缩减是我国经济高质量发展的重要能源保障策略，因此，推行煤与煤层气共采对于确保煤矿生产安全、缓解清洁能源短缺和降低碳排放等方面均具有重要的现实意义[24]。

进入21世纪以来，世界上掀起了对非常规油气资源的革命，以此来促进各自国家的能源结构转型[25]。2016年，《巴黎协定》正式生效标志着全球进入绿色、低碳发展的新阶段，加快了每个国家的能源结构向清洁型能源转型的进程。“转型加快、增速趋缓、创新活跃”也成为当今世界能源发展的新趋势[26]。为此，国家主席习近平在第七十五届联合国大会上宣布，我国力争在2030年和2060年前分别实现“碳达峰”和“碳中和”目标。但是，我国基于“富煤、贫油、少气”的能源资源禀赋，形成了以煤为主的能源结构，煤炭消费量将长期处于能源总消费量的50%以上[22,27]。并且，由于我国正处于高速发展阶段，对能源的需求日益增长。如不加快对清洁能源的大力开发，对煤炭的需求量势必更进一步增大。虽然目前光伏、风能、核能等新兴能源发展迅速，但是还远远不能满足我国能源需求，化石能源在未来几十年里依旧占据着不可替代的地位。天然气作为化石燃料中唯一的清洁能源，且开采潜力和利用前景极大，可以预见天然气是可以逐步替代煤炭能源在我国能源消费结构中地位的重要资源。相关数据显示，我国在2035年、2050年对天然气的需求量将分别达到6 000亿$m^3$、6 700亿$m^3$左右，但是与之对应的天然气产量分别只有大约3 000亿$m^3$和3 500亿$m^3$，对外依存度将高达约50%。因此，各类天然气资源的大力开发，尤其是储量丰富但仍未实现革命性产业开发的煤层气资源，已然成为我国能源结构转型战略发展的重要方向。相应勘探开发技术的革新必然需要走在产业革命的前列，以助推我国能源结构顺利转型。

### 2.2.1 全球煤层气开发现状

全球煤层气资源丰富，根据国际能源机构(IEA)及我国新一轮油气资源评价结果可知，全球煤层气资源量可能超过$2.6\times10^{14}$ $m^3$，其中绝大多数分布在12个主要产煤国和地区(表2-3)。这些地区的煤层气可采资源量达$2.181\times10^{13}$ $m^3$。俄罗斯的煤层气资源量为$1.7\times10^{13}\sim1.13\times10^{14}$ $m^3$，可采资源量为$5.67\times10^{12}$ $m^3$，均居世界首位。俄罗斯的煤层气资源主要集中分布在通古斯、库兹涅茨克、勒拿、泰梅尔、伯朝拉、南雅库特、济良和东顿涅茨盆地。这些盆地具有煤炭资源丰富、含煤地层发育、煤层多且煤层厚度大、煤层含气量高(最高可达30 $m^3/t$)及煤层气丰度高的特点。加拿大的煤层气资源量居世界第二位，其17个盆地和含煤区煤层气资源量为$1.79\times10^{13}\sim7.6\times10^{13}$ $m^3$，其中阿尔伯达省是该国最主要的煤层气富集区。美国的煤层气资源量为$2.12\times10^{13}$ $m^3$，约85%分布在落基山中、新生界含煤盆地群，其余分布在东部阿巴拉契亚和中部石炭系含煤盆地。

**表2-3 世界主要产煤大国煤炭、煤层气资源统计表**

| 国家或地区 | 煤炭资源量 /($10^{12}$ t) | 煤层气资源量 /($10^{12}$ $m^3$) | 煤层气可采资源量 /($10^{12}$ $m^3$) |
| --- | --- | --- | --- |
| 俄罗斯 | 6.50 | 17.0～113.0 | 5.67 |
| 加拿大 | 7.00 | 17.9～76.0 | 2.55 |
| 中国 | 5.95 | 36.8 | 2.83 |
| 美国 | 3.97 | 21.2 | 3.96 |
| 澳大利亚 | 1.70 | 8.0～14.0 | 3.40 |

**表 2-3(续)**

| 国家或地区 | 煤炭资源量 /($10^{12}$ t) | 煤层气资源量 /($10^{12}$ $m^3$) | 煤层气可采资源量 /($10^{12}$ $m^3$) |
|---|---|---|---|
| 西欧(以德国和英国为主) | 0.51 | 5.67 | 0.57 |
| 土耳其 | — | 1.42～3.11 | 0.28 |
| 波兰 | 0.16 | 0.57～1.42 | 0.14 |
| 乌克兰 | 0.12 | 4.8 | 0.71 |
| 哈萨克斯坦 | 0.17 | 1.13～1.70 | 0.28 |
| 印度 | 0.16 | 1.98～2.55 | 0.57 |
| 南非(包括南非、津巴布韦和博茨瓦纳) | 0.15 | 0.8 | 0.85 |
| 合 计 | 26.39 | 117.27～281.05 | 21.81 |

#### 2.2.1.1　美国

美国在非常规油气勘探开发领域起步较早。20 世纪 30 年代,美国的阿巴拉契亚盆地已开始煤层气开采;20 世纪 50 年代,圣胡安盆地也开始煤层气开发。然而,由于这些煤层气田规模小、效益低,当时并未引起足够重视。

进入 20 世纪 70 年代,在全球能源危机的影响下,石油价格大幅上涨,美国首先意识到煤层气作为一种能源的价值,认为其能够有效缓解石油供需矛盾。为此,美国能源部决定开展包括煤层气在内的非常规天然气开发利用。1971 年,美国矿务局在 11 个地区进行了煤层气开采试验,并于 1978 年对国内 16 个盆地开展了长达 8 年的煤层气开发研究。这些研究深化了对煤层气的储集、运移机理、生产方式和开采工艺的认识,并对 14 个盆地的煤层气资源量进行了估算。

70 年代的石油输出国组织(OPEC)石油禁运促使美国于 1980 年颁布了《能源意外获利法》。该法案鼓励非常规气体能源和低渗气藏的开发,其中第 29 条是适用于煤层气的开发税收补贴政策,具体包括 5 种税收优惠:① 无形钻探费用扣除;② 有形钻探费用扣除;③ 租赁费用扣除;④ 工作权益视为主动收入;⑤ 小生产商的耗竭补贴。这一政策极大地激发了企业开发煤层气的积极性,在煤层气开发初期起到了巨大的推动作用。该政策经历了两次延期,直至 2003 年终止。

1980 年 12 月,全球首个商业煤层气田——黑勇士盆地橡树林煤层气开发区建成投产,标志着美国煤层气产业进入起步阶段。随后,美国天然气研究所和多家天然气公司开始了大规模的煤层气商业性开发,并在圣胡安盆地取得重大突破。至此,黑勇士盆地和圣胡安盆地成为美国煤层气生产的主要基地,其产量占全美煤层气产量 80%以上。两大盆地的煤层气产量自 1986 年开始显著增长,这主要归功于煤层气勘探生产技术的重大进步及联邦减税政策的实施。据统计,自 1980 年《能源意外获利法》出台后的 10 年间,美国黑勇士盆地煤层气开采得到的税收补贴约为 2.7 亿美元,圣胡安盆地的税收补贴为 8.6 亿美元。1983—1995 年间,美国煤层气产量从 1.7 亿 $m^3$ 猛增至 250 亿 $m^3$,初步形成了产业规模。

90 年代晚期,怀俄明州和蒙大拿州粉河盆地的煤层气产量迅速增长,一度成为美国煤层气开采最活跃的地区之一。煤层气产地从最初的圣胡安、黑勇士盆地拓展到粉河、拉顿、尤因塔和大绿河等含煤盆地，同时涌现出一批优秀的煤层气生产企业。根据 EIA 的统计，2007 年美国煤层气证实储量为 $6.2\times10^{11}$ $m^3$，1989—2017 年煤层气累计产量为 1 023.5 亿 $m^3$，年产量在 2008 年达到顶峰，为 55.8 亿 $m^3$。

美国现有 15 个主要含煤盆地，其中埋深 1 200 m 以浅的煤层气资源量为 $1.1\times10^{13}$ $m^3$，主要集中在西部的落基山脉中-新生代含煤盆地中，包括拉顿盆地、皮申斯盆地、圣胡安盆地、粉河盆地、尤因塔盆地、西华盛顿盆地等。这些盆地的煤层气资源量占美国煤层气总资源量的 80%以上，其余煤层气资源量主要分布于东部的阿巴拉契亚含煤盆地（北阿巴拉契亚、中阿巴拉契亚、黑勇士和卡霍巴等盆地）和中部的石炭纪含煤盆地。目前已形成煤层气生产规模的含煤盆地有圣胡安、黑勇士和粉河盆地。煤层气勘探开发的新区包括犹他、拉顿、中阿巴拉契亚含煤盆地，其他潜力较大的含煤盆地也在积极开展煤层气勘探工作。

(1) 圣胡安盆地

圣胡安盆地位于美国西部科罗拉多州西南部和新墨西哥州西北部，面积约为 19 425 $km^2$，估算煤炭资源量为 3 248 亿 t，煤层气资源量为 $2.38\times10^{12}$ $m^3$。圣胡安盆地的地质特点主要表现为煤层厚而广、中高气体含量、中高煤阶、适度的煤层渗透率和水文条件、煤层超高压及良好的煤层上下岩层封闭性，因此被认为是世界上最具有生产能力的煤层气盆地，该盆地煤层气产量约占美国煤层气总产量的 80%。1997 年，圣胡安盆地的煤层气产量达到 212.4 亿 $m^3$，占美国当年煤层气产量的 74.8%。2000 年，其产量占比超过 80%。2006 年，圣胡安盆地约有 4 500 口煤层气井在生产，累计产量为 $3.7\times10^{11}$ $m^3$，占美国煤层气总产量的 65.72%。

(2) 黑勇士盆地

黑勇士盆地位于美国密西西比州东北部和亚拉巴马州西北部，轮廓大致呈三角形，面积约为 15 500 $km^2$，是美国著名的产煤盆地，也是世界煤层气工业的发源地。该盆地煤层气资源量为 $2.21\times10^{12}$ $m^3$，煤层气可采储量为 $5.7\times10^{11}$ $m^3$。自 1980 年 12 月 OAKGROVE 煤层气田建成投产以来，黑勇士盆地已建成 18 个煤层气田。2006 年，该盆地的煤层气产量已达到 $2.5\times10^9$ $m^3$，累计产量为 535.19 亿 $m^3$，见表 2-4。

**表 2-4　美国主要含煤盆地煤层气资源统计表**

| 盆地名称 | 面积/($10^4$ $km^2$) | 煤层最大埋深/m | 单井主要煤层层数/层 | 单井最大煤层总厚度/m | 单井最大单煤层厚度/m | 最高煤阶 | 最大含气量(取样深度)/($m^3$/t) | 煤层气资源量/($10^{12}$ $m^3$) |
|---|---|---|---|---|---|---|---|---|
| 圣胡安 | 1.94 | 1 200 | 14 | 30 | 12 | 低挥发分烟煤 | 17(1 070 m) | 2.38 |
| 黑勇士 | 1.55 | 1 220 | 5 | 7.6 | 2.4 | 低挥发分烟煤 | 20(850 m) | 0.57 |
| 皮申思 | 1.74 | 3 660 | 20 | 30 | 6.7 | 半无烟煤 | 12(2 320 m) | >2.38 |
| 大绿河 | 5.46 | 1 830 | 30 | 29 | 6.0 | 高挥发分烟煤 A | 15.4(1 070 m) | 8.89 |

表 2-4(续)

| 盆地名称 | 面积/($10^4$ km²) | 煤层最大埋深/m | 单井主要煤层层数/层 | 单井最大煤层总厚度/m | 单井最大单煤层厚度/m | 最高煤阶 | 最大含气量(取样深度)/(m³/t) | 煤层气资源量/($10^{12}$ m³) |
|---|---|---|---|---|---|---|---|---|
| 粉河 | 6.68 | 1 220 | 24 | 91 | 60.0 | 亚烟煤 | 2.0(370 m) | 0.84 |
| 拉顿 | 0.57 | 920 | 40 | 27 | 3.0 | 低挥发分烟煤 | 14(370 m) | 0.28 |
| 西华盛顿 | 1.69 | — | — | — | 12.0 | 高挥发分烟煤 B | 2.1(180 m) | 0.68 |
| 北阿巴拉契亚 | 1.14 | 610 | 6 | 6 | 3.7 | 高挥发分烟煤 A | 12.5(240 m) | 1.73 |
| 伊利诺斯 | 13.00 | 920 | 3 | 5 | 4.6 | 高挥发分烟煤 A | 4.2(210 m) | 0.55 |

(3) 粉河盆地

粉河盆地位于美国西部的怀俄明州东北部和蒙大拿州东南部，面积约为 66 800 km²，是美国新兴的煤层气开发基地之一，煤层气资源量为 $8.4\times10^{11}$ m³，主要赋存在 1 000 m 以浅的煤层中。粉河盆地具有煤层厚度大、埋藏浅、煤阶低、含气量极低、渗透率非常高及封盖条件好等特点，这使得其煤层气勘探开发成本较低，且无须进行煤层压裂和地面水处理。

1986 年，WYATT 石油公司在该盆地钻探了第一口煤层气井。至 1998 年年底，共钻探 550 口煤层气井，盆地日产煤层气量为 $2.49\times10^6$ m³，单井平均日产量为 4 530 m³。1997 年，粉河盆地煤层气产量为 $3.6\times10^8$ m³。至 2006 年年底，煤层气井数增至 16 000 口，累计产量为 654.12 亿 m³，逐渐成为美国重要的煤层气生产基地。

(4) 拉顿盆地

拉顿盆地位于科罗拉多州东南部和新墨西哥州的东北部，是一个南北走向不对称的构造盆地，总面积约为 5 700 km²，煤层气资源量为 $2.8\times10^{11}$ m³。1993 年，该盆地钻探了第一批煤层气井。1997 年，煤层气产量达到 $5.6\times10^8$ m³。至 2006 年，拉顿盆地共有生产井 3 200 口，单井平均日产量为 2 500 m³，累计产量为 176.98 亿 m³。

2.2.1.2　加拿大

早在 20 世纪 80 年代初期，加拿大就开始在西部盆地进行煤层气勘探。90 年代后，加拿大对全国煤层气资源进行了系统评价，并在西部盆地及东部新斯科舍省部署了一批井，进行煤层气勘探和开采试验。目前，阿尔伯塔的东南部和中部、不列颠哥伦比亚的东北部和东南部以及温哥华岛均为煤层气勘探开发工作区。据统计，加拿大 17 个盆地和含煤区煤层气资源总量为 $(1.7\sim9.2)\times10^{13}$ m³，其中阿尔伯塔省是最主要的煤层气资源基地。

加拿大煤层气开发主要集中在西加拿大盆地，地理位置上主要位于阿尔伯塔省，地形上分为平原地区和丘陵地区。其中，平原地区的煤层气资源量为 $1.167\times10^{13}$ m³，丘陵地区约为 $3.7\times10^{12}$ m³。加拿大煤层气开发起步较晚，2001 年以前仅有 250 口煤层气井，其中生产井 70 口，单井日产量最高为 2 000～3 000 m³。此后，随着多家石油和能源公司加大对煤层气勘探和开发试验的投入，煤层气开发迅猛发展。仅 2003 年，阿尔伯塔省就钻探了

1 015 口煤层气井，煤层气年产量达 $5.1\times10^{8}$ m³。其中，80%的井以马蹄谷(Horseshoe Canyon)煤层为目的层，14%的井以曼恩维尔(Mannville)煤层为目的层，只有 6%的井以阿德莱(Ardley)煤层为目的层。2004 年，马蹄谷煤层的气井比例增加至 92%。截至 2006 年年底，阿尔伯塔省煤层气井数达到 10 732 口，煤层气年产量为 60 亿 m³。2008 年加拿大煤层气产量达 70 亿 m³。截至 2009 年第一季度，加拿大共有 1.55 万口煤层气井。

加拿大的煤炭资源以低变质煤为主，具有含气量低、致密、低压、低渗的特点，通常需经过压裂才能获得有商业价值的产量。开发初期，加拿大采用常规压裂方法，包括水力压裂(无支撑剂)、氮气泡沫压裂和液态 $CO_2$ 压裂(无支撑剂)，但压裂液返排率低，几乎没有气体产出。后来，根据煤层实际条件并借鉴在浅层气开发中的成功经验，加拿大发明了连续油管钻井和大排量氮气泡沫压裂等技术，并成功应用于煤层气开发。同时，借鉴美国的多分支羽状水平井技术，在渗透率较低的曼恩维尔煤层中取得了显著成效，水平井水平段长度最大可达 2 500 m，日产量最高可达 $5.6\times10^{4}$ m³。根据加拿大能源部门估计，2024 年煤层气产量将达到 306.6 亿 m³。

#### 2.2.1.3 澳大利亚

澳大利亚煤层气勘探开发借助其发达的天然气管网系统，产量增长较快，实现了煤层气大规模商业化开发，成为继美国之后煤层气开发最活跃的国家之一 。

澳大利亚的煤层气勘探最早始于博文和悉尼盆地，Houston 石油矿业公司于 1976 年在博文盆地钻探一口井，但未成功。1996 年 BHP 公司率先在博文盆地东缘 Moura 煤矿进行煤层气商业开发，平均日产气量达 10.8 万 m³，管输至格拉德斯通市。悉尼盆地的煤层气勘探由悉尼天然气公司从 1998 年开始在二叠系中进行，2001 年 4 月实现商业开发，并向悉尼供气。

1989 年，T-Star 石油公司在博文盆地西部的费尔维尤 (Fairview) 地区发现了具有低构造应力特征的 Comet Ridge 背斜。该地区 Bandanna 组煤层埋深 500～800 m，厚度为 5.1 m，含气量为 10～15 m³/t，渗透率可达 50 mD。这一发现证实了博文盆地西部具有较大的煤层气勘探潜力。位于该地区的费尔维尤煤层气田储量丰富，目前由 Origin 公司、Santos 公司及马来西亚石油公司共同控股。Comet Ridge 背斜东部的 Burunga 背斜中裂缝发育且高渗的 Baralaba 煤组，其上发现了两个大型气田，包括北部由 Santos 公司运营的于 2002 年 5 月投产的斯勾莎 (Scotia)气田，以及南部由 Origin 公司运营的于 2001 年 2 月投产的匹特(Peat)气田。

澳大利亚东部早期的煤层气勘探集中在具有较高煤阶、较高含气量的博文和悉尼盆地二叠系煤层。然而，由于早期受美国经验影响，对自身地质条件认识不足，勘探开发长期未取得突破。直至 2000 年，随着适合本地区地质条件的勘探开发技术的形成，博文盆地的煤层气产量才得到大幅度提升。目前，澳大利亚大部分商业化煤层气产能来自该盆地以二叠系煤层为目的层的莫钦巴、莫拉、费尔维尤、匹特和斯勾莎气田。

随着美国在粉河盆地低阶煤煤层气勘探中取得突破，以及澳大利亚东部供气紧张，澳大利亚煤层气勘探目标逐步转向了苏拉特盆地侏罗系煤层。1995 年，苏拉特盆地钻探了第一口煤层气井，但直到 2000 年 Origin 公司、箭牌能源公司及昆士兰天然气公司获得该区许可证后，才开展大规模勘探并迅速取得成功。箭牌能源公司、Origin 公司、Santos 公司、Bow 能源公司及 BG 集团先后在苏拉特盆地煤层气富集区发现了多个煤层气田。

总体而言，澳大利亚早期煤层气勘探以博文盆地等中煤阶含煤盆地为主要目标，随着认识的不断加深，勘探目标逐渐转向苏拉特等低煤阶含煤盆地，并很快取得了突破。同时，澳大利亚煤层气勘探开发创新了完井技术，单井产量及采收率获得了提高。

### 2.2.2　我国煤层气开发现状

我国含煤层气盆地（群）主要分布在华北、西北、华南和东北地区。目前，全国已探明42个含煤层气盆地（群），其中包括9个大型、16个中型、6个中小型及11个小型含煤层气盆地（群）。我国煤层气主要赋存盆地（群）资源量情况如表2-5所示。

**表 2-5　我国煤层气主要赋存盆地（群）资源量情况表[28]**

| 盆地（群）名称 | 地质资源量/($10^{12}$ m$^3$) | 资源丰度/($10^8$ m$^3$/km$^2$) | 可采系数/% | 可采资源量/($10^8$ m$^3$) | 地质资源量占比/% | 可采资源量占比/% |
|---|---|---|---|---|---|---|
| 鄂尔多斯 | 7.26 | 0.55 | 38.51 | 2.80 | 24.15 | 22.36 |
| 沁水 | 4.00 | 0.75 | 38.14 | 1.53 | 13.31 | 12.22 |
| 滇东黔西 | 3.12 | 1.95 | 44.29 | 1.38 | 10.38 | 11.02 |
| 准噶尔 | 3.11 | 1.19 | 43.80 | 1.36 | 10.35 | 10.86 |
| 天山 | 1.63 | 0.79 | 55.15 | 0.90 | 5.42 | 7.19 |
| 川南黔北 | 1.50 | 0.83 | 36.67 | 0.55 | 4.99 | 4.40 |
| 塔里木 | 1.30 | 2.21 | 45.94 | 0.60 | 4.32 | 4.79 |
| 海拉尔 | 1.30 | 1.00 | 58.31 | 0.76 | 4.32 | 6.07 |
| 二连 | 1.18 | 0.34 | 37.87 | 0.45 | 3.93 | 3.59 |
| 吐哈 | 1.16 | 0.87 | 56.09 | 0.65 | 3.86 | 5.19 |
| 其他 | 4.50 | 0.70 | 34.13 | 1.54 | 14.97 | 12.30 |
| 合计 | 30.06 | 0.76 | 42.00 | 12.52 | 100 | 100 |

我国是世界上少数以煤炭作为主要能源的国家之一，煤层普遍瓦斯（煤层气）含量高且渗透率低，从而导致煤炭开采前煤层气难以排出，在煤炭开采的数十年中瓦斯安全事故不断。此外，煤矿生产过程中抽出的绝大部分煤层气浓度小于30%，明显低于煤层气使用的国家标准，当前不少煤矿仍采取直接排空处理，从而导致每年煤炭开采作业排放200多亿立方米煤层气到大气中，对大气造成的污染是$CO_2$的数十倍之多。当前，在国家大力推进生态文明建设的背景下，加快发展清洁的煤层气资源变得越来越迫切。我国煤层气可采资源量居世界第三位，约为$1.0\times10^{13}$ m$^3$。在“十一五”“十二五”和“十三五”期间，煤层气平均年产量分别为$7\times10^8$ m$^3$、$1.6\times10^9$ m$^3$和$4.8\times10^9$ m$^3$[29]，初步展现了我国煤层气资源开发的潜力。然而，煤矿区煤层气的抽采效率和利用率仍然较低，地层中煤层气残余量较大。因此，确保煤矿生产安全以稳定我国经济快速发展的能源需求，加大煤矿区煤层气开发力度，提升煤层气产量，对于加快我国生态文明健康发展、促进“碳达峰”和“碳中和”目标的实现均具有重要意义。经过十多年在高含气储层煤与煤层气共采理论技术上的发展，已初步形成较为全面的技术成果，但由于我国煤层地质环境条件复杂，现有理论技术仍难以支撑煤与煤层气安全高效共采。

我国高瓦斯、煤与瓦斯突出矿井众多，普遍具有煤层破碎松软、渗透率低、瓦斯含量大且难抽采的特点，煤矿瓦斯治理难度大，严重影响了煤炭的安全高效生产。

我国煤层气勘探开发经历了 3 个阶段，分别为矿井瓦斯抽放发展阶段（1952—1989 年）、现代煤层气开发技术引进阶段（1989—1995 年）和煤层气产业逐渐形成发展阶段（1996 年至今）。20 世纪 50 年代，原煤炭部和原地矿部从煤矿安全生产的角度出发，建立了瓦斯抽放站抽放煤层瓦斯。在此期间，主要开展了井下瓦斯抽放及利用、煤的吸附性能和煤层气含量测定工作。

20 世纪 80 年代至 90 年代初，美国圣胡安盆地煤层气勘探的成功推动了全球范围内的煤层气勘探热潮，也促使我国开始引进现代煤层气勘探开发技术。在这一阶段，辽宁抚顺、山西阳泉、河南焦作和河北开滦等煤矿区先后施工了 24 口煤层气抽放钻孔，并尝试了水力压裂、水力冲孔洞穴法等强化增产措施，单孔平均产气量为 195～613 $m^3/d$，但未达到预期效果。

1992—1996 年，联合国开发计划署（UNDP）通过全球环境基金会资助我国开展“中国煤层气资源开发”项目，煤炭科学研究总院西安研究院承担了 4 个子项目之一的“中国煤矿区煤层气资源评价”。通过国际煤层气专家培训，我国技术人员学习掌握了煤层气基础理论，成长为专业技术人才。同时，引进了国外煤层气含量解吸测试、高压等温吸附试验、注入/压降试井等成套装备及储层模拟软件；分别在辽宁铁法，河南鹤壁、安阳、焦作、平顶山，山西晋城，安徽淮南、淮北 8 个煤矿区施工了 10 口煤层气井，开展了取心和含气量测试、等温吸附试验、试井及煤岩煤质分析等工作，获取了大量数据，包括含气量、等温吸附曲线、渗透率、储层压力、原岩应力等参数。在此基础上，形成了煤层气资源评价技术和方法，并对全国 17 个煤矿区的煤层气资源开发潜力进行了评价，提交了《中国煤矿区煤层气资源评价》综合研究报告和 17 个矿区专题研究报告。该项目的实施和研究成果，对推动我国煤层气开发进程起到了重要作用。

我国大规模开采煤层气始于 2006 年。此后，瓦斯抽采与煤层气开发被统一为煤层气开采，并在《关于加快煤层气（煤矿瓦斯）开采利用的若干意见》中首次明确提出。随后，“十一五”“十二五”“十三五”能源发展规划制定并出台了一系列煤层气开采利用的国家政策。在东北瓦斯聚集区（辽宁）、华北瓦斯聚集区（晋城）、华东瓦斯聚集区（淮南）实施了煤矿瓦斯利用示范工程，开展了低浓度高效燃气发电、煤矿采区瓦斯抽采网络安全智能控制、配气与气源治理技术、瓦斯利用率达到 45%以上的分布式瓦斯利用技术与设备等重点示范。中国工程院战略研究表明，到 2050 年，我国以煤炭为主的能源结构将难以改变。为提高煤炭利用率，全国主要煤矿区已施工各类地面煤层气井约 9 097 口（表 2-6）（截至 2023 年 1 月），我国已进入煤与煤层气资源同步开发利用的阶段。

**表 2-6 我国煤炭企业施工的煤层气井统计**

| 序号 | 工程项目投资与联合投资单位 | 垂直井（丛式井）/口 | 水平井/口 | 顶板水平井/口（组） | 采动区井/口 | 总井数/口 |
|---|---|---|---|---|---|---|
| 1 | 山西晋煤集团 | 4 919 | 545 | 1 | 10 | 5 475 |
| 2 | 山西潞安矿业集团 | 798 | | 1 | | 799 |
| 3 | 山西焦煤集团 | 688 | 19 | | 76 | 783 |

**表 2-6(续)**

| 序号 | 工程项目投资与联合投资单位 | 垂直井(丛式井)/口 | 水平井/口 | 顶板水平井/口(组) | 采动区井/口 | 总井数/口 |
|---|---|---|---|---|---|---|
| 4 | 山西阳煤集团 | 225 | 1 | 1 | 3 | 230 |
| 5 | 山西兰花集团 | 196 | 79 | | | 275 |
| 6 | 山西大同集团 | | | | 120 | 120 |
| 7 | 辽宁铁法集团 | 40 | | | 138 | 178 |
| 8 | 河南能源集团 | 57 | 2 | 4 | | 63 |
| 9 | 河南平煤神马集团 | 3 | | | 31 | 34 |
| 10 | 安徽淮南矿业集团 | 8 | 2 | 26 | 376 | 412 |
| 11 | 安徽淮北矿业集团 | 17 | | 3 | 285 | 305 |
| 12 | 安徽皖北煤电集团 | | | 6 | 16 | 22 |
| 13 | 陕西陕煤彬长矿业集团 | 64 | 18 | | 7 | 89 |
| 14 | 陕西陕煤铜川矿业公司 | 7 | | | 3 | 10 |
| 15 | 陕西陕煤韩城矿业公司 | 2 | 1 | 23 | | 26 |
| 16 | 贵州煤炭企业 | 56 | 4 | 3 | 10 | 73 |
| 17 | 国能集团宁夏煤业公司 | | 2 | | 135 | 137 |
| 18 | 国能神东煤炭集团公司 | | 2 | | | 2 |
| 19 | 重庆市能源投资集团 | 24 | 1 | | | 25 |
| 20 | 黑龙江龙煤集团 | 9 | | | 3 | 12 |
| 21 | 甘肃窑街煤电集团 | 26 | 1 | | | 27 |
| 合计 | | 7 139 | 677 | 68 | 1 213 | 9 097 |

与我国的煤层气储层相比，澳大利亚的煤层连通性好、渗透率高、单井控制面积大，开发井距离一般为 750～1 500 m。近年来，澳大利亚裸眼井开发逐渐成为主流。由于煤层渗透性高，截至 2014 年 7 月，昆士兰仅有 8%的煤层气井采用了水力压裂技术进行增产。由于我国煤层气储层的特殊性，这些方法在国内难以达到理想的单井产量，因此我国发展了一系列地表和地下煤层气开采技术。这些技术具有独特的创新性，能够克服储层低渗透率的挑战。此外，我国部分煤层气储层位于山区，地表煤层气开采技术的实施难度较大。因此，我国开发了一系列地下煤层气开发技术，将煤炭资源开发与煤层气开采相结合，提高了煤层气开发效率。经过几十年的发展，我国在煤层气开采过程中形成了“先采瓦斯后采煤”及“煤与煤层气协调开发”的模式。根据煤田的分布和地质特征，我国目前确立了“淮南”“晋城”“松藻”三种基本模式(图 2-2)。原位煤层气地面井抽采是我国地面井抽采煤层气的主流技术。然而，由于煤层强烈变形、煤体结构破坏严重、煤层渗透性差及压裂等储层强化技术的局限性，大部分高瓦斯矿区的煤层气开发试验井日产气量较低。构造煤发育是我国煤储层的重要特征，也是我国煤储层低渗的主要原因。高瓦斯矿区构造煤通常尤为发育，仅沁水盆地、晋城等少数高瓦斯矿区例外，构造煤储层已成为制约煤层气地面开发的瓶颈。在构造煤发育矿区，一方面煤层气资源丰富，另一方面煤矿生产过程中煤层气排空消耗量大、温室气体

减排压力大。此外，这些矿区多为煤与瓦斯突出矿井，重特大瓦斯事故高发，煤矿安全生产的投入和压力显著增加。目前，构造煤储层被视为原位煤层气地面开发的“禁区”，井下抽采几乎成为构造煤发育矿区开发煤层气的唯一技术发展方向。然而，煤矿区煤层气井下抽采存在抽采率低、甲烷浓度低、利用率低等突出问题，严重制约了构造煤发育矿区煤层气的开发利用[30]。

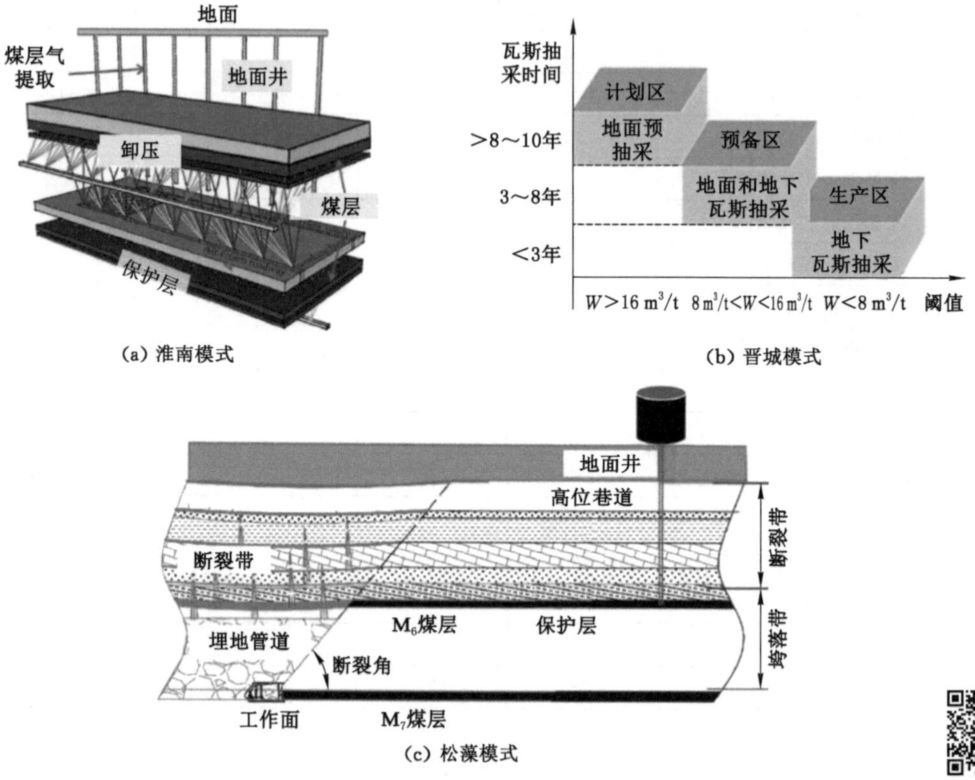


(a) 淮南模式　(b) 晋城模式　(c) 松藻模式

图 2-2　三种煤层气抽采模式示意图

#### 2.2.2.1　淮南模式

1998—2000 年，依托“九五”国家科技攻关项目“新集浅层煤层气示范开发工艺技术及专用装备研究”，国投新集能源股份有限公司与煤炭科学研究总院西安研究院合作，在新集煤矿施工了 3 口煤层气开发试验井，开展了煤储层参数测试、压裂和排采试验，单井日产气量最高为 3 278 $m^3$，平均为 200～1 200 $m^3$。

淮南模式是根据我国淮南煤田的特点开发的煤层气开采模式。淮南地区地质构造复杂，矿区煤层埋藏深（－300～－1 500 m），煤岩松软，瓦斯含量高，瓦斯渗透率低。淮南矿区面积约为 3 000 $km^2$，煤炭与煤层气资源丰富，探明煤炭储量超过 150 亿 t，煤层气资源量超过 3 000 亿 $m^3$[31]，生产与规划矿井范围内的煤层气资源量约为 700 亿 $m^3$。主采煤层大多为高瓦斯或突出煤层；构造煤极为发育，煤层松软；煤层透气性低；瓦斯压力大；生产矿井均存在煤与瓦斯突出危险。区内煤层气（瓦斯）抽采早期主要依靠井下抽采。1991 年以来，中国煤炭地质总局、煤炭科学研究总院西安研究院等先后在安徽两淮煤田开展了煤层气勘探评价工作，共计施工 14 口井[32]。测得的有关参数如下：透气性系数为 0.001～0.104 $m^2/(MPa^2 \cdot d)$，储层压力为 3.3～12.68 MPa，煤层气含量为2.0～18.16 $m^3$/t。14 口井中，日采气量最大的可达 1 000 $m^3$，多数仅为几百立方米且迅速衰减，部分井几乎无气可采（非均质性）。因此，原位（未采动区）煤层气地面抽采技术难以在矿区推广运用。

2002 年后，针对煤层压力大、煤层多的特点，淮南矿业集团积极开展低透煤层群开采条件下地面钻井抽采采动区瓦斯技术及工程试验研究，以提高煤层气抽采率。图 2-2(a)为淮南模式煤层气抽采示意图。该方法通过利用煤层保护层开采煤层气，可有效提高煤层气抽采率。在潘一矿 2352(1)工作面施工地面采动区井，抽采保护层 11-2 煤层开采过程中上覆 13-1 强突煤层的卸压瓦斯，抽采瓦斯中甲烷体积分数为 50%～95%，累计抽采纯甲烷量达 292 万 $m^3$。截至 2020 年，淮南矿区已在谢一矿、潘一矿、潘三矿、顾桥矿、谢桥矿、丁集矿、张集矿和朱集东矿等矿井的 52 个工作面施工了 376 口地面采动区井，形成了非常成熟的抽采技术。淮南潘谢矿区采用保护层技术，煤层气抽采率达 85.2%，日产气量为 8 166 $m^3$。

2011 年，依托“十二五”国家科技重大专项示范工程项目，淮南矿业集团与煤炭科学研究总院西安研究院合作在顾桥矿开展了 5 口压裂井的开发试验，单井日产气量最高达 1 900 $m^3$，平均为 200～800 $m^3$。2018 年，淮南矿业集团明确提出要全力推进煤层气开发与瓦斯治理协同技术攻关，大力开展碎软低渗突出煤层顶板水平井分段压裂开发煤层气工程试验，积极探索地面井治理煤矿瓦斯灾害的新路径，在潘谢区块施工了 6 口 L 形顶板分段压裂水平井。2021 年 2 月分别在顾桥矿、潘二矿、朱集矿各施工了 4 口 L 形顶板水平井，2022 年在潘三矿、朱集东矿各施工了 4 口 U 形顶板水平井。截至 2022 年 12 月 8 日，2021 年施工的 12 口 L 形顶板水平井中已有 3 口井日产气量超过 4 000 $m^3$、1 口井超过 3 000 $m^3$、1 口井超过 2 000 $m^3$、2 口井超过 1 000 $m^3$，合计日产气量超过 2.58 万 $m^3$。

桑树勋等[33-34]、赵干等[35]通过对淮南矿区煤层气地质的研究指出，淮南矿区煤储层几何形态复杂，受原生沉积、河道冲刷和构造流变等多因素控制；淮南矿区煤储层渗透率总体偏低，一般小于 $10^{-3}$ $\mu m^2$；渗透性的非均质性突出，试井渗透率为(0.002～2.1)×$10^{-3}$ $\mu m^2$，变化幅度较大，部分地区为高渗区。煤储层区域含气性受构造的影响显著，甲烷含量高的区域主要集中在谢桥古沟向斜及尚塘耿村向斜的轴部与陈桥—潘集背斜及唐集—朱集背斜的两翼，为集中开发提供了有利条件。煤储层含气性与煤层埋深有着密切的关系，甲烷含量和浓度与埋深相关性较好，其中 13-1 煤的含气性最好。不同区域的含气性存在一定差异，主要原因仍是受区域构造的影响[36]。淮南矿区控气因素多样且主导因素多变。桑树勋等通过对淮南矿区煤层气地质的研究指出，该矿区地质研究程度高，具备有利地质条件，有充足的资源保证。在甲烷风化带以下，埋深小于 1 500 m 的范围内，剩余煤层气资源量超过 3 000 亿 $m^3$，按平均采收率计算，煤层气地质储量约为 2 000 亿 $m^3$。淮南矿区是高瓦斯煤层群开采的典型矿区，同时也是高瓦斯复杂地质条件矿区的代表，具有高、深、软、大、异的特征。瓦斯是制约淮南矿区煤炭生产的主要因素。由于井下抽采难以保障煤炭生产安全及开采进度，淮南矿区曾尝试采用原位煤层气预抽采技术抽采煤层气，但抽采效果不佳，转而发展了卸压煤层气地面井抽采技术。

淮南矿区 13-1 主采煤层具有很强的突出危险性，且透气性系数低，预抽难度大。因此，应在开采前先开采保护层 11-2 煤层，作为区域防突措施。受采动与岩层移动作用影响，上覆 12、13-1、13-2 和 15 煤等煤层卸压并产生“卸压增透”和“卸压增流”效应，同时生成大量卸压解吸瓦斯和顺层离层张裂隙。预先由地面向上覆各卸压煤层打穿层地面钻井，在地面钻井抽采负压的作用下，卸压瓦斯沿顺层张裂隙向钻井汇集，并通过抽采管对各卸压煤层瓦斯进行全层同时抽采或煤层气共采(图 2-3)。通过配合保护层开采，采用地面井抽采采动区瓦斯，扩大了保护范围，初步实现了煤与瓦斯共采。

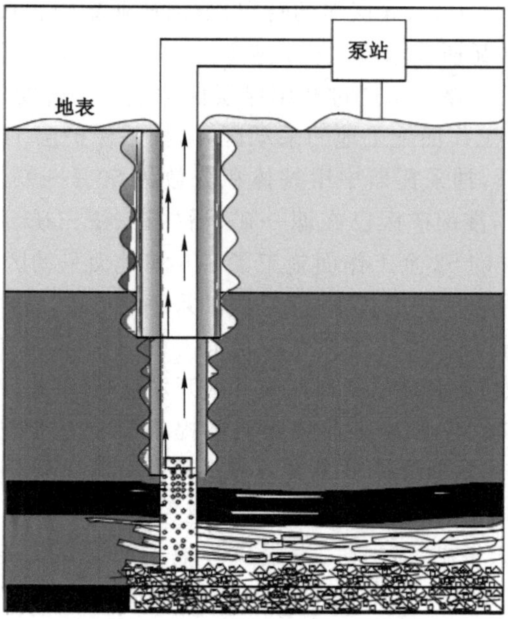


图 2-3　卸压煤层气地面井抽采示意图

淮南矿区开展远距离被保护层卸压煤层气地面井开发地质理论及其应用研究，旨在满足高瓦斯煤矿区煤矿安全生产和煤层气开发的迫切需求、攻克构造煤煤层气开发和瓦斯治理的技术难题，力争探索卸压煤层气地面开发技术和煤与煤层气共采模式，提高煤矿瓦斯抽采率和气体甲烷浓度，开发和充分利用煤层气资源，保障煤炭安全开采等。该研究对开发利用高瓦斯矿区洁净新能源、减少能源浪费、遏止煤矿瓦斯事故、保护大气环境均具有重要意义，同时对国内煤层气勘探开发技术的发展具有探索示范和推动作用。此外，该研究为远距离卸压煤层气地面井抽采提供了理论及技术支撑，推动了远距离卸压煤层气地面井抽采工程进展，对研究区煤矿安全生产具有重大现实意义，同时也为全国其他类似地质和瓦斯地质条件的矿区开展煤层气抽采和区域瓦斯治理提供了重要参考。

#### 2.2.2.2　晋城模式

晋城模式是基于沁水盆地煤田地质条件建立的煤层气开采模式。该盆地地质构造简单，煤变质程度高。晋城矿区位于山西省沁水盆地东南缘，以无烟煤为主，煤层平均厚度为 3～5 m，相对瓦斯涌出量为 8～16 $m^3/t$，渗透性相对较好，埋深标高为－300～－800 m。该矿区是国家规划的晋东大型煤炭基地的矿区之一。自 20 世纪 90 年代初起，该矿区便开始了煤层气的勘探和生产试验，现已成为全国勘探程度最高、开发前景最好、商业化程度较高的煤层气气田。

1991 年，晋煤集团与美中能源有限公司合作，在寺河煤矿东五盘区施工了 2 口煤层气勘探开发试验井。试井结果表明，该煤层渗透性较高，最大渗透率可达 3.18 mD。1995 年，两家单位合资成立了山西晋丹能源研究开发有限公司，并于 1997 年完成了潘庄 7 口煤层气开发试验井组，单井最高日产气量达 12 000 $m^3$，单井稳定日产气量为 500～3 000 $m^3$，其中潘一井连续 4 年日产气量稳定在 2 000 $m^3$。2003 年 8 月，晋煤集团成立了沁水蓝焰煤层气有限责任公司，专门从事煤层气地面开发利用工作。截至 2004 年年底，沁水蓝焰煤层气有限责任公司在潘庄井田建成了 30 口井地面煤层气开发示范工程，平均单井日产气量达 1 500～2 000 $m^3$，其中 SH-003 井甚至出现了罕见的自喷现象，产气效果远远超出预期。截至 2005 年年底，寺河煤矿东五盘区施工的煤层气井数已达 134 口，并逐步向成庄、胡底和赵庄等煤矿拓展。到 2013 年，晋城矿区已施工地面煤层气井 5 030 余口，煤层气年产量高达 14 亿 $m^3$，约占当年全国总量的 50%，成为当时国内最大的煤层气产业化开发利用示范基地，也为晋城矿区高瓦斯煤矿安全高效生产提供了有力保障。随后，煤层气地面开发技术由晋城矿区推广应用到山西潞安、阳泉、西山等矿区，实现了山西省煤矿区煤层气规模化、商业化开发利用。

截至 2018 年，全国共新钻煤层气井 13 044 口，其中大部分位于沁水盆地。针对单一厚煤层煤层气开采，采用了“晋城模式”，即根据煤层气开采和采煤的时空顺序，在煤矿区内实施三带联动、三维瓦斯抽采的模式。如图 2-2(b)所示，其技术原理如下：首先，在煤层气含量较高(＞16 $m^3/t$)的规划区域采用地面井抽采，该阶段通常持续 8～10 年或更长时间，直到煤层气含量降至 16 $m^3/t$ 以下；随后采用地面与地下联合抽采技术，该阶段通常持续 3～8 年，直至煤层气含量降至 8 $m^3/t$ 以下；最后，在生产区采用地下瓦斯连续抽采。晋城模式是地面和地下煤层气开采的结合，可实现大规模、精准、高效、低成本的开采。2006—2019 年，潘庄矿区单井煤层气平均采出量为 2 690 $m^3/d$。

#### 2.2.2.3　松藻模式

松藻模式是我国西南煤层气开发的主要模式[图 2-2(c)]。松藻矿区位于四川盆地与贵州高原过渡带，属于中低山切割剥蚀、侵蚀地形地貌，高寒河谷煤层面波动较大。矿区交通条件极为不便，压裂车难以进入矿区；因此，在该地区不宜采用煤层气地面抽采法。西南地区煤变质程度较高，且多为无烟煤。特别是在松藻矿区，煤层平均厚度为 2～3 m，煤层瓦斯含量高(相对瓦斯涌出量为 17～29 $m^3/t$)，瓦斯压力为 1.2～4.5 MPa，瓦斯渗透率低(0.000 75 mD)。针对软煤层、低渗煤层和突出煤层，采用井下水力压裂增透技术，实现煤与煤层气协调开发。在松藻煤矿进行水力压裂时，瓦斯抽采量为 4 713 $m^3/d$，是非压裂区瓦斯抽采量的 3.6 倍。2020—2022 年，贵州豫能投资有限公司在黔西市新田煤矿实施 2 口顶板水平井，最高日产气量均突破 5 000 $m^3$。

据不完全统计，全国主要煤矿区已施工各类地面煤层气井约 9 097 口(截至 2023 年 1 月)。根据我国煤矿区煤层气开发试验起步时间先后、资源勘查程度、产气效果及开发规模等，可将煤矿区煤炭未采区煤层气勘探开发进程划分为早期探索试验、资源评价、开发试验、规模化且商业化开发 4 个阶段。目前，仅在山西晋城、陕西彬长等少数煤层气地质-储层条件相对较好的矿区，未采区煤层气开发进入了商业化、规模化开发阶段；而其他以碎软低渗突出煤层为主的矿区，煤层气单井产气量低、开发效果不理想，未采区煤层气开发仍处于试验阶段。令人欣喜的是，目前正在开展煤炭未采区碎软低渗煤层地面煤层气井开发试验的煤矿区，如安徽淮南、淮北、皖北矿区，陕西韩城矿区及贵州部分矿区等，已由传统的地面垂直压裂井开发方式全面转向碎软低渗煤层顶板水平井分段压裂高效开发试验方式，煤层气开发工作进展迅速。目前已施工或正在施工的顶板水平井有60余口，其中多口顶板水平井的日产气量稳定在4 000 $m^3$以上。此外，在安徽淮南、淮北矿区，山西晋城、大同矿区，辽宁铁法矿区及贵州盘江矿区等，煤炭采动区煤层气地面井开发也取得了良好的效果，并已形成一定的开发规模。

## 2.2.3 瓶颈与挑战

目前，我国煤层气产业仍处于起步阶段，发展水平相对较低。除了复杂的地质条件和生产技术外，其他制约因素包括矿业权冲突、管网不足、利用困难、补贴不足、天然气市场不完善及难以吸引民间资本等，从而导致煤层气生产成本高、收益低。2013年，受全球能源市场和政策影响，煤层气勘探开发投资放缓，煤层气地面产量和利用率与“十二五”规划目标存在较大差距，因此必须解决制约发展的矛盾和问题。

### 2.2.3.1 勘探开发技术仍需突破

与国外相比，我国煤储层压力低、渗透率低、瓦斯饱和度低，其中高应力区、构造煤区块、超低渗煤区块及深部难采煤区占总资源量的75%以上，难以用常规技术有效开采。

多年来，国家“863”计划、“973”计划、高技术产业化示范工程、国家科技重大专项等科技支撑项目的实施，形成了一批科技成果，解决了常规煤层气勘探、开发、输送、利用中的一些问题。然而，针对我国各类难采煤层气资源占比高的情况，目前尚未建立起适合我国地质条件的煤层气生成、渗流和开发的地质理论，在基础理论和技术上尚未取得突破。我国煤层气井平均单井产量低，无效成本高，煤层气上游开发低效的内因主要是技术落后。目前，煤层气富集评价与勘探技术、低煤阶煤层气勘探开发技术、高效钻完井技术、增产技术、集输技术及煤层气加工利用技术等方面仍需深入研究。

20世纪50年代起，国内将煤层气作为煤矿安全事故的重要诱因，并未将其作为一种能源加以利用，煤矿瓦斯主要以治理排采为主。在这期间，经历了高透气性煤层抽放瓦斯、邻近层抽放瓦斯和低透气性煤层强化抽放瓦斯等技术发展阶段[37]。20世纪90年代，提出了针对含气量较高煤层实施煤层气抽放的多种新技术，但是广泛应用于煤矿的只有网格式密集布孔技术。20世纪80年代至21世纪初，综合抽放瓦斯被提出来用以解决瓦斯涌出问题，煤层气地面井抽采、煤矿井下抽采和地面-井下综合抽采3种抽采技术应运而生。

21世纪初，煤层气资源的巨大开发潜力才得到重视，煤与煤层气共采理论技术正式得以发展。在煤矿井下煤层气开采方面，根据国内煤层不同地质特征逐渐形成了一系列煤层气抽采技术，如高透气性本煤层瓦斯抽采技术、井下钻孔抽采技术、煤层水力压裂技术、邻近层穿层钻孔区域抽采技术、无煤柱煤与煤层气共采技术等。同时，煤层气地面井开采中垂直压裂井技术、分支水平井技术、丛式井技术、U形水平井技术、定向羽状水平井技术等一系列技术也基本形成[38]。这一时期，国外也针对不同地质条件煤层提出了一些煤层气抽采技术。例如，加拿大形成了连续油管钻井技术、高排量氮气泡沫压裂技术、羽状水平井技术等，用以开采具有煤阶低、含气量低等特点储层的煤层气；美国提出了适用于圣胡安盆地的钻井-洞穴完井技术及适用于其他煤层气盆地的钻井-套管-完井-压裂技术等[39]。然而，由于煤炭开采过程中的安全事故与环境污染等问题突出，发达国家在20世纪末已基本停止煤炭开采，相关技术主要针对煤层气开发，很少涉及煤与煤层气共采。国内外煤与煤层气开采相关技术对比如表2-7所示。

**表 2-7　国内外煤与煤层气开采相关技术对比**

<table>
<tr><th colspan="2">区域</th><th>主要技术</th><th>特点</th></tr>
<tr><td colspan="2">国外</td><td>连续油管钻井技术、高排量氮气泡沫压裂技术、羽状水平井技术、钻井-洞穴完井技术、钻井-套管-完井-压裂技术</td><td>主要为煤层气开发技术，而煤炭开采技术较少</td></tr>
<tr><td rowspan="2">国内</td><td>井下</td><td>高透气性本煤层瓦斯抽采技术、井下钻孔抽采技术、煤层水力压裂技术、邻近层穿层钻孔区域抽采技术、无煤柱煤与煤层气共采技术</td><td rowspan="2">以煤炭开发与瓦斯治理技术为主，部分地区实现煤与煤层气协调开发技术应用</td></tr>
<tr><td>地面</td><td>垂直压裂井技术、分支水平井技术、丛式井技术、U 形水平井技术、定向羽状水平井技术、水平分段压裂井抽采技术、地面直井联合井下水平长钻孔抽采技术、地面 L 形井联合采动影响抽采技术</td></tr>
</table>

21 世纪初至今，煤层气巨大开发潜力得到了我国的高度重视，各煤矿区煤层气的综合开发利用发展迅速。在此时期，通过“外引内研”的技术发展方式，逐步进入煤矿区煤层气产业化勘探与开发技术快速发展轨道。然而，煤层地质条件复杂，煤与煤层气共采实现困难。因此，加快煤与煤层气共采相关理论技术突破，已成为我国煤层气开发领域迫切需求。此外，由于行业差异，石油与煤炭领域相关企业和科研院所合作程度不高，大规模全面实现煤与煤层气共采仍处于探索发展阶段。

2.2.3.2　*矿区采煤与采气之间的冲突*

煤炭采矿权与煤层气生产权的重叠一直是制约我国煤层气产业发展的主要因素，其中涉及国家和地方企业之间的利益冲突。1998 年，随着政府机构改革，原煤炭工业部撤销，其职能划归原国土资源部，原国土资源部要求对煤层气生产权进行重新登记。由于操作困难及缺乏资源意识，大部分 1998 年拥有矿权的企业并未重新登记，导致未登记的煤层气生产权被收回。因此，出现了煤层气与煤炭的开采审批隶属不同部门的现象，造成同一矿区产权重叠。

由于煤炭在我国能源结构中处于主导地位，部分产煤地区存在“先煤后气”的政策或对煤层气探矿权的排斥，从而使煤层气探矿权处于较低水平。煤层气与煤炭采矿权的重叠直接影响煤层气的大规模开发利用，煤层气开发与煤炭或石油开采的矛盾逐渐显现。煤层气是一种非常规天然气，即与煤伴生并以吸附状态储存，因此煤炭开采与煤层气抽采必须系统地结合起来，才能实现协调开发。根据《国务院办公厅关于加快煤层气（煤矿瓦斯）抽采利用的若干意见》，国家推进煤炭开采与瓦斯抽采一体化。然而，这一具体要求在实施时却举步维艰，出现了瓦斯抽采与煤炭开采分离的现象。由于采气权与采矿权的分离和两种资源的共生关系，无论在时间尺度还是空间尺度上，科学、合理、安全的采气与采煤一体化部署仍需更多制度和技术上的革新。

### 2.2.4　煤与煤层气共采中煤层气抽采技术

为缓解煤炭生产过程中严峻的瓦斯灾害问题、提高煤层气资源利用率及减少煤矿碳排放，经过数十年的科研攻关与生产实践，煤矿井下煤层气抽采技术水平得到显著提升，形成了较为完善的技术体系，如图 2-4 所示[40]。

该技术体系将煤矿井下煤层分为单一煤层、远距离煤层群和近距离煤层群 3 种，并形成了不同的煤层气抽采方案：针对单一煤层和远距离煤层群，采用在煤层卸压区域顶底板施工

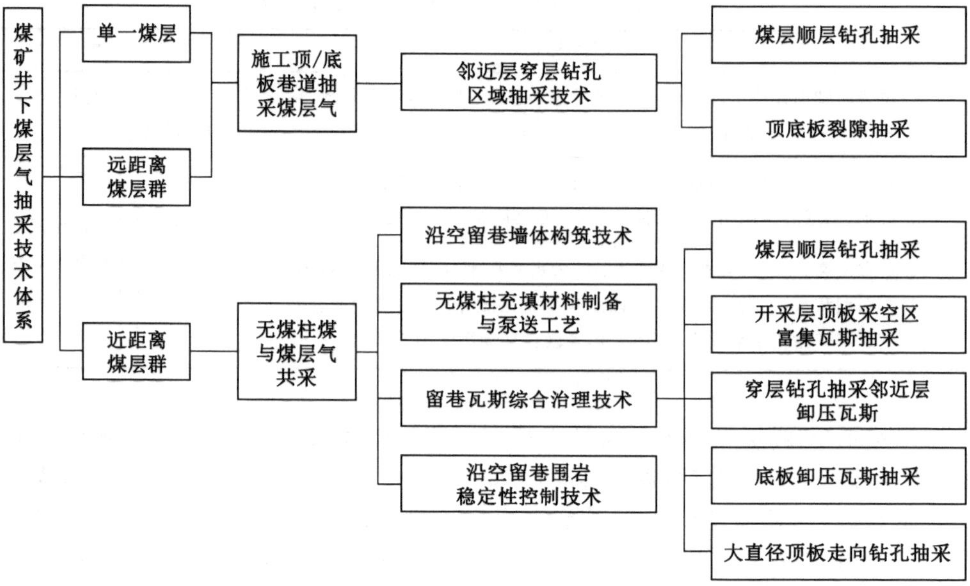


图 2-4 煤矿井下煤层气抽采技术体系

的抽采巷道布设邻近层穿层钻孔实施抽采；针对近距离煤层群，主要采用无煤柱煤与煤层气共采技术实施煤层气抽采，形成了沿空留巷墙体构筑技术、无煤柱充填材料制备与泵送工艺、沿空留巷围岩稳定性控制技术及留巷瓦斯综合治理技术 4 项关键技术。其中，沿空留巷墙体构筑技术主要包括人工模板、吊袋柔模、机械模板和机械框架模板及适用于多数薄煤层的煤袋墙人工堆砌；无煤柱充填材料制备与泵送工艺分为高水充填材料制备与泵送工艺、膏体混凝土充填材料制备与泵送工艺；沿空留巷围岩稳定性控制技术实现了顶板覆岩中大结构和小结构的稳定控制；留巷瓦斯综合治理技术提出对煤层中各区域煤层气应实施综合抽采。上述较为完善的煤矿井下煤层气抽采技术体系显著促进了煤矿井下煤层气高效抽采及煤矿区煤层气利用的发展。针对煤矿井下采空区的煤层气抽采，我国形成了以巷道抽采法、钻孔抽采法、导入法及埋管抽采法为主的抽采技术方法。其中，高位巷煤层气抽采技术、高位钻孔煤层气抽采技术[41]和埋管煤层气抽采技术[42]应用较为广泛。高位巷煤层气抽采技术通过破坏顶板形成高位巷，使得邻近层的煤层气由于顶板的破坏而解吸并从高位巷中流出，最终汇集到采空区，从而被抽采出来。此技术可有效治理采空区瓦斯涌出问题，并且拥有较长的抽采周期，但开挖一条巷道的工作量较大且花费较高。高位钻孔煤层气抽采技术通过采动压力形成的裂隙带及钻孔产生的负压，对采空区中的煤层气进行抽采，适用于有较大地质构造且煤层气浓度较高的矿井。在上覆岩层的作用下，采动作用形成的“O”形圈中部被压实，煤层气集中于“O”形圈裂隙较为发育的四周，由此提出埋管煤层气抽采技术，即在回风侧埋管用机械负压进行抽采。此外，我国废弃矿井众多，煤矿关井后形成具有巨大储集体积的密闭空间，大量煤层气将在此空间汇集。对于此类废弃采空区煤层气抽采，一般采用钻井液钻井工艺和氮气欠平衡钻井工艺[43]重新钻开该密闭空间，然后利用地面负压抽采设备实现对该类采空区煤层气的抽采。采空区煤层气抽采技术的飞速发展，极大提高了煤与煤层气共采的效率，减少了煤矿井下的安全隐患，提高了煤矿煤层气的资源利用率。随着石油领域与煤炭领域技术交叉与融合发展，地面井与煤矿井下钻孔抽采煤层气取得长足进步。石油领域的丛式井、U 形水平井、多分支水平井等钻井技术，以及垂直井压裂、水平井压裂、超长水平井分段压裂等压裂技术，与煤炭领域煤矿井下顺层钻孔抽采、钻孔断裂带抽采、高位抽采巷钻孔抽采、采煤工作面下隅角综合抽采等关键技术协同，形成了煤与煤层气全方位立体式协同开发技术（图 2-5）。

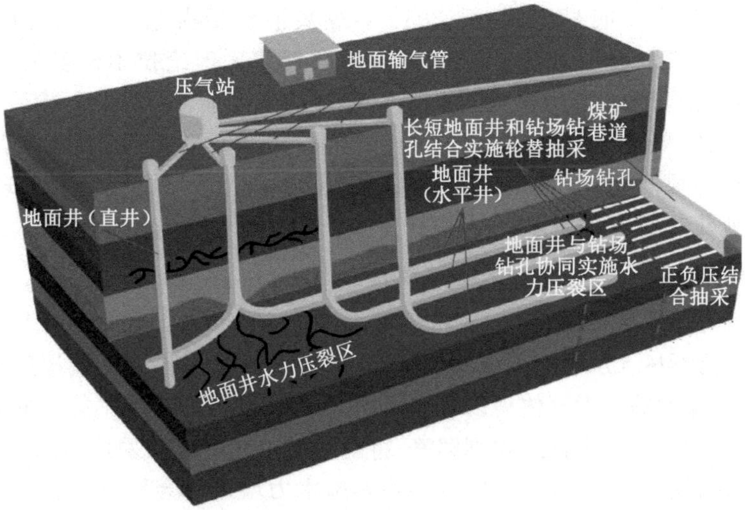


图 2-5　煤矿井下煤层气抽采示意图

时间上，先行利用地面井进行煤层区域抽采，而后对抽采效果不佳或地面井无法涵盖的局部区域，再运用合理布设的煤矿井下钻孔进行补强抽采。空间上，充分配合实施地面井与煤矿井下钻孔水力压裂，并通过合理协调将地面井和煤矿井下钻孔纳入抽采实施单元，利用轮替抽采技术实施煤层气的高效抽采[44]。待完成煤层中煤层气的抽采后，煤层气含量将大幅降低，而后再进行煤炭开采。采用地面井和煤矿井下钻孔联合协同开采煤层气的效果远大于单纯地面井或煤矿井下钻孔抽采效果。例如，位于淮南矿区的潘一矿抽采卸压区煤层气时采用地面井与煤矿井下钻孔协同抽采的方法，取得了地面井单孔日产气量超过 10 000 $m^3$ 的突出效果。

## 2.2.5　煤与煤层气共采形势

### 2.2.5.1　国外煤与煤层气共采形势

由于不同国家煤层气储层地质特征差异显著，相关开发技术不具备普适性。虽然世界上有多个国家探明了储量巨大的煤层气资源，但是大多数国家至今仍停留在煤层气小规模开发阶段。目前，实现煤层气商业化开采的国家主要有美国、澳大利亚和加拿大。2018 年，国外煤层气产量约为 785 亿 $m^3$[45]。美国是煤层气成功开发的典范，根据煤层气的 6 个主要生产盆地资料，美国煤层气采收率为 50%～80%。澳大利亚在煤层气开发方面也取得了显著成效。2018 年年底，澳大利亚煤层气的对外出口量就达到了其全国总液化天然气(LNG)的 29%。然而，考虑煤炭开采带来的巨大环境问题，美国、澳大利亚等发达国家几乎已停止煤炭开采。由此可见，国外当前相关领域的理论与技术主要针对地面井煤层气开发，极少涉及煤与煤层气共采方面。

2.2.5.2 国内煤与煤层气共采形势

提高煤层气开发和利用效率能有效缓解对高碳能源尤其是煤炭的依赖，从而促进“双碳”目标的实现。当前，在国家政策扶持与科研工作者的不懈努力下，煤层气开发利用技术及装备得到了飞速发展，已形成初具工业化规模的煤层气开发格局。相关数据显示，我国煤炭消费量在2025年后将明显下降，到2030年煤炭消费量占总能源消费量的比例将降至50%以下。受煤炭产能缩减大趋势制约，煤与煤层气共采理论技术的发展在一定程度上受到影响。然而，当前煤炭仍然是支撑我国经济发展的主要能源，为确保能源结构转型平稳过渡，煤炭缩减速度需要合理控制，并加大替代性清洁能源开发。因此，煤与煤层气共采仍将在未来持续很长一段时间，这为能源行业科技工作者推进煤与煤层气共采理论与技术原始创新并实现产业化应用提供了基础。

2.2.5.3 支撑煤与煤层气高效共采基础理论

由于煤层中煤层气解吸-扩散-渗流机理至今未能完全明确，无论是地面井还是煤矿井下抽采煤层气效率仍不尽人意。主要问题如下：① 煤层气解吸需要降低储层压力以获得更多游离气体，确保赋存量大的吸附气体得以有效采出，而降低储层压力却不能保障游离气体扩散和渗流的动力，此矛盾能否从理论上得到解答，将制约煤层气高效抽采技术的革命；② 分布广泛且具有松软、低孔、低渗特征的高含气煤层，在实施水力增透时会导致煤岩中黏性物质遇水膨胀，并产生裂隙尖端水锁现象，同时游离气和吸附气可被水动力圈闭在煤层的基质中[46]，从而造成煤层增透效果不佳；③ 煤层气解吸、扩散和渗流在不同特征煤层的机理明显不同，构建一系列针对不同特征煤层的煤层气解吸运移理论仍需相关科研工作者的努力攻关；④ 各地煤层气煤岩储层普遍松软且地应力高，导致难以维持煤层气抽采井/孔的稳定，考虑钻孔与抽采作用影响并耦合储层气体流动与温度变化的煤岩基础力学理论还需进一步深入研究，进而提出可适用于松软煤层的井(孔)维护技术。由此可见，我国煤与煤层气共采理论仍面临诸多难题，应深入开展相关基础理论研究以支撑煤与煤层气高效共采技术的发展。

2.2.5.4 煤与煤层气高效共采技术

我国煤与煤层气共采模式和协调开发评价体系已相对完善，但是煤与煤层气共采技术体系还有待进一步完善。主要问题如下：① 水力增透煤层技术已较为广泛地应用于矿井煤层气抽采，但由于煤层地质条件复杂，综合考虑煤层地质特征制定因地制宜的水力增透技术仍需进一步提升，尚需完善的相关技术包括顺层钻孔分段水力压裂技术、穿层钻孔定向控制压裂技术及高压水射流钻分支孔技术等；② 受到煤层渗透率低、地应力高、煤岩体松软等因素的影响，钻孔易发生坍塌、堵塞、漏气等现象，导致煤层气抽采效果不理想，煤层气抽采孔稳定性预测与控制技术、漏气失效钻孔修复技术、二次封孔技术等还有待进一步完善；③ 基于煤矿绿色开发理念提出的煤与煤层气全方位立体式协同开发技术体系还不够完备，分区联动地面井连续抽采技术、极薄保护层高效开采技术、无煤柱煤与煤层气安全高效共采技术等方面仍需进一步提高。该技术目前仅在少数煤矿区应用，实际推广应用中还需对其进一步丰富和发展，以形成完善的技术体系，从而实现煤与煤层气共采技术的革新。

2.2.5.5 煤矿区煤层气集输技术

美国煤层气开发主要采用地面井抽采，由地面采出的煤层气一般汇集入天然气管道或加工成液化天然气输送给消费者。早期煤炭开采过程中井下产出的煤层气通常利用管道集输至矿区锅炉房和邻近发电厂，以提供燃料气源[47]。相应地，形成了一系列煤层气存储与输送技术。我国对于高含气煤储层普遍采用超前钻孔预抽或地面钻孔预抽，以降低煤层气含量，从而达到煤炭安全作业要求[48]，抽采的煤层气通过抽采管道进入地面泵站。由于大部分矿区规模较小，煤层气储集量有限。偏远矿区将地面泵站储集的煤层气主要用作锅炉房燃料或供给周围村民使用。即使是临近城市的矿区，由于收集的煤层气浓度一般低于30%，也无法汇集入天然气管道，除矿区与当地居民使用外，大量煤层气仍通过燃烧口燃烧，甚至直接排放，不仅造成了资源浪费，也加重了碳排放。因此，煤矿区煤层气集输技术仍将是当前急需解决的关键技术问题。

#### 2.2.5.6　煤矿区煤层气综合利用技术

煤矿区抽采的煤层气一般浓度不高，为使资源价值最大化且避免浪费，需大力发展不同浓度段煤层气综合利用技术。国外已经实现了煤层气液化的工业应用，尤其是澳大利亚规划了太平洋项目(APLNG)、渔夫项目、格拉德斯通项目(GLNG)及昆士兰柯蒂斯项目(QCLNG)等 8 个煤层气深冷液化制取 LNG 项目，以实现资源出口[49]。目前，我国初步形成了内燃机发电、煤层气提纯、蓄热氧化等涵盖不同浓度煤层气的利用技术与装备体系。然而，针对煤矿区低浓度煤层气的利用技术仍较为匮乏，导致煤矿井下采出煤层气利用率低于40%。煤层气利用率较低的原因主要包括：① 当前我国多数煤矿煤层气抽采配套设备与设施未能配置完备，导致煤层气总体利用率低下；② 煤层气阶梯式利用仍缺乏相对成熟的技术支持；③ 每个矿区对煤层气的利用方式依据自身条件制定，实现利用的煤层气资源仅限于容易采集的气体资源，对于投资产出比小的煤层气资源不做收集利用，甚至直接井下排放或通过通风口排入大气。因此，大力发展不同浓度段煤层气综合利用技术显得尤为重要。当前，仍需发展的煤层气综合利用技术主要包括煤矿井下煤层气提纯技术、低浓度煤层气本地民用利用技术、煤矿井下低浓度煤层气发电技术及煤层气液化技术等。

#### 2.2.5.7　煤炭地下气化-煤层气联采技术

煤炭地下气化是采用工业技术手段将地层中的煤炭进行区域可控制燃烧，并在化学和热作用下产生可燃气体的过程，进而对产出的可燃气体进行集输，用作优质的燃气能源。同时，利用地下炉腔释放的余热联合开采炉腔上覆煤层气(热采)，可有效开发极低渗储层煤层气资源。目前，加拿大、印度、南非等国家陆续开展了煤炭地下气化项目。加拿大在阿尔伯塔省开展了至今最深煤层(1 400 m)的煤炭地下气化现场试验[50]，取得了较好的效果。我国 1 000 m 以下的深部煤炭资源丰富，但由于开采这些煤炭资源需应对高地应力、高地温、涌水量大等突出问题，深部煤炭地下开采十分困难。煤炭地下气化技术使得我国储量巨大的深部煤炭资源的安全清洁开发利用成为可能。同时，煤炭地下气化可有效提高低渗煤层中煤层气资源的抽采效率。此外，该技术还能将高污染的煤炭资源通过地下气化转为清洁的燃气资源，对实现“双碳”目标意义重大。然而，煤炭地下气化集建井、采矿、转化“三位”为一体，从选址到生产运行涉及地质、采煤、工程热物理、能源化工、环境保护及探测监控等诸多学科，远比传统油气工程复杂。同时，地下水环境保护、气化炉稳定性、深部地下气化运行控制是煤炭地下气化技术产业化面临的三个技术瓶颈。

目前我国生产的煤层气的主要储存方法是采用储存量小的地面储存塔，储存量小且储存成本高。此外,煤层气的利用过程受到技术或经济因素的限制,如缺乏低浓度煤层气的运输和利用标准,导致大量的低浓度煤层气只能被稀释和浪费;同时,由于采用煤层气发电的商品电价格较低,也限制了煤层气的使用。

国家政策的扶持促进了煤层气产业的发展,但不能改变产业发展的规律。我国煤层气还处在商业性开发的起步阶段,支持产业发展的相关煤层气地质与开发理论尚不成熟。由于多方面原因,即使在国家优惠政策的支持下,煤层气开发也仅能达到"零"效益。虽然社会效益显著,若无经济效益,产业最终会失去发展动力。开发投入过高而产能又上不去,其深层次原因仍在于基础理论研究薄弱。从开发角度来说,煤层气井以直井为主,水力压裂是增加煤层气直井产能最主要的强化手段,而我国从压裂技术、压裂设备到压裂设计软件基本上是从国外引进的。技术、设备、软件可以引进,但无法代替基础研究工作。由于我国含煤地层普遍经历过强烈构造运动,煤体结构往往遭到很大破坏,煤储层本身的渗透率相对较低,影响了压裂效果。压裂效果不佳导致产能不理想,凸显出对煤储层压裂机理研究薄弱、认识不足的问题。因此,有必要在借鉴常规储层压裂技术的前提下,对煤储层的岩性特征、压裂机理和压裂特性进行深入研究,为我国煤层气产业的发展奠定理论基础。

## 2.3 致密砂岩气开发现状

致密砂岩气在世界各大含油气盆地广泛分布,在我国"双碳"战略背景下,致密砂岩气作为一种低碳、清洁、优质的化石能源,不仅是我国常规油气资源的重要补充和整体能源结构的重要组成部分,也是实现从传统化石能源向清洁能源过渡的重要桥梁和纽带[51]。

致密砂岩气是指产出于渗透性极低的砂岩储层中的天然气。"致密"只是一个相对性的描述概念,目前全球范围内没有一个统一的致密砂岩气定义。1970 年,美国政府将产出于渗透率小于 0.1 mD 砂岩储层中的天然气定义为致密气。1980 年,美国联邦能源管理委员会(FERC)将致密砂岩气储层的渗透率限定为小于 0.1 mD,而常见的致密砂岩气储层的渗透率大都小于 0.05 mD[52]。1989 年,Spencer 等[53]将致密砂岩气储层的渗透率限定为地层条件下气体渗透率小于 0.1 mD,并描述了致密砂岩气藏的常见特点。我国国家标准《致密砂岩气地质评价方法》(GB/T 30501—2022),将致密砂岩气储层的标准限定为孔隙度小于 10%、覆压基质渗透率小于 0.1 mD 或空气渗透率小于 1 mD、孔喉半径小于 1 μm、含气饱和度小于 60%[54]。

总体而言,致密砂岩气在世界范围内的丰富储量和低碳、清洁的优点,使其具有巨大的开发价值。但其储层低孔低渗的特点带来的开发难度,也吸引全球相关学者聚焦于此开展了大量的研究工作[55-59]。

### 2.3.1 国外致密砂岩气开发现状

美国是致密砂岩气藏勘探开发最早的国家,也是勘探开发技术最成熟的国家。根据 2010 年 EIA 评价结果可知[60-64],美国致密气资源储量为(1.98～4.25)$\times 10^{13}$ $m^3$,占常规天然气资源储量的 29.8%～63.9%。1970 年,美国开始在西部的圣胡安盆地勘探开发致密砂岩气,当时仅能开发渗透率低于 0.1 mD 的致密砂岩气藏,并且此后十年勘探开发进程非常缓慢。1980 年以来，随着经济效益的逐渐提高，对低渗储层地质特征认识的不断深入及勘探开发技术的持续进步，渗透率低于 0.01 mD 的致密砂岩气藏也得到了有效开发，从而加快了美国致密砂岩气的勘探开发步伐。此阶段，美国致密砂岩气产量约占天然气产量的 2%。1990 年以来，美国致密砂岩气勘探开发技术取得了重大突破，致密砂岩气产量快速增加，致密砂岩气勘探开发进入快速发展阶段。随着美国出台一系列促进非常规天然气勘探开发的优惠政策，以及三维地震预测技术、水平井分段压裂技术及大型水力加沙压裂增产技术等先进技术在致密砂岩气田的成功应用，开发渗透率低于 0.001 mD 的致密砂岩气藏成为可能，进而实现了致密砂岩气的商业化开发。此阶段，美国致密砂岩气产量约为 1 000 亿 $m^3$。2000 年以来，随着天然气价格的快速上涨，以及成熟、高效、低成本、配套的致密砂岩气勘探开发技术体系逐渐发展完善，美国致密砂岩气勘探开发进入高速发展阶段。此阶段，美国致密砂岩气产量连续十年突破 1 000 亿 $m^3$，2003 年致密砂岩气产量已攀升至1 274 亿 $m^3$。2010 年以来，美国在 23 个致密砂岩气富集盆地发现致密砂岩气田约 900 个，探明可采储量约为 $5.0\times10^{12}$ $m^3$，开发建设致密砂岩气生产井约 10 万口，致密气产量约为 1 754 亿 $m^3$，占美国非常规天然气总产量的 58%，占美国天然气总产量的 29%。根据 EIA 数据，致密砂岩气将成为美国非常规天然气开发的重要领域。

美国致密砂岩气藏的开发特征主要为：① 单井产量低，可采储量少，并逐年快速降低；② 采用定压方式生产，单井前期产量高，具有短期内回收成本、充分利用地层能量、快速获得生产参数等优点；③ 采用大规模钻井、井间接替等方式来维持气田稳产。

美国致密砂岩气藏的储层特征主要为：① 以海相-海陆过渡相为主；② 透镜状砂体发育，横向上连续性较差；③ 储层具有低孔隙度、特低渗透率的特征，裂缝较发育；④ 储层含水饱和度高。

### 2.3.2　国内致密砂岩气开发现状

我国致密砂岩气藏的勘探开发主要经历了三个阶段[65-74]：

(1) 探索起步阶段(1995 年以前)。20 世纪 70 年代，我国首次在四川盆地的西部发现了中坝致密砂岩气田，之后在其他盆地中又相继发现了大量的小型致密砂岩气田。在 2000 年以前，国家对致密砂岩气藏一直未给予足够重视，未将其作为天然气重点勘探开发对象，仅按照低渗-特低渗气藏进行勘探开发，此阶段致密砂岩气藏勘探开发进展较为缓慢。

(2) 重大发现阶段(1996—2005 年)。从 1996 年开始，鄂尔多斯盆地的致密砂岩气藏勘探开发取得了重大突破，发现了苏里格气田、米脂气田、榆林气田、子洲气田、大牛地气田及乌审旗气田等致密砂岩气田。特别是 2000 年以来，根据大型气藏的勘探开发思路，勘探开发了苏里格气田、大牛地气田、乌审旗气田、神木气田、米脂气田等 5 个探明储量巨大的致密砂岩气田。然而，由于单井产量较低、经济性差，无法规模化、商业化开发，此阶段致密砂岩气产量增长较为缓慢。

(3) 快速发展阶段(2006 年至今)。2006 年以来，根据致密砂岩气田勘探开发新思路，鄂尔多斯盆地苏里格致密砂岩气田初步形成了一套适用于致密砂岩气藏勘探开发的技术体系，并初步实现了苏里格致密砂岩气田的商业化开发，进而推动鄂尔多斯盆地致密砂岩气藏勘探开发进入快速发展阶段。

随着地质认识、勘探开发技术的逐渐完善和发展，四川盆地须家河组致密砂岩气藏和鄂尔多斯盆地苏里格气藏的勘探开发取得明显成效，堪称我国主要盆地致密砂岩气藏勘探开发的典范。2012 年，我国致密砂岩气总产量约为 320 亿 $m^3$，约占天然气总产量的 30%，其中，鄂尔多斯盆地致密砂岩气产量占我国致密砂岩气总产量的 80%以上。2014 年，鄂尔多斯盆地苏里格致密砂岩气田竖直井与水平井的平均单井日产量分别约为 1 万 $m^3$ 和 6 万 $m^3$，总产量为 246 亿 $m^3$，成为我国致密砂岩气可采储量和产能规模最大的气田。四川盆地西部已经成功开发了九龙山、合兴场、中坝、平落坝、新都、邛西、新场、洛带和马蓬等致密砂岩气田，其侏罗系和上三叠统致密砂岩气总资源储量约为 $2.5\times10^{12}$ $m^3$，探明可采储量约为 $2.2\times10^{11}$ $m^3$，探明可采储量约占资源储量的 10%。四川盆地中部已经成功开发了合川、安岳、南充、八角场、广安和遂宁等致密砂岩气田，其中须家河组致密砂岩气总资源储量约为 $3.4\times10^{12}$ $m^3$，探明可采储量约为 $5.0\times10^{11}$ $m^3$。四川盆地中部致密砂岩气田水平井平均单井日产量约为 $2.1\times10^4$ $m^3$，年总产量约为 $1.5\times10^9$ $m^3$。此外，在四川盆地东北部、四川盆地南部和四川西南部地区也相继发现了新的致密砂岩气田。

在开发技术方面[75-84]，我国与北美在储层识别精度和“甜点”预测领域仍存在一定差距，在快速钻井、大丛式水平井、多层多段压裂等工艺改造方面还有待完善。在储层识别及甜点预测方面，我国通过三维砂体预测模拟和地震叠前反演技术，目前可识别 5～10 m 断层，10 m 厚砂体的识别准确率达 70%～80%，“甜点”预测准确率为 50%～85%。在钻井方面，我国苏里格气田水平井井深约为 5 000 m(直井段为 3 000～3 500 m，水平段为 500～1 500 m)，水平井钻井周期为 25～35 d，日均进尺为 167 m，钻井单位成本为 5 000 元/m，单井成本平均为 2 500 万元。在储层压裂改造方面，我国鄂尔多斯盆地长 7 段致密油层，应用大型混合水力压裂方法，单井日产量超过 20 t。苏里格气田直井分层压裂一般小于 10 层，水平井最多压裂 20 段，单平台钻丛式水平井 5～20 口，采收率为 32%，动用率小于 50%。

## 2.4 天然气水合物开发现状

天然气水合物，俗称“可燃冰”，是由水分子和烃类气体分子(主要是甲烷)在低温高压条件下形成的非化学计量笼形晶体化合物。作为一类非常规能源，可燃冰广泛分布于海底沉积物(如大陆架斜坡带、洋中脊、海沟和海岭等)和陆地永久冻土带(如极地冻土带和高海拔的永久冻土带)中[85-86]。目前，全球已有 79 个国家和地区发现了可燃冰资源。据估算，地球上可燃冰储量约为 $2\times10^{16}$ $m^3$，是剩余天然气储量的 128 倍，其有机碳总资源量相当于全球已知煤、石油和天然气等碳含量的 2 倍，可供人类使用近千年[87]。可燃冰已被誉为 21 世纪最具发展前景的新型能源，加速可燃冰资源的开发对满足人类日益增长的能源需求以及缓解能源危机问题具有重要意义。经过数十年的研究，国内外学者在可燃冰资源开发方面的研究工作已取得了巨大进展。

### 2.4.1 天然气水合物资源勘探

#### 2.4.1.1 勘探方法

天然气水合物的勘探主要依据其特殊的地球物理标志、地球化学标志、生物学标志及海底地形地貌标志等特征。目前，具有应用和发展前景的天然气水合物勘探技术主要包括以下几种。

(1) 测井法:测井法是天然气水合物勘探中除地震反射之外的另一种重要的地球物理方法。固态的天然气水合物充填于岩石的粒间孔隙或岩石裂缝中,可将沉积物黏结在一起,从而显著增强沉积物的胶结程度和致密性。因此,天然气水合物不仅在地震剖面上有明显的异常,而且在测井曲线上也有明显的反应。目前的测井方法主要包括电阻率测井、自然电位测井、微差井径测井、地震波速测井、密度测井及放射性测井等[88]。

(2) 声学技术:声学深拖系统是一种能在深海区进行海底地形地貌、浅层地质结构调查的大型海洋装备,同时可搭载多种传感器。侧扫声呐系统能对海底微地形地貌进行直接成像,用于海底地貌测绘及海洋地质调查。我国具有自主知识产权的第一套声学深拖系统是中国科学院声学研究所研制的 DTA-6000 型声学深拖系统,目前已投入使用,最大工作深度为 6 000 m,拖曳速度为 2～4 kn[1 节(kn)＝1 海里/时＝0.514 m/s],测深覆盖宽度两侧可达 500 m,侧扫覆盖宽度两侧不小于 700 m,浅地层穿透深度不小于 50 m,底层分辨率大于 0.2 m[89-90]。该系统主要安装有高分辨率测深侧扫声呐、浅地层剖面仪、多普勒计程仪,以及声信标、运动传感器、温度传感器及压力传感器等设备。

(3) 磁学技术:天然气水合物的形成和存在与微生物活动、氧化还原环境及甲烷含量等密切相关,这些过程可能导致生成磁性矿物,发生矿物转化及矿物粒度变化等。岩石磁学参数指标可以用于检测沉积物中所含磁性矿物的种类、粒度和含量,因此能够有效指示天然气水合物的存在位置,是探测天然气水合物的有效方法。迄今为止,可以较好地指示天然气水合物的磁学参数主要有磁化率指标[91]、等温剩磁 IRM 等[92]。

(4) 海水原位探测:海水原位探测是对海水的地球化学指标进行原位、快速探测的技术,能够随时发现海水中甲烷等地球化学指标的异常,进而为海底冷泉和麻坑等的探查、天然气水合物赋存区段的筛选以及为天然气水合物站位选择提供地球化学证据。然而,传统海水地球化学勘探基本上采用船载 CTD 系统(温盐深测量系统)配合常规实验室检测技术,即采集海水样品后,在船上或拿回到实验室,经过吹扫、冷阱富集处理后,采用气相色谱仪进行烃类指标分析测试。值得强调的是,通过甲烷原位测试技术获得的地质解释成果和常规方法测试成果基本一致,但在数据真实性、准确性和便捷性方面更具优势。这证明了原位电化学传感器测试技术原理的科学性、优越性和可行性,无疑是未来海水地球化学勘探发展的方向和趋势[93]。

#### 2.4.1.2　国内外天然气水合物勘探开发进度

2000 年以来,美国、日本、加拿大、德国、印度 5 国合作实施加拿大马更些三角洲冻土带 Mallik 计划,以 Mallik5L-38 井天然气水合物开发试验为标志,天然气水合物的研究进入全面野外作业阶段。为此各国投入了巨大的人力和物力[94]:美国先后两次通过立法加强天然气水合物的研究工作,2014 年年末宣布 4 年内投资 5 800 万美元[95],用于研究天然气水合物储层形成、分布及原位物理力学性质,最终目标是 2025 年前实现海上商业化开采。欧洲科学基金会资助的海洋综合研究计划自 2000 年起,重点研究了天然气水合物的生物地球化学、水合物-沉积物-水-气体系统的物化特性和环境特征、天然气水合物调查技术等(ESF-Marine Board,2002)。日本已投入数十亿美元进行天然气水合物勘探开发研究,先后制定了“甲烷水合物研究及开发推进初步计划”“21 世纪甲烷水合物开发计划(简称 MH21)”两个发展规划,特别是在 2013 年进行了全球首次海洋天然气水合物试开采试验,发现了砂堵等关键工程问题，为后续商业化开采迈出了重要一步。当前，全球范围对天然气水合物资源的开采利用正在积极推进，除美国和日本外，印度、韩国、俄罗斯、加拿大、德国、墨西哥等国家也制订了开发天然气水合物的技术研究和发展计划(图 2-6)，同时，针对天然气水合物基础理论研究的大洋钻探计划(DSDP、ODP 和 IODP) 航次研究也极大地推动了相关研究的发展，并取得了显著成果。世界海域天然气水合物测井情况见表 2-8。

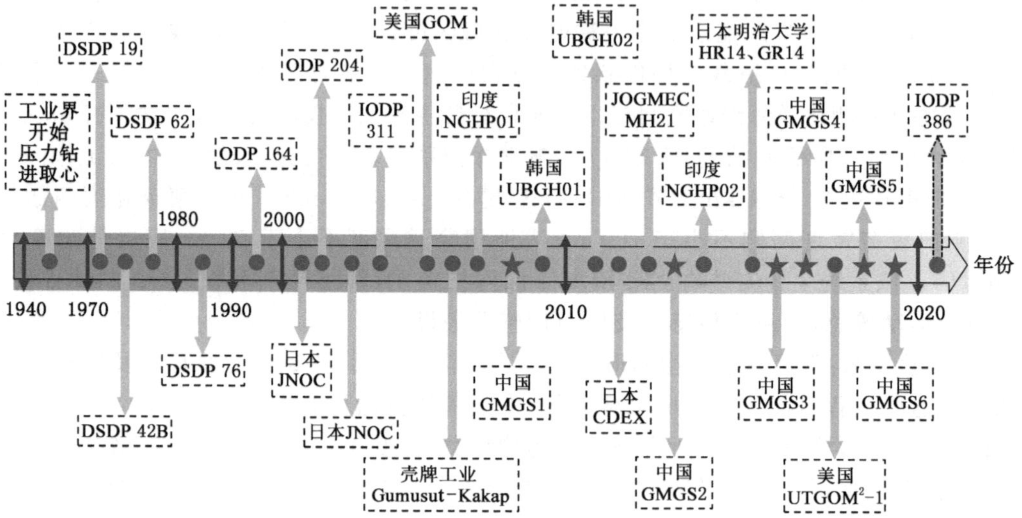


图 2-6　20 世纪 40 年代以来全球主要海域天然气水合物钻探项目时间线[96]

**表 2-8　世界海域天然气水合物测井概况**

| 天然气水合物勘探区 | 项目名称 | 所用测井方法 |
|---|---|---|
| 中国南海神狐海域 | 2007GMGS1、2013GMGS2、2015GMGS3、2017GMGS4 | 声波、伽马、密度、电阻率、井径、中子孔隙度 |
| 美国布莱克海台 | 海洋钻探项目 ODP leg164 | 声波、伽马、中子、电阻率、井径、成像 |
| 美国水合物脊 | 海洋钻探项目 ODP leg204 | 声波、密度、电阻率、中子、核磁 |
| 日本 Nankai 海槽、加拿大温哥华外海 | 2005 年综合大洋钻探计划 IODP 311 航次 | 声波、伽马、密度、电阻率、声波、成像 |
| 美国墨西哥湾 | MITI 1999-200 | 声波、伽马、密度、电阻率 |
| | 联合工业项目 JIP Keathley Canyon | 声波、伽马、密度、电阻率 |
| | 联合工业项目 JIP Ⅱ Green Canyon | 声波、伽马、密度、电阻率、井径 |
| 印度沿海 | 国家天然气水合物计划 NGHP-01-10 | 声波、伽马、密度、电阻率 |
| 韩国 Ulleung 盆地 | UBGH-2 | 声波、伽马、密度、电阻率、中子 |
| 中美洲危地马拉大陆边缘 | 1982 年深海钻探项目 DSDP 84 航次 | 声波、密度、电阻率、中子 |

自 20 世纪 90 年代后期，我国科学家逐步开展了天然气水合物勘探领域的前期探索工作。中国地质调查局在预测可能存在天然气水合物层的冻土带和海域进行了地质、地

球物理、地球化学等综合性野外勘查，确认了南海西沙海槽、东沙群岛南部、笔架南盆地、南沙断陷盆地等区域的 BSR（似海底反射层）标志；2007—2016 年期间，四次在南海北部陆坡区钻采出不同类型的天然气水合物沉积物岩心样品，并进一步于 2017 年在神狐海域成功试采出天然气水合物储层气，充分证实了该区域海洋天然气水合物资源前景[97-98]。研究指出，西北羌塘盆地、可可西里陆相盆地、祁连山多年冻土区等地都是理论上优质的勘探靶区，并在祁连山木里地区的冻土层内钻井获得了天然气水合物实物样品。东北漠河盆地多年冻土带也发现了生物成因天然气水合物储层可能赋存的调查证据。总体而言，我国天然气水合物资源前景广阔，海域天然气水合物资源总量约为 $10^{14}$ $m^3$，陆域天然气水合物资源总量约为 $10^{13}$ $m^3$。数值模拟结果显示，神狐海域天然气水合物具备经济开采价值。随着我国天然气水合物的调查研究进程进一步加快，目前天然气水合物开采正在向商业性生产阶段过渡[98-100]。

### 2.4.2　天然气水合物资源开采

现阶段天然气水合物尚未实现大规模商业化开采，有效的开采技术仍处于研究阶段。目前已提出的天然气水合物开采技术方法主要有降压法、热激发法、固态硫化法及抑制剂法等[101]。降压法在开采时因储层显热、环境传热不足，易引发天然气水合物再生逆反应和冰的形成，最终导致产气不连续、效率降低。热激发法（包括注入热水或蒸汽、微波加热及电加热）存在温度传递差异，大部分的热量被消耗于整个储层加热，开采效率不高。固态硫化法能耗较高，大规模开采可能引发地质灾害和大规模天然气泄漏。抑制剂法扩散效率低，与天然气水合物无法充分接触，且对海底表层地貌以及生态环境有一定破坏作用。以上方法均无法满足工业化开采需求，且开采过程中储层强度降低可能导致海底边坡失稳等安全隐患，具有一定危险性。为此，近年来有学者提出二氧化碳-甲烷置换法，该方法在开采甲烷水合物的同时，能使原来的空间形成二氧化碳水合物，维持储层强度，具有安全性高、经济性好等特点，达到了天然气开采和二氧化碳封存的双重目的[102]。然而，该方法仍面临水合物置换效率低、置换机理不明确等关键问题[103-106]。

经过数十年的攻关，天然气水合物已进入现场试采技术验证阶段。2002 年、2007 年、2008 年，加拿大在 Mallik 地区先后采用热激发法和降压法进行了 3 次现场试采，平均产气量从 94 $m^3/d$ 提升至 2 000～3 000 $m^3/d$[107]，表明降压法比热激发法效率更高。美国于 2012 年首次使用二氧化碳-甲烷置换法联合降压法对艾琳天然气水合物区进行开采，累计产气量为 2.4 万 $m^3$。2013 年和 2017 年，日本在其东南海域南海海槽第二渥美海丘采用降压法实施 2 轮 3 井次天然气水合物试采，但均因出砂问题而中断，仅可作为长期开采的参考[108]。2016 年，中国地质调查局在祁连山木里地区首次使用水平对接井技术实施了陆域天然气水合物开采，产气量为 1 078.4 $m^3$[109-110]。2017—2020 年，我国又在南海先后成功实施了 3 次海洋天然气水合物试采，攻克了深海浅软地层水平井钻采核心技术，向天然气水合物资源开发产业化发展迈出了重要一步。表 2-9 详细列举了世界范围内天然气水合物试采事件。从全球天然气水合物试采停产原因来看，天然气水合物开采面临的最大挑战在于储层出砂，由此可见，解决天然气水合物开采过程中的岩土力学问题是今后实现天然气水合物规模化开采的关键。

**表 2-9 世界范围内天然气水合物开采大事记**

| 年份 | 事　件 |
| --- | --- |
| 2002 | 加拿大 Mallik 天然气水合物陆地钻井开始实施，利用注热＋降压联合开采，5 d 累计产气量约为 500 $m^3$，后因严重出砂中断测试 |
| 2007 | 中国广州海洋地质调查局实施了南海天然气水合物首次钻探；<br>加拿大 Mallik 天然气水合物陆地钻井第二阶段结束，利用降压开采，产气量约为 800 $m^3$，因出砂严重中断开采 |
| 2008 | 加拿大 Mallik 天然气水合物陆地钻井第三阶段结束，利用降压法，产气 139 h，累计产气量约为 $1.3\times10^4$ $m^3$，因严重出砂中断测试 |
| 2012 | 美国 Nordic-CalistaDrilling 公司在阿拉斯加北坡采用 $CO/N_2$（23%/77%）混合气体置换开采天然气水合物，产气时间 30 d，累计产气量约为 28 300 $m^3$ |
| 2013 | 日本在东部 Nankai 海槽利用简单降压法对深海天然气水合物进行试采，6 d 产气量为 $1.19\times10^5$ $m^3$，产水量为 1 245 $m^3$，因出砂问题而被迫中止 |
| 2017 | 中国第一口试采井在神狐海域开钻，并成功在水深 1 266 m 海底以下 203～277 m 的天然气水合物矿藏中开采出天然气，产气周期为 60 d，累计产气量约为 $3\times10^5$ $m^3$。<br>日本在东部 Nankai 海槽进行第二次试采，第一口试验井连续生产 12 d，产气量为 $3.5\times10^4$ $m^3$，因出砂停产；第二口试验井生产时间为 24 d，无出砂现象，累计产气量约为 $2\times10^5$ $m^3$ |
| 2020 | 中国第三次在神狐海域采用降压法开钻，1 个月产气总量为 $8.614\times10^5$ $m^3$，日均产气量为 $2.87\times10^4$ $m^3$，创"产气总量，日均产气量"两项世界纪录 |

综合来看，目前天然气水合物开采利用难度较大，风险高，同时开采效率和产气量距离产业化发展还有很大差距。造成这种情况的主要原因在于：

(1) 资源分布广、品质低，尚未探测到高品质的天然气水合物矿藏。目前已发现的海洋天然气水合物大多赋存在深水陆坡区，资源分布广、埋深浅（0～400 m），以泥质粉砂储层为主，胶结程度弱，多无致密的圈闭构造，压力窗口窄，资源丰度低。

(2) 天然气水合物开采涉及多学科交叉，基础理论尚未取得根本性突破。天然气水合物特别是海洋天然气水合物大多成藏于多孔介质中，是沉积层的组成部分。天然气水合物开发过程伴随着非连续、非均质的沉积物溃散，开发过程中耦合、渗流、传热传质等机制尚不清晰，涉及地质、工程等多学科交叉，尚未形成理论支撑和技术突破。

(3) 制约天然气水合物规模开发的三大安全因素尚未根本解决。天然气水合物特别是海洋天然气水合物的特殊赋存环境使得其在开采过程中面临潜在地质及环境风险。从近些年日本南海海槽试采和美国阿拉斯加北部陆坡普拉德霍湾艾琳天然气水合物区探井结果来看，天然气水合物开发或大量分解可能会引发井壁失稳以及海底井场区失稳、滑坡等地质灾害，同时在天然气水合物的分解过程中，倘若其分解过程逐渐不可控，将可能引发温室效应。因此，潜在的地质风险、生产控制风险和装备风险这三大风险制约着天然气水合物的规模开发。

(4) 技术经济成本较高制约天然气水合物开采的进一步发展。首先是钻井成本高；其次胶结程度较差的天然气水合物储层易发生垮塌风险，开采过程中结冰、水合物二次生成及严重出砂等问题，均严重影响开采过程的安全高效性；再者日产气量有限，使得目前试采天然气水合物时普遍存在经济性较差的情况。

### 2.4.3　我国天然气水合物资源开发技术展望及建议

为实现我国天然气水合物商业化开采，对我国的天然气水合物核心技术和装备发展方向提出以下建议。通过攻克这些技术，建立多类型天然气水合物勘探技术体系、试开采到产业化技术体系、经济技术评价体系和环境保护体系，逐步推进天然气水合物勘探开发进程[111]。

(1) 加大砂岩类高品质天然气水合物勘探。开展以地球物理为主并结合重磁等综合探测技术的研发，探寻天然气水合物与常规油气同盆共生成藏地质背景，力争发现高品质天然气水合物矿藏，这是实现天然气水合物商业化开发的基础。

(2) 天然气水合物、浅层气和深部气多气合采技术。依托海上常规油气开发设施进行天然气水合物开发是降低其成本的有效途径，重点攻克多气合采过程中的相互作用机制和产能控制技术，推进常规和非常规全层系天然气综合勘探立体开发，为海洋天然气水合物的商业化开发提供新的技术路径。

(3) 二氧化碳封存-置换开发天然气水合物一体化技术。研究二氧化碳在沉积层内的溶解、扩散、迁移规律，攻克二氧化碳水合物规模化形成技术，明确其稳定性，在开发天然气水合物的同时，拓展具有海洋工业特点的二氧化碳地质封存技术研究方向，服务于国家“双碳”战略。

(4) 天然气水合物开发基础理论研究。虽然已经进行了多次试采，但目前的试采结果均离商业化开发的门槛很远。其中一个重要原因是天然气水合物开发的基础理论尚未获得根本突破，试采过程中的储层变化规律、出砂影响和控制技术等尚未明确，仍需进一步开展基础研究。

(5) 开展天然气水合物试采关键装备研制。天然气水合物试采所使用的绝大部分设备与常规油气开采相同，少部分设备具有开采天然气水合物的特殊性，需要单独研发。例如，顶流立式采油树、可搬迁紧凑型管汇等，具有尺寸小、质量轻、安装方便等特征，可降低成本，适用于天然气水合物试采。

## 参考文献

[1] 张君峰，周志，宋腾，等. 中美页岩气勘探开发历程、地质特征和开发利用条件对比及启示[J]. 石油学报，2022，43(12)：1687-1701.

[2] 网易财经网. 国土部发布页岩气报告确保 2015 年产量 65 亿 $m^3$[J]. 建材发展导向，2015，13(16)：30.

[3] 李宏勋，张杨威. 全球页岩气勘探开发现状及我国页岩气产业发展对策[J]. 中外能源，2015，20(5)：22-29.

[4] 雷丹凤，李熙喆，位云生，等. 海相页岩有效产气储层特征：以四川盆地五峰组—龙马溪组页岩为例[J]. 中国矿业大学学报，2019，48(2)：333-343.

[5] 卢雪梅. 英国借“税杠杆” 撬动油气业[J]. 中国石油企业，2015(1)：82-84.

[6] 杨光华，庾晶晶，潘磊，等. 吴堡地区煤层气地质条件及利用潜力研究[J]. 洁净煤技术，

2013,19(2):120-123.
[7] 齐文博,杨素红.煤层气/页岩气开发地质条件及其对比分析[J].建筑工程技术与设计,2015(27):1608.
[8] 胡庆明.2014 年我国天然气缺口 $136\times10^8\,m^3$[J].石油石化节能,2014,4(10):12.
[9] 徐浩.南方海相页岩储层微观孔隙表征方法及含气特征分析[D].成都:成都理工大学,2019.
[10] 石学文,周尚文,田冲,等.川南地区海相深层页岩气吸附特征及控制因素[J].天然气地球科学,2021,32(11):1735-1747.
[11] 熊镭,张超谟,张冲,等.A 地区页岩气储层总有机碳含量测井评价方法研究[J].岩性油气藏,2014,26(3):74-78.
[12] 徐壮.地层条件下页岩总孔隙度的定量化表征与预测:以涪陵地区为例[D].武汉:中国地质大学,2019.
[13] 郭旭升,胡东风,魏志红,等.涪陵页岩气田的发现与勘探认识[J].中国石油勘探,2016,21(3):24-37.
[14] 邹才能,杨智,何东博,等.常规-非常规天然气理论、技术及前景[J].石油勘探与开发,2018,45(4):575-587.
[15] 杨济源,李海涛,张劲,等.四川盆地川南页岩气立体开发经济可行性研究[J].天然气勘探与开发,2019,42(2):95-99.
[16] 陈百军,赵海波,任朝发.双井监测在微地震事件定位及压裂裂缝解释中的优势:以松辽盆地一口水平井的压裂监测为例[J].物探化探计算技术,2020,42(3):318-323.
[17] 孟召平,田永东,李国富.煤层气开发地质学理论与方法[M].北京:科学出版社,2010.
[18] 宋岩,赵孟军,柳少波,等.构造演化对煤层气富集程度的影响[J].科学通报,2005,50(增刊 1):1-5.
[19] 张培河,刘钰辉,王正喜,等.基于生产数据分析的沁水盆地南部煤层气井产能控制地质因素研究[J].天然气地球科学,2011,22(5):909-914.
[20] 黄中伟,李国富,杨睿月,等.我国煤层气开发技术现状与发展趋势[J].煤炭学报,2022,47(9):3212-3238.
[21] 张千贵,李权山,范翔宇,等.中国煤与煤层气共采理论技术现状及发展趋势[J].天然气工业,2022,42(6):130-145.
[22] 吴磊,曹峰毓.论世界能源体系的双重变革与中国的能源转型[J].太平洋学报,2019,27(3):37-49.
[23] 张用德,唐书恒,张淑霞.国外煤层气开发对我国的启示[J].中国矿业,2013,22(增刊):4-6.
[24] 姜玲玲,刘晓龙,葛琴,等.我国能源结构转型趋势与对策研究[J].中国能源,2020,42(9):15-19.
[25] 刘晓龙,葛琴,姜玲玲,等.中国煤炭消费总量控制路径的思考[J].中国人口·资源与环境,2019,29(10):160-166.
[26] 刘见中,孙海涛,雷毅,等.煤矿区煤层气开发利用新技术现状及发展趋势[J].煤炭学报,2020,45(1):258-267.

[27] 杜祥琬.低碳发展的理论意义和实践意义[J].阅江学刊,2018,10(1):7-16.
[28] 张道勇,朱杰,赵先良,等.全国煤层气资源动态评价与可利用性分析[J].煤炭学报,2018,43(6):1598-1604.
[29] 门相勇,王陆新,王越,等.新时代我国油气勘探开发战略格局与 2035 年展望[J].中国石油勘探,2021,26(3):1-8.
[30] 孙海涛,舒龙勇,姜在炳,等.煤矿区煤层气与煤炭协调开发机制模式及发展趋势[J].煤炭科学技术,2022,50(12):1-13.
[31] 徐磊,张华,桑树勋,等.淮南地区煤储层含气性总体特征[J].中国煤田地质,2002,14(2):28-30.
[32] 窦新钊,张文永,朱文伟,等.两淮煤田煤层气与煤炭勘查开发时空配置关系[J].煤炭学报,2016,41(增刊 2):468-474.
[33] 桑树勋,秦勇,姜波,等.淮南地区煤层气地质研究与勘探开发潜势[J].天然气工业,2001,21(5):19-22.
[34] 桑树勋,方良才,黄华州,等.淮南矿区卸压煤层气地面井开发工程与技术进展[C]//2008 资源高技术论坛,2008.
[35] 赵干,廖斌琛.淮南矿区煤层气开发利用现状及展望[J].中国煤层气,2007,4(4):12-15.
[36] 黄华州,桑树勋,方良才,等.采动区远程卸压煤层气抽采地面井产能影响因素[J].煤田地质与勘探,2010,38(2):18-22.
[37] 马丕梁,蔡成功.我国煤矿瓦斯综合治理现状及发展战略[J].煤炭科学技术,2007,35(12):7-11.
[38] 申宝宏,刘见中,张泓.我国煤矿瓦斯治理的技术对策[J].煤炭学报,2007,32(7):673-679.
[39] 张用德,唐书恒,张淑霞.国外煤层气开发对我国的启示[J].中国矿业,2013,22(增刊):4-6.
[40] 袁亮,薛俊华,张农,等.煤层气抽采和煤与瓦斯共采关键技术现状与展望[J].煤炭科学技术,2013,41(9):6-11.
[41] 张继周,王浩.矿井采空区瓦斯抽采技术的研究及应用[J].煤矿机械,2017,38(4):25-27.
[42] 单广军,秦金辉.采空区埋管抽采瓦斯治理效果研究[J].中州煤炭,2014(1):45-47.
[43] 王争,李国富,周显俊,等.山西省废弃矿井煤层气地面钻井开发关键问题与对策[J].煤田地质与勘探,2021,49(4):86-95.
[44] 赵洪宝,张欢,胡桂林,等.一种基于轮替思想的瓦斯抽采设备:CN201620013332.8[P].2016-07-06.
[45] 王刚,杨曙光,李瑞明,等.国内外低煤阶煤层气地质差异性与聚气模式探讨[J].天然气地球科学,2020,31(8):1082-1091.
[46] 彭小龙,费冬,朱苏阳,等.煤层气吸附-解吸机理再认识[J].中国煤层气,2019,16(2):9-12.
[47] 姚成林.煤层气梯级利用技术探讨[J].矿业安全与环保,2016,43(4):94-97.

[48] 张正林，李树刚，刘志云．矿井瓦斯灾害防治及抽放利用[J]．陕西煤炭，2001(3)：31-33．
[49] 姚成林．煤层气综合利用趋势研究[J]．矿业安全与环保，2016，43(1)：96-99，107．
[50] 许浩，陈艳鹏，辛福东，等．煤炭地下气化面临的挑战与技术对策[J]．煤炭科学技术，2022，50(1)：265-274．
[51] 贾承造．中国石油工业上游发展面临的挑战与未来科技攻关方向[J]．石油学报，2020，41(12)：1445-1464．
[52] FEDERAL ENERGY REGULATORY COMMISSION. Natural gas policy act of 1978[R]. Michigan：American Enterprise Institute Policy Research，1980.
[53] SPENCER C W，LAW B E. Overpressured，low-permeability gas reservoirs in green river，washakie，and great divide basins，southwestern Wyoming：abstract[J]. AAPG bulletin，1981，65(3)：569.
[54] 全国石油天然气标准化技术委员会．致密砂岩气地质评价方法：GB /T 30501—2022[S]．北京：中国标准出版社，2022．
[55] 邱中建，邓松涛．中国非常规天然气的战略地位[J]．天然气工业，2012，32(1)：1-5，117．
[56] 陆家亮．中国天然气工业发展形势及发展建议[J]．天然气工业，2009，29(1)：8-12．
[57] 王南，裴玲，雷丹凤，等．中国非常规天然气资源分布及开发现状[J]．油气地质与采收率，2015，22(1)：26-31．
[58] 康毅力，罗平亚．中国致密砂岩气藏勘探开发关键工程技术现状与展望[J]．石油勘探与开发，2007，34(2)：239-245．
[59] 李建忠，郭彬程，郑民，等．中国致密砂岩气主要类型、地质特征与资源潜力[J]．天然气地球科学，2012，23(4)：607-615．
[60] IEA. World energy outlook[R]. [S. l. ：s. n. ]，2009.
[61] ANDREWS-SPEED P. China's ongoing energy efficiency drive：origins，progress and prospects[J]. Energy policy，2009，37(4)：1331-1344.
[62] 英国石油公司(BP)．BP 世界能源统计年鉴(2015)[R]．[出版地不详：出版者不详]，2015．
[63] SINTON J E. Accuracy and reliability of China's energy statistics[J]. China economic review，2001，12(4)：373-383.
[64] HOLDITCH S A. Tight gas sands[J]. Journal of petroleum technology，2006，58(6)：86-93.
[65] 杨华，付金华，刘新社，等．鄂尔多斯盆地上古生界致密气成藏条件与勘探开发[J]．石油勘探与开发，2012，39(3)：295-303．
[66] 孙红杰．川中地区上三叠统须家河组二、四段储层特征研究[D]．成都：成都理工大学，2007．
[67] 金宏坤，刘皓天，刘超，等．建南地区上三叠统须家河组致密砂岩油气藏地质特征[J]．江汉石油科技，2014(3)：1-5．
[68] 谢庆宾，李娜，刘昊天，等．四川盆地东部建南地区三叠系须家河组低孔低渗储集层特

征及形成机理[J]. 古地理学报,2014,16(1):89-102.
[69] 雷群,万玉金,李熙喆,等. 美国致密砂岩气藏开发与启示[J]. 天然气工业,2010,30(1):45-48.
[70] 汪焰. 全球致密气勘探开发现状及关键技术[J]. 石油知识,2014(2):8-9.
[71] 杨涛,张国生,梁坤,等. 全球致密气勘探开发进展及中国发展趋势预测[J]. 中国工程科学,2012,14(6):64-68.
[72] 童晓光,郭彬程,李建忠,等. 中美致密砂岩气成藏分布异同点比较研究与意义[J]. 中国工程科学,2012,14(6):9-15,30.
[73] 邹才能. 非常规油气地质[M]. 北京:地质出版社,2011.
[74] 关德师,牛嘉玉,郭丽娜,等. 中国非常规油气地质[M]. 北京:石油工业出版社,1995.
[75] HOLDITCH S A,TSCHIRHART N R. Optimal stimulation treatments in tight gas sands[C]//SPE Annual Technical Conference and Exhibition,Dallas,2005.
[76] 刘民中. 美国、加拿大深层致密砂岩气勘探[M]. 黑龙江:大庆石油管理局勘探开发研究院,1989.
[77] 李鹭光. 四川盆地低渗透气藏开发技术研究[D]. 成都:西南石油学院,2004.
[78] 魏虎. 低渗致密砂岩气藏储层微观结构及对产能影响分析[D]. 西安:西北大学,2011.
[79] 马发明. 川西须家河深层裂缝性气藏压裂理论与应用技术研究[D]. 成都:西南石油大学,2009.
[80] 陈青. 川西须家河组致密储层破裂压力研究[D]. 成都:成都理工大学,2007.
[81] 伍洲. 川西须五裂缝性气藏压裂技术研究[D]. 成都:西南石油大学,2015.
[82] 朱洪林. 低渗砂岩储层孔隙结构表征及应用研究[D]. 成都:西南石油大学,2014.
[83] 关小旭. 川西南部须二气藏压裂理论与工艺技术研究[D]. 成都:西南石油大学,2010.
[84] 李小刚,何骁,杨兆中,等. 川西低效砂岩气藏水力压裂难点及对策探讨[J]. 钻采工艺,2010,33(6):49-51.
[85] KOH C A. Towards a fundamental understanding of natural gas hydrates[J]. Chemical society reviews,2002,31(3):157-167.
[86] RIEDEL M,COLLETT T S. Observed correlation between the depth to base and top of gas hydrate occurrence from review of global drilling data[J]. Geochemistry,geophysics,geosystems,2017,18(7):2543-2561.
[87] HE J,LI X S,CHEN Z Y,et al. Combined styles of depressurization and electrical heating for methane hydrate production[J]. Applied energy,2021,282:116112.
[88] 杨胜雄,梁金强,陆敬安,等. 南海北部神狐海域天然气水合物成藏特征及主控因素新认识[J]. 地学前缘,2017,24(4):1-14.
[89] 刘晓东,赵铁虎,曹金亮,等. 用于天然气水合物调查的轻便型声学深拖系统总体方案分析[J]. 海洋地质前沿,2015,31(6):8-16.
[90] 郭军,马桂云,马金凤,等. 一种针对侧扫声纳图像的数字镶嵌技术方法[J]. 测绘工程,2017,26(6):34-39.
[91] 陈翰,陈忠,颜文,等. 海洋沉积物的磁化率:天然气水合物的新指标[J]. 海洋科学,2011,35(6):90-95.

[92] 徐倩. 中国南海 ODP1148 站位岩芯环境磁学研究及其对天然气水合物的指示意义[D]. 北京：中国地质大学(北京)，2013.

[93] 孙春岩，赵浩，贺会策，等. 海洋底水原位探测技术与中国南海天然气水合物勘探[J]. 地学前缘，2017，24(6)：225-241.

[94] 左汝强，李艺. 加拿大 Mallik 陆域永冻带天然气水合物成功试采回顾[J]. 探矿工程(岩土钻掘工程)，2017，44(8)：1-12.

[95] SCHODERBEK D, FARRELL H, HOWARD J, et al. ConocoPhillips gas hydrate production test[R]. [S. l. : s. n. ], 2013.

[96] 关进安，樊栓狮，梁德青，等. 自然界天然气水合物勘探开发概述[J]. 新能源进展，2019，7(6)：522-531.

[97] 杨胜雄，梁金强，刘昌岭，等. 海域天然气水合物资源勘查工程进展[J]. 中国地质调查，2017，4(2)：1-8.

[98] YANG S X, LIANG J Q, LEI Y, et al. GMGS4 gas hydrate drilling expedition in the South China Sea[J]. Fire in the ice, 2017, 17: 7-11.

[99] GUAN J N, LIANG D Q, WU N Y, et al. The methane hydrate formation and the resource estimate resulting from free gas migration in seeping seafloor hydrate stability zone[J]. Journal of Asian earth sciences, 2009, 36(4/5): 277-288.

[100] WANG J L, WU S G, YAO Y J. Quantifying gas hydrate from microbial methane in the South China Sea[J]. Journal of Asian earth sciences, 2018, 168: 48-56.

[101] 李清平，周守为，赵佳飞，等. 天然气水合物开采技术研究现状与展望[J]. 中国工程科学，2022，24(3)：214-224.

[102] 金发扬，郭勇，蒲万芬，等. $CO_2$置换法开采天然气水合物反应动力学研究[J]. 西南石油大学学报(自然科学版)，2013，35(3)：91-97.

[103] YANG L, ZHAO J F, WANG B, et al. Effective thermal conductivity of methane hydrate-bearing sediments: experiments and correlations[J]. Fuel, 2016, 179: 87-96.

[104] KOH D Y, KANG H, LEE J W, et al. Energy-efficient natural gas hydrate production using gas exchange[J]. Applied energy, 2016, 162: 114-130.

[105] ZHAO J, ZHENG J N, WANG X R, et al. Effects of underlying gas on formation and gas production of methane hydrate in muddy low-permeability cores[J]. Fuel, 2022, 309: 122128.

[106] HE J, LI X S, CHEN Z Y, et al. Sustainable hydrate production using intermittent depressurization in hydrate-bearing reservoirs connected with water layers[J]. Energy, 2022, 238: 121752.

[107] WANG Z Y, LIAO Y Q, ZHANG W D, et al. Coupled temperature field model of gas-hydrate formation for thermal fluid fracturing[J]. Applied thermal engineering, 2018, 133: 160-169.

[108] YOSHIHIRO K, FUJII T, SATO A, et al. Key findings of the world's first offshore methane hydrate production test off the coast of Japan: toward future commercial production[J]. Energy & fuels, 2017, 31(3): 2607-2616.

[109] WEI J G, FANG Y X, LU H L, et al. Distribution and characteristics of natural gas hydrates in the Shenhu sea area, South China Sea [J]. Marine and petroleum geology, 2018, 98: 622-628.

[110] ZHANG W, LIANG J Q, WEI J G, et al. Geological and geophysical features of and controls on occurrence and accumulation of gas hydrates in the first offshore gas-hydrate production test region in the Shenhu area, Northern South China Sea[J]. Marine and petroleum geology, 2020, 114: 104191.

[111] 庞维新,李清平,周守为.天然气水合物开发研究现状和发展战略分析[J].国际石油经济,2022,30(12):33-41.

# 第3章 页岩气开发前沿

## 3.1 页岩气定义及成藏

### 3.1.1 页岩气的定义

页岩气是指赋存于富含有机质、成熟的暗色泥页岩或高碳泥页岩中的非常规天然气，是由有机质吸附作用或岩石中存在的裂缝和基质孔隙共同储集和保存，具有商业价值的生物化学成因、热成因及二者混合成因的天然气。页岩气赋存于以富有机质页岩为主的储集岩系中，是连续生成的生物化学成因气、热成因气或二者的混合气，可以游离态存在于天然裂缝和孔隙中，以吸附态存在于干酪根、黏土颗粒表面，还有极少量以溶解态储存于干酪根和沥青质中，游离气比例一般为20%～85%[1]。

页岩是由粒径小于3.9 μm的细粒碎屑、黏土及有机质等组成的沉积岩，具有页状或薄片状层理，易碎裂，即美国所称的粒径小于3.9 μm的细粒沉积岩[2]。页岩气在全球范围内分布广泛、储量巨大，是目前最具开发潜力的非常规天然气资源。

### 3.1.2 页岩气的成藏

页岩气形成机制是典型的"原位滞留成藏"，气藏连续分布。页岩气勘探与传统油气勘探在地质控制条件上存在显著差异：常规油气勘探地质条件可概括为"生、储、盖、运、圈、保"，而页岩气不存在"盖""运""圈""保"的问题，其"生"即"储"，"盖"同样也是"储"。

#### 3.1.2.1 页岩气形成过程

通过对美国5大页岩气盆地中页岩气成因的研究，可将页岩气的形成途径分为以下两类。

(1) 第1种途径：热成因气。页岩中热成因气的形成包含3个步骤(图3-1)：① 干酪根分解为气体和沥青；② 沥青分解为油和气体；③ 油进一步分解为气体、高含碳量的焦炭或者沥青残余物。其中，步骤①和步骤②为初次裂解，步骤③为二次裂解，最后一步主要取决于系统中油的残余量和储层的吸附能力。美国Fort Worth盆地的Barnett页岩气就是来源于干酪根热降解和残余油的二次裂解，且以后者为主。这使得Barnett页岩气具有较大的资源潜力。

在干酪根从活性碳转化为死碳的过程中，烃源岩中碳氢化合物的形成主要受温度控制。在成岩作用早期，天然气主要通过生物活动生成；随着埋藏深度的增加，后生作用取代成岩作用从而产出油和气；当温度和深度进一步增加时，残余油发生裂解释放出天然气。

(2) 第2种途径：生物化学成因气。指页岩在成岩的生物化学阶段直接由细菌降解而生成的气体，如图3-2所示，也存在气藏经后期改造形成的生物气，如美国Michigan盆地的

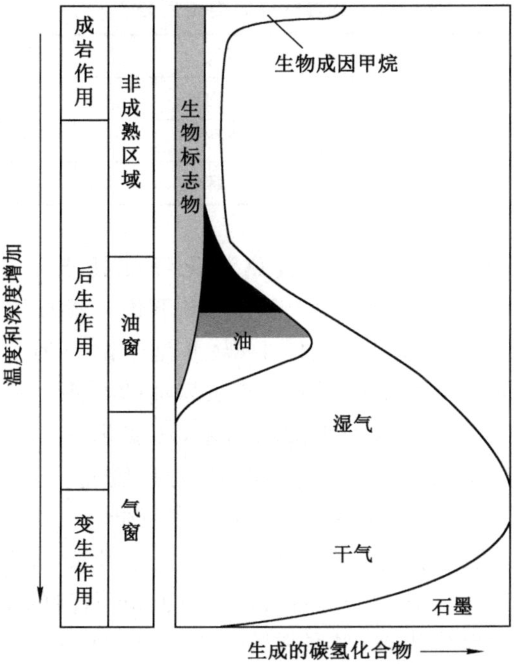


图 3-1 页岩气热成因过程图解

Antrim 页岩气是干酪根成熟过程中所产生的热降解气和产甲烷菌新陈代谢活动中所产生的生物成因气，且以后者为主。发育良好的裂缝系统不仅使天然气和携带大量细菌的原始地层水进入 Antrim 页岩内，还促使来自上覆更新统冰川漂移物中含水层的大气降水侵入，有利于细菌甲烷的形成。一般而言，生物化学成因气受埋藏深度和地层温度条件限制，对产量贡献有限。

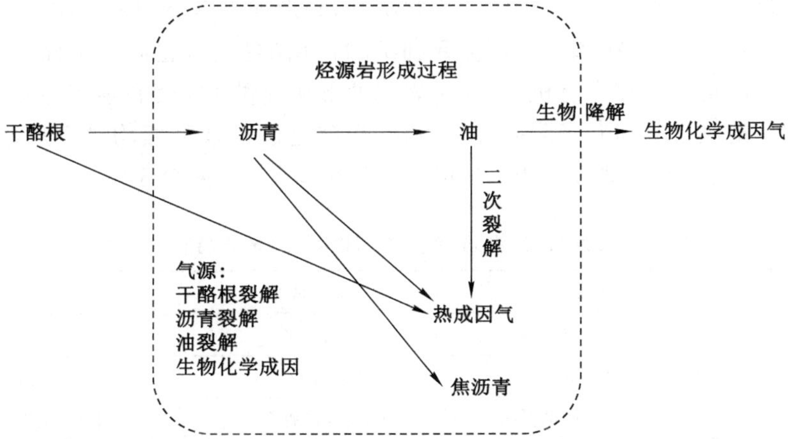


图 3-2 页岩气形成过程

根据母质来源，页岩气可分为油型和煤型两类；依据热演化阶段和产生机理，页岩气又可划分为生物气、热裂解气、高过成熟气等。据此可将页岩气划分为 6 种基本类型，见表 3-1。

表 3-1 页岩气成因类型划分[3]

| 热演化阶段 | 油型气 | 煤型气 |
|---|---|---|
| 生物化学生气(热演化程度 $R_o$：小于 0.6%) | 油型生物气 | 煤型生物气 |
| 热裂解生气(热演化程度 $R_o$：0.6%～2.0%) | 油型热解气 | 煤型热解气 |
| 高过成熟生气(热演化程度 $R_o$：大于 2.0%) | 油型裂解气 | 煤型裂解气 |

油型生物气以Ⅰ型、Ⅱ型干酪根为主，热演化程度处于未熟、低熟的生物气阶段($R_o$<0.6%)，虽然产气程度较低，但在特殊地质情况下仍可形成大规模页岩气，成熟开发的典型代表是 Antrim 页岩气；油型热解气以Ⅰ型、Ⅱ型干酪根为主，处于有机质成熟生气阶段($R_o$ 为 0.6%～2.0%)，通常可形成页岩气与页岩油的共伴生发育，Barnett 页岩气即该类的典型代表；油型裂解气以Ⅰ型、Ⅱ型干酪根为主，热演化程度达到高过成熟阶段($R_o$>2.0%)，页岩气以甲烷为主，干燥系数高，四川盆地下志留统龙马溪组页岩气即属此类；煤型生物气以偏生气的Ⅱ型、Ⅲ型干酪根为主，热演化程度较低($R_o$<0.6%)，该类型以陆相和海陆过渡相为主，我国北方地区有大量分布；煤型热解气以Ⅱ型、Ⅲ型干酪根为主，热演化程度处于生气高峰阶段($R_o$ 为 0.6%～2.0%)，美国 San Juan 盆地的 Lewis 页岩气、我国沁水盆地的石炭二叠系页岩气为典型代表；煤型裂解气以Ⅱ型、Ⅲ型干酪根为主，热演化程度高($R_o$>2.0%)，有机质生气、含气能力下降，如美国 Arkma 盆地的 Fayetteville 页岩气等。

无论是从有机质类型还是热演化程度来看，各盆地均会在平面和剖面中存在不同程度的过渡类型(或称混合型)，美国 Illinis 盆地的 New Albany 页岩气就是生物成因气与热裂解成因气的混合气。

#### 3.1.2.2 页岩气成藏条件

(1) 沉积环境

富有机质泥页岩发育是页岩气形成的物质基础。在安静、缺氧的水下环境中通常具有生物供给的充足条件，经过相对长时间的稳定沉淀，易形成富含有机质的暗色泥页岩。这些富含有机质的泥页岩，其分布和特征明显受到沉积作用的控制，它们在平面上分布稳定，内部非均质性强。泥页岩中富含有机质，为页岩气的形成提供了必备的物质基础条件，为页岩气的赋存和储集提供了空间和吸附条件。海相、海陆过渡相及陆相均具有形成富含有机质页岩的基本条件，但不同类型沉积相形成的页岩也各具特点，见表 3-2。

表 3-2 我国海相、海陆过渡相及陆相页岩地质特征对比[4]

| 沉积环境 | 海相 | 海陆过渡相 | 陆相 |
|---|---|---|---|
| 地质地层 | 震旦系—下古生界 | 上古生界 | 中生界—新生界 |
| 主要岩性 | 暗色页岩 | 暗色泥页岩 | 暗色泥页岩 |
| 伴生地层 | 粉砂质岩类、碳酸盐岩 | 煤层、粗碎屑岩类 | 粗碎屑岩类、火山岩 |
| 泥页岩产出 | 厚层状，相对独立发育 | 与粗碎屑岩类、煤层薄互层 | 薄层状、与粗碎屑岩类互层频繁 |
| 有机质类型 | 以Ⅰ型、Ⅱ型为主 | 以Ⅲ型为主 | Ⅰ型、Ⅱ型、Ⅲ型 |
| 热演化程度 | 成熟—过成熟 | 成熟 | 低熟—高成熟 |

**表 3-2(续)**

| 沉积环境 | 海相 | 海陆过渡相 | 陆相 |
| --- | --- | --- | --- |
| 天然气成因 | 热解、裂解($R_o > 1.3\%$) | 热解、裂解($R_o > 1.0\%$) | 生物化学、热解($R_o > 0.4\%$) |
| 地层压力 | 低压—常压 | 常压—高压 | 常压—高压 |
| 发育规模 | 区域分布,局部被叠合于现今的盆地范围内 | 区域分布 | 局部发育,受现今盆地范围影响较大(中生界差异较大) |
| 主体分布区 | 南方、西北、青藏 | 华北、南方 | 东部、西北 |
| 游离气储集介质 | 以裂缝、微孔隙为主 | 孔隙及层间碎屑岩夹层 | 裂缝、孔隙及层间碎屑岩夹层 |

① 海相页岩

海相页岩通常发育于陆棚、半深海、深海及碳酸盐台地内的盆地、凹陷、前缘斜坡等沉积环境。这些沉积环境通常是稳定且沉积水深较大的还原环境,沉积稳定且速率较大,从而形成分布广泛且厚度较大的暗色页岩。海相碳酸盐岩的伴生使得页岩含有较高的钙质成分,大量浮游水生生物提供了丰富的有机质来源,为生烃提供了物质基础。

海相页岩发育广泛,分布稳定,单层厚度较大;多呈黑色、灰黑色、深灰色,富含分散状分布的有机质,干酪根类型多为Ⅰ型(腐泥型)和Ⅱ型(混合型);黏土矿物含量较少,脆性矿物以钙质和硅质为主,且含量较高;薄层状、莓状黄铁矿较为常见。

在我国南方、华北及塔里木地区,古生代形成了广泛的海相沉积,发育了多套海相富有机质页岩。经历了多期构造变形,南方地区古生界页岩抬升和破坏严重,但四川盆地、华北盆地和塔里木盆地的页岩则埋藏较深。在南方上扬子地区,早寒武世经历了大规模海侵,海水逐渐上升,上扬子地区大部分处于陆棚环境,发育了一套分布广泛、厚度稳定的海相富有机质黑色页岩、硅质页岩与含磷质粉砂岩的组合。下寒武统牛蹄塘组页岩发育大面积的水平纹理,富含分散状有机质及黄铁矿,显示为缺氧的静水还原环境。页岩中的干酪根类型以Ⅰ型、Ⅱ型为主,有机质含量高,但由于形成时代久远,热演化程度相对较高,受后期多期构造运动影响较大,抬升和破坏强烈,页岩气保存条件较差。

② 海陆过渡相页岩

海陆过渡相的暗色泥页岩主要发育在三角洲、滨岸沼泽及潟湖等沉积环境中,水深相对较浅,前三角洲及滨岸沼泽、淡水-潟湖的底部常常是低能、安静的封闭还原环境,有利于陆源细粒碎屑物质及部分化学沉积物质的沉积。由于距物源区相对较近,海陆过渡相沉积环境受气候条件影响较大,在温暖潮湿的气候条件下,水深相对较大,泥页岩厚度和分布面积更大,且有利于陆生植物及水生生物的生长,为泥页岩油气的生成提供了丰富的有机质来源。

在海陆过渡相沉积环境中,前三角洲、三角洲平原沼泽和淡水-潟湖等相带内的富有机质泥岩发育,分布相对局限,且单层厚度较小,岩性一般为灰黑色、黑色页岩,碳质页岩夹煤层及灰色粉砂岩,细砂岩。特别是平原沼泽相暗色泥页岩,单层厚度较薄,多与粉砂岩、细砂岩薄互层,并夹有煤层。有机碳含量较高。干酪根以Ⅲ型为主,部分是Ⅱ型,Ⅰ型较少见。黏土矿物含量较高,脆性矿物以硅质为主,且含量高达50%以上,碳酸盐矿物含量较低。莓状黄铁矿、球粒状黄铁矿及自形黄铁矿较为常见。

海陆过渡相富有机质暗色泥页岩主要分布在我国的西北、华北地区及南方部分地区。

其中，鄂尔多斯盆地石炭系本溪组、太原组和下二叠统山西组，准噶尔盆地石炭系滴水泉组、巴塔玛依内山组和二叠系芦草沟组、红雁池组，塔里木盆地二叠系芦草沟组，华北地区石炭系太原组和二叠系山西组，南方地区二叠系龙潭组等均是典型的海陆过渡相富有机质泥页岩层系。从石炭世开始，辽河地区结束了加里东运动造成的长期整体抬升，开始沉降遭受海侵并重新接受沉积，形成了一套陆表海台地相、有障壁海岸相碎屑岩沉积。至晚二叠世山西组沉积时期，由于气候变化，陆表海台地相收缩转化为海陆交互相，辽河地区沉积了以潮坪-潟湖相和三角洲相为主的细粒碎屑岩地层。山西组暗色泥页岩多夹粉砂岩，泥页岩内发育水平纹层、波状层理，粉砂岩夹层内可见小型沙纹层理，夹数套煤层，富含黄铁矿，显示相对平静的还原环境。干酪根显微组分以镜质组和惰质组为主，干酪根类型主要为Ⅲ型，有机碳含量较高。黏土矿物以伊/蒙混层和伊利石为主，脆性矿物多为石英，微孔隙较发育。

③ 陆相页岩

陆相富有机质泥页岩主要形成于半深湖-深湖环境，水深较大，受湖浪等作用微弱，为安静低能的还原环境。由于水域面积相对较小，水深变化较大，湖相暗色泥页岩单层厚度一般较小，常与粉砂岩、砂岩频繁薄互层出现，夹陆源生物化石碎片。湖相沉积环境受区域气候条件影响明显，气候温暖潮湿，湖泊面积广阔，深湖区水深较大，有利于细粒物质的沉积和还原环境的保持。另外，适宜的气候有利于陆生植物和水生生物的生长和繁殖，从而保证有机质供给充足。

陆相富有机质泥页岩具有相变快、分隔性较强、累计厚度大、单层厚度薄、垂向上砂泥岩薄互层变化频率快等沉积特点。岩性一般为黑色至灰黑色泥页岩、粉砂质泥页岩夹粉砂岩或碳酸盐岩透镜体，多发育水平层理，间有细波状层理，有机碳含量高。含油页岩层段干酪根类型以Ⅰ型和Ⅱ型为主，黏土含量高，脆性矿物以石英、长石等为主，自生矿物主要为菱铁矿。

我国陆相富有机质页岩主要发育在松辽盆地白垩系、渤海湾盆地古近系、鄂尔多斯盆地三叠系延长组、四川盆地三叠系-侏罗系自流井组、准噶尔盆地-吐哈盆地侏罗系水西沟群、塔里木盆地三叠系-侏罗系及柴达木盆地新近系等。渤海湾盆地新生界古近系是陆相页岩沉积的典型代表，其有机质丰富的始新统湖相泥页岩沉积以沙三下亚段—沙四上亚段最为发育，具有有机质类型多、有机碳含量高、热演化程度适中、生气能力强等特点。

(2) 沉积有效厚度

广泛分布的页岩是形成页岩气的重要条件，同时沉积有效厚度是保证足够有机质及充足储集空间的前提条件。页岩的厚度越大，其封盖能力越强，越有利于气体的保存，从而促进页岩气成藏。一般要求页岩气储层累计厚度大于 30 m，美国 5 大页岩气勘探开采区的页岩净厚度为 9.14～91.44 m[5]。

(3) 总有机碳(TOC)

总有机碳是烃源岩丰度评价的重要指标，也是衡量生烃强度和生烃量的重要参数。有机碳含量随岩性变化而变化。对于富含黏土的页岩来说，由于吸附量很大，有机碳含量很高，因此页岩作为潜力烃源岩的有机碳含量下限值就较高；而当烃源岩的有机质类型越好、热演化程度越高时，相应的有机碳含量下限值就越低。针对泥质油源岩有机碳含量的下限标准，目前国内外的看法基本一致。然而，泥质气源岩有机碳含量的下限标准则有所不同。

大量研究结果表明，气态烃分子小，在水中的溶解能力强，易于运移，因此气源岩有机碳含量的下限标准要比油源岩低得多。

（4）干酪根类型和热成熟度

在不同的沉积环境中，由不同来源有机质形成的干酪根，其组成有明显差别，性质和生油气潜能也有很大差异。因此，研究干酪根类型是油气地球化学的一项重要内容，也是评价干酪根生油、生气潜力的基础。干酪根类型是衡量有机质产烃能力的参数，不同类型的干酪根决定了产物以油为主还是以气为主：一般来说，Ⅰ型和Ⅱ型干酪根以生油为主，Ⅲ型干酪根则以生气为主。而纵观美国页岩气盆地的页岩干酪根类型，主要以Ⅰ型与Ⅱ型干酪根为主，也有部分Ⅲ型干酪根，但不同干酪根类型的页岩都生成了数量可观的气，因此有理由认为，干酪根类型并不是决定产气量的主要因素。

作为热成熟度的标志之一，各类有机物的 $R_o$ 值都不尽相同。这说明不同类型有机物的碳氢化合物生成起点不同。而且形成气窗所需的温度范围大于油窗的温度范围，因而气的 $R_o$ 值也相应地大于油的 $R_o$ 值。通过以上分析可以得出以下结论：成熟度高（$R_o > 1.5\%$）通常表示干气占主导优势；成熟度中等（$1.1\% < R_o < 1.5\%$）表示在该范围的低端，气有不断向油转化的趋势；在 $0.8\% < R_o < 1.1\%$ 范围的低端能够发现湿气；成熟度低（$0.6\% < R_o < 0.8\%$）时油占主导地位；而 $R_o < 0.6\%$ 则表明干酪根发育不成熟[6]。

沉积岩中分散有机质的丰度和成烃母质类型是油气生成的物质基础，而有机质的成熟度则是油气生成的关键。干酪根只有达到一定的成熟度才能开始大量生烃和排烃。不同类型的干酪根在热演化的不同阶段生烃量也不同。在低成熟度阶段，有机质就可以向烃类转变。由此可见，在有机质生烃的整个过程中均有页岩气生成。随着成熟度的增加，早期生成的原油开始裂解成气。美国 Barnett 页岩之所以含气量大，主要由于其生烃体积大、成熟度高及部分液态烃持续裂解生气。成熟度越低的 Barnett 页岩区，其气体产量就越低。这可能是因为生气少，残留的烃流动阻塞孔隙。许多成熟度高的 Barnett 页岩区的干酪根和油的裂解使生气量大幅提高，从而导致页岩气井气体流量大。因此，成熟度是评价高流量页岩气的关键地球化学参数。

（5）运移和聚集

页岩气藏是“自生自储”式气藏，运移距离极短。在生物化学生气阶段，天然气首先吸附在有机质和岩石颗粒表面，饱和后富余的天然气以游离相或溶解相进行运移。当达到热裂解生气阶段时，大量生烃导致压力升高，若页岩内部产生裂缝，则天然气以游离相为主向其中运移聚集，受周围致密页岩层遮挡，易形成工业性页岩气藏。页岩气藏形成过程本身构成了从典型吸附到常规游离之间的序列过渡，它将煤层气的典型吸附气成藏原理、根缘气/深盆气的活塞式气水排驱原理及常规气的典型置换式运聚机理的运移、聚集和成藏过程联结在一起。一般页岩气的工业聚集需要足够的厚度及埋深，沉积厚度是保证足够有机质和充足储集空间的前提条件。要形成“自生自储”式油气藏，烃源岩的厚度必须超过有效排烃厚度，不同地区烃源岩的有效排烃厚度有所不同。

气体在页岩储层中主要以两种方式储集：在天然裂缝或孔隙中以游离状态存在，在不溶有机质和矿物颗粒表面以吸附状态存在。还有极少量的气体溶解在沥青等有机溶剂中。

页岩本身既是烃源岩，也是储层和盖层。页岩具有极低的渗透率，其渗透率甚至比含气致密砂岩还要低很多。页岩超低的孔渗性使得其对于盖层的要求没有常规气藏那么高，由于岩石颗粒比较致密，其本身就可以作为页岩气的盖层。页岩的盖层是多变的，既包括页岩本身(如 Appalachian 盆地和 Fort Worth 盆地)，也包括页岩周围的细粒致密岩层。页岩气藏形成于烃源岩层内，是由致密部分包围的裂缝发育区域，与构造位置关系不大，只要满足生烃、排烃、运移和圈闭条件，就有可能生成页岩气藏。

### 3.1.3 页岩气藏特征

#### 3.1.3.1 页岩气藏与常规气藏的区别

页岩气作为一种非常规天然气聚集，具有区别于常规气藏的显著特征。

(1) 成因类型多样：泥页岩中的有机质可以为Ⅰ型、Ⅱ型、Ⅲ型。页岩气可以是生物化学成因气、热成因气或两者的混合，具体包括通常所指的生物气、低熟-未熟气、成熟气、高成熟-过成熟气、二次生气、过渡带作用气(生物再作用气)及沥青生气等多种类型。这一特征为页岩气的形成提供了广泛的物质基础。

(2) 赋存介质：页岩气中的天然气主体以游离态和吸附态赋存于泥页岩层段中，前者主要赋存于页岩孔隙和裂缝中，后者主要赋存于有机质、干酪根、黏土矿物及孔隙表面上。此外，还有少量天然气以溶解态存在于泥页岩的干酪根、沥青质、页岩原油及残留水等介质中。

(3) 储层物性：泥页岩孔隙度一般小于10%，属于典型的致密储层，其中有效含气孔隙度一般只有泥页岩总孔隙度的50%左右，具有工业价值的页岩气，其有效含气孔隙度下限可降至1%[7]。

(4) 赋存方式：页岩气主要以吸附和游离状态赋存于页岩孔隙介质中，其吸附态天然气可占页岩气赋存总量的20%～85%[8]，相对比例主要取决于有机质类型及成熟度、裂缝及孔隙发育程度、埋藏深度和保存条件等。这一特征决定了页岩气通常具有较好的稳定性和较强的抗构造破坏力，在不具备常规天然气成藏条件的地质条件下，有可能发现页岩气。

(5) 成藏过程：泥页岩储层物性致密，除裂缝非常发育情况外，外来的天然气难以运聚于其中。从某种意义上来说，页岩气就是烃源岩生排气作用后的泥页岩层段中形成的天然气残留，或者是气源岩在生气阶段早期形成但尚未来得及排出的天然气。页岩本身既是源岩又是储层，为典型的“自生自储”成藏模式。

(6) 成藏条件：由于页岩聚气的特殊性，页岩气的成藏下限明显降低，天然气聚集的盖层厚度条件可降至零，这一特点为页岩气形成和发育提供了广阔的空间。

(7) 成藏与分布序列：在基础条件具备的典型盆地中，从盆地中心向盆地边缘、从埋藏深部位向埋藏浅部位，在盆地的平面和剖面上依次可以形成煤层气、页岩气、致密砂岩气、水溶气、常规储层气及天然气水合物等。页岩气是盆地内完整天然气系统的重要构成，是序列天然气的重要提供者。在平面和剖面上，页岩气可与其他类型的天然气藏形成多种组合共生关系。

(8) 开发工艺：页岩气储层的低孔渗特点明显，开发需要特殊的工艺和技术，核心的技术主要是水平井及储层压裂改造。页岩气开发早期的产量递减较快，但后期稳定时间较长。页岩气井生产周期长，且产水少，这与煤层气、致密砂岩气有显著区别。

总体而言，页岩气聚集机理特殊，具有烃源岩储层化、储层致密化、聚气原地化、机理复杂化和分布规模化等特点。从勘探实践的角度来看，页岩气分布广泛、资源量大、成藏门限条件低；从开发的角度来看，页岩气单井产能低、生产周期长、需要特殊的工艺和技术。

页岩气类型多种多样，可分别从盆地特征、沉积相特点、天然气生成机制、埋藏深度条件、含气量水平、地表工程状况及勘探开发程度等方面进行类型划分。天然气的生成受地质条件的约束，同时又对页岩气的勘探开发方法和技术具有重要影响。因此，基于泥岩地层中天然气生成条件的分类具有重要作用和意义。

3.1.3.2　有机质特征

页岩气储层中含有大量有机质，其丰度与成熟度对页岩气资源量有重要影响。页岩气吸附试验结果表明，页岩有机碳含量与页岩气的生气率具有较好的正相关性。在相同的温度、压力条件下，与贫有机质的页岩相比，富有机质的页岩具有更多的微孔隙空间，能吸附更多的天然气，说明影响吸附气多寡的关键因素是有机碳含量的高低。

3.1.3.3　矿物特征

泥页岩的矿物成分较复杂，主要包括黏土矿物、石英、长石和碳酸盐等。常见的黏土矿物主要是高岭石、伊利石和蒙皂石等。自生矿物有铁的氧化物（褐铁矿、磁铁矿）、碳酸盐矿物（方解石、白云石和磷铁矿）及硫酸盐矿物（石膏、硬石膏和重晶石等），此外还有海绿石、绿泥石和有机质等。泥页岩中矿物组成的变化会影响页岩的岩石力学性质和孔隙结构等，对天然气的吸附能力也会产生重要影响。与石英、方解石等脆性矿物相比，黏土矿物通常具有较多的微孔隙和较大的比表面积，因此对天然气有较强的吸附能力。然而，在饱和水的情况下，黏土矿物对天然气的吸附能力明显降低。

脆性矿物含量是影响页岩基质孔隙和微裂缝发育程度、含气性及压裂改造方式等的重要因素。页岩中黏土矿物的含量越低，石英、长石、方解石等脆性矿物的含量越高，岩石脆性越强，在人工压裂外力作用下越易形成天然裂缝和诱导裂缝，形成多树-网状结构缝，有利于页岩气开采。而黏土矿物含量高的页岩塑性强，吸收能量，以形成平面裂缝为主，不利于页岩体积改造。美国产气页岩中石英含量为 28％～52％、碳酸盐含量为 4％～16％，总脆性矿物含量为 46％～60％[9]。

对我国的 3 种不同类型页岩的矿物组成进行测试后发现，无论是海相页岩、海陆过渡相碳质页岩，还是陆相页岩，其脆性矿物含量总体较高，均达到 40％以上。例如，上扬子区古生界海相页岩石英含量为 24.3％～52.0％、长石含量为 4.3％～32.3％、方解石含量为 8.5％～16.9％，总脆性矿物含量约为 40％～80％；四川盆地上三叠统须家河组黏土矿物含量一般为 15％～78％，平均约为 50％，石英、长石等脆性矿物含量一般为 22％～85％，平均约为 50％；鄂尔多斯盆地上古生界含煤层系碳质页岩石英含量为 32％～54％，平均为 48％，总脆性矿物含量为 40％～58％；鄂尔多斯盆地中生界陆相页岩石英含量为 27％～47％，平均为 40％，总脆性矿物含量为 58％～70％[10]。

岩石矿物组成对页岩气后期开发至关重要，具备商业性开发条件的页岩，一般其脆性矿物含量要高于 40％，黏土矿物含量要小于 50％。蒙皂石类膨胀性黏土矿物不利于对后期储层压裂造缝。此外，研究表明，页岩气储层中黏土矿物含量与吸附气含量具有一定的关系，其中最主要的是伊利石[11]。

3.1.3.4　孔隙度、渗透率特征

全球页岩油气资源十分丰富，但至今尚未得到广泛勘探开发，其根本原因在于页岩的基质渗透率低，开发难度大。在已经投入商业性开发的页岩油气田中，页岩的天然裂缝系统通常比较发育。例如，密执安盆地北部 Antrim 页岩生产带主要发育北西向和北东向两组近垂直的天然裂缝，Fort Worth 盆地 Newark East 气田 Barnett 页岩气产量与岩石内部微裂缝发育程度密切相关。裂缝既可以作为页岩油气的储集空间，也可以成为油气的渗流通道，构成页岩油气从基质孔隙流入井底的重要通道。页岩油气可采储量最终取决于储层内裂缝的产状、密度、组合特征及张开程度。页岩储层与砂岩储层特征对比见表 3-3。

**表 3-3 页岩储层与砂岩储层特征对比表[12]**

| 对比项目 | 页岩储层 | 砂岩储层 |
|---|---|---|
| 岩石成分 | 矿物质、有机质 | 矿物质 |
| 生气能力 | 页岩本身有生气能力 | 无 |
| 储气方式 | 吸附、游离 | 游离 |
| 孔隙度 | 一般小于 10% | 一般大于 5% |
| 孔隙大小 | 多为中微孔 | 大小不等且以宏观孔隙为主 |
| 孔隙结构 | 双重孔隙结构 | 单孔隙或多孔隙结构 |
| 裂隙 | 发育裂隙系统 | 发育或不发育 |
| 渗透率 | 小 | 大 |
| 比表面积 | 大 | 小 |
| 开采范围 | 较大面积 | 圈闭以内 |
| 是否需要压裂 | 一般需要压裂 | 低渗储层需要压裂 |

为了满足非常规油气储层精细刻画的要求，开发阶段对岩石物性特征的研究与勘探阶段对比，除了需要高密度采样外，还需要包括岩石的孔隙度、渗透率及流体饱和度等试验分析项目。主要物性参数包括岩石渗透率、矿物组分、岩石脆性、岩石表面能及有关岩石孔隙结构特征的孔隙分布、孔喉半径等。

（1）页岩孔隙度与渗透率

页岩矿物粒径通常小于 3 μm，微孔隙、微裂隙小于 50 μm，孔隙度极小，有效孔隙度一般小于 10%，渗透率一般为 0.1～10 mD，储集能力和渗透能力均较差。由于天然气中的主要成分甲烷分子的直径约为 0.38 nm[13]，可以吸附方式存在于有机质及黏土矿物表面，或以游离方式赋存于微孔隙、微裂隙中，因而页岩中的微孔隙、微裂隙也是有效的储集空间。从孔隙度与渗透率的关系来看，未经改造的原始泥页岩储层孔隙度与渗透率之间总体呈正相关关系。储层内裂缝的发育对渗透率的影响较大，当有裂缝发育时，较小的孔隙度也可以有较高的渗透率；反之，当裂缝不发育时，尽管孔隙度较大，但由于空隙间的连通性较差，储层渗透率可能很低。页岩层系中粉砂质岩类、细砂质岩类、碳酸盐岩夹层及开启或未完全充填的天然裂缝也可提高储层渗透性。

非常规油气储层的岩石特征与常规油气储层相比，在岩石孔渗特征、储集特征等方面有很大差别，主要表现为渗透率远远低于常规油气藏岩石的渗透率，平均孔隙半径远远小于常规油气藏岩石的平均孔隙半径。可应用脉冲衰竭法超低渗透率测试方法测定纳达西级别的岩石渗透率。

(2) 孔隙结构

孔隙结构指储层中孔隙、喉道及微裂缝之间的配置结构和关系，不同孔隙（裂缝）结构的储层具有不同的储集特征。根据毛细管压力曲线形态及主要参数，可对泥页岩的微观储集特征进行分析。压汞饱和度是反映岩石颗粒大小、均一程度、胶结类型、孔隙度、渗透率及裂缝发育程度的一个综合指标。以我国南方渝东南地区渝页1井剖面龙马溪页岩为例，对近50块页岩的压汞曲线进行了分析，均表现出排驱压力高、细歪度和孔喉直径小等特点。

#### 3.1.3.5　微裂缝特征

泥页岩内的微裂缝是游离相石油和天然气聚集的重要场所，微裂缝的发育程度是决定泥页岩油气藏品质的重要因素。一般来说，泥页岩油气藏内微裂缝越发育，其天然储集和渗流条件就越优越，后期改造效果也就越好，所形成的油气藏品质也越高。泥页岩微裂缝发育同时受到外因和内因的控制。外因主要与生烃过程、地层孔隙压力、地应力特征及断层与褶曲特征等地质因素相关；内因主要取决于成岩作用、页岩矿物学及岩石力学特征等。脆性矿物（如硅质、碳酸盐等）富集的泥页岩比主要由黏土矿物构成的岩石更容易压裂并产生裂缝。一般认为，当力学背景相同时，泥页岩中的矿物成分及含量是影响裂缝发育程度的主要因素。那些富含有机质且石英含量较高的富有机质泥页岩脆性较强，容易在外力的作用下形成构造裂缝，有利于油气富集程度的提高。当塑性矿物含量较高时，裂缝发育程度相对较低。

### 3.1.4　页岩气储集形式

页岩气在储层中的储集形式多样，包括：吸附态页岩气，其大量吸附于有机质颗粒、黏土矿物颗粒、干酪根颗粒及孔隙表面之上；游离态页岩气，其大量存在于岩石孔隙与裂隙中；溶解态页岩气，其少量溶解于干酪根、沥青质及残留水之中。气体在页岩层中以何种相态存在，主要取决于它们在流体体系中的溶解度。当气体的量小于其在流体体系中的溶解度（即未饱和）时，只存在吸附态和溶解态；而一旦达到饱和，就会出现游离态。然而，由于页岩储层中可供气体溶解的场所较少，页岩气主要以吸附态和游离态的形式存在，溶解态仅少量存在。同时，也有学者指出，生成的页岩气首先满足有机质和岩石表面吸附的需要，当吸附气量与溶解气量达到饱和时，富余的页岩气才能以游离态进行运移和聚集。

#### 3.1.4.1　吸附态页岩气

页岩气能够吸附在页岩基质表面，页岩基质对气体的吸附属于物理吸附，吸附动力是页岩基质和甲烷等气体分子之间的范德瓦耳斯力。吸附现象发生后分子的性质未发生改变，且改变吸附条件后吸附在页岩基质表面的页岩气能够发生解吸。页岩基质对页岩气的吸附是一个可逆的过程，在吸附的同时也能发生解吸。页岩具有较大的比表面积，页岩基质表面为页岩气提供了较多的吸附位，为吸附态页岩气提供了赋存空间。

3.1.4.2 游离态页岩气

页岩中发育有矿物孔、有机孔、微裂缝及页理缝等多种储集空间，孔隙直径跨度大，从纳米级到微米级孔隙都有分布，大部分孔隙属于纳米级孔隙，页岩中裂缝发育也具有多样性，游离态页岩气主要储集于页岩的孔隙和裂缝中。虽然页岩中储集空间类型较多，但是页岩气储层中孔隙和裂缝发育程度较低，为游离态页岩气提供的储集空间非常有限，限制了储层中游离气含量。而页岩的比表面积较大，可以为页岩气提供较多的吸附位，分析认为页岩中游离气含量比吸附气少。

3.1.4.3 溶解态页岩气

页岩储层中的有机质在生烃过程中，不仅会产生甲烷等气态烷烃，同时也会产生一定量的液态烃，页岩气在液态烃中的溶解度较大。在储层条件下，有机质热演化过程中产生的液态烃会发生二次裂解生成页岩气，页岩中原有液态烃含量降低。实际上，页岩岩样中液态烃类含量非常少。国外学者认为页岩中的干酪根内部会溶解部分页岩气，而干酪根作为有机质的主体，属于固态物质而非液态烃类，页岩气主要吸附在干酪根表面或游离于干酪根内部的孔隙中，并不能溶解于干酪根内部。又因为甲烷等气态烃在水中的溶解度非常低，所以即便储层中含有一定量的水，储层中溶解态页岩气含量也是非常少的。

## 3.2 全球页岩气资源

### 3.2.1 全球页岩气资源分布

全球约 70%的页岩气可采资源富集在北美、中亚-俄罗斯、亚太和中东等地区。其中，中东地区的可采资源量为 $2.12\times10^{13}$ m$^3$，约占 14.1%。全球页岩气资源的分布相对比较均衡，除北美和中亚-俄罗斯 2 个大区富集了近 40%的可采资源外，其他大区的可采资源占比均在 10%以上，可采资源规模均在 $1.6\times10^{13}$ m$^3$ 以上(表 3-4)[14]。

**表 3-4 全球页岩气资源量大区分布[1]**

| 大区 | 非常规天然气可采资源量/($10^{12}$ m$^3$) | 页岩气可采资源量/($10^{12}$ m$^3$) | 页岩气可采资源量占比/% |
|---|---|---|---|
| 北美 | 56.3 | 33.9 | 22.6 |
| 中亚-俄罗斯 | 36.3 | 22.8 | 15.2 |
| 亚太 | 24.5 | 18.3 | 12.2 |
| 中东 | 21.4 | 21.2 | 14.1 |
| 非洲 | 19.2 | 19.1 | 12.7 |
| 欧洲 | 19.0 | 16.2 | 10.8 |
| 中南美洲 | 18.8 | 18.6 | 12.4 |

全球页岩气可采资源分布在 106 个盆地内，80%的可采资源分布在阿尔伯塔、扎格罗斯、阿巴拉契亚、东西伯利亚、美国湾岸等 26 个盆地内(表 3-5)。从 EIA 发布的页岩气盆地分布表可以明显看出，世界大型页岩气盆地主要分布于北美、亚洲、南美等地区[14]。

**表 3-5 全球页岩气可采资源主要盆地分布[1]**

| 盆地 | 非常规天然气可采资源量/($10^{12}$ $m^3$) | 页岩气可采资源量/($10^{12}$ $m^3$) |
|---|---|---|
| 阿尔伯塔 | 16.2 | 5.8 |
| 扎格罗斯 | 11.9 | 11.9 |
| 阿巴拉契亚 | 11.5 | 9.0 |
| 东西伯利亚 | 10.3 | 5.7 |
| 美国湾岸 | 9.8 | 9.3 |
| 阿拉伯 | 8.9 | 8.7 |
| 古达米斯 | 8.6 | 8.6 |
| 坎宁 | 6.5 | 6.5 |
| 巴拉纳 | 6.5 | 6.4 |

#### 3.2.1.1 美洲地区

美国已经在多个盆地中发现并开采了页岩气，主要发现于古生界—中生界中。目前页岩气的主产区及潜在产区主要分布于美国的南部、中部及东部。著名的页岩气区块包括：南部 Fort Worth 盆地 Barnett 页岩气区块、Anadarko 盆地 Woodford 页岩气区块、Arkoma 盆地 Fayetteville 页岩气区块、Appalachian 盆地 Marcellus 页岩气区块，以及东部、中东部的 Appalachian 盆地 Ohio 页岩气区块、Illinois 盆地 New Albany 页岩气区块和 Michigan 盆地 Antrim 页岩气区块等。

加拿大的页岩气资源主要集中在西部和东部。西部有 5 大页岩气富集区，主要包括 BC 省东北部中泥盆统 Horn River 盆地和三叠系 Montney 页岩气富集区、阿尔伯塔省与萨斯喀彻温省的白垩系 Colorado 群页岩气富集区，资源量为 $3.75\times10^{13}$ $m^3$，可采资源量为 $1.01\times10^{13}$ $m^3$[15]；东部有 4 大页岩气富集区，主要有魁北克省的奥陶系 Utica 页岩气富集区、新不伦瑞克省和新斯科舍省的石炭系 Horton Bluff 页岩气富集区及安大略省的 Michigan 盆地页岩气富集区，资源量和可采资源量分别为 $4.6\times10^{12}$ $m^3$ 和 $9.0\times10^{11}$ $m^3$。

#### 3.2.1.2 欧洲地区

欧洲页岩油气资源相当丰富，页岩气技术可采资源量为 $1.62\times10^{13}$ $m^3$，但其分布并不均匀，主要集中在波兰、法国、乌克兰和保加利亚，技术可采资源量分别为 $4.190\ 9\times10^{12}$ $m^3$、$3.879\ 4\times10^{12}$ $m^3$、$3.624\ 6\times10^{12}$ $m^3$ 和 $1.444\ 2\times10^{12}$ $m^3$[15]。此外，波罗的海区域、波兰志留系、爱尔兰、莱茵河地区和英格兰威尔士地区的下石炭系、维也纳盆地的上侏罗系等均被认为是极具开发潜力的地区。另外有学者指出：德国、英国、丹麦和奥地利等国家也存在可观的页岩气资源。

2010 年，欧洲启动了 9 个页岩气勘探、开发项目(其中波兰 5 个)。评价结果表明：瑞典 Alum 页岩、波兰 Silurian 页岩和奥地利 Mikulov 页岩的页岩气资源潜力为 $3.0\times10^{13}$ $m^3$，可采资源潜力为 $4.0\times10^{12}$ $m^3$[16]。

#### 3.2.1.3 非洲地区

阿尔及利亚位于非洲北部，其页岩气技术可采资源量位居全球前十之列。阿尔及利亚的页岩气资源主要位于 Mouydir、Ahnet、Berkine-Ghadames、Timimoun、Reggane 和 Tindouf 盆地。南非的页岩气技术可采资源量也位居全球前十之列，主要分布在该国中部和东南部的 Karoo 盆地。

### 3.2.2 国内页岩气资源分布

依据页岩气资源形成的地质历史、沉积与构造地质基础、页岩气成藏及分布等特点，可以将我国的页岩气资源储集区大致划分为 4 大区域：① 南方地区，包括楚雄、四川、江汉、苏北等盆地一线及其以南区域；② 北方地区，包括松辽、渤海湾、南华北、鄂尔多斯等盆地及其周缘区域；③ 西北地区，包括柴达木、吐哈、准噶尔、塔里木等盆地及其周缘区域；④ 青藏地区，包括羌塘、比如、措勤等盆地及其周缘区域。每个地区均表现为富有机质泥页岩层系多、分布区域广泛、岩石类型丰富、厚度比较大，总有机碳（TOC）和有机质成熟度在不同层系或不同地区均存在差异。

#### 3.2.2.1 南方地区

以古生代海相和海陆过渡相页岩为主，分布面积达 200 余万平方千米，累计最大地层厚度超过 10 000 m。由于分布面积广泛且深度变化复杂，可进一步细分为扬子和东南两个二级区，从西向东，地层逐渐抬升，潜质页岩埋藏深度逐渐变小，深层潜质页岩主要分布在四川、楚雄、南盘江、黔南桂中、江汉等盆地区及其周缘地区，形成了下寒武统牛蹄塘组、上奥陶统五峰组-下志留统龙马溪组、下二叠统栖霞组、上二叠统龙潭/大隆组等 4 套区域性主力泥页岩烃源岩。这些地层分布广泛，厚度大，有机质丰富，总有机碳（TOC）为 0.5%～4.74%，成熟度高，镜质组反射率（$R_o$）为 1.53%～5.0%[17]，处于高成熟-过成熟阶段，有机质类型以Ⅰ型干酪根为主。

#### 3.2.2.2 北方地区

北方地区潜质页岩的分布受盆地影响作用显著，分布范围虽广，但时代、岩相及岩性变化迅速，可进一步细分为华北和东北两个二级区。该地区有较多的含油气盆地，其中泥页岩地层发育较多，主要包括古生界石炭二叠系海-陆过渡相含煤泥页岩系，中生界三叠系、白垩系半深湖相-深湖相泥页岩层系，古近系沙河街组半深湖相-深湖相泥页岩、油页岩或钙质泥岩层系。上述层系分别发育于华北地区、鄂尔多斯盆地及其周缘地区、渤海湾盆地及松辽盆地。

#### 3.2.2.3 西北地区

西北地区主要指贺兰山以西的西北部地区，以大中型盆地为主体，并伴有零星的中小型盆地与盆地之外的富有机质页岩发育区。其中，塔里木盆地、准噶尔盆地、柴达木盆地和吐哈盆地为该地区的 4 大含油气盆地。盆地内不同时代的泥页岩烃源岩发育，富有机质泥页岩层系多，岩石类型丰富，泥页岩层系厚度大，多数为 100～3 000 m[18]。富有机质泥页岩沉积环境与沉积相类型多样。

#### 3.2.2.4 青藏地区

相较其他几个地区，青藏地区的地表环境较差，但这并不代表其地下情况。该地区发育有中生界上三叠统肖茶卡组海相暗色泥页岩或油页岩地层，厚度为 50～300 m；中侏罗统布曲组和索瓦组海相泥页岩地层，厚度为 50～600 m[19]。上三叠统和中侏罗统海相富有机质泥页岩有机质含量高，总有机碳（TOC）为 1.0%～4.0%，有机质热演化程度适中，镜质组反射率（$R_o$）为 0.9%～3.2%（表 3-6）[20]，也是页岩气发育的前景地区。

表 3-6　我国页岩气资源分布及主要特征

| 区域 | 盆地或地区 | 层位 | 厚度/m | 岩性 | 沉积相 | 有机质类型 | TOC/% | $R_o$/% |
|---|---|---|---|---|---|---|---|---|
| 南方地区 | 扬子地台 | 上震旦统陡山沱组 | 10～114.6 | 泥页岩、碳质页岩、硅质页岩 | 海相 | Ⅰ | 0.41～2.06 | — |
| | | 下寒武统 | 50～500 | 碳质页岩、碳硅质泥岩 | 海相 | Ⅰ—Ⅱ | 均值为 2.77 | 2.00～5.00 |
| | | 下志留统-上奥陶统 | 40～130 | 黑色硅质岩 | 滨海相 | Ⅰ | 0.50～2.34 | 2.00～3.00 |
| | 钦防海槽 | 中、上泥盆统 | 182～925 | 黑色泥页岩 | 海相 | Ⅰ | 0.53～4.74 | 1.53～2.03 |
| 北方地区 | 鄂尔多斯盆地 | 三叠系延长组 7 段 | 10～50 | 泥页岩 | 深湖相、半深湖相 | Ⅰ—Ⅱ | 2.45～5.28 | 0.90～1.10 |
| | 渤海湾盆地 | 沙河街组沙一段 | 50～120 | 泥页岩 | 陆相 | Ⅰ—Ⅱ | 2.00～5.00 | 0.30～0.70 |
| | | 沙河街组沙三下段 | 150～200 | 油页岩、页岩 | 陆相 | Ⅰ—Ⅱ1 | 1.00～9.00 | 0.50～1.90 |
| | | 沙河街组沙四上段 | 40～120 | 钙质泥页岩 | 陆相 | Ⅱ | 1.50 ～10.00 | 0.50 ～1.90 |
| | 松辽盆地 | 上白垩统嫩江组 | 2～11 | 泥岩 | 深湖相、半深湖相 | Ⅰ—Ⅱ | 均值为 2.40 | 0.50～1.05 |
| 西北地区 | 准噶尔盆地 | 石炭系 | 30～355 | 泥岩 | 海相 | Ⅱ1—Ⅲ | 0.67～8.50 | 1.69～1.76 |
| | | 二叠系 | 100～400 | 页岩 | 浅海-半深海相 | Ⅰ—Ⅱ | 4.85～10.02 | 0.60～2.00 |
| | 塔里木盆地 | 寒武系 | 38～195 | 泥岩 | 海相 | Ⅰ | 0.50～5.52 | 1.70～2.84 |
| | | 奥陶系 | 100～300 | 泥岩 | 海相 | Ⅰ—Ⅱ | 0.50～5.54 | 0.81～1.81 |
| | | 石炭二叠系 | 300～400 | 泥岩 | 海相至海陆交互相 | Ⅱ—Ⅲ | 0.50～3.32 | 0.89～1.27 |
| | 吐哈盆地 | 中下侏罗统水西沟群 | 100～800 | 泥页岩、碳质泥页岩 | 湖相 | Ⅱ—Ⅲ | 6.00～30.00 | 0.40～1.50 |
| 青藏地区 | 羌塘盆地 | 中侏罗统夏里组 | 50～200 | 泥页岩、油页岩 | 海相 | Ⅱ | 1.00～4.00 | 0.90～2.00 |
| | | 上三叠统肖茶卡组 | 10～200 | 泥页岩 | 海相 | Ⅱ—Ⅲ | 1.00～2.00 | 1.30～3.20 |

注：数据来源于参考文献[1-9]。

# 3.3 水力压裂技术体系

## 3.3.1 水平井+分段压裂技术体系

无论是国外还是国内，页岩气藏开发都是从垂直井开发方式开始的，这种开发方式与常规油气藏的直井开发方式并无区别，采用直井开发方式的主要原因是投入成本低且多为试验性开发。但由于页岩气储层的渗透率较低，直井开发的产气量一般达不到经济开发产量，因此页岩气藏的开采开始尝试利用水力压裂进行储层改造。20 世纪 80 年代，Fort Worth 盆地的 Barnett 页岩气田开始采用大型水力压裂技术；1992 年，Barnett 页岩气田试钻水平井，但当时并没有取得成功；1998 年，清水压裂取代了凝胶压裂，完井技术也取得了突破；1999 年，二次压裂增产技术获得成功应用。

2002 年后，水平井钻井技术取得了巨大成功并成为主流钻井方式。此后，水平井钻完井及压裂技术不断进步并逐步推广应用，使得美国的页岩气开发成本在 15 年间降低了 85%[21]，推动页岩气产量快速增长。2006 年后更呈现爆发式的增长态势。水平井及水平井压裂技术主要借鉴常规油气井中的钻井及压裂技术，其中最关键的两项技术是滑溜水压裂技术和多级分段压裂技术。

滑溜水压裂(slickwater fracturing)又称清水压裂或减阻水压裂，是页岩气开发的关键技术之一。相较传统的凝胶压裂液体系，滑溜水压裂液体系以其高效、低成本的特点在页岩气开发中广泛应用。White 和 Mungal 提出滑溜水压裂液的降阻机理：滑溜水压裂液的黏度较低，其加入会改变平均速度剖面，使边界层中的剪切力重新分布。上述效应能明显改善湍流边界层近壁结构，从而能更有效地开启储层中的天然裂缝，发挥滑溜水压裂液的降阻作用。与黏度较大的传统压裂液相比，滑溜水压裂液的主要优点是：① 滑溜水压裂液的黏度较低，更容易开启天然裂缝，从而形成较大面积的缝网；② 配合少量支撑剂可支撑开启的天然裂缝，从而形成具有一定导流能力的网状缝；③ 开发成本大幅降低，在不减产的前提下节约 30%的开发成本；④ 属于清洁压裂技术，主要成分为清水，环保效益显著。

1997 年，Mitchell 能源公司首次将滑溜水压裂应用在 Barnett 页岩气田的开发中。Cipolla 对比了 Barnett 气藏采用传统冻胶和滑溜水压裂后形成的裂缝体积：应用传统冻胶进行压裂，储层改造体积为 $1.2\times10^7\ m^3$；而应用相同体积的滑溜水进行重复压裂，储层改造体积增至 $4.1\times10^7\ m^3$，增幅达 2.42 倍(图 3-3)[21]。因此，滑溜水压裂在 Barnett 页岩气田的成功经验很快扩广至美国 Haynesville、Marcellus、Woodruff 和 Fayetteville 等地区，目前滑溜水已经成为页岩气储层改造过程中应用效果最好、相关技术最成熟的压裂液。

然而，滑溜水压裂技术存在两个主要缺点：① 需要充足的水资源供应，美国国家环保局(EPA)统计显示，2010 年单口页岩气井平均用水量为 7.6～23.9 t，其中 20%～85%滞留于井下无法回收[21]；② 受到页岩气储层特征的限制，如果储层的石英含量较低、黏土含量较高，会导致支撑剂嵌入后蠕变明显，裂缝容易重新闭合，从而造成压裂裂缝的导流能力不足。

页岩气开采的基本流程如图 3-4 所示。随着页岩气开发的深入，常规的直井压裂和水平井单段压裂已无法满足工业生产的需求。2002 年以来，美国开始尝试多级分段压裂技术。多级压裂(multi-stage fracturing)是利用封堵或限流技术分隔储层不同层位，再进行多

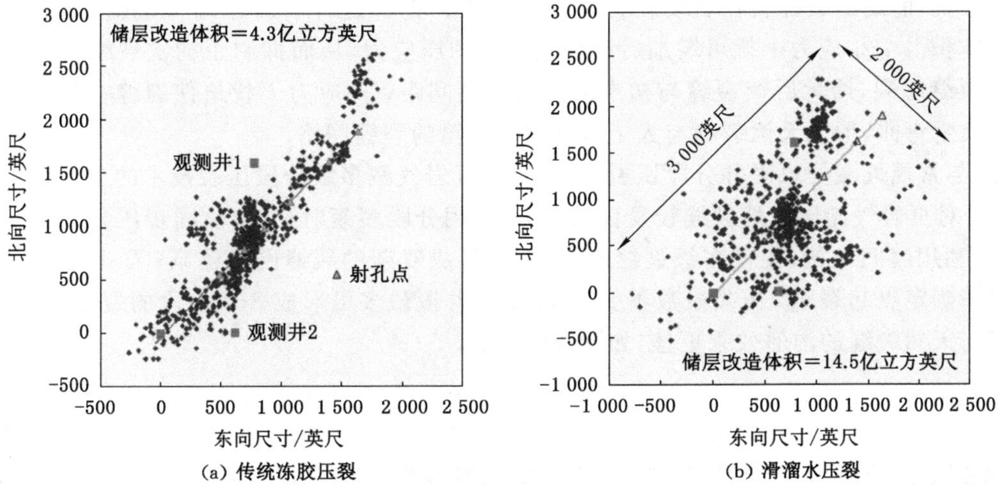


图 3-3　传统冻胶压裂与滑溜水压裂后的储层改造体积(Cipolla,2009)(1 英尺=0.305 m)

段同步压裂的技术。早期水平井压裂通常仅采用单段或双段的压裂方式,而多级分段压裂技术使原本低产或无气流的页岩气井重新获得工业价值成为可能,极大地扩展了页岩气在横向与纵向的开采范围,现已成为美国页岩气藏实现工业化生产的关键技术之一。水平井多级分段压裂技术如图 3-5 所示。

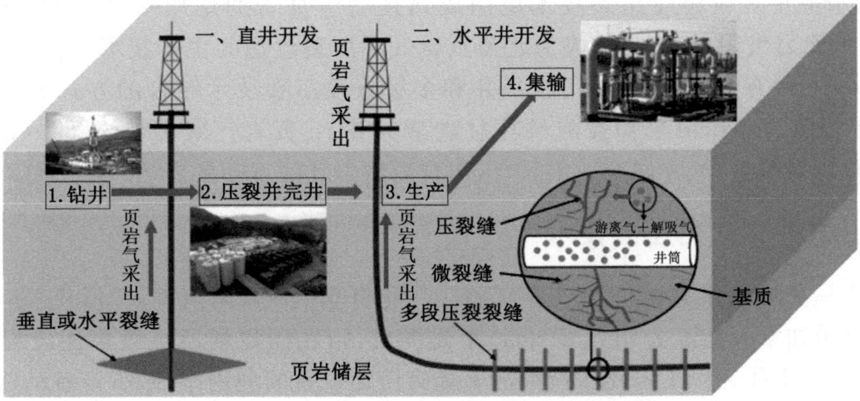


图 3-4　页岩气开采的基本流程示意图

图 3-5　水平井多级分段压裂技术

Kettel 等分析了多级分段压裂技术的增产原理:① 多级分段压裂先后形成的裂缝之间

存在应力干扰，前期的裂缝会在后续裂缝面上产生诱导应力，这种干扰有利于增加页岩水平井的改造体积[22]；② 应力干扰可增加后续裂缝壁面的压应力，从而抑制距初次裂缝距离较近的平行裂缝起裂，增大后续裂缝与初次裂缝的起裂间距；③ 应力干扰迫使裂缝在长度延伸方向上发生弯曲，形成天然裂缝与人工裂缝相互交错的裂缝网络。

因此，与常规气藏的水平井分段压裂技术不同，页岩气藏多级分段压裂技术的主要优势在于：① 针对页岩气储层天然裂缝较发育的特点，采用分段多簇射孔、多段同步压裂的施工方式，充分利用缝间干扰，促使多级裂缝产生，最终形成复杂的裂缝网络体系；② 通过射孔实现上层精确定点起裂；③ 压裂段数不受限制，水平井段最多可形成 8～15 段的裂缝簇，使压裂裂缝与天然裂缝的沟通效果更佳，如图 3-6 所示。

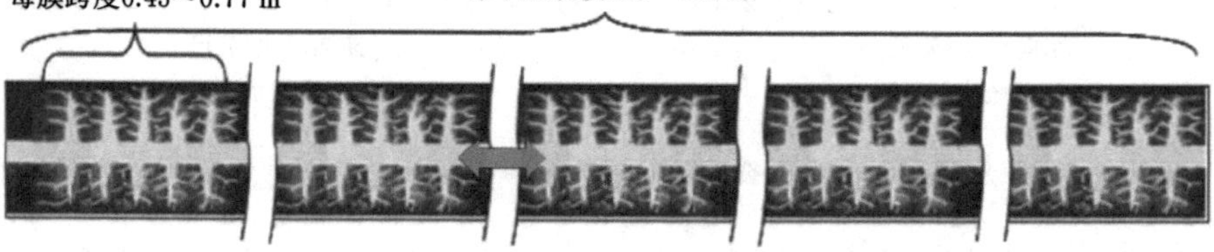


图 3-6　水平井多级分段压裂裂缝形态示意图

目前，水平井多级分段压裂技术应用成熟且适应页岩的地质特征，在北美 Barnett、Marcellus 等页岩气田广泛使用，成为北美页岩气藏压裂改造的主体技术。目前，在美国页岩气生产井中，约有 85%的井应用水平井和多级分段压裂技术结合的方式进行开发。其中，2006 年美国 Newfield 公司在阿科马盆地 Woodford 页岩气聚集带的 Tipton-1H-23 井开展了 7 段压裂改造，气井增产效果显著，压裂后页岩气的日产量高达$1.416\times10^5$ $m^3$[23]。

## 3.3.2　丛式井工厂化压裂技术

为了进一步降低开发成本，北美地区将工厂化概念引入页岩气开发，形成工厂化压裂模式。该理念由加拿大能源公司（EnCana）率先提出，指在固定场所连续泵注压裂液和支撑剂，如同工厂流水作业。工厂化压裂可显著提高压裂设备的利用率，减少设备动迁安装和压裂罐运输，降低劳动强度。北美地区的开发实践证明，在页岩气开发中应用工厂化压裂技术可以大幅提高压裂施工速度、缩短投产周期、降低采气成本[24]。工厂化丛式井场如图 3-7 所示。

工厂化压裂的技术特点包括：采用底部滑动井架钻丛式井组，每井组由 3～8 口单支水平井组成，水平井段间距为 300～400 m[25]，最大化页岩开发井网覆盖区域，同时实现在一个丛式井平台上压裂多口井，从而降低施工成本，提高作业效率，如图 3-8 所示。

工厂化压裂技术的主要优点为：① 通过井间应力和段间应力的同时干扰，产生更强的应力干扰作用，利用不同压裂井之间不同方向的应力扰动关系，促使裂缝不断发生转向，最大范围地沟通储层天然裂缝，形成立体裂缝网络体系；② 减少作业时间和设备动迁次数，降低施工成本；③ 提高气井初始产量和最终采收率，平均产量较单独压裂井提高 21%～55%[26]。

然而，工厂化水平井压裂的施工技术尚处于起步阶段，在今后的工厂化压裂过程中，涉

图 3-7　Williams Production RMT 公司的工厂化丛式井场

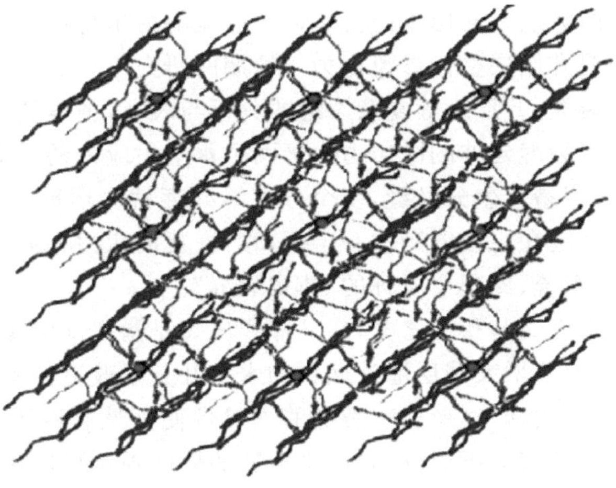

图 3-8　工厂化水平井压裂裂缝形态示意图

及大量的交叉作业内容，如何控制安全风险和优化作业流程是目前现场最需要解决的迫切问题，应制定和完善相关操作程序和安全规范。

经过数年探索实践，北美地区在页岩气田通过开展工厂化水平井压裂技术，进一步探索页岩气藏的高效开发模式。丛式水平井组工厂化压裂的成功，标志着页岩气开发初步实现了从直井到水平井再到工厂化压裂的跨越，页岩气储层改造趋势已从单一水平井分段改造转向井组化的工厂化压裂改造。可以预见，丛式水平井组工厂化压裂将逐渐成为页岩气规模开发的主流技术[27]。

### 3.3.3　体积压裂技术

体积压裂是指在水力压裂过程中，使天然裂缝持续扩张和脆性岩石产生剪切滑移，形成天然裂缝与人工裂缝相互交错的裂缝网络，从而增加改造体积，提高初始产量和最终采收率。

页岩具有厚度大、平面展布广、比表面积大、规模大、储量大等特点，同时页岩也具有孔隙度小、渗透率低、连通性差等特点。页岩气以吸附和游离态赋存于页岩微小孔隙中。依据常规油气藏理论，页岩是难以形成气藏的，也不具备开采的经济价值。然而，随着认识深化和工艺技术进步，特别是水平井钻井和分段压裂技术的发展与成熟，通过水力压裂促使天然裂缝不断扩张和脆性岩石剪切滑移，形成天然裂缝与人工裂缝相互交错的裂缝网络，从而增加改造体积，形成体积裂缝。这能增大裂缝壁面与储层基质的接触面积，使油气从任意方向基质向裂缝的渗流距离最短，缩短渗流时间和降低压降损失，实现流体流动体积最大化。施工中采用直井分层压裂技术和水平井分段压裂技术，结合大排量、大液量、低黏度液体及转向材料等工艺技术，形成体积裂缝，最大限度提高储层动用率和页岩气单井产能。

#### 3.3.3.1 体积裂缝

常规水力压裂技术基于线弹性断裂力学理论，其最大特点是假设水力压裂人工裂缝起裂模式为张开型，且沿井筒射孔层段形成双翼对称裂缝。这种传统认识的压裂裂缝形态以一条高导流的人工裂缝实现对储层渗流能力的改善，但垂向上仍依赖基质向裂缝的“长距离”渗流。该方式最大的缺点是储层垂向主裂缝的渗流能力未得到改善，仅依赖人工裂缝作为主要流动通道，无法提升储层整体渗流能力。后期的研究中尽管涉及裂缝的非平面扩展，但也限于多裂缝、弯曲裂缝、T 形缝等复杂裂缝的分析与表征，基本理论方向未实现突破。

水力压裂过程中，当裂缝延伸的净压力大于两个水平主应力的差值与抗张强度之和时，在人工裂缝延伸的同时容易产生分叉缝，多个分叉缝共存就会形成“缝网”系统。主裂缝为“缝网”系统的主干，分叉缝在主裂缝延伸一定距离后恢复沿应力方向的进一步延伸，最终形成纵横交错的“网状缝”系统，即现今所称的“体积裂缝”。

目前，体积压裂具有广义与狭义之分，广义体积压裂是指提高储层纵向动用程度的分层压裂和提高储层渗流能力及增大储层泄油面积的水平井分段改造技术。狭义体积压裂是指通过水力压裂对储层实施改造，在形成主裂缝的同时促使天然裂缝不断扩张和脆性岩石产生剪切滑移，沟通天然裂缝与岩石层理，并在主裂缝的侧向强制形成次生裂缝及二级次生裂缝，最终形成天然裂缝与人工裂缝相互交错的裂缝网络，实现储层在长、宽、高三维方向的“立体改造”，增大渗流面积及导流能力，提高初始产量和最终采收率。

因此，页岩气的体积压裂以改造出裂缝体积为目标。压裂改造体积（SRV）是 Mayhofer 于 2006 年提出的概念[28]，指微地震波监测到的增产区面积与页岩气储层厚度的乘积。这些连通裂缝成为页岩气的储集空间及渗流通道。部分监测数据表明，裂缝体积与压后的效果呈显著正相关关系，这也是页岩气储层体积压裂的核心意义。

#### 3.3.3.2 体积压裂工艺特征与方法

非常规油气藏岩石力学性质及矿物组成是压裂设计中的主要考虑因素，可通过测井与实验室测试相结合的方法获得。例如，测井资料与页岩气藏岩石力学特征、矿物组成、酸溶解度及毛细管压力密切相关，而储层岩性、脆性、酸溶解度、毛细管压力及储层流体敏感性则影响完井方式选择与优化。

对于页岩油气藏、致密砂岩油气藏及煤层气藏等非常规储层，表 3-7 列出了压裂设计考虑的因素，尽管这些信息是非常规油气藏压裂设计所必需的，但在具体设计方法及理念上这三类非常规油气藏各具特点。

**表 3-7　压裂设计考虑的因素**

| 岩石力学相关因素 | 关联性 | 确定的方法 |
|---|---|---|
| 岩石脆性 | 压裂液的选择 | 岩石物理模型 |
| 闭合应力 | 支撑剂的选择 | 岩石物理模型 |
| 支撑剂用量和尺寸 | 避免砂堵 | 岩石物理模型 |
| 裂缝起裂点 | 避免砂堵 | 岩石物理模型 |
| 岩石矿物组成 | 压裂液的选择 | X 射线衍射(XRD) |
| 水敏性 | 水基压裂液盐度 | 毛细管吸收时间测试(CST) |
| 能否酸化 | 酸蚀程度 | 酸溶解度测试(AST) |
| 支撑剂返排 | 气体产量 | 现场测试 |
| 表面活性剂的使用 | 裂缝导流能力 | 流动测试 |

### 3.3.3.3　体积压裂设计原则

页岩气储层的压裂改造不同于常规气藏，页岩气储层完井后依靠自身能量无法实现产能，需经过压裂投产。另外，改造时压裂模式、加砂规模等均与常规压裂不同，页岩气储层改造的主要目的是在沟通天然微裂缝系统的同时形成新的水力裂缝，以尽量增大改造体积，因此在施工参数上需结合体积裂缝设计模型进行优化设计。

在整个页岩气开发过程中，美国形成的主体工艺为滑溜水压裂、水平井多级分段压裂、重复压裂及同步压裂等。页岩气储层水力压裂工艺技术根据其完井方式、井下工具及工艺形式的不同各具特点，且有其适用性(表 3-8)[29]。

**表 3-8　压裂工艺技术特点与适应性**

| 技术类型 | 技术特点 | 适用性 |
|---|---|---|
| 水平井多级分段压裂 | 多段压裂，分段压裂，技术成熟，使用广泛 | 产层较多，水平井段长的井 |
| 滑溜水压裂 | 减阻水为压裂液主要成分，成本低，但携砂能力有限 | 天然裂缝系统发育的井 |
| 水力喷射压裂 | 定位准确，不需要机械封隔，节省作业时间 | 裸眼完井的生产井 |
| 重复压裂 | 通过重新打开裂缝或裂缝重新取向增产 | 老井和产能下降的井 |
| 同步压裂 | 多口井同时作业，节省作业时间且效果好于依次压裂 | 井眼密度大，井位距离近 |
| 氮气泡沫压裂 | 对地层伤害小，滤失低、携砂能力强 | 水敏性地层和埋深较浅的井 |
| 大型水力压裂 | 使用大量凝胶，完井成本高，对地层伤害大 | 对储层无特殊要求，使用广泛 |

页岩气储层极低的渗透率决定了其需采用网络压裂优化设计方法，这就涉及“体积压裂”。针对脆性和塑性页岩，一般分为“三高两低”和“两高一低”两种技术模式：

① 脆性地层：“三高两低”——高排量、高液量、高砂量、低黏度、低砂比；

② 塑性地层：“两高一低”——高黏度、高砂比、低排量。

具体技术对策：网络裂缝控近扩远(射孔优化、变排量、变黏度、多段塞、二次/多次停泵、诱导转向测试等)。

# 3.4 页岩气储层超临界 $CO_2$ 压裂改造技术

## 3.4.1 页岩气储层超临界 $CO_2$ 压裂改造技术概况

自 1935 年水力压裂作为油气田增产措施以来，其虽已在油气开发工程上获得巨大成功，但是水力压裂会引发诸多环境问题。Darrah 等指出为了减少水资源消耗和降低环境风险，需探索无水压裂技术替代水力压裂技术。

$CO_2$ 为无色、无味、无毒气体，约占空气体积的 0.03%，属于常见温室气体。$CO_2$ 本身不易燃烧，具有较好的安全性，且无毒特性使其在油气井开发中不会造成化学污染。此外，$CO_2$ 来源相对广泛，成本也比较低廉。超临界 $CO_2$ 压裂技术是一种以超临界态 $CO_2$ 作为压裂液的无水压裂技术。当 $CO_2$ 温度达到 31.06 ℃、压力达到 7.39 MPa 时，$CO_2$ 将转化为超临界流体[30]。在达到临界点后，流体被压缩也只表现出密度的变化，不会产生相态变化，如图 3-9 所示。超临界 $CO_2$ 是介于液态和气态之间的一种中间状态。超临界 $CO_2$ 在黏度、密度及扩散系数上具有超临界流体共有的特殊性质，即超临界 $CO_2$ 兼具气体的低黏度特性和液体的高密度特点，不易与黏土矿物产生膨胀作用，不易堵塞孔喉，不会造成页岩气储层采收率降低。

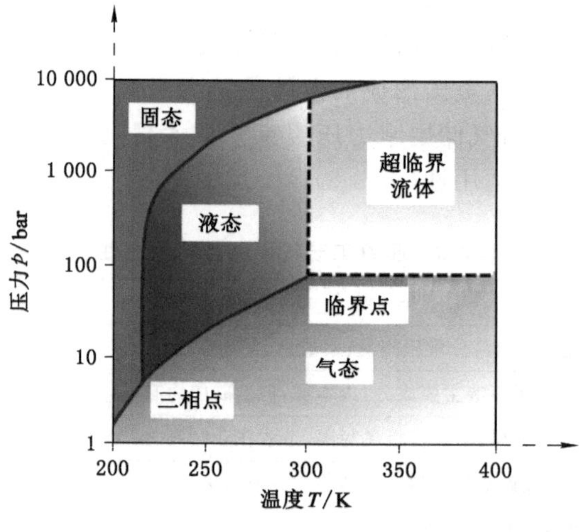


图 3-9 $CO_2$ 相态图（1 bar=$10^5$ Pa）

随着石油天然气资源开采技术的进步，$CO_2$ 流体在油气资源开发领域的应用也变得越来越广泛，尤其在提高油气层采收率方面：① 原油中的重烃可以被超临界 $CO_2$ 溶解，使储层中的黏土矿物脱水收缩，从而增大储层的孔隙度，提高储层渗透性。② 原油溶解于 $CO_2$ 后可以产生 10%～100%的体积膨胀，使原油黏度显著降低，流动更加容易，产量得到提高。③ $CO_2$ 能够降低表面张力，试验研究证实油水界面张力的减小可以使残余油饱和浓度降低。相较常规油水界面的 10～100 N/m 的界面张力，$CO_2$ 可以萃取并气化轻烃，使得油水界面张力降低，残余油饱和浓度减小，采收率提高。

与水力压裂技术相比，超临界 $CO_2$ 压裂技术在减轻地层伤害、提高缝网复杂度、置换吸附态可燃气体等方面具有显著的优越性：① 化学稳定性高，不易燃易爆，无腐蚀性；② 临界条件较易达成，具有一定的可行性；③ 具有高密度、低黏度、高扩散系数和低表面张力，一方面压裂液更易于沟通微裂缝、形成大量复杂微裂缝网络，另一方面有利于流体流动、降低了压裂液流动过程中的压力损失；④ 可避免黏土矿物遇水膨胀所导致的水锁效应等危害，避免了储层受损；⑤ 返排迅速而彻底，对地层伤害轻；⑥ 起裂压力远小于水，降低了压裂难度；⑦ 溶解能力强，可有效缓解近井地带的油层堵塞现象，增强油气通道的渗流能力；⑧ $CO_2$ 的置换作用有利于提高 $CH_4$ 等气体的采出量，并达到 $CO_2$ 地质封存的目的，永久性封存 $CO_2$。

### 3.4.2　超临界 $CO_2$ 压裂物理模拟

全球第一口页岩气井位于美国纽约州的 Fredonia 小镇，完钻于 1821 年，但产气量极低，被认为不具有商业价值[14]。20 世纪 80 年代，随着页岩气储层水平井钻进技术、水力压裂技术及储层评价技术的快速发展，北美地区逐渐成为页岩气商业化开发最成功的地区。Barnett 页岩气层是美国页岩气开发的典范区，也是产气量最高的区域。Barnett 页岩气储层孔隙度约为 4%～5%，基质渗透率小于 100 nD，纳达西渗透率级别的储层必须经过压裂后才能投产[31]。

针对我国页岩气储层低孔渗、黏土含量高等特性，无水压裂技术应运而生，主要包括液态 $CO_2$ 压裂、液态 $N_2$ 压裂、液态丙烷压裂及超临界 $CO_2$ 压裂等[32]。近年来，受 $CO_2$ 提高石油采收率及 $CO_2$ 地质封存的启发，结合超临界 $CO_2$ 特性，超临界 $CO_2$ 压裂成为全球页岩气开发的新热点。延长石油延 2006 井、延 2011 井进行超临界 $CO_2$ 压裂页岩现场试验，证实了液态 $CO_2$ 注入地层后能够达到超临界状态，超临界 $CO_2$ 压裂能形成复杂缝网，实现大范围体积改造，延 2011 井平均日产量达 4.3 万 $m^3$，采气量提高了 2～2.5 倍。

超临界 $CO_2$ 密度类似液体，溶剂化能力很强，黏度接近气体，扩散系数比气体小，但比液体高一到两个数量级，具有很强的流动、渗透和传递性能。这决定了其作为一种无水压裂液应用于页岩气储层压裂增产的可行性[33]。超临界 $CO_2$ 可以渗透到储层的微裂缝中，沟通天然裂缝与层理形成复杂裂缝网络。作为干法压裂，其对页岩气储层伤害很小，避免了水敏性矿物遇水膨胀。A. P. Gupta 等研究发现超临界 $CO_2$ 有利于改善储层渗透性[34]。超临界 $CO_2$ 侵入储层能够使储层中的黏土脱水收缩，增大孔隙度，具有良好的油气层保护性能。另外，研究表明页岩对 $CO_2$ 的吸附能力是 $CH_4$ 的 4～20 倍，超临界 $CO_2$ 可以高效置换页岩中的 $CH_4$，增产效果显著[35]。然而，超临界 $CO_2$ 压裂技术是近年来才提出的，是国内外相关领域的研究新热点，其基础理论体系与技术工艺尚未完善，应用也尚处于起步阶段。

物理模型的实质是用与原型（岩体或其他人工结构等）力学性质相似或相同的材料按几何相似常数缩制成的模型。通过在模型上模拟各类工程问题，以观察与研究工程围岩内的变形与破坏等现象。物理模型一种是定性模型，主要目的是通过模拟试验定性判断原型中发生某种现象的本质和机理。在这种模型中，不要求严格遵循各种相似关系，而只需要满足主要的相似常数。物理模型另一种是定量模型，在这种模型中，要求主要的物理量都尽量满足相似常数与相似指标。本书采用室内超临界 $CO_2$ 压裂模拟试验主要目的是寻求页岩超临界压裂过程中网状裂缝的形成条件和机理，试验过程中需要考虑现场原型和试验模型之间的相似性，否则会削弱模拟试验的价值和可信度。

3.4.2.1　试验装置及试验流程

本次超临界$CO_2$压裂物理模拟试验的主要相似现象为岩体压裂现象、裂纹扩展现象。影响岩体超临界$CO_2$压裂和裂纹扩展的主要因素包括：压裂地层岩体特征，主要包括岩体的基本性质、裂隙及层理面发育状况、压裂影响岩体区域等；压裂地层应力，主要包括真实地层地应力分布、地应力差异系数等；压裂液种类、性质及泵注模式；井筒模拟条件，主要包括井筒方向、射孔方位角等。可将以上页岩压裂试验主要影响因素归结如下。

① 几何尺度：本次物理模拟试验在综合考虑现场压裂页岩气储层的地质条件复杂性和室内试验设备试验条件的情况下，选择 200 mm×200 mm×200 mm 的大尺寸页岩原岩试样作为物理模拟试验原岩试样，以保证室内超临界$CO_2$压裂过程中裂缝有充足的萌生、扩展空间；试件中心模拟井眼套管尺寸为 10 mm。

② 物理参数：为使页岩气储层的物理力学参数、地应力状况等与室内压裂岩样具有一致性（如密度、黏聚力、内摩擦角、弹性模量、泊松比及应力等），采用页岩气储层地表露头的页岩原岩试样，并通过真三轴三向加载系统达到模拟地层真实地应力的要求。

③ 压裂参数：包括渗透系数、压裂液黏度、压裂时间及泵压排量等。引入 ISCO 柱塞泵可以定排量或定压力泵注压裂液，满足模拟试验压裂过程中压裂液泵注要求。

以上各影响因素涉及压裂物理模拟模型的几何条件和边界条件的问题。如果裂缝的起裂、扩展范围远远超过模型几何空间尺寸，压裂物理模型则无法反映真实的地层压裂状况。因此，此次选择可模拟真实地应力条件下的含多组平行层理弱面的页岩原岩作为压裂模型，解决了模拟压裂过程中与实际地层压裂在岩石材料、层理弱面及天然裂缝发育状况等方面难以进行相似模拟的难题。

此外，在压裂过程中，随着裂缝的起裂与扩展，压裂液与地层岩体之间会形成一个二维的温度交换场；裂缝的张开和压裂液的滤失会造成压裂液的体积变化，即压裂液的体积滤失率。这些因素都会在一定程度上影响压裂效果。然而，由于对其影响的认知难以统一，本次物理模拟试验中并未考虑上述因素。

压裂试验装置系统连接如图 3-10 所示，主要包括三轴加载装置、压裂液注入泵、加热装置、压力温度数据采集系统及声发射同步检测系统。

三轴加载装置包括三轴承压腔体和三组液压千斤顶，作用在试件表面的最大加载应力为 15 MPa。采用美国 Teledyne ISCO 的高压高精度 260D 双柱塞泵注入压裂液，该泵适用于超临界态及液态 $CO_2$ 和清水（蒸馏水），最大注入压力为 51.7 MPa，最大注入流量为 $10^7$ mL/min[36]。加热装置包括压裂液管路加热器和试件加热恒温箱，压裂液管路加热器采用内部多圈缠绕的方式以实现对 $CO_2$ 和清水的均匀加热，温度范围为室温～200 ℃，加热精度为 0.1 ℃。压力温度数据采集系统采用 Omega PX-409 型压力传感器（采集压力范围为 0～34.5 MPa，采集精度为 7 kPa）和温度传感器（温度检测范围为 0～200 ℃，精度为 0.1 ℃）。压裂试验过程中，连接 PCI-2 型声发射系统同步检测裂缝起裂扩展产生的信号。压裂后的试件采用 CD-650BX 大型无损工业 CT 扫描系统对试件内部裂缝进行扫描观测，该系统射线穿透能力强，检测效率高，适用于大尺寸试件，成像迅速且清晰，能够对试件内部

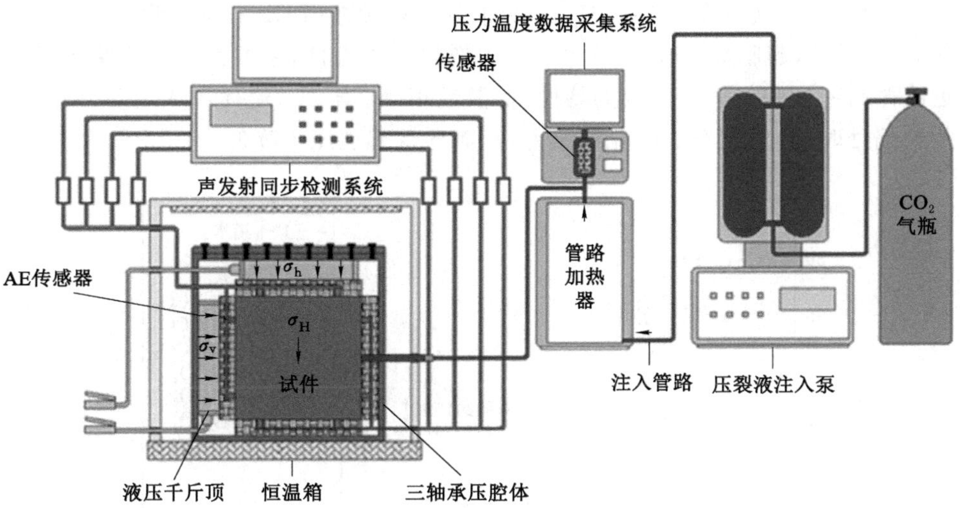


图 3-10　三轴压裂试验装置系统连接图

产生的微裂缝进行很好的描述。将 CT 扫描后的试件剖开，采用 Cronos 3D 型 DR 扫描系统对裂缝面进行扫描[37]。

压裂试验所用试件为四川盆地志留系龙马溪组页岩露头。选取层理发育均匀的岩块，切成尺寸为 20 cm×20 cm×20 cm 的立方体试件。沿垂直于层理面方向在试件中部钻出直径为1.5 cm、长度为 11 cm 的沉孔[38]。采用特殊化学胶将钢质注液管固定到试件的中心沉孔中，用来模拟压裂井筒，注液管封孔长度为 9 cm，在试件中心留下 2 cm 的裸眼段。自然风干后用保鲜膜包裹页岩外表，以避免长时间暴露在空气中造成的层理缝开裂。

一般地，当页岩气储层埋深超过 1 000 m 时，$CO_2$注入后在储层高温高压条件下会自动变成超临界态，在较浅部储层会以液态 $CO_2$存在。为与传统水力压裂相比较，本试验考虑超临界 $CO_2$、液态 $CO_2$及清水三种压裂液做对比研究，对比结果揭示了超临界 $CO_2$压裂复杂裂缝形成机理。具体的试验步骤如下：

① 由于超临界 $CO_2$的物理性质对温度的变化非常敏感，在压裂试验过程中，$CO_2$的温度和试件的温度都需要严格控制。为了模拟高温页岩气储层，在试验之前，采用恒温箱对试件加热 24 h，保证试件均匀受热至目标温度。压裂试验中使用恒温箱进行目标温度控制，压裂液管路、声发射连接线及千斤顶油管采用特制金属管。2# 试件为液态 $CO_2$压裂，不需要加热。

② 将试件放入加载三轴承压腔体中，并将 8 个声发射探头以斜对角布置方式贴在试件 4 个表面，测试各传感器是否安装正确及灵敏。待三轴承压腔体封盖后，以 2 MPa/min 速度给试件加载三向主应力。设置管路加热器至目标温度，压裂液流经管路加热器后，连接压裂液注入泵、注入管路与模拟井筒，井筒进口附近管路通过缠绕加热带保温。

③ 打开声发射同步检测系统及压力温度数据采集系统。注入泵充满 $CO_2$或水之后，打开注入泵以 30 mL/min 的流量注入高压 $CO_2$或水。压力不断升高直至试件破裂，待压力降为零后关闭注入泵。

④ 试验后，将试件取出并进行 CT 扫描，每个试件扫描两个面：水平应力面Ⅰ和垂直于最

大水平应力面Ⅱ。对于压裂后已经断裂的试件，直接进行裂缝面 DR 扫描观测。

如图 3-11 所示，超临界 $CO_2$ 压裂比水力压裂起裂压力低，主要是因为超临界 $CO_2$ 流体具有接近液体高密度和气体低黏度的特性，扩散性很强，当 $CO_2$ 流体渗入岩石微小裂隙、孔隙及其他缺陷处时，会形成有效的孔隙压力，从而导致起裂压力降低。

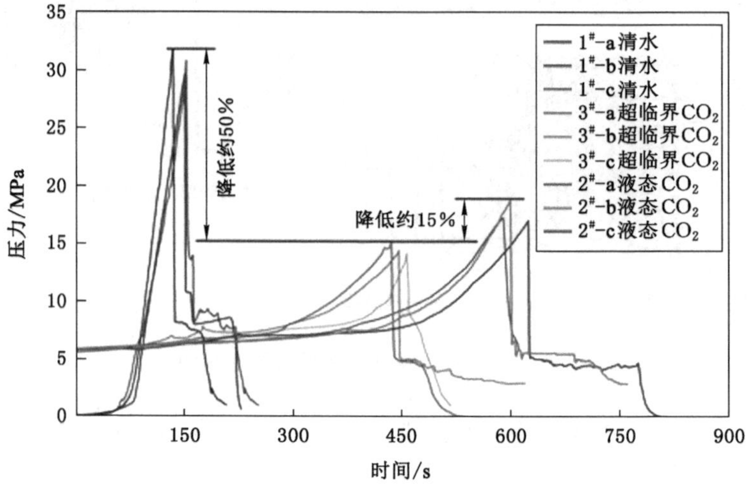


图 3-11　超临界 $CO_2$、液态 $CO_2$ 与清水压裂页岩压力-时间曲线

3.4.2.2　超临界 $CO_2$ 压裂裂缝形态

岩石破坏过程中，岩石的声发射率和声发射能率是两个重要参数。现有研究表明，两者并不完全一致，与声发射率相比，声发射能率的变化表现得更加敏感，更适合用来预测岩石的破坏。因此，本书利用声发射系统同步检测页岩压裂试验过程中的声发射能率信号，通过与清水压裂试件对比，探讨超临界 $CO_2$ 压裂页岩所产生的声发射信号特征，为研究压裂过程中裂纹的萌生、扩展提供借鉴和参考，从而分析超临界 $CO_2$ 压裂裂缝特殊复杂形态产生的原因。

图 3-12 给出了清水压裂和超临界 $CO_2$ 压裂试验过程中声发射能率的特征。从图 3-12 中可以看出，试件破坏前，超临界 $CO_2$ 压裂试件的声发射能率点非常密集，且声发射能率值相对较大；而 1# 试件声发射能率点较少，且声发射能率值也与 3# 试件相差 2～3 个数量级。在试件破坏时，清水压裂最大声发射能率值大于超临界 $CO_2$ 压裂，产生的声发射能率点也更多。比较发现，超临界 $CO_2$ 压裂单位时间内声发射能率释放持续时间较长，整个压裂过程都伴随发生；而清水压裂试件的声发射能率释放持续时间较短，且主要在压力峰值附近完成。超临界 $CO_2$ 压裂试件在破坏前有多次声发射能率值的激增，每一次声发射能率值的激增均对应着微裂缝的产生和扩展。这表明在超临界 $CO_2$ 压裂过程中，试件内部多次产生裂纹并扩展。

图 3-13 给出了清水压裂和超临界 $CO_2$ 压裂页岩裂缝内表面的 DR 扫描图，裂缝表面形态显示：超临界 $CO_2$ 压裂页岩破裂面较复杂，凹凸起伏明显，次生裂缝肉眼清晰可见；相比之下，清水压裂裂缝表面比较平整。超临界 $CO_2$ 在页岩中表现出的渗透作用及对裂缝表面的剥蚀，导致微裂缝、次生裂缝等发育，裂缝的扩展过程十分复杂。

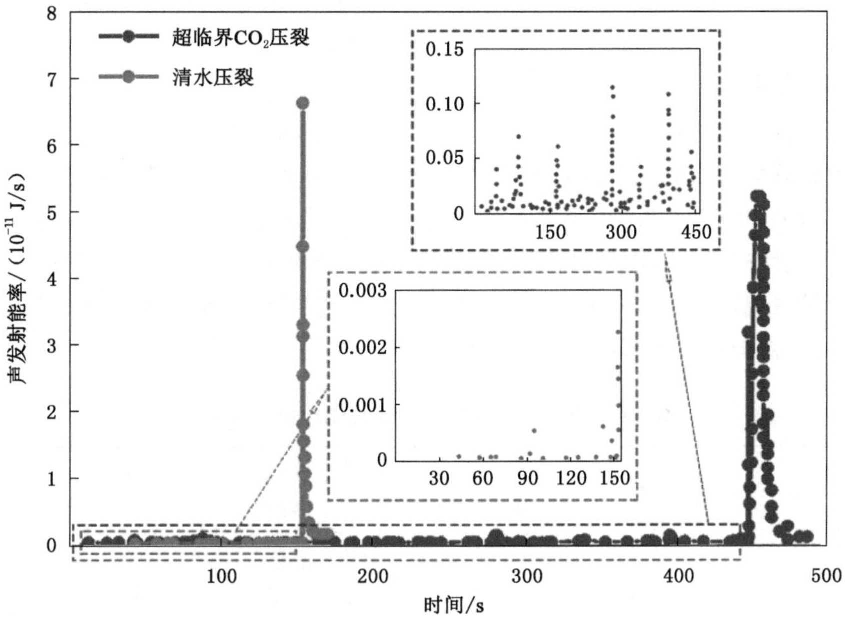


图 3-12　超临界 $CO_2$ 与清水压裂页岩声发射能率-时间曲线

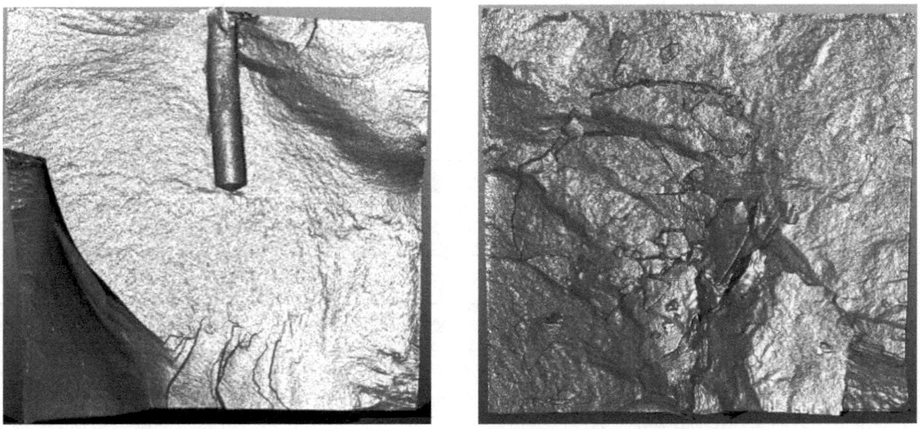


图 3-13　DR 扫描裂缝表面形态

岩体的破坏是微裂纹萌生、扩展，最终连通形成宏观裂缝的过程。岩体除了受到外部载荷作用外，还受到内部孔隙压力的影响。Tang 等研究发现，液态介质在岩石固相中的渗流会对岩石造成损伤，并得到了岩石孔隙度与损伤之间的突变关系[39]。

由于超临界 $CO_2$ 滤渗损伤页岩，在页岩被压开前，岩石与超临界 $CO_2$ 接触区域被损伤产生微裂纹，声发射信号也证明了这一点。页岩浸泡试验表明，超临界 $CO_2$ 进入微孔隙中会增大孔隙度，最终导致压裂后裂缝表面的凹凸不平。结合声发射能率可知，超临界 $CO_2$ 压裂页岩之前有一段较长时间的微裂纹萌发阶段，这也是超临界 $CO_2$ 压裂页岩裂缝形态复杂的原因之一。

#### 3.4.2.3 复杂裂缝分类

涪陵焦页 1 井最大水平主应力为 52.5～55.5 MPa，最小水平主应力为 48.6～49.9 MPa，水平地应力差异系数为 0.11～0.34；四川某页岩气井最大水平主应力为 40.51～56.48 MPa，最小水平主应力为 30.06～32.51 MPa，水平地应力差异系数为 0.24～0.74[40]。结合现有设备工作压力范围，设计多组试验以考察不同水平地应力差条件下水与 $CO_2$ 介质压裂页岩与砂岩的起裂与裂缝扩展规律，如表 3-9 所示[41]。考虑页岩试件的非均质性，1#、2#、3# 三组工况下的试验重复 3 次，共采用页岩试件 13 个、砂岩试件 2 个。

**表 3-9 水与 $CO_2$ 压裂页岩物理模拟试验方案**

| 试件编号 | 岩石类型 | 压裂液类型 | 三轴应力 ($\sigma_v/\sigma_H/\sigma_h$)/MPa | 水平地应力差 /MPa | 注入排量 /(mL/min) | 温度/℃ |
|---|---|---|---|---|---|---|
| 1#-a<br>1#-b<br>1#-c | 页岩 | 清水 | 12/10/8 | 2 | 30 | 60 |
| 2#-a<br>2#-b<br>2#-c | 页岩 | 液态 $CO_2$ | 12/10/8 | 2 | 30 | 18，室温 |
| 3#-a<br>3#-b<br>3#-c | 页岩 | 超临界 $CO_2$ | 12/10/8 | 2 | 30 | 60 |
| 4# | 砂岩 | 清水 | 12/10/8 | 2 | 30 | 60 |
| 5# | 砂岩 | 超临界 $CO_2$ | 12/10/8 | 2 | 30 | 60 |
| 6# | 页岩 | 超临界 $CO_2$ | 12/10/10 | 0 | 30 | 60 |
| 7# | 页岩 | 超临界 $CO_2$ | 12/9/8 | 1 | 30 | 60 |
| 8# | 页岩 | 超临界 $CO_2$ | 12/9/6 | 3 | 30 | 60 |
| 9# | 页岩 | 超临界 $CO_2$ | 12/10/6 | 4 | 30 | 60 |

注：$\sigma_v$ 为垂直主应力，MPa；$\sigma_H$ 为最大水平主应力，MPa；$\sigma_h$ 为最小水平主应力，MPa。

分析压裂裂缝形态可知，清水压裂砂岩（4# 试件）、页岩（1# 试件）均形成了 I 形单一裂缝，而超临界 $CO_2$ 压裂形成的复杂裂缝呈现不同的形态，超临界 $CO_2$ 压裂页岩（6#、7#、3#、8#、9# 试件）形成了由主裂缝、次生裂缝及层理缝构成的 T 形裂缝，其中 3# 试件被压出了两条主裂缝，其裂缝为更加复杂的 H 形裂缝。而超临界 $CO_2$ 压裂均质砂岩（5# 试件）则形成由主裂缝及次生裂缝构成的 Y 形裂缝。由于数值模拟建模及试验分析需要，选择贯通裂缝进行后续的渗流分析，选取压裂后的 4#、5#、3#、8#、9# 试件，分别编号 1′#—5′#，如表 3-10 所示[41]。由于对单一 I 形裂缝研究较多，本书仅作为对比分析，选择清水压裂砂岩 4# 试件。

**表 3-10　裂缝形态选取**

| 试验编号 | 试件类型 | 原试件号 | 水平地应力差/MPa | 裂缝形态 |
| --- | --- | --- | --- | --- |
| 1′# | 清水压裂砂岩 | 4# | 2 | I |
| 2′# | 超临界 $CO_2$ 压裂砂岩 | 5# | 2 | Y |
| 3′# | 超临界 $CO_2$ 压裂页岩 | 3# | 2 | H |
| 4′# | 超临界 $CO_2$ 压裂页岩 | 8# | 3 | T |
| 5′# | 超临界 $CO_2$ 压裂页岩 | 9# | 4 | T |

### 3.4.2.4　裂缝二值法提取

裂隙流数值模拟的关键在于模型构建，而 CT 扫描图像的精度会直接影响模型的准确性。通常可使用二值法和 Matlab 软件自带边缘提取法进行裂缝形态的提取。然而，受像素的影响，对于 200 mm×200 mm×200 mm 的大试件，即使是高清工业 CT 扫描，裂缝边缘处也存在对比度不均匀的现象，边界模糊，部分区域图像存在严重的噪声，从而导致裂缝出现无法提取的现象。这主要是由于传统二值法处理图像时采用全局的阈值，即整个图片采用一个阈值来实现图像明暗的分割。当全局阈值较大或较小时，会导致图像较亮的区域过饱和或较暗的区域无法分辨。而 Matlab 自带程序对图像直接采用最大梯度法得到裂缝边界，但是由于也采用全局参数，会出现和二值法相似的噪声干扰，如图 3-14 所示。特别是对于超临界 $CO_2$ 压裂复杂裂缝，由于裂缝表面更加粗糙，CT 图像裂缝边缘非常模糊，全局阈值法提取裂缝面信息困难。

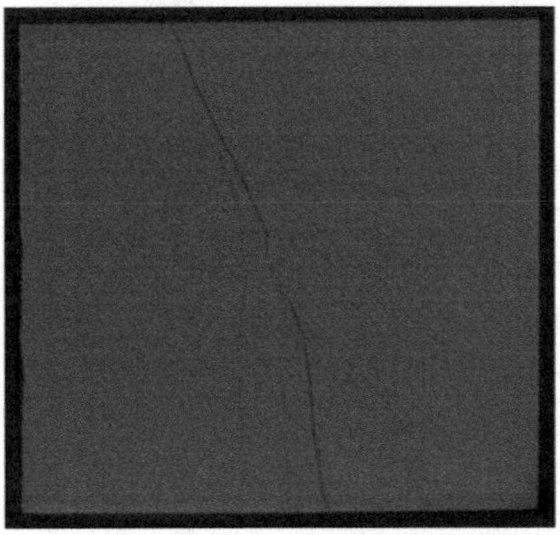

(a) 2′#试件工业CT扫描图

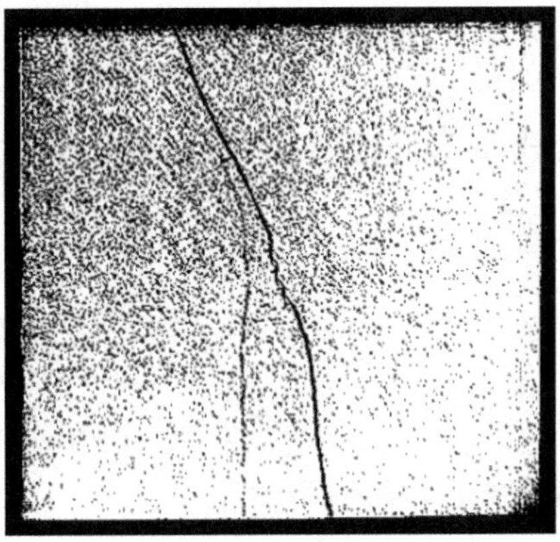

(b) 普通二值法处理图

图 3-14　传统二值法处理图像

因此，采用自适应阈值法区分目标裂缝与岩石基质，提取裂缝几何信息。首先基于全局像素信息获取全局最优阈值，并通过图像局部信息得到局部阈值；然后采用二值法处理图像，并通过种子生长法除噪；最终得到复杂裂缝矢量形态。

(1) 全局最优阈值

图 3-15 为压裂试件 CT 扫描图像像素的直方统计图。由图 3-15 可以看出，该像素分布可以看作由两个高斯分布产生，这两个高斯分布分别由图片中不同区域的像素点构成。当

平均值较小时,高斯分布主要由试件边缘和试件外围背景的黑色区域像素构成;而当平均值较大时,高斯分布由裂缝所在的较暗区域构成。寻找全局最优阈值是为了找到一个最优阈值,分开这两部分。由图 3-15 可知,要选择的阈值应该是位于这两个高斯分布均值中间的那个概率密度相等的点。假设图 3-15 中的两个高斯分布为:

$$f_1(x)=\frac{1}{\sqrt{2\pi}\sigma_1}\exp\left[-\frac{(x-\mu_1)^2}{2\sigma_1^2}\right] \tag{3-1}$$

$$f_2(x)=\frac{1}{\sqrt{2\pi}\sigma_2}\exp\left[-\frac{(x-\mu_2)^2}{2\sigma_2^2}\right] \tag{3-2}$$

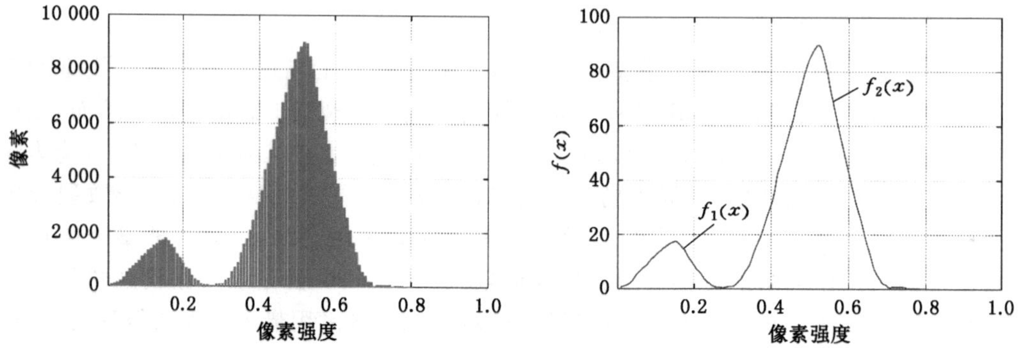

(a) CT扫描图像像素直方图　　(b) 假设的两个高斯分布

图 3-15　压裂试件 CT 扫描图像像素直方图和假设的两个高斯分布

最优阈值 $x$ 应满足:

$$f_1(x)=f_2(x) \tag{3-3}$$

结合式(3-1)和式(3-2),得到最优阈值方程:

$$ax^2+bx+c=0 \tag{3-4}$$

式中:

$$a=\sigma_2^2-\sigma_1^2 \tag{3-5}$$

$$b=2(\mu_2\sigma_1^2-\mu_1\sigma_2^2) \tag{3-6}$$

$$c=2\sigma_1^2\sigma_2^2\ln(\sigma_1/\sigma_2)+\sigma_2^2\mu_1^2-\sigma_1^2\mu_2^2 \tag{3-7}$$

求解该方程,得到:

$$x=\frac{-b\pm\sqrt{b^2-4ac}}{2a} \tag{3-8}$$

全局最优阈值 $T$ 取值则应为 $x_1$、$x_2$之间的解。实际应用中,两个高斯分布的平均值与方差是未知的,因此要依据图像的像素信息进行估计。从全局最优阈值 $T$ 的定义可知,当 $x$ 小于最优阈值 $T$ 时,它属于第 1 个高斯分布;当 $x$ 大于 $T$ 时,则属于第 2 个高斯分布。据此,两个高斯分布的参数可以通过统计分析图像所有像素点来进行估计,即

$$\begin{cases}\mu_1=\dfrac{1}{n_1}\sum\limits_{i=1}^{n}\gamma_{1i}x_i\\[2ex]\sigma_1=\dfrac{1}{n_1}\sum\limits_{i=1}^{n}\gamma_{1i}(x_i-\mu_1)^2\end{cases} \tag{3-9}$$

$$\begin{cases}\mu_2 = \dfrac{1}{n_2}\sum\limits_{i=1}^{n}\gamma_{2i}x_i \\ \sigma_2 = \dfrac{1}{n_2}\sum\limits_{i=1}^{n}\gamma_{2i}(x_i - \mu_2)^2\end{cases} \tag{3-10}$$

式中　$x_i$——第 $i$ 个像素；

$n$——像素点个数。

$$\gamma_{1i} = \begin{cases}1 & (x_i < T) \\ 0 & (x_i \geqslant T)\end{cases} \tag{3-11}$$

$$\gamma_{2i} = \begin{cases}1 & (x_i \geqslant T) \\ 0 & (x_i < T)\end{cases} \tag{3-12}$$

$$n_1 = \sum_{i=1}^{n}\gamma_{1i} \tag{3-13}$$

$$n_2 = \sum_{i=1}^{n}\gamma_{2i} \tag{3-14}$$

式中　$n_1$,$n_2$——两个高斯分布的像素点个数。

两个高斯分布的参数与阈值都是未知的，因此，程序运行时需先设定初始阈值来估计两个高斯分布的参数，之后再通过得到的高斯分布参数更新计算阈值，迭代计算直到收敛，得到全局最优阈值 $T$。

(2) 行局部阈值

全局最优阈值确定后，需要依据图像中每行的像素信息对行局部阈值进行估计，即

$$\text{thre}(i) = \frac{1}{N_i}\sum_{i=1}^{N_i}x_i \quad (x_i > T) \tag{3-15}$$

相比之下，较亮的行中，大于全局最优阈值的像素点较多，平均值较大，将其作为本行阈值可能会导致无法识别出本行中较暗的部分，目标裂缝提取会出现偏差；而相对较暗的行中，大于全局最优阈值的像素点一般较少，因而平均值较小，将其作为本行阈值可能会导致本行中较亮的部分成为噪点。因此，将式(3-15)计算得到的局部行阈值进行较小值和较大值的截断，即

$$\text{thre}(i) = c \qquad [\text{thre}(i) < c] \tag{3-16}$$

$$\text{thre}(i) = d \qquad [\text{thre}(i) > d] \tag{3-17}$$

式中　$c$,$d$——程序运行过程中可调的参数，二者分别控制图像处理中不同的细节。

将计算得到的行局部阈值进行中值滤波，以防止由行局部阈值不连续引起的二值图像断层。然后，采用种子生长法进行除噪，得到目标裂缝和背景基质。图 3-16 给出了本方法的图片处理过程，全局最优阈值取 92，行局部阈值取 83。

将灰白 CT 图像设置阈值，并保留阈值以下的像素，从而得到清晰的复杂裂缝形态，如图 3-17 所示。依次对主裂缝、次生裂缝、层理缝进行编号。可以发现，主裂缝及次生裂缝均为沿最大主应力方向的竖直裂缝，而层理缝均为水平裂缝。

#### 3.4.2.5　裂缝参数统计

统计各单裂缝的平均缝宽 $h_{avg}$ 和缝宽标准差 $s$。超临界 $CO_2$ 压裂页岩的平均缝宽＞超临界 $CO_2$ 压裂砂岩的平均缝宽＞清水压裂砂岩的平均缝宽，超临界 $CO_2$ 压裂页岩的缝宽标

(a) 原始图片　　(b) 利用行局部阈值得到的二值图像　　(c) 最终二值图像

图 3-16　自适应阈值法图片处理过程

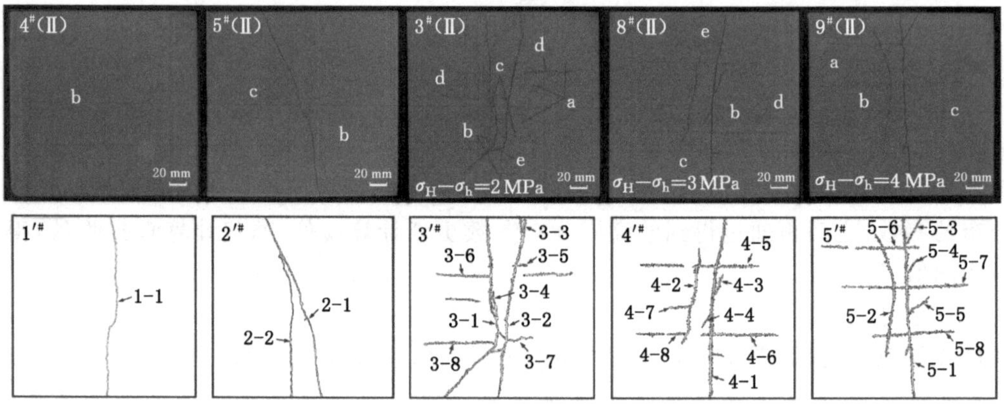


图 3-17　复杂裂缝形态

准差>超临界 $CO_2$ 压裂砂岩的缝宽标准差>清水压裂砂岩的缝宽标准差。这表明超临界 $CO_2$ 压裂页岩产生的裂缝较宽且更粗糙。

### 3.4.3　超临界 $CO_2$ 压裂机理

#### 3.4.3.1　超临界 $CO_2$ 压裂页岩研究现状

Ishida 等进行了室内超临界 $CO_2$、液态 $CO_2$ 和水压裂花岗岩的试验研究，并使用声发射方法监测了裂缝的扩展[35]。研究发现，超临界 $CO_2$ 和液态 $CO_2$ 可以产生更多三维化的裂缝，而常规水力压裂则倾向于产生平面裂缝。此外，超临界 $CO_2$ 和液态 $CO_2$ 压裂花岗岩时，岩石的破裂压力更低。

Chen 等通过荧光法观测到不同流体注入后的裂缝扩展模式，从微观角度讨论了在不同黏度流体驱动下裂缝的粗糙程度[36]。研究表明，低黏度流体易形成高迂曲度的裂缝，超临界 $CO_2$ 流体驱动的裂缝，在主裂缝区域周围易形成分支裂缝，这些次生裂缝可以有效提高储层的渗透性。

Zhang 等使用超临界 $CO_2$、液态 $CO_2$ 和水压裂了页岩和砂岩试件，同时使用了更高精度的高能 CT 技术对压裂裂缝进行了表征[37]。结果表明，相同应力状态下，超临界 $CO_2$ 压裂的破裂压力比水低 50%左右；超临界 $CO_2$ 压裂能够形成宽度大、密度高的复杂裂缝网络，沟通原始的天然裂缝，形成类似于体积压裂的效果，更好地提高采收率。

Fernø 等使用$^{11}C$元素进行了正电子发射断层扫描，实现了 $CO_2$ 流体在页岩中的可视化[38]。研究发现，即使在不对页岩进行压裂的情况下，$CO_2$ 流体的注入仍可使油层采收率提高 55%。

近年来，国内学者也开展了一系列的页岩压裂试验研究。郭印同等使用真三轴模拟试验机进行了页岩的水力压裂试验研究，使用声发射技术和高能 CT 技术对裂缝的扩展形式进行了表征[40]。研究发现，考虑页岩的层理性，当压裂不能形成沿天然裂缝的贯通裂缝时，倾向于形成与天然层理面相交的网格化裂缝。衡帅等通过页岩的水力压裂试验，进一步发现页岩层理的软弱特征造成页岩具有更小的断裂韧度，所以岩体本身阻止裂缝扩展的能力较弱，裂缝在弱层理面处产生分叉、转向，形成网状裂缝[39]。

可以看出，现阶段超临界 $CO_2$ 压裂页岩研究大都集中于室内试验，且集中于对压裂破裂压力的讨论和裂缝的宏观描述，缺少对压裂机理的深层次讨论及压裂裂缝面的微观表征。因此，有必要进一步对超临界 $CO_2$ 压裂页岩裂缝形成机理和裂缝面的微观表征进行更深入的研究。

### 3.4.3.2　超临界 $CO_2$ 压裂裂缝扩展机理

超临界 $CO_2$ 压裂、液态 $CO_2$ 压裂与清水压裂页岩（1#、2#、3# 试件）的 CT 扫描图像如图 3-18 所示。超临界 $CO_2$ 压裂页岩裂缝是不规则的多条裂缝连在一起，由各种不同长度、宽度及不同类型的裂缝组合而成的复杂裂缝网络体系。统计各种不同类型的裂缝——① 裂缝 a：压前已存在的天然裂缝；② 裂缝 b：压裂形成的Ⅰ型张开贯穿裂缝；③ 裂缝 c：主裂缝扩展过程中诱导的次生裂缝；④ 裂缝 d：压后开启的层理缝；⑤ 裂缝 e：压裂过程中，压裂裂缝与原先闭合的天然裂缝相交，天然裂缝剪切滑移，从而形成的自支撑裂缝。

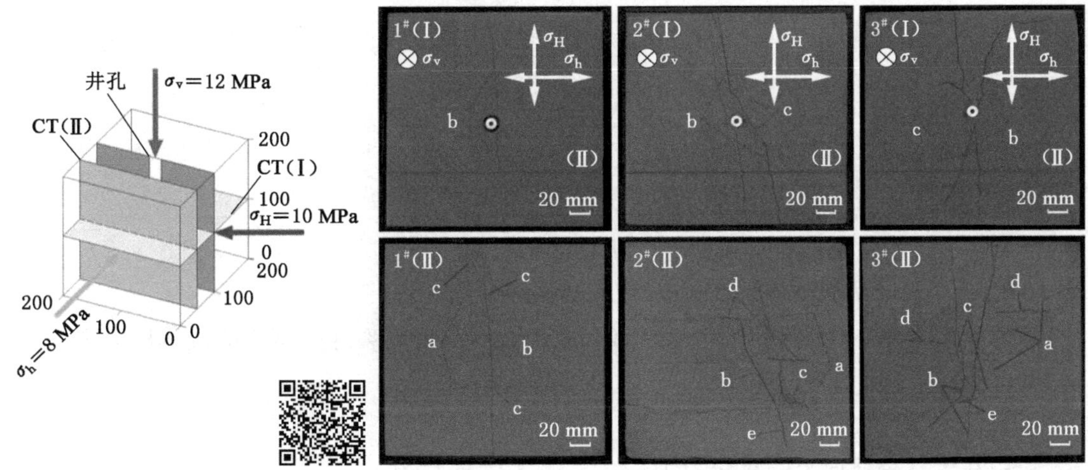


图 3-18　超临界 $CO_2$、液态 $CO_2$、清水压裂页岩 CT 扫描图像（1#、2#、3# 试件）

CT 图像显示，超临界 $CO_2$ 压裂页岩形成的复杂裂缝网络，包含多条各种类型的裂缝，且裂缝宽度较大，裂缝面粗糙，裂缝纵向延伸呈现较大的迂曲度。超临界 $CO_2$ 压裂和液态 $CO_2$ 压裂可以诱导产生两条及以上的贯穿主裂缝，裂缝整体分布呈"X"形[2#（Ⅰ）]、"Y"形[3#（Ⅰ）]或"H"形[3#（Ⅱ）]的断裂形态，且在主裂缝扩展的末端附近分布有大量超临界

$CO_2$诱导的次生裂缝。液态$CO_2$压裂的裂缝网络形态与超临界$CO_2$压裂具有相似性，但裂缝整体的复杂程度略低。与液态$CO_2$相比，超临界$CO_2$更有可能使页岩产生剪切滑移，从而诱导次生裂缝。超临界$CO_2$压裂产生的复杂裂缝网络呈三维分布，相比之下，清水压裂形成的裂缝基本呈平面分布，形态为单一的“Ⅰ”形贯穿主裂缝。水压裂缝主要包含 a、b、e 型裂缝，清水压裂造成的次生裂缝较少，而超临界$CO_2$压裂则会诱导产生较多的次生裂缝及 d 型裂缝。当使用$CO_2$作为压裂液时，相较水介质，裂缝扩展过程更易沟通天然裂缝和层理缝，形成复杂的裂缝网络。此外，超临界$CO_2$压裂裂缝宽度较大，裂缝密度明显大于清水压裂形成的裂缝密度，这说明在裂缝形态方面，超临界$CO_2$压裂相较传统水力压裂具有绝对优势。

压裂过程中，压裂裂缝与天然裂缝相交的平面构架如图 3-19 所示。压裂裂缝与天然裂缝相交后如果沿天然裂缝端部起裂扩展，将会导致压裂裂缝分支和转向，从而形成复杂的裂缝网络。此时，交点的流体压力需克服从交点到天然裂缝端部的流体压降，同时需满足端部破裂条件。

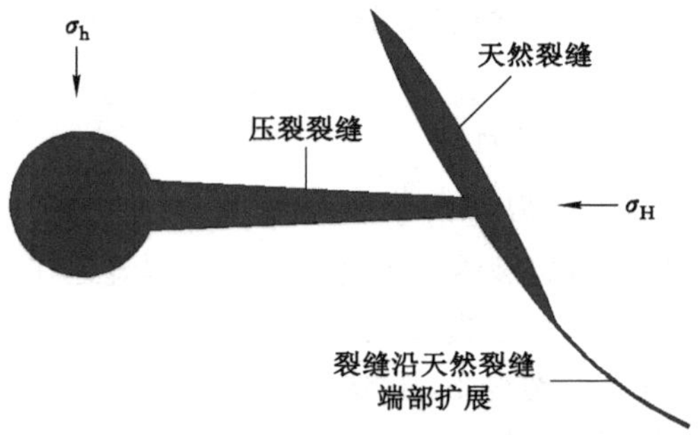


图 3-19 裂缝从天然裂缝端部延伸示意图

根据弹性力学理论，考虑压裂裂缝沿天然裂缝延伸，从天然裂缝端部起裂延伸需满足式(3-18)[41]：

$$p_i - \Delta p_{nf} \geqslant \sigma_n + T_0 \tag{3-18}$$

式中 $p_i$——交点处的流体压力，MPa；

$\Delta p_{nf}$——交点与裂缝端部间的流体压降，MPa；

$\sigma_n$——作用在天然裂缝上的正应力，MPa；

$T_0$——岩石抗张强度，MPa。

考虑压裂裂缝在交点被天然裂缝钝化，压裂裂缝与天然裂缝交点处的流体压力为：

$$p_i = \sigma_h + p_{net} \tag{3-19}$$

式中 $p_{net}$——施工净压力，MPa。

作用在天然裂缝面上的正应力为：

$$\sigma_n = \frac{\sigma_H + \sigma_h}{2} + \frac{\sigma_H - \sigma_h}{2}\cos(180° - 2\theta) \tag{3-20}$$

式中 $\theta$——压裂裂缝与天然裂缝的夹角，(°)。

将式(3-19)和式(3-20)代入式(3-18)可得：

$$p_{net} \geqslant \frac{1}{2}(\sigma_H - \sigma_h)(1 - \cos 2\theta) + T_0 + \Delta p_{nf} \tag{3-21}$$

超临界 $CO_2$ 黏度低，在裂缝中流动的压降 $\Delta p_{nf}$ 小，由式(3-21)可以看出，在其他条件一致的情况下，当超临界 $CO_2$ 压裂裂缝扩展时，更容易沟通天然裂缝和层理缝，形成复杂的裂缝延伸形态。

3.4.3.3　超临界 $CO_2$ 压裂复杂裂缝形成机理

(1) 天然裂缝的作用

页岩具有明显的层理，层理的胶结强度及天然裂缝对超临界 $CO_2$ 压裂裂缝扩展有较大的影响。在页岩气储层压裂过程中，天然裂缝被激活后拓宽储层中的裂缝带是取得增产效果的关键。同样，超临界 $CO_2$ 能否有效沟通层理且形成体积改造效果，也是技术分析的重要指标。

以非层状岩石均质砂岩作为对比试验样品，其清水压裂与超临界 $CO_2$ 压裂裂缝形态如图 3-20 所示。4# 试件为清水压裂砂岩，裂缝形态单一且裂缝宽度较窄。而使用超临界 $CO_2$ 作为压裂液(5# 试件)，会导致砂岩内产生次生裂缝、主裂缝宽度变宽，但其总体裂缝形态仍较为单一。均质砂岩中超临界 $CO_2$ 压裂只会增加贯穿裂缝的复杂性，且没有层状裂缝及 d 型裂缝，这是由于砂岩中几乎没有天然层理。

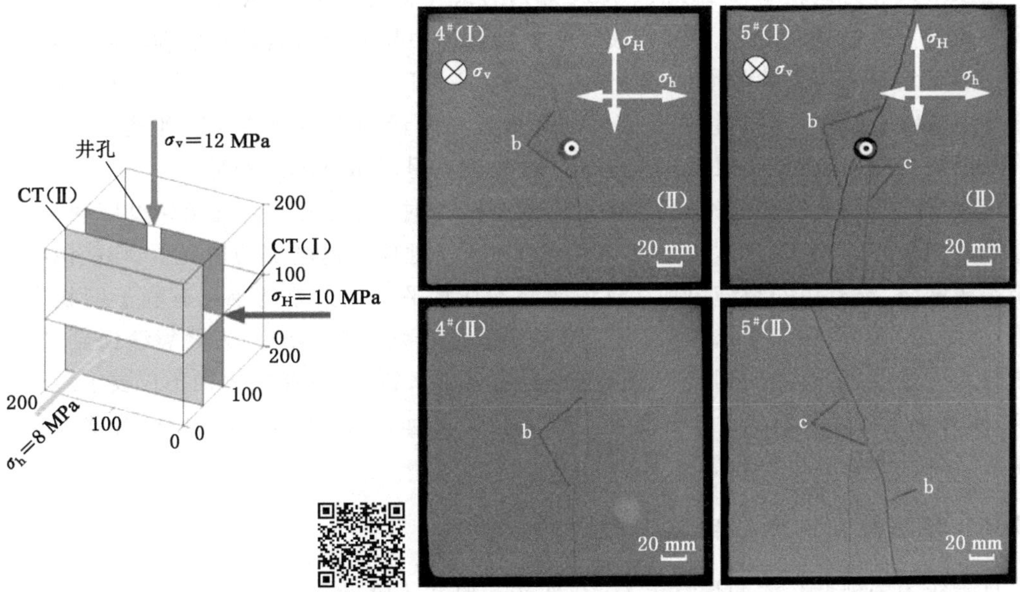


图 3-20　清水与超临界 $CO_2$ 压裂砂岩 CT 扫描图像(4#、5# 试件)

对比页岩压裂结果可知，与清水相比，利用超临界 $CO_2$ 作为压裂液使页岩中裂缝网络的密度和复杂程度的增幅比在砂岩中大得多。页岩中的层理对裂缝和裂缝的扩展具有显著影响，因此在页岩气储层中超临界 $CO_2$ 可以取得更好的压裂效果，超临界 $CO_2$ 压裂可能更适合于天然裂缝发育的储层。

岩石层理发育时，可以认为岩石抗张强度 $T_0$ 较小；由式(3-21)可知，当裂缝经过时，岩石更易产生张开与剪切破坏，从而产生次生裂缝。由此可以判断，页岩天然裂缝越发育，对裂缝扩展的影响程度越大，裂缝延伸形态越复杂。

(2) 水平地应力差的作用

为研究水平地应力差对超临界 $CO_2$ 压裂页岩裂缝形态的影响，设计了 0 MPa、1 MPa、

2 MPa、3 MPa、4 MPa 5 种水平地应力差，分别对应 6[#]、7[#]、8[#]、9[#]、10[#] 试件，如图 3-21 所示。

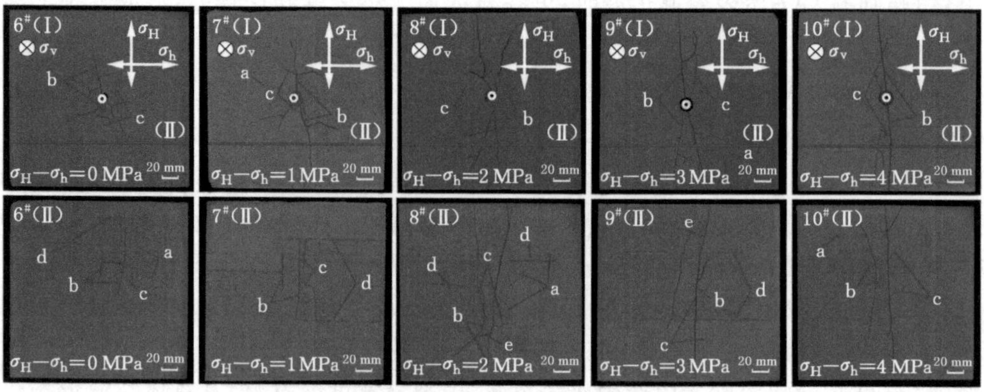


图 3-21　不同地应力差条件下超临界 $CO_2$ 压裂页岩 CT 扫描图像

当水平地应力差较小(0 MPa、1 MPa)时，裂缝主要分布在模拟井筒周围，且没有产生缝宽较大的贯穿裂缝(6[#]、7[#] 试件)，裂缝在扩展过程中易沿天然裂缝及层理转向，形成网状裂缝。随着水平地应力差的增加(2 MPa、3 MPa、4 MPa)，可以从 CT 扫描图像中看到明显的横切主裂缝贯穿试件，同时，在主裂缝的两侧分布大量的次生裂缝与层理缝，形成大范围的裂缝网络。然而，通过肉眼观察裂缝的复杂程度则呈轻微下降的趋势。

传统水力压裂的一致结论：当水平地应力差增大时，压裂裂缝会直接穿过层理面，产生一条单一主裂缝。相比之下，超临界 $CO_2$ 压裂在水平地应力差增加的情况下，均能诱导产生复杂裂缝网络，没有单一裂缝出现。这说明并不是水平地应力差越小越有利于网状裂缝的产生，而是因为水平地应力差小时，裂缝偏向于只沿着强度最薄弱的天然裂缝面延伸，难以产生较长的主裂缝，产生的网状裂缝无法向远方延伸。因此，理想的缝网不仅要求裂缝容易转向，同时也需要裂缝沿最大水平地应力方向延伸更远，沟通更多天然裂缝，否则仅会在井筒附近产生高密度的小体积裂缝带。

### 3.4.4　超临界 $CO_2$ 压裂自支撑裂缝形成机理

页岩作为一种低孔渗的层状岩石，在使用超临界 $CO_2$ 进行压裂时，其破坏机理尚不明确。因此，本节拟使用超临界 $CO_2$ 和水对龙马溪组页岩进行压裂试验研究，使用光学轮廓扫描仪和探针轮廓扫描仪对不同流体压裂形成的裂缝面进行表征，并使用脉冲衰减法测量压裂裂缝的渗透性，计算压裂裂缝的有效水力开度。在试验基础上，通过理论分析超临界 $CO_2$ 压裂裂缝具有更高粗糙度、复杂度和迂曲度的原因，并揭示超临界 $CO_2$ 压裂自支撑裂缝形成机理。

#### 3.4.4.1　不同流体压裂页岩试验研究

对龙马溪组页岩进行了水和超临界 $CO_2$ 压裂的试验研究，通过注入不同流体，得到不同流体压裂页岩形成的裂缝面，并对裂缝面进行了表征。

(1) 试验材料

试验采用龙马溪组页岩。试验前，挑选无明显裂隙的完整页岩块，钻取直径为

25.4 mm(1.0 inch)的圆柱体，并将高度切割为 50.8 mm(2.0 inch)。待表面打磨平整后，在中心钻取直径为 2.54 mm(0.1 inch)、长度为 25.4 mm(1.0 inch)的钻孔，作为压裂时的流体注入孔。使用的试件如图 3-22 所示。试验前，为了减小页岩含水量对试验结果的影响，将加工好的试件放置在烘干箱内，温度设置为 40 ℃烘干 24 h。

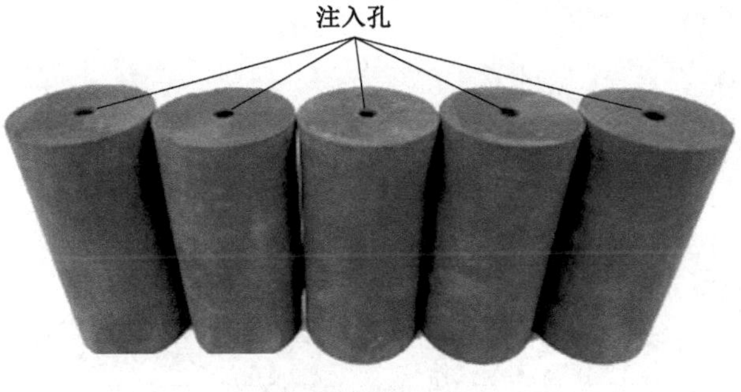


(a) 压裂试验使用的试件

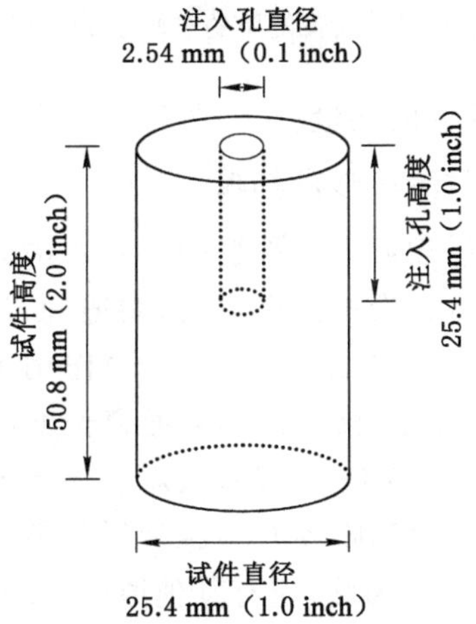


(b) 试件尺寸示意图

图 3-22　试验使用的试件

(2) 试验过程

试验在美国宾夕法尼亚州立大学的岩石力学实验室进行，使用如图 3-23 所示的三轴加载腔加载，分别由不同的泵加载轴压、围压和流体注入压力，并独立记录。A 泵使用去离子水提供围压；B 泵提供轴压；C 泵提供流体(超临界 $CO_2$ 或水)以注入压力。试验前，使用黑色橡胶套将准备好的试件包裹好，放入试验加载腔中。首先使用 C 泵注入压裂流体，排空加载腔和管线内的空气，消除对试验结果的影响。整个试验装置放置在 45 ℃的恒温水浴环境中，将试件装入加载腔后，放置在恒温水浴中 24 h 后再进行压裂试验，以确保试件的温度也接近 45 ℃。

将试验的围压设置为 10 MPa、轴压设置为 15 MPa，压裂流体采用恒定流量的方式注入压裂孔，流量为 3 mL/min。当注入流体压力达到试件的破裂压力时，关闭 C 泵，停止压裂试验。试验中使用每种流体进行 6 次压裂试验，其中 3 个试件用于后续压裂裂缝面的表征，

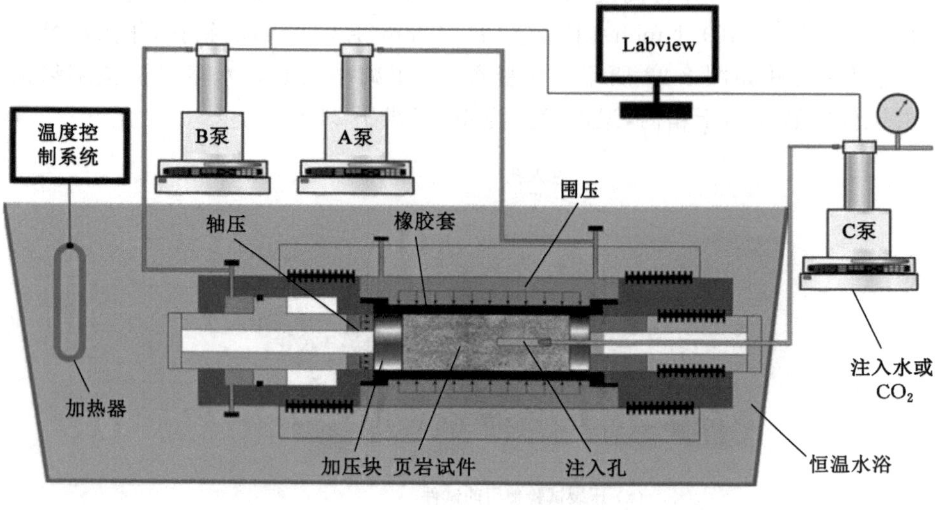


图 3-23 压裂试验使用的三轴加载腔示意图

另外 3 个试件用于压裂裂缝渗透率的测量。

3.4.4.2 超临界 $CO_2$ 压裂自支撑裂缝形成机理

前述结果表明，超临界 $CO_2$ 压裂后页岩裂缝的有效水力开度大于清水压裂后压裂裂缝的有效水力开度。值得注意的是，页岩试件压裂后，裂缝面没有打开，而是直接进行了裂缝渗透率的测量。由图 3-24 可以看出，在围压（10 MPa）作用下，裂缝会发生闭合，此时超临界 $CO_2$ 压裂裂缝由于裂缝面较为粗糙，流体流动的通道长度增加，从而造成更低的裂缝渗透率。然而，这与试验观察到的超临界 $CO_2$ 压裂后页岩裂缝的有效水力开度是清水压裂后页岩裂缝的有效水力开度的 4.85 倍及超临界 $CO_2$ 压裂后裂缝的渗透率是清水压裂后裂缝的渗透率的近 $10^3$ 倍的情况并不相符。因此，应有其他原因解释这个现象。

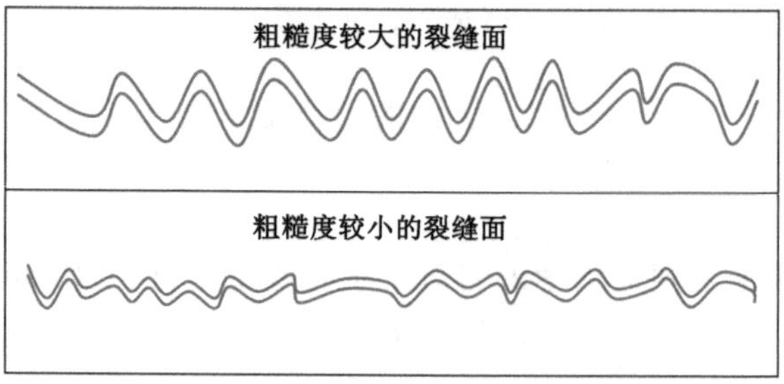


图 3-24 不同粗糙度裂缝面流经通道示意图

如图 3-25 所示，使用探针轮廓扫描仪进一步扫描了压裂裂缝面同一位置的表面轮廓特征。

扫描的结果如图 3-26 所示。图 3-26(a)是超临界 $CO_2$ 压裂后页岩裂缝面的轮廓性质，图 3-26(b)是清水压裂后页岩裂缝面的轮廓性质。可以看出，在裂缝被打开的同一位置，超临界 $CO_2$ 压裂和清水压裂后的两个裂缝面均不能完全重合。超临界 $CO_2$ 压裂裂缝面的高度差异远远大于清水压裂后两个裂缝面的高度差异。超临界 $CO_2$ 压裂裂缝面最大高度差距达

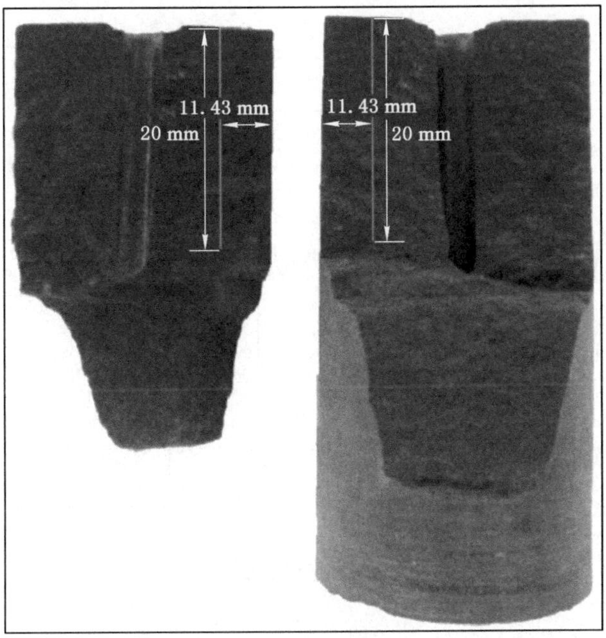


图 3-25　探针轮廓扫描仪扫描位置示意图

到了 196.30 μm，而清水压裂裂缝面的最大高度差距为 77.67 μm。值得注意的是，探针轮廓扫描仪位于宾夕法尼亚州立大学材料学院的清洁车间，所有的试件在进行扫描前必须使用去离子水进行彻底清洁。在清洁过程中发现，当打开超临界 $CO_2$ 压裂裂缝面时，有少量肉眼可见的岩石矿物颗粒从裂缝表面剥落，而这一现象在打开清水压裂裂缝面时并未发现。因此，认为超临界 $CO_2$ 压裂过程中造成了矿物颗粒的剥落，这些剥落的矿物颗粒依然存在于

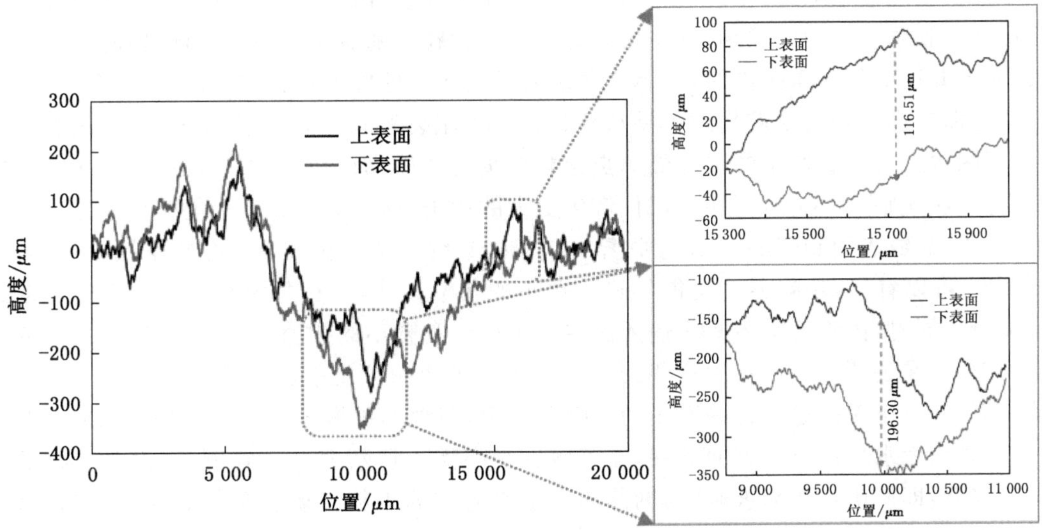


(a) 超临界 $CO_2$ 压裂裂缝面性质

图 3-26　探针轮廓扫描仪扫描的裂缝面同一位置高度差异

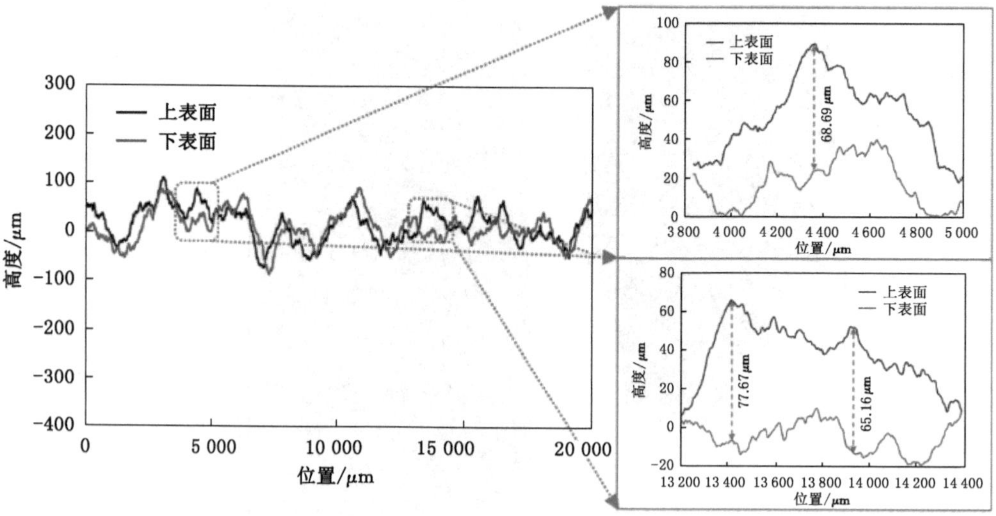


(b) 清水压裂裂缝面性质

图 3-26(续)

裂缝当中,在渗透率测量的过程中,即使有围压存在,这些被剥离的矿物颗粒仍具有类似于支撑剂的作用,使得裂缝得以支撑打开,从而导致超临界 $CO_2$ 压裂裂缝具有更大的渗透率和有效水力开度。

如图 3-27 所示,类似的试验现象在其他学者的研究中也有展现,但并未被展开讨论。图 3-27 是由岩相显微镜观察的超临界 $CO_2$ 压裂和高黏度油压裂裂缝扩展图。图 3-27 中,B 代表黑云母矿物,K 代表钾长石矿物,P 代表斜长石矿物,Q 代表石英矿物。黄色的圆代表裂缝表面剥落的矿物颗粒。可以看出,超临界 $CO_2$ 压裂裂缝扩展时,会穿过岩石矿物颗粒本身且破坏矿物颗粒之间的胶结,这些被破坏的矿物颗粒会随着压裂液体的流动而发生位移、旋转;而高黏度油作为压裂液时,裂缝主要沿着最大水平地应力的方向扩展。

这里需要进一步讨论矿物颗粒易从超临界 $CO_2$ 压裂裂缝表面剥落的原因:① 压裂试验显示,超临界 $CO_2$ 压裂产生的裂缝能够贯穿整个页岩试件,而清水压裂只能打开一条细微的裂缝,这说明超临界 $CO_2$ 压裂能对试件产生更大的冲击,这些矿物颗粒可能是由于这种较大的冲击而从裂缝表面剥落的。② 超临界 $CO_2$ 压裂裂缝和清水压裂裂缝存在不同扩展形式。由图 3-27 可以看出,超临界 $CO_2$ 能够进入更小的孔喉和孔隙,在裂缝扩展中能产生更多的次生裂缝。同时,由于超临界 $CO_2$ 进入这些次生裂缝和微小的孔隙中,岩石矿物颗粒间的胶结遭到破坏,在裂缝扩展过程中这些胶结被破坏的矿物颗粒也就容易从裂缝表面剥离。对于清水而言,由于无法进入这些微小的孔喉和孔隙,裂缝的扩展方向完全受到远场应力的控制,即沿着最大水平地应力方向扩展,在扩展过程中需要切断岩石矿物颗粒,但是矿物的胶结比较完整,即使矿物颗粒被剥落,剥落的也是不完整的小粒径矿物颗粒。同时,在裂缝扩展的尖端,超临界 $CO_2$ 压裂裂缝能够进入更小的孔喉和孔隙中,从而造成裂缝具有更大的迂曲度。

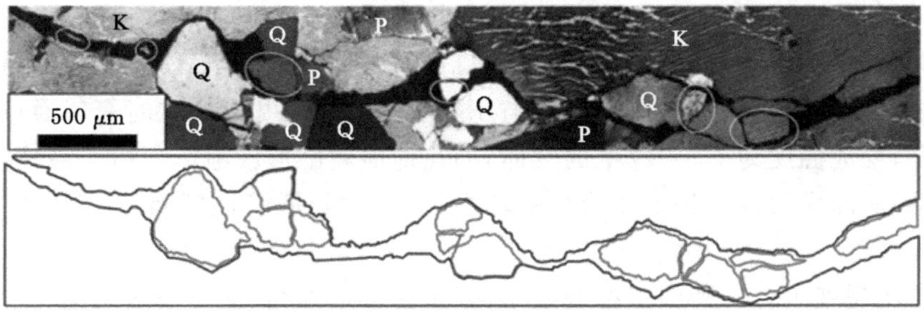


(a) 超临界$CO_2$压裂

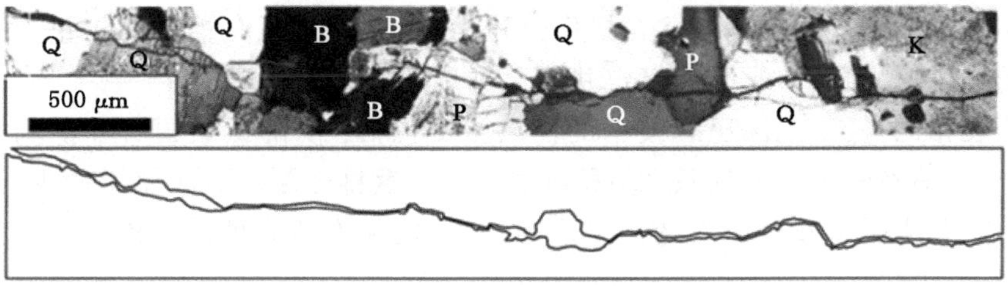


(b) 高黏度油压裂

图 3-27　显微镜观察的超临界 $CO_2$压裂和高黏度油压裂裂缝扩展图

# 3.5　其他无水压裂技术

## 3.5.1　氮气压裂技术

### 3.5.1.1　氮气干压裂技术

氮气干压裂技术是指将氮气作为主要的压裂液，携带支撑剂注入井下形成裂缝以开发油气资源的技术。氮气压裂技术的发展分为 3 个阶段：第一阶段始于 1960 年，氮气作为辅助流体注入；第二阶段是 20 世纪 70 年代末，将氮气和 $CO_2$加入水力压裂中形成泡沫压裂；第三阶段是 20 世纪 90 年代后，采用高浓度氮气（体积浓度可达 60%）携带支撑剂作为压裂液用于石油天然气增采。第三阶段才真正属于无水压裂的范畴。

氮气干压裂技术具有经济和环保的优点：① 氮气作为可广泛获取的气体，价格相对较低，能降低地层开发的成本；② 氮气是惰性气体，不会对岩层造成伤害；③ 整个系统均不使用水，排除了岩石膨胀的可能性；④ 不使用水还可以消除地层油水乳状液，否则需要使用额外的化学剂；⑤ 清除气体过程简单，气体能轻易移除，清理过程快速。

氮气干压裂技术也存在一些问题，如高速率气流中如何置放支撑剂、如何避免侵蚀、如何避免首次压裂产生的裂缝导致支撑剂沉淀问题及氮气运输费用高昂等。

### 3.5.1.2　氮气泡沫压裂技术

氮气泡沫压裂技术采用氮气为内相，压裂基液（水）为外相，加入增稠剂及多种化学添加剂形成泡沫液体，结合压裂工艺以达到改造油气层的目的。页岩气储层使用泡沫压裂已有超过 30 年的历史。该方法是水力压裂的改进，通过氮气分散以制造不同速率的泡沫。

氮气泡沫压裂施工一般由两组设备进行：一组负责泵注压裂液和支撑剂，另一组泵注氮气，在井口前端的高压管线汇合后通过压裂井口进入井筒。地面氮气以液态存储在罐内，压裂施工时通过液氮泵车将氮气打入高压管与压裂液混合进入井内。这时氮气通过泵车的高压泵和蒸发器，变成温度为15 ℃以上的气体，即在地面就已形成泡沫。由于液柱压力低，对井底的回压低，从而导致地面施工压力相对较高，为有效降低管柱摩阻，通常采用光套管注入方式。

氮气泡沫压裂施工有三种施工控制技术，分别为恒定内相、恒定泡沫质量和恒定井底总排量。泡沫液加入支撑剂后，泡沫压裂液的外相仍为液相，内相则变为支撑剂和气相。采用恒定内相和恒定泡沫质量的控制方式在操作上较为困难，液氮泵车档位的排量变化难以达到设计要求的变化值，因此通常采用恒定井底总排量的方式进行施工。

与水力压裂相比，氮气泡沫压裂技术的优点主要包括：① 降低蒙脱石和伊利石膨胀的程度，但不能完全消除黏土胀大现象；② 黏度较高；③ 返排效果好；④ 使用较少的水，对岩石伤害较轻；⑤ 泡沫压裂液可在裂缝面形成阻挡层，能极大地降低压裂液向地层内的滤失速度和滤失量。

氮气泡沫压裂技术的缺点主要包括：① 流体中支撑剂浓度低；② 泡沫系统成本较高，与水基和油基压裂液相比，经济性较差；③ 泡沫流变性较差；④ 需要在地表提供较高的泵注压力。

## 3.5.2 液化石油气压裂技术

液化石油气压裂也称丙烷/丁烷压裂，该技术采用液化丙烷、丁烷二者的混合液进行储层压裂。液化石油气压裂相较清水压裂的突破在于使用液态烃类（丙烷和丁烷等）作为压裂介质而非清水基液，液态烃纯度常高于90%。若压裂成功，液态烃低密度、低黏度和可溶的优势将非常突出，洗井迅速且100%返排，可消除多相流问题，压后能获得更长的裂缝，从而大幅提高产量。

液化石油气原料气体积组成如表3-11所示，其混合物成分是可控的。目前，HD-5丙烷是最常用的液化石油气原材料，100%HD-5丙烷制备的液化石油气压裂液可应用到96 ℃的储层；当储层温度超过96 ℃后，需要与商业丁烷混合使用；100%商业丁烷制备的液化石油气压裂液可应用到150 ℃的储层[42]。液化石油气压裂系统由气体凝胶系统、氮气密闭系统、混配系统（凝胶与支撑剂）、压裂液注入系统、远程监控系统（风险控制）、气体回收系统组成，施工时全程封闭，先将气体液化，加入支撑剂完成混配后以远程红外监控压裂。

**表3-11 原料气体积组成**

| 体积组成 | 标准HD-5液化石油气 | 典型HD-5液化石油气 |
|---|---|---|
| 乙烷体积分数/% | — | 1.40 |
| 丙烷体积分数/% | ≥90.00 | 96.10 |
| 丙烯体积分数/% | ≤5.00 | 0.41 |
| 丁烷和$C_{5+}$体积分数/% | ≤2.50 | 1.80 |
| 硫质量分数/(μg/g) | ≤120.00 | 0 |

低碳烃压裂液的优点：① 表面张力低、黏度低、密度小，与储层流体的配伍性好，不会造成水相圈闭伤害和黏土膨胀效应，对储层几乎无伤害，从而可获得更多的有效裂缝、更大的初始产量、更优的环保效果和更长的油气生产寿命（表 3-12）；② 压裂液在压裂施工后由于高温、高压而汽化，在形成的缝隙中只留下支撑剂，无压裂液残留，使裂缝长期具有良好的导流能力，且压裂后的有效裂缝面积更大（Freeman，1983）；③ 压裂后可与天然气一同被抽回地面，其返排率和回收率均可达 100%，且经过简单的分离处理后即可循环再利用；④ 几乎不需要用水，能尽可能地缓解对环境和水资源造成的压力，同时也省去了压裂液废液处理的成本。其缺点包括：① 短期成本比水基压裂液高；② 目前低碳烃压裂技术尚不成熟，存在一定的安全隐患；③ 对压裂设备的要求较高。作为一项发展中的新技术，液化石油气压裂技术的推广应用正在逐渐由部分单井向大盆地或区块发展，并有可能成为众多石油公司的优选方案。即使不能完全主导压裂开发市场，也将在有特定需求的油气区块发挥重要作用。虽然压裂液成本高出水基压裂液 20 倍[43]，但一直持续应用至今，说明该技术对特殊地层的应用效果是不可替代的。两种压裂方式的有效裂缝长度对比如图 3-28 所示。

**表 3-12　常规水力压裂液和液化石油气压裂液属性比较**

| 项目 | 常规水力压裂液 | 液化石油气压裂液 |
| --- | --- | --- |
| 黏度（105 ℉）/（mPa·s） | 0.66 | 0.08 |
| 相对密度 | 1.02 | 0.51 |
| 表面张力/（$10^{-5}$ N/cm） | 72.00 | 7.60 |
| 对地层影响 | 对地层具有潜在危害，与地层泥岩和矿化物发生反应 | 对地层无害，与地层黏土和矿化物不发生反应 |

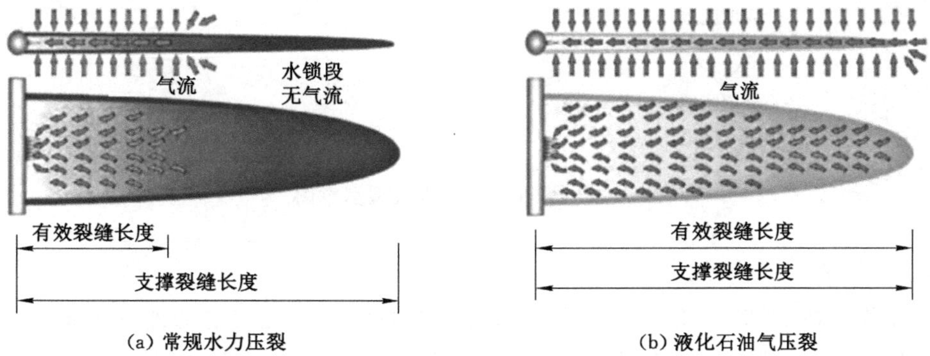


图 3-28　两种压裂方式的有效裂缝长度对比图

### 3.5.3　爆炸压裂技术

爆炸压裂技术包括井内爆炸法、核爆炸法和层内爆炸法。该类技术施工简单，不受水敏和酸敏地层的限制。此外，即使在压裂过程中不加入支撑剂，压裂裂缝在高闭合应力下仍保持张开。这主要是因为爆炸压力在微秒级时间内迅速上升，上升速度要比水力压裂快得多，致使所产生的多条径向裂缝的方位偏离最小主应力方向，从而产生偏轴效应，剪切应力作用于偏轴裂缝而使其发生剪切错动，进而形成不闭合的裂缝。爆炸动载压裂试验系统如图 3-29 所示。

图 3-29 爆炸动载压裂试验系统

3.5.3.1 井内爆炸法

井内爆炸包括固态、液态和气态炸药在井筒内的爆轰和爆燃，目的是使井筒周围地层产生多条裂缝，既能够消除在钻井过程中造成的表皮损害，又能够使天然裂缝体系与井筒连通。Dennis 于 1860 年首先在油井中使用黑火药爆炸方法激励了油井；Robert 于 1864 年申请了以枪用火药使油井增产的专利，1867 年用效果更好的液态硝化甘油取代了黑火药；后来，杜邦公司研制了低感度的硝化甘油炸药、固态硝化甘油炸药、凝胶炸药和油井特种炸药等。19 世纪 60 年代到 20 世纪 50 年代，井内爆炸法被广泛应用。爆炸压裂物理模型如图 3-30 所示。

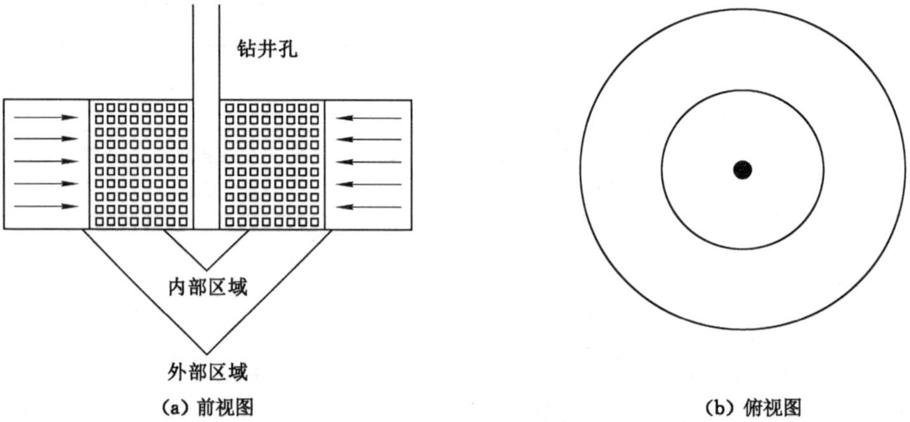


图 3-30 爆炸压裂物理模型示意图

3.5.3.2 核爆法

美国和苏联在 20 世纪 60—70 年代进行过用核装置激励油气层的地下试验，未获商业化应用；我国在 20 世纪 80—90 年代也曾进行核爆炸采油的规划和现场试验设计，但由于多方面原因未付诸实施。

井筒核爆炸会造成并沟通各种空洞，从而增加井筒周围岩石的渗透率。美国和苏联的试验结果显示，用核爆炸来提高采收率是可行的。美国在 1967 年 12 月施爆的 Gasbuggy 项目的核装置 TNT 当量为 $3\times10^4$ t，产生的爆穴半径约为 27 m，由岩石崩落而形成的筒状卤道（本身就是导流能力极好的区域）高度约为 100 m，极高温、极高压及极强大的压缩激波使卤道周围大范围岩石产生复杂的裂缝网络。一般认为油层渗透率低于 100 $\mu m^2$ 的超低渗油田不再有商业价值，但 Gasbgugy 项目储层渗透率低于 10 $\mu m^2$，仍获得一定天然气流。因此，用核爆促产的优势使可开发油气田的范围大大加宽[44]。

核爆能量巨大，储层要有一定厚度才能实施核爆且形成一定格局和规模的裂缝。同时，核装置既要有足够的埋深以防止发生放射性泄漏，又不能太深，以防岩石静压使产生的裂缝重新闭合。Atkinson 和 Jhoansen 建议，产层净厚度至少要达到 60 m，安全的最小深度为 300 m，最大深度约为 2 500 m；他们还指出，从较长时间尺度来看，在破裂半径内平均升温不到 1 ℃，破碎带升温仅为 5 ℃，温度对提高采收率的作用较小。

核爆法产生的地震危害和核污染可以控制在可接受的程度。Rdoaen 认为，地下核爆炸释放的巨大能量中一般只有 0.01%～1%可转化为地震能。如果 $3\times10^4$ t TNT 当量的核爆炸有 0.1%的能量转化为地震能，仅相当于大约 3.7 级地震。放射性是人们十分关注的问题。据有关资料，在一次封闭的核爆之后，所有在熔岩温度(1 500～2 000 ℃)下非气体的放射性元素都会被封存在空穴"锅底"熔体中，几乎完全不会泄漏。Rulison 项目中所用的弹体[44]，在裂变装置周围用碳化硼屏蔽，可使氚减少为原来的 1/4～1/3。如果把实施核爆井产出气和普通气井产出气均匀混合构成可控的稀释系统，人们遭受辐射的增量仅为天然背景下放射性的 1%。从经济方面考虑，可以通过稀释或送往远处的发电站将其转化为另一种形式的能源。

丁雁生等[44]利用 Gasbuggy 项目的数据，取 6 倍囱道半径为核爆沿横向的影响范围，估算出核爆破碎每立方米岩石消耗约 4 kg 的 TNT 当量。这比一般岩土爆破单位体积岩石所需药量大得多，因此核爆效率较低。

核爆法是否经济还存在争论。也许有一天，技术进步和大量作业能使其成本下降到商业化应用的水平。

3.5.3.3　*层内爆炸法*

层内爆炸压裂是在水力压裂在油气层中形成一定长度的人工裂缝的基础上，通过压裂车把液体炸药泵送到人工裂缝中的预定位置，随后引爆人工裂缝内的液体炸药，利用爆炸破碎裂缝壁面岩石产生的岩石碎屑支撑水力裂缝，产生的爆生气体在水力裂缝附近产生多条微裂缝，在油气层内形成一个高渗透带，从而改进储层渗流条件的一种新型油气藏改造技术。

层内爆炸增产技术是一项具有战略性、前瞻性的创新技术，要将该技术实际应用于低渗油气田，今后需要开展以下四方面的工作：① 实验室放大试验与相关理论研究；② 安全技术研究；③ 现场试验用工艺设备研制；④ 现场井下试验。

爆炸压裂技术作为一种潜在的开发低渗低丰度油气田的新方法，是一项具有巨大增产潜力的油气藏改造技术。对该技术的研究涉及岩石爆破、现代石油钻采技术及岩石力学等相关知识，必须将其紧密结合起来，才有可能获得具有突破性的研究成果。

### 3.5.4　高能气体压裂技术

高能气体压裂又称可控脉冲压裂，是 20 世纪 70 年代兴起、80 年代迅速发展的一种增产、增注技术。它利用火药或火箭推进剂快速燃烧，产生大量高温、高压气体，在机械、热化学和振动脉冲等综合作用下，在井壁附近产生不受地应力约束的多条径向垂直裂缝，改善导流能力、增加沟通天然裂缝的机会，从而达到增产、增注的目的。它具有工艺简单、不依赖水源、成本低廉及增产效果显著等特点。

目前高能气体压裂在长庆油田应用较多，效果也比较明显。然而，由于该技术产生的裂缝较短且对油井状况的要求较高，应用不是很好。近年来，西安石油大学实现了使用液体炸药对低渗油藏进行压裂改造，该技术具有成本低、原料广、药量大和燃时长等优点，且该炸药在冲击摩擦感度、静电和压力感度等方面均比固体炸药安全。缝长可达到 25～30 m，增产比为 2.55，该技术是唯一可以和水力压裂相媲美的高能压裂增产技术。2000 年以来，研究人员又对高能气体压裂进行了全面改进，开发了双级高能气体压裂技术，该技术使得高能气体压裂既可以在浅井中应用也可以在深井中应用，既可以用油管作业也可以用电缆作业，对于重堵塞井的解堵也具有较好的效果[45]。

(1) 目前国内外认为，高能气体压裂包括以下几个方面的作用。

① 机械作用(生成裂缝)：高能气体压裂一般能形成 3～5 条裂缝。据报道，当加载速率为 $10^2$～$10^4$ MPa/s 时，可形成含有 3～8 条径向裂缝、径向长 3～5 m、高度为装药段长的 1.2～1.4 倍且不受地应力控制的多裂缝体系，裂缝可自行支撑。由于裂缝的随机性，一方面增大了与天然裂缝连通的可能性；另一方面能有效穿透污染带，提高近井地带油层导流能力，可避免钻井、完井、作业及正常生产过程中造成的近井地带的污染和堵塞，对中低渗油层也能起到一定的改造作用[46]。

② 脉冲冲击波作用：在高能气体压裂的动态过程中，压力的变化是脉冲式逐渐衰减的过程，形成的高压把井筒内液柱举升 10～25 m；压力降低后回落，在井筒附近形成较强的水力冲击波，对油层的机械杂质堵塞起到一定的解堵作用。

③ 热效应：火药燃烧会释放出大量热量，在绝热条件下可使气体温度达 1 000 ℃以上，这些热量可融解近井地带的蜡质和沥青质，解除油层孔道的堵塞，改善地层流体的物性和流态，加快原油向井底的流动速度，提高储层的驱油效率。

④ 化学作用：火药燃烧后会产生一定量的 $CO_2$、CO、$N_2$、NO 及 HCl 气体。NO 及 HCl 溶于水生成腐蚀性较强的酸液，对油层能起到一定程度的酸化解堵作用。

(2) 高能气体压裂工艺优点[47]如下：

① 地面无承受高压部分，设备投入少，施工简单，不必加砂支撑，不受场地限制，作业时间短、费用低，经济效益高。

② 增产机理独特，可形成 3～5 条不受地应力限制、以井筒为中心的径向裂缝，纵向上延伸小。

③ 适用范围广，既可用来解除油层近井带的污染，又可在一定程度上改造中低渗储层，且能适应层多、较分散井的多层压裂。

④ 生成物对油层无污染，且有助于解除油层污染。

(3) 高能气体压裂工艺缺点如下：

① 固井质量差，尤其是射孔井段的固井质量差的下套管井不能采用。

② 裂缝延伸长度比水力压裂裂缝短得多，一般只有 3～8 m。

③ 不能加支撑剂，压裂形成的裂缝有效作用期较短。

④ 试验井深虽曾达到 4 000 m，但一般仅适用于 2 000 m 以内的储层。

⑤ 井斜角度不能太大，一般井斜角度控制在 40°以内。

(4) 高能气体压裂的发展方向如下：

高能气体压裂作为油气井增产改造的一项有效措施，为了取得更大的经济效益，今后应沿着与其他技术相结合的方向发展。高能气体压裂技术与其他油气井增产技术结合，可以实现优势互补，进而达到更好的增产效果。

① 与射孔技术相结合：高能气体压裂与射孔技术相结合称为复合射孔或增效射孔，有时也叫延时射孔。与高能气体压裂相比，复合射孔可大大提高火药燃气能量的利用率，并能减少射孔后可能造成的对射孔孔眼及近井带的污染。两项技术结合，综合效果明显高于单纯射孔或单纯的高能气体压裂，目前已在国内许多油田广泛应用。

② 与水力压裂相结合：在水力压裂前，先用高能气体压裂进行处理，形成多条不受地应力控制的径向裂缝。一方面，可降低水力压裂的破裂压力，提高成功率；另一方面，可形成多条较长的裂缝，提高水力压裂的效果。

③ 与酸化相结合：待高能气体压裂造缝后，向油层挤入酸液，酸液与裂缝壁发生化学反应，腐蚀并加宽裂缝表面，从而提高裂缝的导流能力，提高压裂效果。

④ 与化学解堵剂相结合：高能气体压裂后，向地层挤入化学解堵剂，如 $ClO_2$ 含水剂和酸液的混合液。目前，$ClO_2$ 含水剂与酸液相结合的新型化学解堵工艺逐渐成熟。20 世纪 90 年代初期，美国使用该技术成功处理了 300 多口井。

高能气体压裂技术虽有显著的优越性，但就目前国内外的研究水平来看，其燃气能量及所形成的裂缝规模还远不及水力压裂，加之该技术在应用中的许多方面还处在工业性试验研究阶段，为了提高其成功率和压裂效果，应根据具体地区的实际情况对选井选层提出要求。高能气体压裂技术适用于以下情况的油气井的增产增注：① 钻井过程中受到钻井液伤害的井；② 水敏酸敏地层；③ 天然裂缝较发育，担心水力压裂压窜的井。

3 种压裂技术主要参数和 $p$-$t$ 曲线分别如表 3-13 和图 3-31 所示。

**表 3-13　3 种压裂技术的主要参数**

| 压裂技术 | 峰值压力/MPa | 升压时间/s | 加载速率/(MPa/s) | 总时程/s |
| --- | --- | --- | --- | --- |
| 爆炸压裂 | $>10^4$ | $10^{-7}$ | $>10^6$ | $>10^{-6}$ |
| 高能气体压裂 | $10^2$ | $10^{-3}$ | $10^2\sim10^5$ | $10^{-2}\sim10^1$ |
| 水力压裂 | $10^1$ | $10^2$ | $<10$ | $10^4$ |

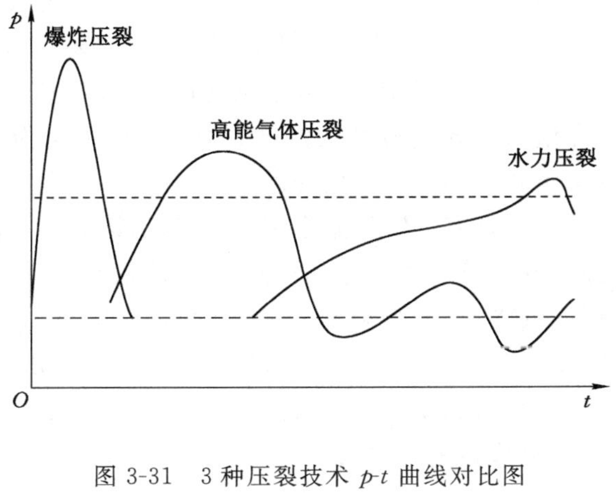


图 3-31　3 种压裂技术 $p$-$t$ 曲线对比图

# 3.6 页岩气开发实例

## 3.6.1 页岩气立体开发理论技术与实践——以四川盆地涪陵页岩气田为例

### 3.6.1.1 引言

我国页岩气立体开发仍处于起步阶段。与北美“多套多层”页岩的立体开发不同，我国海相页岩气地质年代老、埋深大、构造复杂，开发层系为一套无明显隔层的页岩，立体开发呈现“单套多层”特征，分层开发难度较大。涪陵页岩气田作为我国首个实现商业开发的大型海相厚层整装页岩气田，率先开展2层开发滚动建产、3层开发评价试验，显著提高了页岩气田储量动用率、采收率及收益率，成功实现了页岩气立体开发。立体开发技术在涪陵页岩气田的成功实践为探索如何高效动用页岩气藏储量积累了宝贵的经验，并展示出良好的应用前景，为类似地区页岩气立体开发提供了有益借鉴。中国石油天然气集团有限公司在四川盆地南部泸州区块深层开展了页岩气立体开发目标优选及立体开发井组试验，认为立体开发可实现储量良好动用，对于持续扩大产能、提高采收率具有重要意义；在威远区块威202井区开展了立体开发探索，在原井网基础上加密部署3口水平井，通过与老井对比，测试产量和单井估算的最终可采储量(EUR)均得到了大幅提升。以涪陵页岩气田为例，对页岩气立体开发理论技术及实践进行总结[48]如下。

### 3.6.1.2 区域地质及勘探开发概况

(1) 区域地质概况

涪陵页岩气田位于四川盆地川东隔挡式褶皱带南段石柱复向斜、方斗山复背斜和万县复向斜等多个构造单元的结合部。与北美页岩气田相比，涪陵页岩气田具有地表复杂、构造复杂、压力系统复杂、埋藏偏深的特征。开发主力层系为志留系五峰组—奥陶系龙马溪组一段(简称龙一段)页岩，沉积于深水陆棚环境，厚度为85～102 m。根据岩性、物性、地球化学、含气性及电性等特征的差异，纵向上可划分为9个小层，不同小层的储层特征存在较大差异。以焦页A井为例：(1)～(3)小层岩性以灰黑色含黏土硅质页岩为主，局部夹黄铁矿薄层、条带或条纹。岩石中见笔石、硅质放射虫及硅质海绵骨针化石，电性上表现为高伽马、高含U、中高电阻率、低密度和低Th/U值，具有总有机碳(TOC)高、孔隙度高、脆性矿物含量高及含气量高的特征；(4)～(5)小层为灰黑色含黏土粉砂质页岩，古生物总体欠发育，黄铁矿较发育，呈团块状、星散状，电性上表现为中高伽马、中高电阻、中密度及低Th/U值，具有TOC较高、孔隙度低、脆性矿物含量高及含气量高的特征；(6)～(9)小层岩性以灰黑色粉砂质页岩为主，夹黄铁矿条带，古生物化石减少，电性上表现为相对较低伽马、低含U、较低电阻、高密度和高Th/U值，具有TOC低、孔隙度较高、脆性矿物含量较低及含气量低的特征。总体来看，9个小层自下而上硅质、粉砂质含量降低，黏土质含量增加，总有机碳降低。其中(1)～(3)小层为一次井网开发的主要层段，(4)～(9)小层为分层开发的有利层段。

(2) 勘探开发概况

2009年，中国石油化工集团有限公司(简称中国石化)开展了南方海相页岩气选区评价工作，先后部署实施了宣页 1 井和河页 1 井。2011 年以来，中国石化将南方海相页岩气勘探重点向四川盆地及其周缘聚集，优选出涪陵焦石坝地区的五峰组—龙马溪组作为最有利勘探目标，实施了焦页 1 井。2012 年 11 月，焦页 1HF 井测试日产气量达到 20.3 万 $m^3$，涪陵页岩气田被发现。

涪陵页岩气田于 2013 年开始产能建设，主要经历了一期产能建设、二期产能建设及立体开发调整等阶段。一期产能建设主要在焦石坝区块展开，井网采用"1 500 m 水平段、600 m 井距、山地丛式交叉布井，穿行(1)～(3)小层"的模式，对五峰组—龙一段按一套页岩层系进行开发。2015 年建成年产能为 50 亿 $m^3$，2016 年开始在江东、平桥等区块开展二期产能建设，2016—2017 年年产量保持在 50 亿 $m^3$ 以上稳产两年，建成了首个国家级页岩气示范区。2017 年以来，在国外技术垄断、国内没有经验可借鉴的情况下，通过艰苦探索、自主攻关，形成了海相页岩气立体开发关键技术体系，建立了国内首个页岩气立体开发模式，高效推进立体开发调整。目前立体开发日产气量占气田总日产气量的 49.1%，焦石坝区块整体采收率从 12.6%提高到 23.3%，实现了采收率翻番，其中立体开发井组采收率最高达 44.6%，保障了涪陵页岩气田持续稳产上产。

#### 3.6.1.3　页岩气立体开发理论技术

立体开发的内涵是基于页岩气的沉积特征、储集特点和甜点分布，应用优快钻井和体积压裂技术，在多维空间改造形成"人工气藏"，实现页岩气开发的储量动用率、采收率及收益率最大化，其中地质-工程甜点描述是基础，缝网协同优化是关键，工程提速提效是保障。

(1) 页岩气富集高产主控因素

① 页岩含气性——气井高产的先决条件

页岩含气性的表征参数主要有压力系数、总有机碳及游离气含量等。页岩气储层压力系数越大，含气量越高，气井初产也越高。与吸附气相比，游离气在气井生产过程中优先产出，因此对单井初期产量影响较大。焦石坝主体区北部压力系数高(图 3-32)、总有机碳高、含气量高、埋藏浅且初期产量高。

② 高效体积改造——气井高产的关键途径

页岩岩性致密，在保证高含气量的基础上，必须通过大规模压裂改造才能获得商业气流，实现最佳的体积缝网改造效果对页岩气高产至关重要。涪陵气田开发实践表明，地层埋深、构造形态差异、早期裂缝分布特征及现今地应力方向均会影响水平井分段压裂效果。大数据统计分析结果显示，总砂量、加砂强度、总液量是压裂影响产能最主要的工程因素。

③ 高品质完井——气井高产的有力保障

穿行层位的优选要综合考虑地质、工程双甜点，最佳层位穿行比例越高，气井产量越高。焦石坝区块上部气层包括(6)～(9)小层，对储层的页岩品质、含气性等进行综合评价，认为(8)小层下部为上部气层分层开发首选地质甜点层。然而，工程评价则认为(7)小层可改造性最优，通过对比上部气层评价井压裂过程中的破裂压力和停泵压力，发现(8)小层的施工难度明显高于(7)小层。微地震监测结果表明，当井眼穿行(7)小层时，上、下缝高尺度更大，其改造体积是井眼穿行(8)小层时的 1.3 倍。通过分析测试产量及生产剖面测试结果，最终确定(7)小层上部 3 亚层为上部气层井的最优穿行层位。焦石坝区块 B 井组穿行层位优化后，测试产量和压力大幅提升，平均测试产量由 $9.7\times10^4$ $m^3/d$ 上升到 $1.45\times10^5$ $m^3/d$。

(2) 页岩气储层精细描述与建模技术

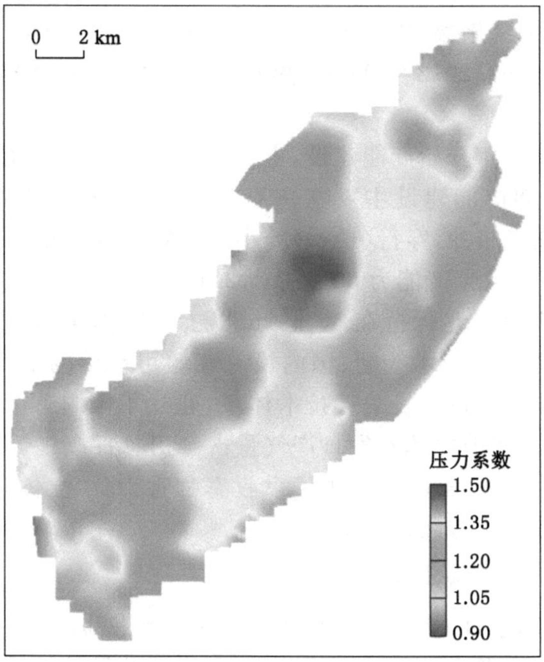


图 3-32 焦石坝区块(1)～(5)小层压力系数平面分布图

页岩气储层本身渗流能力较弱，压裂形成的复杂缝网和天然裂缝构成了气体运移的主要通道，地质-工程耦合甜点描述是页岩气高效立体开发的基础。

① 地质特征非均质性描述

我国页岩气开发实践表明，页岩在纵向上具有较强的非均质性，地质特征非均质性描述是准确识别立体开发资源分布的基础。页岩地质特征的非均质性描述主要包括岩性、沉积构造、纹层、自生矿物、地球化学、物性、孔隙结构及微裂缝发育特征等。通过纵向地质特征非均质性精细描述，明确了上部(7)～(8)小层和下部(1)～(3)小层为地质甜点层段。

② 工程改造特征非均质性描述

地层应力特征、天然裂缝发育特征及现今应力场控制了压裂缝网扩展与形态，工程改造要素非均质性描述是立体开发实现体积及精准压裂改造的基础。其中，地层应力特征、天然裂缝发育特征是立体开发工程改造描述的核心内容。涪陵页岩气田人工裂缝扩展模拟揭示，当纵向应力差大于 5 MPa 时，可形成应力隔挡，压裂缝难以突破。此外，不同天然裂缝发育状况下的人工缝网形态不同，立体开发分层应统筹考虑开发区域地层应力特征和天然裂缝发育特征。

③ 高精度地质建模

在页岩气储层强非均质性特征下，水力压裂缝网扩展的形态调控是一大难题，如何精准刻画不同小层人工裂缝扩展特征对地质建模提出更高要求。在水平井测井解释基础上，形成了以层控筛选方法为核心、相控＋地震双约束为主体的三维属性建模技术，建立了涪陵页岩气田五峰组—龙一段页岩岩相、TOC、矿物含量、孔隙度、饱和度、含气量等 6 类属性模型，平面网格尺寸为 20 m×20 m，纵向网格尺寸为 0.5～3.0 m，更清晰直观地呈现了小层纵向和平面的非均质性特征，为立体开发甜点段和甜点区优选提供了依据。

针对页岩气储层纵向非均质性强、平面局部应力变化快的特征，通过有限元模拟与井间插值法，建立了单井、区块和近井不同尺度下的三维地应力场模型。其中，近井区平面网格尺寸为 20 m×20 m，纵向网格尺寸为 0.5～3.0 m，解决了三维空间地应力大小和方向难以量化表征的难题，为立体开发缝网精细刻画奠定了基础。综合应用岩心、钻井、测井及地震等资料，形成了以离散裂缝网络为核心的多尺度天然裂缝融合建模方法，建立了大、中、小多尺度的天然裂缝模型，解决了不同类型裂缝空间分布特征表征的难题，为精准模拟人工缝网展布奠定了基础。

④ 基于建模数模一体化的页岩气剩余气精细表征技术

涪陵页岩气田形成了以压前多尺度天然裂缝融合建模技术、基于有限元模拟的井震联合地应力建模技术和压后缝网二次迭代拟合技术为核心的自主"地质建模＋数值模拟"剩余气精细表征技术，全面支撑涪陵页岩气田老区提高采收率、新区效益建产。

在海相页岩气开发选区综合评价体系基础上，基于纵横向储量动用情况和对产能主控因素的认识，明确了页岩气立体开发分级分类标准，建立了涵盖页岩品质、地层压力、裂缝及经济性等 4 大类 9 个参数的立体开发评价指标体系（表 3-14），精细刻画了"井间、层间、段簇间"3 种剩余气分布类型，为立体井网与精准压裂优化设计奠定了基础。

**表 3-14　涪陵海相页岩气立体开发评价指标**

| 评价级别 | 页岩品质 | | | | 地层压力 | | 裂缝 | | 经济性 |
|---|---|---|---|---|---|---|---|---|---|
| | 岩相 | 硅质含量/% | TOC/% | 孔隙度/% | 压力系数 | 压力变化率/% | 天然裂缝发育情况 | 人工裂缝半缝长与一次井距之比/% | 剩余气储量丰度/($10^8$ m$^3$/km$^2$) |
| Ⅰ | 硅质页岩 | ＞40 | ＞4 | ＞4 | ＞1.3 | ＜30 | 不发育 | ＜25 | ＞2.4 |
| Ⅱ | 混合页岩 | 20～40 | 2～4 | 2～4 | 0.9～1.3 | 30～70 | 均质、较发育 | 25～50 | 1.8～2.4 |
| Ⅲ | 黏土质页岩 | ＜20 | ＜2 | ＜2 | ＜0.9 | ＞70 | 发育 | ＞50 | ＜1.8 |

（3）立体开发技术政策优化技术

立体开发需突出人工缝网和设计井网的协同优化，将有效压裂缝网由单井开发的局部尺度拓展到多井开发的全局尺度，建立以储量动用率、采收率、收益率最大化为目标的立体开发技术政策优化技术。

① 立体开发分层标准体系

物质基础、应力隔层、纵向裂缝是页岩油气立体开发层系划分的关键信息。在页岩气剩余气精细表征的基础上，厘清了纵向应力差和天然裂缝发育程度对储量动用的控制机理，以效益开发为目标，建立了以"资源＋应力＋天然裂缝"为主要指标的分层效益组合体划分标准体系，明确了焦石坝区块不同类型的立体开发效益组合模式。

开展了页岩纵向应力差异控制人工裂缝扩展的系列试验，揭示了不同纵向应力差异条件下人工裂缝的突破界限，明确了纵向应力差异是人工缝网扩展的主控因素。此处纵向应力差为(6)小层与(5)小层最小水平主应力平均值的差值。当纵向应力差大于 5 MPa 时，模拟半缝高为 10～15 m；当纵向应力差为 3～5 MPa 时，模拟半缝高为 15～20 m；当纵向应力差小于 3 MPa 时，模拟半缝高大于 25 m。可以看出，当纵向应力差大于 5 MPa 时，会形成应力隔挡，裂缝向上突破难。因此，应基于纵向应力差制定开发分层方案，当纵向应力差大于5 MPa 时，分为 3 层进行立体开发，即下部为(1)～(3)小层，中部为(4)～(5)小层，上部为(6)～(9)小层；当纵向应力差不超过 5 MPa 时，分 2 层进行立体开发，即下部为(1)～(5)小层，上部为(6)～(9)小层。

开展不同裂缝发育程度下人工缝网形态敏感性数值模拟，结果表明，纵向天然裂缝不发育区人工缝网改造体形态为“陀螺体”形，纵向天然裂缝片状密集发育区人工缝网改造体形态为“纺锤体”形。纵向动用程度高，为天然裂缝不发育区的 2～3 倍，不具备 3 层立体开发的基础。

开展单井投资与可采储量相关性分析，按单井 4 000 万元投资进行测算，单井经济极限可采储量需达到 0.6 亿 $m^3$。落实在目前工艺改造条件下，不同井控面积、不同采收率条件下储量丰度经济极限阈值如图 3-33 所示。制定了基于纵向资源丰度的开发分层方案，如图 3-34 所示。

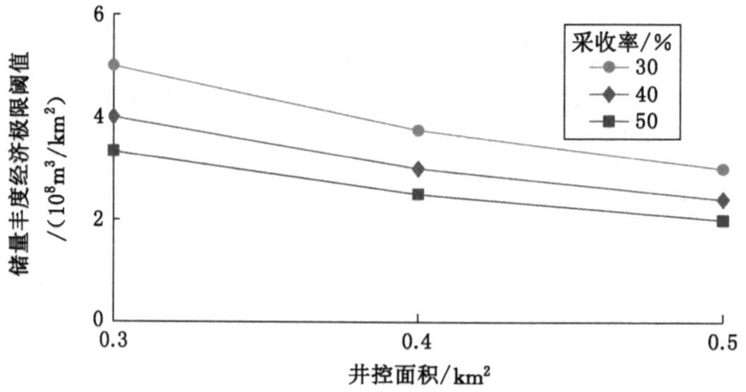


图 3-33　单井 4 000 万元投资条件下不同井控面积、
不同采收率对应的储量丰度经济极限阈值

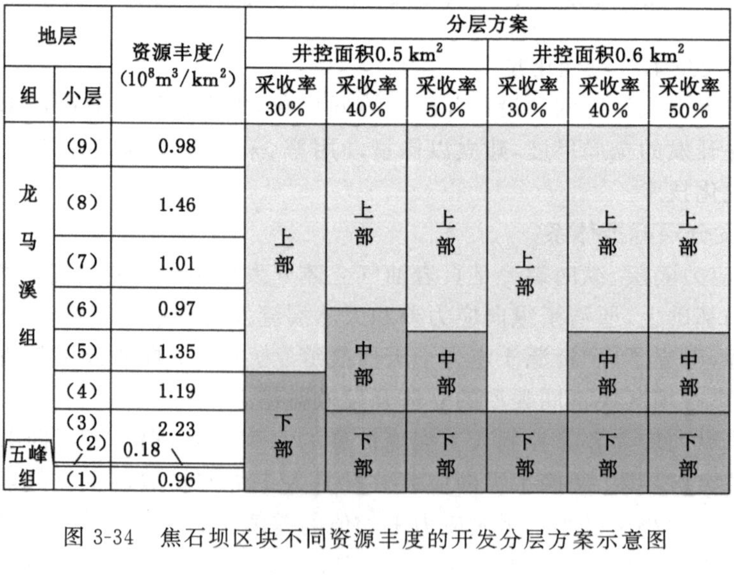


图 3-34　焦石坝区块不同资源丰度的开发分层方案示意图

综合考虑物质基础、应力特征及天然裂缝特征等因素，建立立体开发分层标准体系，明确焦石坝区块不同类型页岩效益分层开发技术界限，建立了立体开发效益组合模式(表 3-15)。

**表 3-15　不同地质条件下立体开发分层标准划分表**

| 开发模式 | 分层开发示意 | 评价参数 | | | |
|---|---|---|---|---|---|
| | | 储层厚度 | 资源丰度 | 应力特征 | 纵向裂缝特征 |
| 3 层立体开发 | 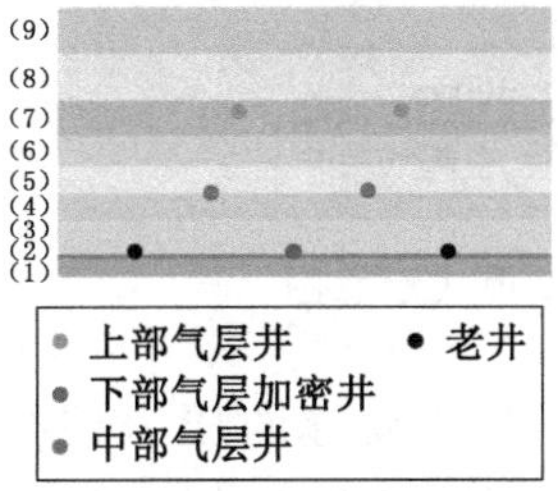 | 储层厚度与压裂缝高之比大于 3 | 资源丰度计算结果满足 3 层经济评价要求 | 纵向应力差大于 5 MPa | 不发育 |
| 2 层立体开发 | 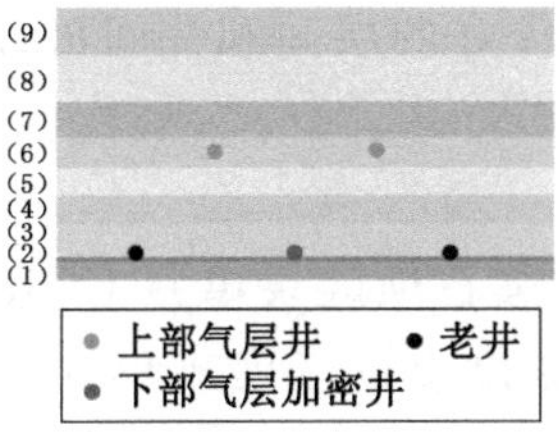 | 储层厚度与压裂缝高之比为 2～3 | 资源丰度计算结果满足 2 层经济评价要求 | 纵向应力差小于 5 MPa | 发育 |

② 立体开发井网井距设计

压裂缝长、缝高是井网井距优化的基础。立体开发要突出设计环节的人工井网与人造缝网的协同优化及施工环节的实时感知和精准调控，尤其要关注邻井压力响应，以最大限度地减少井间、层间负向干扰，达到“通而不窜”，实现储量动用最大化。因此，井网井距是页岩气立体开发提高采收率的关键。以储量动用状况为基础，以效益开发为目标，以开发动态分析为手段，结合微地震监测、示踪剂监测、干扰试井及压力恢复试井等多项资料，确定井间连通程度，同时基于井网井距敏感性数值模拟，评价不同模式下井组单井累计产气量，确定最优立体开发空间配置。

地质-工程甜点层是立体开发水平井轨迹穿行的黄金靶窗，既要考虑页岩含气性，也要兼顾储层可压性。在地质甜点中找工程甜点，以实现储层改造体积最大化的目标。当涪陵气田焦石坝区块采用 2 层立体开发时，上部气层同层平面井距离约为 300 m，与下部气层井投影距离为 125～175 m；当采用 3 层立体开发时，中部气层同层平面井距离为 250～300 m，与下部气层井投影距离为 100 m，与上部气层井投影距离为 75 m，纵向上按照“M”形井网模式部署(图 3-35)。

③ 压力保持水平确定

由于页岩气储层低孔低渗，只能靠水力压裂后产生的人工裂缝作为主要的渗流通道，从而导致气井生产后产生的压降漏斗波及范围有限，改造区和未改造区压力保持水平差异较大。通过开展分区产能数值模拟发现，改造区人工裂缝与基质内压力下降，压降漏斗逐渐向

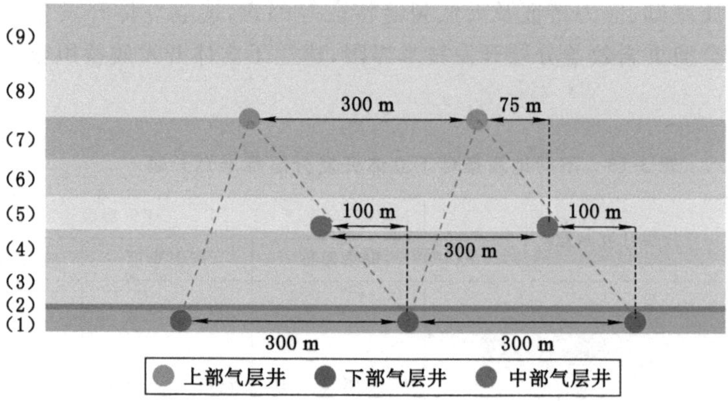


图 3-35　涪陵页岩气田 3 层立体开发模式示意图

外扩散,而未改造区压力基本保持不变。其中,改造区人工裂缝的压力保持程度可低至10%～20%,从井筒中心向外压力保持程度逐渐增大,而未改造区压力保持程度基本在90%以上。通过数值模拟可得到压力场,对于压力保持较好的层间和井间可针对性部署立体开发井,进一步提高区块储量动用程度。

④ EUR 变化与主控因素分析

地质条件是影响单井 EUR 及采收率的先决条件,焦石坝区块单井 EUR 具有北高南低、西高东低的特征,与地质分区相吻合。合理的生产制度有助于实现单井 EUR 最大化。试验揭示页岩压后缝网具有极强的应力敏感特征,合理的配产能够有效提高单井 EUR,采用放大压差生产方式会降低单井 EUR。涪陵页岩气田白马区块数值模拟结果揭示,配产达到$(6\sim10)\times10^4$ $m^3/d$时,每增加 $2\times10^4$ $m^3/d$,单井 EUR 减少 10%。经过优化,涪陵页岩气田立体开发区单井实际 EUR 平均达到 0.96 亿 $m^3$,取得了较好的效果。

⑤ 采收率分析

涪陵页岩气田通过加强建模数模一体化研究、实施地质工程一体化和推进技术管理一体化,建立了页岩气立体开发评价体系。焦石坝区块(1)～(9)小层地质储量为 2 703.2 亿 $m^3$,原一次井网(井距 600 m)预测采收率平均为 12.6%,实施立体开发后,区块整体采收率提升至23.3%,井组采收率最高可达 44.6%。

(4) 立体开发密织井网高效钻井技术

基于安全环保、EUR 约束和经济效益要求,立体开发模式在平台井数更多、水平段更长、井网更密集及精准入靶要求更高条件下,钻井要实现“打得更快更准、投入更低”的目标,会面临更大挑战。

① 立体开发井组一体化轨道设计

在立体开发更加关注高密井网的条件下,如何在受地面条件、地下条件及井位部署方案(一次布井、分批次布井、水平段长度、水平段方位)等多因素约束下,做到一体化轨道设计与精细控制。相比一次井网,页岩气立体开发井面临的难题主要包括:立体开发平台老区立体开发井数增多、井网密度加大,空间井距更小,二次布井受压裂区井间干扰和井眼相碰影响安全风险高,复杂井网条件下轨迹精准控制与穿层难度大。

涪陵页岩气田以整体规划井网、一体化剖面设计,基于最少进尺、最利于防碰原则,制定了页岩气立体开发井组绕障思路，通过优化井口井底对应关系，设计水平段空间位置关系，建立了钻井轨迹监控及轨道预测三维可视化平台，解决了立体开发井与一次井网交叉条件下高效安全成井难题，实现了在平台井数和水平段长度均翻番状况下，269 口新井与 480 口老井零碰撞，优质储层钻遇率达 98%以上。例如，焦页 B 井组的面积为 11.2 $km^2$，一次井网部署开发井 4 口，经过 3 层立体开发后增加到 16 口。

以水平段优快钻井为例，水平段采用“宏观把控、节点控制”策略，将地质与工程相结合，细化水平井轨迹控制节点，按照“一井一案”原则，进一步细化构造节点穿行位置，避免水平段穿行轨迹频繁调整，以实现水平段优快钻进，实施效果显著。水平段“一趟钻”比例达到 40%，钻井周期由 71.0 d 缩短至 46.6 d，水平井靶窗由上下 10 m 控制到 6 m。

② 井身结构优化设计

为探索涪陵页岩气水平井钻井工程降本新途径，通过对钻井工程成本构成进行分析，提出了页岩气水平井井身结构瘦身方案。针对井眼瘦身后入靶段和水平段井眼钻具尺寸小易屈曲、机械钻速低、循环压耗高、当量循环密度高及窄间隙固井质量难以保证等问题，基于逆向设计和数值模拟，考虑安全钻井、套管下入、固井质量及压裂改造等因素，形成了两套满足不同埋深的瘦身井井身结构（图 3-36）。其中，针对 3 500 m 以浅水平井，形成了瘦身Ⅰ型井身结构（$\phi$171.5 mm 钻头＋$\phi$114.3 mm 套管）；针对 3 500 m 以深水平井，形成了瘦身Ⅱ型井身结构（$\phi$190.5 mm 钻头＋$\phi$139.7 mm 套管）。

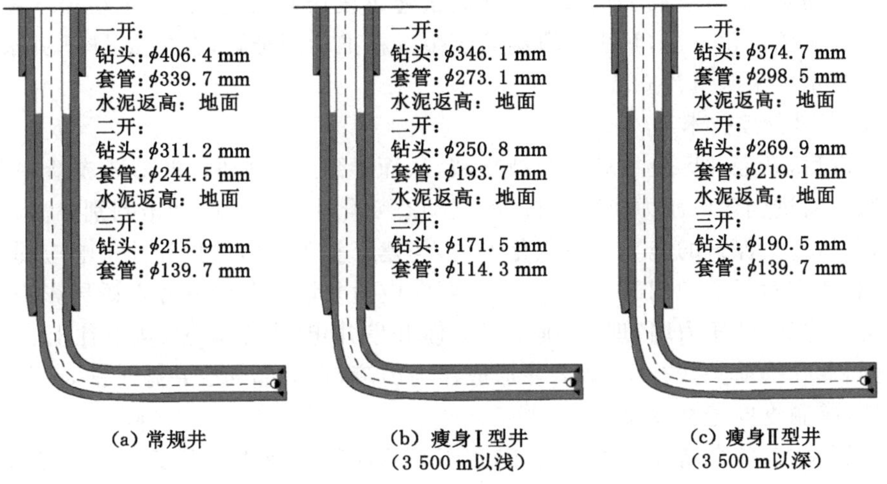


图 3-36　页岩气井常规井与瘦身井井身结构对比图

基于技术可行性论证，明确了两套瘦身井井身结构的应用条件与选井原则。针对小尺寸井眼的特点，研选了瘦身井高效钻头、大扭矩等壁厚螺杆、低压耗水力振荡器和小尺寸定向仪器，形成了瘦身井提速提效配套关键技术。针对小尺寸井眼窄环空、循环压耗高及水泥环薄等因素，研发了低摩阻高弹韧性水泥浆体系，并提出了提高固井质量关键技术推荐做法。

瘦身井井身结构在涪陵页岩气田焦石坝区块得到了全面推广应用，相比同平台井机械钻速提高 20%以上，相比常规井钻井成本下降 12%以上、能耗降低 37.5%、钻屑量减少 19%以上，固井质量优，充分验证了页岩气水平井瘦身降低钻井成本的可行性。

（5）立体开发精准压裂与实施调控技术

一次井网开采后应力-压力场复杂多变、井间层间剩余气分布类型多样，压裂造缝的缝长缝高、SRV展布应与剩余气空间分布、储层纵向上非均质性及平面上构造埋深地质条件差异等相匹配，重点是工艺参数精细设计、现场感知实时调整，实现压裂改造由“体积压裂”向“体积压裂＋精准控缝压裂”转变。

① 不同类型剩余气精准压裂技术

页岩气立体开发对压裂施工提出了更高的要求，立体开发在设计环节需突出人工井网与人造缝网协同优化，在施工环节需实时感知和精准调控，尤其关注邻井压力响应，以最大限度减少井间、层间负向干扰，达到“通而不窜”，从而实现储量动用最大化。涪陵页岩气田剩余气研究结果表明，一次井网开发后，主要存在井间、层间、段簇间等3种剩余气分布类型。

对于井间剩余气，以克服老井亏空区影响、提升缝内净压力及增加裂缝复杂性为核心，形成了以“前置补能＋适度密切＋远端转向＋提排增压”为特色的井间剩余气压裂工艺，累计应用142井次，单井测试产量提升10.8%。

对于层间剩余气，形成了以“长段多簇＋多级暂堵＋强化铺置”为特色的层间剩余气压裂工艺，有效应对中部、上部储层垂向或水平向应力差增大和储层塑性增强等难题，累计应用113井次，单井测试产量提升1倍。

对于段簇间剩余气，形成了长水平井井筒重建重复压裂工艺及“老簇动用＋簇间挖潜”高效降滤促缝参数优化方法，解决了段簇间剩余气精准动用难题，在焦页4HF井成功应用，重压后新增技术可采储量为0.27亿$m^3$。

② 压裂实时调控技术

立体开发后，新老井区应力场平衡被打破，从而导致差异加剧，极易造成新井缝网向老缝偏转沟通。通过创建以压力实时分析、曲线动态变化为核心的防冲击判别方法，形成基于压力屏障、低压亏空保护的施工顺序优化方法，构建了基于压力保护和冲击响应的精准控缝施工技术，有效应对了未动用区非均匀分布、两向应力差增大及老井亏空诱导影响等难题。

压裂施工中建立“压力墙”理念，确定了立体开发井组“老井保护、从下往上、缩短间时”的实施原则，老井提前关井补压，新老井形成压力屏障，在上部气层井施工前，下部加密井先行压裂补压，控制纵向缝网波及。

在新井压裂时，综合新井施工压力、老井压力响应特征及人工裂缝延伸动态分析，依据上涨压力、主斜率、压力下降时间3个指标，建立新老井压裂冲击相应量化评价标准。在新井压裂过程中实时调整施工参数，以最大化减少负向干扰。

水平井精准压裂技术规模化应用后提产降本成效显著，累计现场应用269井次，老井正面受效占比为84%，单井测试产量相比初期提升30%以上，单井压裂试气综合成本降低20%，解决了新老井协同受效、新井改造效率低等难题。

#### 3.6.1.4 涪陵页岩气立体开发实践

涪陵页岩气田焦石坝区块于2013年开始产能建设，一次井网采用“1 500 m水平段、600 m井距、山地丛式交叉布井，穿行（1）～（3）小层”的模式，对一套89 m厚页岩进行开发。2016—2017年，年产量保持在50亿$m^3$以上且稳产2年。受限于早期地质认识和工艺技术局限性等因素，焦石坝区块一次井网储量动用率为30.2%，一次井网整体采收率为12.6%，一次井网井间和层内均存在大量未动用储量，为此开展页岩气立体开发提高采收率技术探索。

(1) 立体开发实施与效果

① 立体开发先导试验

2017 年以来，按照单井评价—井组试验—滚动建产的思路，有序推进焦石坝区块立体开发调整。

a. 单井评价阶段。2017 年部署先导试验井 12 口，以重点评价不同地质条件、不同井距、不同水平段长度条件下的开发调整潜力。其中，上、下部气层叠置试验井 4 口，监测结果表明上部气层开发对下部气层井基本无影响；上部气层不同井距试验井 5 口，监测结果表明上部气层开发 300 m 井距可行；部署井网加密试验井 1 口，试验结果表明加密井距应控制在 300 m 左右；部署不同段长井网加密试验井 2 口，试验结果表明在焦石坝区块水平段长 2 000 m 最优。

b. 井组试验阶段。2018 年部署先导试验井组 5 个，进一步评价立体开发技术政策。通过探索与攻关，率先建立了页岩气立体开发模式，编制了焦石坝区块立体开发整体方案。

c. 滚动建产阶段。2019—2020 年，高效推进 2 层立体开发产能建设。2021 年，开展 6 口 3 层立体开发评价井试验，建立了页岩气立体开发模式，目前已实现立体开发工业化应用。

② 立体开发生产规律

涪陵气田页岩气井生产可划分为稳产降压、定压递减和增压开采 3 个阶段。与一次井网老井相比，立体开发井具有稳产期弹性产率高、递减期递减率缓及全周期水气比低的生产特征。稳产降压阶段，立体开发调整井平均弹性产率是老井的 1.5 倍。定压递减阶段，立体开发调整井初始年递减率 56%，低于一次井网老井初始年递减率(60%)。此外，开发调整井与老井全生产周期都呈现出低水气比特征，平均水气比小于 1 $m^3/10^4\ m^3$。

依据压裂对老井干扰的量化评价指标，实时调整压裂施工参数，采用上涨压力、斜率变化(单一斜率或多斜率)及停泵后压力变化(上升、下降或不变)3 个指标(图 3-37)，初步明确了调整井弹性介质响应及混合响应、直接冲击 3 种响应类型。基于邻井响应判断机制，验证缝网波及有效性，实时调整施工规模和改造强度等关键参数。焦石坝区块一次井网老井受立体开发井压裂影响，其中正面影响井占比为 84%，负面影响井占比为 2%，无影响井占比为 14%。正面影响井中有 50%的井生产恢复到压裂前水平，压裂受效期长达近 1 年，平均单井 EUR 增加 2 600 万 $m^3$，同时立体开发调整井试采后与老井在生产上无明显干扰。

通过分析压裂对相邻老井存在负面干扰的调整井的地质条件和压裂改造情况，明确了天然裂缝发育程度及压力下降幅度是负面干扰的主控因素。焦石坝区块上部气层压裂产生负面影响井，相邻老井的井口压力波动范围两极化明显，主要集中在大于或等于 2.0 MPa 和小于或等于 0.5 MPa 的区间内。对老井压裂激动反应产生负面影响的开发调整井基本处于天然裂缝发育区，而在天然裂缝不发育区压裂激动反应均为正面影响。

(2) 立体开发规模应用与效果

涪陵页岩气田通过实施立体开发，区块整体采收率从 12.6%提高至 23.3%，井组采收率最高可达 44.6%。立体开发井日产气量约占涪陵气田总日产气量的 49.1%(图 3-38)，支撑涪陵页岩气田持续稳产和上产。同时，立体开发模式已在涪陵气田复杂构造区、常压及深层等区块得到全面应用，并在川东南地区页岩气开发中得到推广。

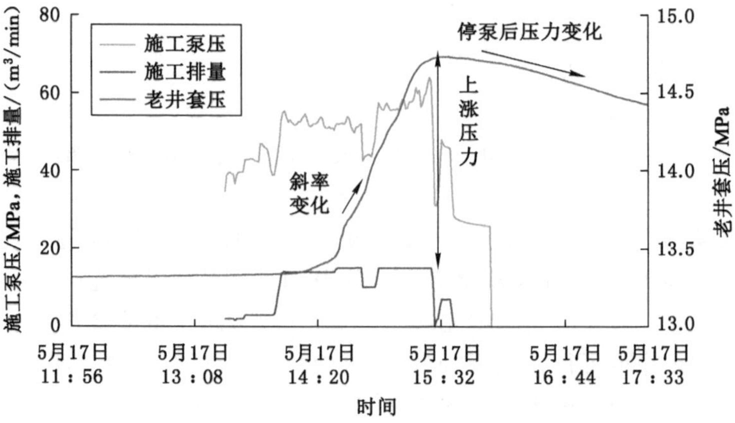


图 3-37　涪陵气田典型调整井压裂时老井压力激动反应图

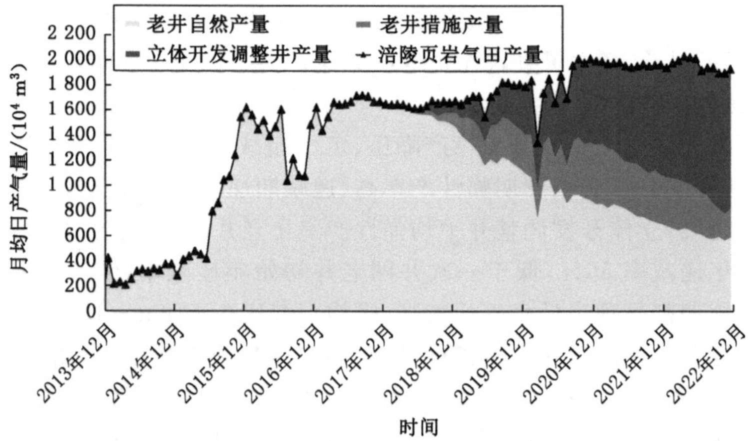


图 3-38　涪陵页岩气田 2013—2022 年产量构成图

### 3.6.2　斜坡型强非均质页岩气藏高效开发技术——以川南威远地区龙马溪组页岩气藏为例

3.6.2.1　威远地区页岩气高效开发面临的难题

（1）经过多期构造运动，区域地质条件复杂

威远页岩气田开发层位为上奥陶统五峰组—下志留统龙马溪组，沉积环境为古陆和古隆起影响下的上扬子地台被动大陆边缘陆棚环境，具有地质年代老、经历多期构造运动改造、埋藏较深、有机质热演化程度高、优质页岩有效厚度薄及保存条件复杂等特征。与北美地区页岩气田构造单一、优质页岩有效厚度大及保存条件好等特征存在较大差异[49]。

（2）页岩气储层准确刻画难度大，高产井主控因素不明确，北美地区页岩气甜点优选方法出现不适应性由于勘探程度较低，威远页岩气的早期评价井井控程度低（165 $km^2$/口），单井产气量差异大，同平台井的产气量甚至相差 3～4 倍。中国石油集团川庆钻探工程有限公司（以下简称川庆钻探）在威远区块的第一轮 35 口建产井开发效果整体较差，井均测试日产气量为 14.31 万 $m^3$，井均估算 EUR 仅为 0.69 亿 $m^3$。通过早期开发，初步认识到威远页岩气储层非均质性强，难以对页岩气储层进行准确刻画，同时，影响页岩气水平井产量的因素多达 20 余项，对高产井的主控因素不明确。然而，北美地区页岩气井的产能主控因素与威远页岩气井存在较大差异，相应的甜点优选方法在威远页岩气的开发过程中出现了不适应性。

（3）页岩气井产能预测精度低

由于影响页岩气井生产动态的因素较多，页岩气井产能预测难度大。根据页岩气井的全生命周期生产动态特征，页岩气井的递减特征在生产初期存在明显差异，采用单一产量递减分析法难以实现对页岩气井生产动态的准确预测。同时，受多尺度裂缝的影响，页岩气井的产能预测也面临较大挑战。

（4）窄箱体页岩精准导向钻井速度慢，优质页岩气储层钻遇率低

威远地区页岩气储层最优靶体厚度介于 3～7 m，且横向变化大，井眼轨迹难以控制；亚分辨率断层、微幅构造发育，易造成脱靶，箱体钻遇率降低 10%左右；钻具在长水平段钻进时受到的摩擦阻力大、钻压传递困难，导向仪器故障率高，影响钻进效率。在前期的钻井中，龙马溪组的平均机械钻速介于 4～5 m/h，单趟钻进尺不足 500 m，单井在龙一$_1{}^1$层的钻遇率平均仅为 68.8%。

（5）压裂形成复杂缝网难度大

威远区块页岩气储层水平应力差大于 15 MPa，压裂难以形成复杂缝网，微地震监测结果显示，压裂缝网复杂程度系数仅介于 0.16～0.22。受储层非均质性与天然裂缝发育不均衡的影响，压裂裂缝多数表现为非均匀扩展，生产测井解释结果显示，约有 30%的射孔簇贡献了超过 60%的产气量。第一轮 35 口建产井平均加砂强度仅为 1.3 t/m，且砂堵率高。

#### 3.6.2.2　*斜坡型页岩气藏差异富集理论*

（1）沉积选区

在五峰组—龙马溪组沉积时期，四川盆地位于上扬子地台被动大陆边缘，夹在乐山—龙女寺、黔中及雪峰山三大古隆起之间，向北与秦岭相通，呈“三隆夹一坳”的古地理格局。威远地区发育以富含有机质的碳质笔石页岩为主的深水陆棚相沉积，其中富有机质硅质泥棚微相是有利沉积微相，沉积产物以黑色碳质页岩为主，局部为夹暗色块状粉砂质泥岩；沉积构造以水平层理和块状层理为主，富含笔石化石，常见硅质海绵骨针和放射虫，具有低能、还原及低速欠补偿的深水沉积特征。古地貌恢复分析结果表明，威远地区五峰组—龙马溪组沉积时期陆棚斜坡上发育三级地貌台阶和两处低幅隆起，在低幅隆起处页岩厚度减薄且储层品质较差，隆起两侧洼陷区页岩厚度大且品质好。靶体甜点位于龙一$_1{}^1$层，该小层纵横向展布特征存在明显差异；威远地区龙一$_1{}^1$层可划分出 7 个测井响应特征层，仅在 W10-2 井区发育完整，在其他井区均有所缺失，表明在陆棚沉积环境的大背景下，沉积微环境仍有差异。总体来看，W202 井—W204 井龙一$_1{}^1$层厚度较大，且底部发育富有机质硅质页岩层段，为当时的局部沉积中心。古地貌控制了页岩有利沉积相带的发育，进而影响了页岩气富集区的分布。

（2）构造分带

威远页岩气田位于四川盆地乐山—龙女寺加里东古隆起西南部，区域内地面/地腹构造格局基本一致，整体表现为"隆凹相间、西北高东南低、构造轴线北东东向展布"的特征。威远地区下志留统龙马溪组经历多期构造运动，大断层虽然不发育，但小、微断层数量多，有利于裂缝发育带的形成。根据构造部位和地层倾角，可将威远页岩气田划分为顶部平缓带、翼部倾斜带和近洼平缓带。其中，W201 井区龙马溪组倾角较小，介于 1°～3°，为顶部平缓带；W202 井区龙马溪组倾角介于 5°～11°，W204 井区西北部龙马溪组倾角介于3°～9°，为翼部倾斜带；W204 井区东南部构造相对平缓，埋深逐渐增大，为近洼平缓带(图 3-39)。在上述 3 个区带中，翼部倾斜带微裂缝发育，有利于页岩气井获得高产，但也是套变和压窜的高发区。总体来看，微幅度构造控制了微裂缝体系的差异化发育，为页岩气富集提供了有利储集条件。

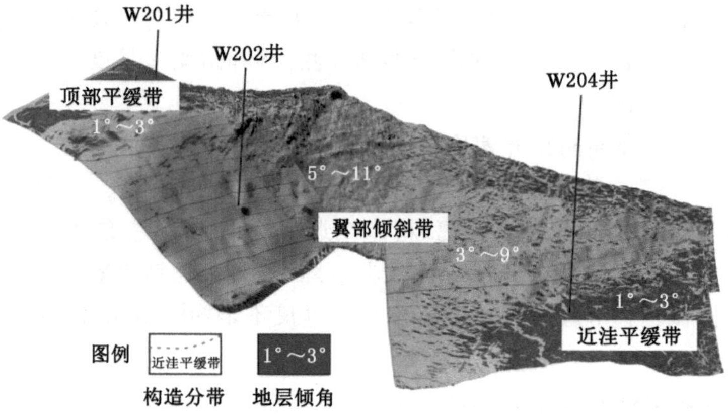


图 3-39　威远地区龙马溪组页岩气藏构造带划分图

(3) 保存控藏

四川盆地五峰组—龙马溪组黑色页岩沉积后经历了加里东晚期的华夏板块碰撞挤压造山、燕山期以来的江南—雪峰持续陆内造山、喜马拉雅期印度板块向北冲挤的三重构造运动作用，使页岩气藏受到强烈改造，进而影响页岩气的保存条件，主要涉及断层、目的层与剥蚀线的距离、埋深及顶底板条件等方面。断层越少且其规模越小、距离剥蚀区越远、埋藏越深、顶底板越致密，页岩气藏的保存条件则越好。威远页岩气田五峰组—龙马溪组储层埋深主要介于 1 500～4 000 m，呈西北浅、东南深的趋势，区内大部分储层埋深在 3 500 m 以浅，为页岩气勘探的有利区域。五峰组—龙一段页岩气储层顶底板分布稳定、岩性致密，有利于页岩气的封堵保存。勘探开发结果表明，W202 井区五峰组—龙马溪组底部页岩气储层厚度、TOC、孔隙度、渗透率、天然裂缝发育程度、含气量及脆性指数等地质工程参数接近，气井地层压力系数与埋深呈正相关关系，单井测试产气量与地层压力系数也呈明显的正相关关系(图 3-40)。

(4) 斜坡型页岩气藏差异富集模式

页岩气藏源储一体，页岩气分布不受构造圈闭控制。威远页岩气田沉积环境为被动大陆边缘陆棚斜坡，古地貌呈凸洼相间的格局，且多期构造交错分布。其中，W202 井、W10-2 井、W204 井的测试产气量(分别为 $2.14\times10^5$ $m^3/d$、$2.237\times10^5$ $m^3/d$、$1.65\times10^5$ $m^3/d$)明显大于两侧的 W201 井、W205 井(分别为 $1.3\times10^4$ $m^3/d$、$2.6\times10^4$ $m^3/d$)。可以看出，洼陷区控制了页岩气最有利沉积相带的分布，位于翼部倾斜带的页岩气储层裂缝发育，局部储渗能力得到提升，剥蚀线、断裂带边界则控制了页岩气藏的规模。

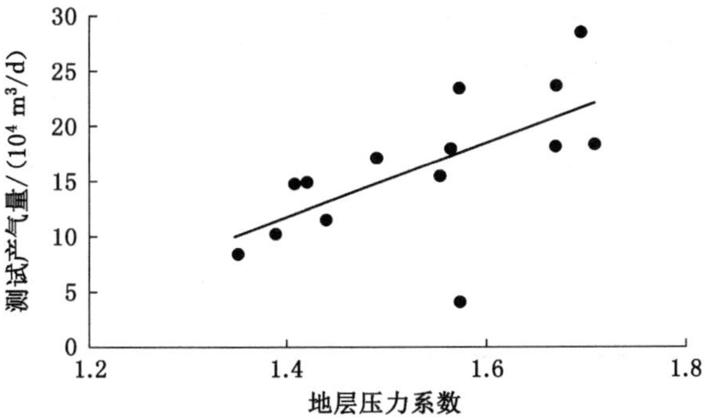


图 3-40　W202 井区地层压力系数与单井测试产气量散点图

### 3.6.2.3　威远页岩气田高效开发关键技术

(1) 区带评价与甜点优选技术

① 区带评价技术

基于沉积相带预测结果、构造区带划分结果及页岩气井试气结果，建立威远页岩气田区带评价标准(表 3-16)。在此基础上，落实工区内核心建产区面积为 165 $km^2$，对应的页岩气储量为 1 300 亿 $m^3$，高产井(测试产气量大于 $2.0\times10^5$ $m^3/d$)钻井成功率超过 80%，证实了该评价标准科学合理。

表 3-16　威远页岩气田区带评价参数统计表

| 类别 | 沉积微相 | 古地貌 | 构造分带 | 裂缝条件 | 压力系数 | 与剥蚀线的距离/km | 靶体甜点储层厚度/m | 埋深/m |
|---|---|---|---|---|---|---|---|---|
| 核心区 | 深水硅质泥棚 | 洼陷区/深水区 | 翼部倾斜带 | 晚期微裂缝发育 | >1.4 | >14 | >5 | 2 000～3 500 |
| 扩展区 | 半深水黏土质泥棚 | 斜坡区/深水-半深水区 | 翼部倾斜带 | 晚期微裂缝较发育 | 1.2～1.4 | >10 | 3～5 | <2 000 |
| 外围区 | 浅水钙质泥棚 | 低隆区/浅水区 | 顶部平缓带/近洼平缓带 | 早期充填裂缝 | <1.2 | <10 | <3 | >3 500 |

② 甜点优选技术

基于地质、生产测井、钻井、试气等资料，建立气井各产层段产气量与 TOC、脆性指数、孔隙度、含气量及全烃值等参数的关系式，并得到相应相关系数($R$)；选取相关性较高的 5 个参数(TOC、孔隙度、脆性指数、含气量、全烃值)，对 $R$ 进行归一化处理，从而得到上述 5 个参数的单项权重；基于威远页岩气田储层参数分类评价标准(表 3-17)，对上述 5 个参数进行分类评价，并确定相应分值(针对Ⅰ类储层，各单项分值均为 1.0；针对Ⅱ类储层，均为 0.7；针对Ⅲ类储层，均为 0.4)，然后根据式(3-22)计算储层综合品质系数(ZQ)。若 ZQ≥0.85，则为Ⅰ类储层；若 0.6≤ZQ<0.8，为Ⅱ类储层；若 ZQ<0.6，为Ⅲ类储层。

$$ZQ = 0.30W_{TOC} + 0.20W_{por} + 0.15W_{qall} + 0.25W_{brit} + 0.10W_{tg} \quad (3\text{-}22)$$

式中　$W_{TOC}$，$W_{por}$，$W_{qall}$，$W_{brit}$，$W_{tg}$——TOC、孔隙度、含气量、脆性指数、全烃值对应的分值。

**表 3-17　威远页岩气田储层分类评价标准表**

| 参数 | Ⅰ类储层 | Ⅱ类储层 | Ⅲ类储层 |
| --- | --- | --- | --- |
| TOC/% | ≥3 | 2～<3 | <2 |
| 脆性指数/% | ≥55 | 35～<55 | <35 |
| 孔隙度/% | ≥5 | 3～<5 | <3 |
| 含气量/($m^3$/t) | ≥3 | 2～<3 | <2 |
| 全烃值/% | ≥25 | 15～<25 | <15 |

通过对页岩气储层综合品质进行评价，纵向上选取龙一$_{1}^{1}$层中下部富有机质硅质页岩为最优靶体甜点。

(2) 窄箱体水平井高效导向钻井技术

① 地质工程一体化导向技术

由于地震资料分辨率低，且基于随钻测井数据的储层解释结果误差大、多解性强，增加了井轨迹控制难度。为提高优质储层钻遇率，形成了一套页岩气水平井地质工程一体化导向技术。

a. 地质导向跟踪技术及管理

通过该项技术，可以进行储层地质属性识别和小层精细划分，以及实钻井轨迹在箱体中位置的正确确认、预测和轨迹精细控制。针对优质页岩气储层厚度薄、识别困难及横向变化大的问题，创新形成了"近钻头方位伽马成像系统＋元素录井＋钻井"地质工程一体化地质导向跟踪技术，实时跟踪、调整井眼轨迹，确保箱体钻遇率。以提高水平井在优质页岩气储层的钻遇率为重心，推行以"地质导向工程师为核心""定向工程师听从地质导向工程师指令、钻井工程师听从定向工程师指令、泥浆工程师听从钻井工程师指令"的工作机制，责任明确、协调配合、整体联动，从而确保技术措施的时效性。

b. 地质导向软件系统平台

形成了具有自主知识产权的水平井地质导向软件系统平台，包括随钻测井与录井数据同步实时采集系统、水平井地质导向应用系统及水平井井眼轨迹投影于地震数据体的实时展示系统共 3 套系统软件。

② 页岩气井长水平段高效钻井技术

在 PDC 钻头优选的基础上，创建了以"旋转导向＋动力钻具＋特殊录井"为核心的高效导向钻井模式，根据不同旋转导向工具的特性，配套专用螺杆、钻具组合及合理的钻井参数，可使页岩气井在水平段的机械钻速和单趟钻进尺均提升 45%以上。该项技术的应用使页岩气水平井的钻井效率和质量大幅提升，储层段机械钻速达到 11.25 m/h，单趟钻进尺平均为1 263 m，水平段延伸能力突破 3 000 m，优质页岩气储层钻遇率提升至 97.2%。

针对长水平段滑动钻进摩擦阻力大、机械钻速慢及轨迹控制难的问题，通过研制关键工具，优化井眼轨迹和钻具组合，形成了长水平段"钻柱扭摆＋水力振荡器"综合降阻滑动导向技术，使常规导向钻井滑动摩擦阻力降低 30%以上，机械钻速提高约 40%，有效降低了作业成本。

③ 页岩气井钻井提速模板

威远页岩气田地表疏松、成岩性差；中部井段钻遇地层压力系统复杂，钻井过程中容易发生井漏井喷，且部分地层可钻性差，井眼轨迹控制难度大；由于龙马溪组页岩脆性指数高，钻井易发生破碎性垮塌、井漏，加上断层发育、地层倾角变化大，获得高储层钻遇率的难度大。

针对钻井面临的难点问题，根据地层特点优化、完善了分层段快速钻井技术。针对一开，采用气体钻井和清水强钻防治表层井漏，以降低环保风险；针对二开，采用“个性化 PDC 钻头＋高效螺杆”全程复合钻进提速，定型多种轨迹剖面以适应不同丛式水平井的部署需求；针对三开，由于旋转地质导向使用率超过了 95%，实现了优质页岩气储层的精准识别和追踪，结合强封堵油基钻井液的应用，保障了井壁的稳定性。另外，依托大数据和钻井知识库，根据单井地质工程特征，进一步优化钻井参数、钻井液密度、钻具组合等，使一井一策快速形成，从而实现钻井技术水平的快速提升。

建立页岩气井钻井提速模板（表 3-18），并进行推广应用，使川庆钻探在威远区块的平均钻井周期由 83.17 d 缩短至 55.60 d，最短钻井周期达 27.60 d。平均机械钻速接近 10 m/h，在储层段的一趟钻完成率超过 20%，平均单趟钻进尺提高一倍，助力了该区块页岩气的规模效益开发。

**表 3-18　威远区块页岩气井钻井提速模板参数统计表**

| 作业顺序 | 参　数 |
|---|---|
| 第一次开钻 | 结合岩溶勘察，采用空气雾化与清水强钻，减少表层井漏；5 刀翼 $\phi$16 mm 双排齿 PDC 钻头、4 刀翼 $\phi$19 mm PDC 钻头；钻压大于 150 kN，转速大于 60 r/min，排量大于 55 L/s，泵压大于 5 MPa；机械钻速为 15 m/h |
| 第二次开钻 | “PDC 钻头＋高效螺杆＋MWD”复合钻进，强化钻井参数；5 刀翼 $\phi$16 mm 双排齿 PDC 钻头；弯曲度 1.25°，7/8 头单弯螺杆＋$\phi$308 mm 尾扶，轨迹防碰、预增斜；氯化钾聚合物钻井液，密度进飞仙关组前介于 1.45～1.50 g/cm$^3$，进龙潭组前介于 1.70～1.75 g/cm$^3$，进茅二段前不低于 1.75 g/cm$^3$，茅二段龙马溪组不低于 1.80 g/cm$^3$；钻压大于 150 kN，转速大于 80 r/min，排量大于 55 L/s，泵压大于 23 MPa；机械钻速为 10 m/h |
| 第三次开钻 | 旋转导向/水力振荡器＋钻柱扭摆，近钻头伽马＋元素录井；5 刀翼 $\phi$16 mm PDC 钻头；旋转导向配套专用螺杆（弯曲度 1.5°，7/8 头无尾扶单弯螺杆），狗腿度控制在 8°/30 m 内（斜井段）及 3°/30 m 内（水平段）；油基钻井液密度介于 2.03～2.20 g/cm$^3$，塑性黏度小于或等于 80 MPa·s，高温高压降滤失量小于或等于 2 mL（120 ℃），油水比为 80/20～90/10，含砂量小于 0.2%，破乳电压大于 800 V；钻压大于 120 kN，转速大于 80 r/min，排量大于 30 L/s，泵压大于 30 MPa；机械钻速介于 12～15 m/h |

（3）强非均质页岩气储层体积压裂优化技术

① 压裂缝网动态扩展预测模型

建立了页岩压裂缝网动态扩展预测模型（A-FN-PM），实现了对压裂缝网改造区几何尺寸、储层增产改造体积（SRV）、有效改造体积（ESRV）与支撑裂缝面积（PFA）等关键评价指标的定量预测，为压裂方案优化设计提供支撑。采用该模型预测的压裂缝网改造区面积与微地震解释结果的符合率平均为 86.3%，求解速度提升了 157.9%。

②“长段短簇＋暂堵匀扩＋控液增砂”压裂技术

长段短簇是指增加压裂段长度与射孔簇数、缩短簇间距、采用限流压裂优化段内总孔数。暂堵匀扩是指采用“暂堵剂＋暂堵球”复合暂堵方式，实现缝网均匀扩展。控液增砂是指提高加砂强度，通过增加多尺度裂缝中支撑剂的铺置浓度来提升裂缝导流能力。

a. 地质工程一体化压裂方案设计优化方法

为了最大化动用页岩气储量，基于气井生产动态反演获取指定生产年限下页岩气井控制储量半径，进而确定最优簇间距介于 9～12 m；采用压裂缝网动态扩展预测模型，基于最优簇间距，模拟不同压裂段长度下的压裂缝网改造区域面积，结果表明，当压裂段长度为 90 m 左右时缝网改造区域面积及 ESRV 均最大；根据微地震实时监测结果，在总液量规模的 75%左右实施暂堵的效果最好，且采用暂堵球＋暂堵剂方式的暂堵效果优于使用单一暂堵材料的方式；根据裂缝导流能力试验结果及压裂缝网扩展预测结果，对最优加砂强度及用液强度进行优化，从而实现压裂方案设计的优化。形成了考虑地质工程一体化的压裂方案设计优化工作流程(图 3-41)，实现了对压裂段长度、簇间距/簇数、射孔数、用液强度、加砂强度、暂堵时机等 9 项关键参数的优化，以确保平台控制页岩气储量的最大动用，使压裂改造效果得到大幅度提升。

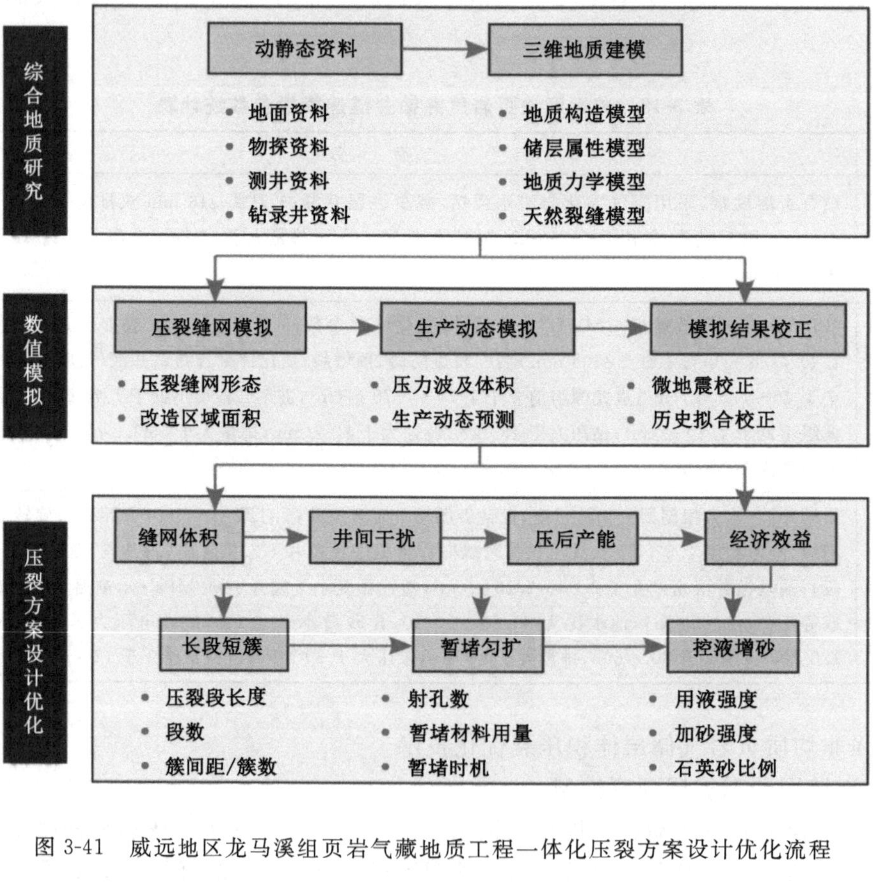


图 3-41　威远地区龙马溪组页岩气藏地质工程一体化压裂方案设计优化流程

b. 方法应用效果

长段短簇试验井 28 口，平均压裂段长度为 90 m，平均簇间距为 10.7 m，平均测试日产气量可达 $3.56\times10^5$ $m^3$。形成了暂堵转向优化设计工作流程及方法，进而对 456 段进行了暂堵时机与暂堵材料用量的调整与优化，将暂堵压力从 2.7 MPa 增至 5.8 MPa，提高了 115%。将压裂试验井平均加砂强度增至 2.7 t/m，石英砂比例介于 70%～80%。液体携砂效率大幅提升，加1 t砂的用液量由2019年的15.3 $m^3$降至10.1 $m^3$，降低了34%。线性胶使用比例由5.1%降至3.4%，减轻了其对页岩气储层的吸附滞留伤害。

(4) 页岩气井生产动态预测方法与影响页岩气井EUR的主控因素分析

形成了页岩气井生产动态预测方法，提升了气井产量预测精度与计算效率，明确了影响页岩气井产能的主控因素，为页岩气藏的高效开发提供支撑。

① 基于广义回归神经网络的页岩气井生产动态预测方法

为了有效规避页岩气井的生产数据质量参差不齐、页岩气渗流机理复杂及常规动态分析方法适用条件受限等问题，形成了基于广义回归神经网络(GRNN)的预测方法(以下简称GRNN方法)进行页岩气水平井产量递减分析，进而预测气井EUR。该方法适用于处于开发中期的页岩气藏气井生产动态预测，此时开发井达到了一定数量，能够保证预测的精度。基于威远区块103口页岩气井的完井数据及生产数据，优化光滑因子，对气井生产动态进行20年预测，预测结果符合率达到94.8%～95.2%。

② 基于改进的嵌入式离散裂缝模型的页岩气井生产动态预测方法

使用嵌入式离散裂缝处理方法构建人工缝网，将其与页岩气藏地质模型耦合，生成包含多尺度离散裂缝的页岩气藏数值模拟模型；结合由RTA动态分析软件反演的水力裂缝参数(裂缝长度、宽度、高度与导流能力)，通过反复调整数值模拟模型参数，对页岩气井生产历史进行多次拟合，直至达到拟合精度要求，从而获得可靠的模拟模型；在此基础上，预测页岩气井生产动态，从而获得EUR。基于改进的嵌入式离散裂缝模型(i-EDFM)的页岩气井生产动态预测方法(以下简称i-EDFM方法)需要建立在具备精细地质模型与压裂缝网模型的基础上，该方法的应用可以使页岩气井生产动态预测结果符合率大于95%。

上述两种方法的预测精度均能够满足生产需要。GRNN方法基于已有生产数据，进行训练后获取数据特征，进而开展预测，该方法不需要进行繁杂的地质建模及历史拟合工作，操作简便、计算效率较高。在传统数值模拟模型基础上，i-EDFM方法能够有效处理复杂水力裂缝与天然裂缝网络，从而使数值模拟模型能够用于考虑井间干扰影响的页岩气井开发效果分析，进而对后续压裂作业进行优化。根据不同的应用需求，选择适宜的方法来预测页岩气井生产动态，再进行后续措施的优化。

③ 影响页岩气井EUR的主控因素

应用广义回归神经网络方法从26项地质工程因素中选出6项影响页岩气井EUR的主控因素，3项地质因素分别为龙一$_1^1$储层厚度、压力系数、总含气量，3项工程因素分别为射孔簇数、加砂强度、压裂水平段长度。根据影响页岩气井EUR的地质工程主控因素的权重，可以看出能够提升核心建产区单井EUR的措施主要为增加射孔簇数、加砂强度及压裂水平段长度3项，用液强度与陶粒占比增加20%后，单井EUR的增幅相对较小(小于10%)。

### 3.6.2.4　现场应用效果

通过对井位部署、钻井、压裂等参数进行优化调整(表3-19)，平均单井测试产气量、储层(龙一$_1^1$层)钻遇率、EUR等参数与初期相比均提升40%～70%。截至2020年12月31日，川庆钻探在威远页岩气田累计生产天然气66.8亿 $m^3$，与2019年相比，2020年天然气年产量增加3.9亿 $m^3$，增幅达19.4%；2020年10月，页岩气月均日产量达$9.0\times10^6$ $m^3$，支撑了我国首个“万亿立方米储量百亿级产量”页岩气田的建设。

2020 年，川庆钻探在威远页岩气田核心建产区完成了 49 口井的试气，测试日产气量平均达 $2.97\times10^5$ $m^3$，与 2019 年相比提升了 21.1%，其中 WH34 平台 8 口井累计测试日产气量达 $4.75\times10^6$ $m^3$，是国内首个页岩气“四百万立方米”平台。

**表 3-19　威远页岩气田 3 轮方案优化调整表**

| 方案编号 | 井位部署 | 靶体位置 | 水平段长度/m | 压裂参数 | 开发效果 |
|---|---|---|---|---|---|
| 1 | W202 井、W204 井附近 | 龙一$_1^{1\text{-}3}$层 | 1 500 | 引入北美地区页岩气井体积压裂技术参数 | Ⅰ类高产井占比为 11% |
| 2 | 调整至 W204 井区北部 H9、H10 平台区域 | 龙一$_1^1$层 | 1 500～1 600 | 提高有效支撑缝网体积，优化压裂参数 | Ⅰ类高产井占比为 26% |
| 3 | W202 井—W204 井井间核心建产区 | 下沉至龙一$_1^1$层底部以上 3～4 m | 1 800～2 000 | 长段短簇＋复合暂堵压裂工艺参数 | 整体取得突破，2020 年井均测试产气量 $2.97\times10^5$ $m^3/d$ |

### 3.6.3　体积压裂工艺 2.0 技术与实践——以威远页岩气为例

#### 3.6.3.1　引言

以威远页岩气储层地质特征为基础，结合压裂缝网复合暂堵模拟与现场技术实践，系统阐述压裂工艺 2.0 技术的多簇暂堵裂缝扩展机理、复合暂堵设计等关键技术措施。现场实践表明，与压裂工艺 1.0 技术相比，该技术可有效增加缝网面积、改造储层渗透率，初期测试产量与中长期累计产量有较大提升，在防治套变与压窜上也展现了较好效果，压裂工艺 2.0 技术的形成为提升威远页岩气开发效益提供了技术支撑[50]。

#### 3.6.3.2　压裂工艺 2.0 核心理念与技术参数

(1) 核心技术理念

体积压裂工艺 2.0 技术是对前期体积改造技术、缝控压裂技术的升级与完善，即以经典的达西理论为基础，以“多缝换缝网、暂堵换排量、粉砂换陶粒”为关键技术措施，具体涵盖了 10 项关键参数优化(表 3-20)。

**表 3-20　威远页岩气储层体积压裂工艺技术参数对比表**

| 技术 | 参数 | 压裂工艺 1.0 | 压裂工艺 2.0 |
|---|---|---|---|
| 多缝换缝网 | 段长/m | 60～65 | 90～95 |
| | 压裂段数/段 | 27～30 | 20～21 |
| | 单段射孔簇数/簇 | 3～4 | 7～12 |
| | 簇间距/m | 15～17 | 7～11 |

表 3-20(续)

| 技术 | 参数 | 压裂工艺 1.0 | 压裂工艺 2.0 |
|---|---|---|---|
| 暂堵换排量 | 暂堵球用量/(颗/次) | 0 | 15～21 |
| | 暂堵剂用量/(kg/次) | 0 | 23～46 |
| 粉砂换陶粒 | 加砂强度/(t/m) | 1.7 | 2.5～3 |
| | 用液强度/($m^3$/m) | 26～28 | 23～25 |
| | 石英砂比例/% | 30～40 | 80 |

① 多缝换缝网

“多缝换缝网”是指单段压裂簇数由原来的 3～4 簇增大到 7～12 簇，簇间距由 15～17 m 缩短至 7～11 m。根据体积改造技术的核心理念，通过多缝“打碎”储层，增大裂缝与基质接触面积，即增大渗流面积，同时在小簇间距条件下，簇间无须再依靠主缝和分支缝构成缝网，两条水力裂缝切割的基质中油气与裂缝间渗流距离仅为数米，减小了流动距离。对于微、纳达西级渗透率储层，基质中的流体流动至裂缝所需的驱动压差已极大减小，基质中的油气动用基本无阻碍，提升了“人造渗透率”，通过优化射孔簇数与簇间距，以实现缝控体积最大化。压裂缝网模拟结果表明，射孔簇数由 3 簇提高到 8 簇，压裂总裂缝面积提升了 164%。气藏数值模拟结果表明，每米裂缝条数与渗透率的增加倍数呈对数关系，根据威远页岩气基质渗透率为 300～500 mD，综合考虑气藏采收率与经济成本，建议适应于威远页岩气的最优簇间距为 5～10 m。

② 暂堵换排量

受段内地应力、岩性与天然裂缝差异等影响，当多簇压裂时，裂缝开启不均匀。在排量为 12～14 $m^3$/min 情况下，一般单次开启 3～4 簇，多簇裂缝单次全部开启需要更大排量，对施工设备及压裂成本会提出较高要求。“暂堵换排量”是指可通过人工暂堵干预先期扩展的优势裂缝，在适当排量下保证裂缝分级均匀起裂。应用复合暂堵可以实现压裂时多簇射孔的分次开启，有效提高射孔簇开启效率，实现各簇裂缝均匀扩展，裂缝扩展差异系数较未暂堵降低 68%。

③ 粉砂换陶粒

页岩露头压裂模拟试验与数值模拟结果表明，体积压裂会形成主裂缝与次级裂缝组合的复杂裂缝网络，不同尺度裂缝所需要的导流能力不同。压裂工艺 2.0 的技术关键是通过优化不同的支撑剂粒径、用量，实现主裂缝与次级裂缝等多尺度压裂裂缝网络的有效支撑。根据威远页岩气储层地应力特征，结合室内不同支撑剂支撑裂缝导流能力评价试验结果，采用数值模拟评价主裂缝、次级裂缝等多尺度裂缝渗透率对采收率的影响，其中主裂缝渗透率设置为 10～$10^4$ mD，次级裂缝渗透率设置为 $10^{-1}$～$10^4$ mD(每一个组合的次级裂缝渗透率不超过主裂缝的渗透率)。从模拟结果中发现，当主裂缝的渗透率大于 $10^3$ mD，次级裂缝的渗透率大于 10 mD 时，无因次采收率增幅趋于平缓，进而得到最优的主裂缝渗透率分布介于 $10^2$～$10^3$ mD，最优的次级裂缝渗透率为 $10^{-1}$～10 mD。

“粉砂换陶粒”是指根据裂缝模拟的缝宽分布，主裂缝以 40/70 目陶粒支撑为主，次级裂缝以 70/140 目石英砂支撑为主。射孔簇的增加，有效降低了簇间气体流动距离，对于石英砂支撑次级裂缝的需求更大，目前威远页岩气藏埋深为 2 500～3 500 m 的储层石英砂占比为 80%左右，埋深小于 2 500 m 的储层可进一步试验增大石英砂比例。

### 3.6.3.3 压裂工艺 2.0 现场实践历程

按照"一个平台、试验一项参数、评估一项参数"的原则，在威远页岩逐步开展段长、簇数、加砂强度及暂堵加量等压裂工艺 2.0 参数优化试验，压裂工艺 2.0 参数组合基本定型，如图 3-42 所示。

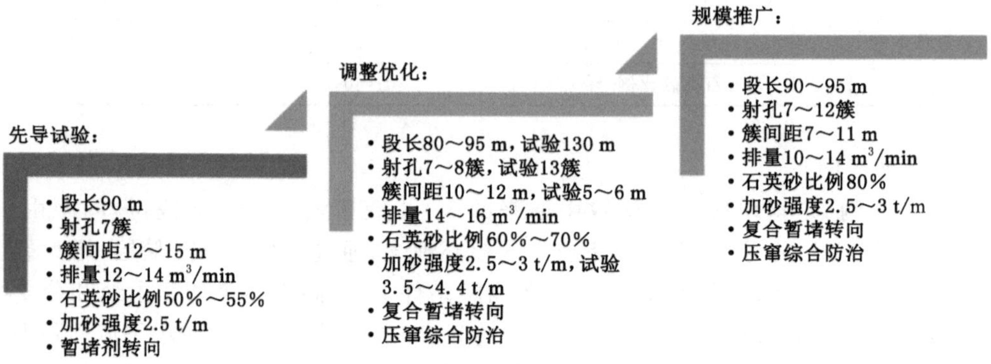


图 3-42 压裂工艺 2.0 技术实践历程

(1) 先导试验阶段

威远页岩于 2019 年第 4 季度开始进行先导试验。试验井 W4H-6 靠近沉积中心，龙一$_1{}^1$层厚度大、埋深适中、压力系数较高且储层具备较好的物质基础，但平台周围发育多组贯穿多井的天然裂缝，易造成施工困难。为了进一步提高单井产量，降低施工风险，试验井簇间距由邻井的 20～25 m 缩短至 12～15 m，为保证单簇裂缝的加砂量，加砂强度由 1.7 t/m 提高至 2.5 t/m，整体设计单段长度提高至 85～90 m，单段射孔 7 簇，设计用液强度 25～28 $m^3$/m，提高石英砂比例至 50%～55%。同时在试验井采用限流压裂与复合暂堵转向等措施，确保段内多簇裂缝均衡扩展。

W4H-6 井压后测试日产气量为 38.1 万 $m^3$，同平台邻井测试日产气量为 19.02 万 $m^3$，先导试验证明了降低簇间距、增加裂缝条数、提升改造强度有利于提升缝网复杂程度和有效导流能力，对于提高改造效果有积极作用。

(2) 调整优化阶段

W9H 平台、W7H 平台龙一$_1{}^1$层厚度在 7 m 左右，脆性指数高，储层静态参数优于相邻平台，但平台周边裂缝较发育，前期多口已实施井出现套变的情况。为了降低套变发生风险，挖掘储层开发潜力，W9H-7 井、W7H 平台压裂工艺调整为压裂工艺 2.0 主体参数。W9H-7 井单段长度由 65 m 提高至 130 m 左右，单段射孔 7～8 簇，配合采用复合暂堵工艺。W7H 平台主体设计单段压裂长度 90 m、单段射孔 7～9 簇，簇间距 10～12 m，加砂强度 2.5～3.0 t/m，同时石英砂比例提高至 60%～70%，进一步降低作业成本。

W9H 井、W7H 平台均未发生套变，同时单井获得高产：W9H-7 井测试日产气量为 58.77 万 $m^3$，W7H 平台井均测试日产气量为 59.37 万 $m^3$，其中 W7H-7 井测试日产气量达到 80.36 万 $m^3$。

(3) 规模推广阶段

压裂工艺 2.0 现场试验在 W4H-6 井、W9H-7 井、W7H 平台相继取得显著效果后，以

“产量提高、套变防范、压窜降低、成本控制”为主要目标，开展规模推广。

该阶段压裂参数逐渐定型为：单段段长为 90～95 m，射孔为 7～12 簇，簇间距为 7～11 m，石英砂比例提高至 80%，加砂强度为 2.5～3 t/m。该阶段井在实施过程中，考虑井周边大多为早期生产井，压窜风险高，除主体参数外，创新采用了缝端暂堵措施，配合多簇限流压裂，起到了较好的防压窜效果。

规模推广压裂工艺 2.0 技术后，压后效果较压裂工艺 1.0 有一定提升，有效降低了套变与压窜。动态反演结果分析也证明，与压裂工艺 1.0 井相比，压裂工艺 2.0 实施井的单位改造长度裂缝特征参数(裂缝接触面积×渗透率$^{0.5}$)平均提升了 13%。

#### 3.6.3.4　现场实施与效果分析

(1) 整体实施效果

压裂工艺 2.0 技术在威远页岩气田已推广应用 115 井次，完成测试井 105 口，平均单井测试日产气量为 26.57 万 m$^3$，与压裂工艺 1.0 相比，初期测试产量提升了 28.4%，百米测试产量提升了 6.2%。同时该技术展示出了较好的套变防治效果，套变率较压裂工艺 1.0 降低了 15.1%，工艺实施井实现零丢段。

(2) 典型井对比

为更好地对比压裂工艺 1.0 与 2.0 的技术差异，选择威远页岩气田 W4H 平台 2 口相邻井(井间距为 300 m)开展工艺对比，两口井孔隙度、含气量等基本物性参数及水平段长度基本一致，可对比性强。其中，W4H-5 井采用压裂工艺 1.0 技术，W4H-6 井采用压裂工艺 2.0 技术，具体参数如表 3-21 所示。

**表 3-21　W4H 平台 5、6 井地质工程对比参数**

| 井号 | 地质参数 | | | 工程参数 | | | | | | |
|---|---|---|---|---|---|---|---|---|---|---|
| | 孔隙度/% | 含气量/(m$^3$/t) | 龙一$_1$$^1$层钻遇率/% | 水平段长度/m | 平均段长/m | 每段簇数/簇 | 簇间距/m | 复合暂堵情况 | 单簇裂缝砂量/t | 单簇裂缝液量/m$^3$ |
| W4H-5 井 | 6.8 | 6.2 | 93.4 | 1 800 | 65.3 | 4 | 12～13 | 未使用 | 30.7 | 435 |
| W4H-6 井 | 6.9 | 6.8 | 93.5 | 1 832 | 87.3 | 7 | 9～10 | 使用 | 31.0 | 390 |

① 压裂微地震监测分析

对比微地震监测数据(表 3-22)可以发现：W4H-6 井的单段微地震事件个数、缝网复杂系数(微地震事件展布宽度与展布长度之比)均高于 W4H-5 井结果，显示了压裂工艺 2.0 技术在形成复杂缝网方面的优势。

**表 3-22　W4H 平台 5、6 井压裂效果综合对比表**

| 井号 | 单段微地震参数 | | 压后物性与裂缝反演参数 | | | 生产数据 | | |
|---|---|---|---|---|---|---|---|---|
| | 事件数/个 | 缝网复杂系数 | 裂缝扩展差异指数 | 缝网体积比 | 改造区渗透率/mD | 测试产量/(10$^4$ m$^3$/d) | 180 d 累计产气量/(10$^4$ m$^3$) | EUR/(10$^8$ m$^3$) |
| W4H-5 井 | 30 | 0.29 | 0.54 | 0.27 | 0.005 8 | 19.02 | 2 065 | 0.91 |
| W4H-6 井 | 37 | 0.31 | 0.17 | 0.36 | 0.015 2 | 38.1 | 3 190 | 1.68 |

② 压后储层物性与裂缝反演参数对比分析

结合压裂裂缝扩展模拟，对平台井的实际水力裂缝进行重构，其中各簇裂缝扩展情况对比评价采用裂缝扩展差异指数进行表征，具体公式如下，$\delta$ 越大代表裂缝扩展差异越大。

$$\delta=\frac{1}{n}\sum_{i=1}^{n}\left(\frac{|L_i-\overline{L}|}{\overline{L}}\right) \tag{3-23}$$

式中 $\delta$——裂缝扩展差异指数，无量纲；

$n$——总射孔簇数，无量纲；

$L_i$——第 $i$ 簇裂缝扩展长度，m；

$\overline{L}$——$n$ 簇裂缝平均扩展长度，m。

W4H-6 井的裂缝扩展差异指数为 0.17，明显低于采用压裂工艺 1.0 的 W4H-5 井，这表明该井裂缝扩展更均匀。同时通过对比 W4H-6 井暂堵前后的裂缝扩展差异指数可以发现，暂堵前为 0.25，暂堵后降低为 0.13，这说明多簇暂堵技术有效减小了簇间裂缝扩展差异，暂堵后裂缝整体扩展更均匀。此外，W4H-6 井的解释得到的缝网体积比和储层渗透率较对比井也明显更高。

③ 压后产量动态综合对比分析

在压后效果方面，W4H-6 井的测试产量、180 d 累计产气量与 EUR 等 3 项指标值较 W4H-5 井结果分别提高了 100.3%、54.5%、84.6%。在单井地质储量接近的情况下，EUR 的对比结果说明采用多簇暂堵体积改造可以有效提高气井采收率，尤其是开发的前 3～5 年可以大幅度提高气井采收速度。

(3) 典型井——W7H-7 井分析

W7H-7 井试验目标为进一步提升加砂强度，缩短簇间距，评价其对产量影响。该井改造段长度为 2 040 m，共计完成 23 段压裂，平均段长为 89 m，每段均采用暂堵球＋暂堵剂的复合暂堵工艺，并进行了段内不同簇数（5～13 簇）压裂试验，单井平均加砂强度达 3.5 t/m，用液强度为 30.5 $m^3/m$，具体参数如表 3-23 所示。

**表 3-23 W7H-7 井地质工程参数**

| 井号 | 地质参数 | | | 工程参数 | | | | | | |
|---|---|---|---|---|---|---|---|---|---|---|
| | 孔隙度/% | 含气量/($m^3$/t) | 龙一$_1{}^1$层钻遇率/% | 改造段长度/m | 平均段长/m | 每段簇数/簇 | 簇间距/m | 复合暂堵情况 | 加砂强度/(t/m) | 用液强度/($m^3$/m) |
| W7H-7 井 | 7.2 | 7.7 | 100 | 2 040 | 89 | 5～13 | 6～13 | 使用 | 3.5 | 30.5 |

W7H-7 井各试验段簇间距/簇数分布情况共计分为 5 大类，包括段内 2/5/7/9/13 簇，其中第 9～19 段均采用 13 簇压裂，平均加砂强度超过 4.0 t/m。结合各试验段微地震解释结果和裂缝解释参数（表 3-24）可以发现，段内簇数的增加显著提升了缝网几何参数，特别是裂缝半长和事件数明显增加。其中，裂缝半长较相邻的 7 簇和 9 簇试验段增加了 40～50 m，根据微地震及生产动态解释得到的缝网复杂系数、缝网体积比等指标也得到了显著提升，形成了较好的缝网扩展效果。

**表 3-24　W7H-7 井压裂效果综合对比表**

| 井号 | 单段微地震参数 | | 压后物性与裂缝反演参数 | | | 生产数据 | | |
|---|---|---|---|---|---|---|---|---|
| | 事件数/个 | 缝网复杂系数 | 裂缝扩展差异指数 | 缝网体积比 | 改造区渗透率/mD | 测试产量/($10^4$ $m^3$/d) | 180 d 累计产气量/($10^4$ $m^3$) | EUR/($10^8$ $m^3$) |
| W7H-7 井 | 41 | 0.38 | 0.15 | 0.41 | 0.021 | 80.36 | 5 491 | 2.3 |

对比压后生产测井结果，第 9～19 段(试验 13 簇射孔，簇间距为 6.3 m)的平均单段产气量最高。可以发现，在增加段内簇数、降低簇间距、提高加砂强度后，一方面保障了缝网复杂程度，另一方面提升了裂缝的有效支撑，相对其他试验段，产量得到了显著提升。

# 参考文献


[1] 晋香兰. 鄂尔多斯盆地侏罗系煤层含气性分析及地质意义[J]. 煤炭科学技术，2015，43(7)：111-117.

[2] 邹才能，董大忠，王玉满，等. 中国页岩气特征、挑战及前景(一)[J]. 石油勘探与开发，2015，42(6)：689-701.

[3] 赵群，杜东，王红岩，等. 不同成因类型页岩气藏特征分析[J]. 中外能源，2012，17(11)：43-47.

[4] 郭彤楼. 中国式页岩气关键地质问题与成藏富集主控因素[J]. 石油勘探与开发，2016，43(3)：317-326.

[5] 李世臻，曲英杰. 美国煤层气和页岩气勘探开发现状及对我国的启示[J]. 中国矿业，2010，19(12)：17-21.

[6] 刘大锰，李俊乾，李紫楠. 我国页岩气富集成藏机理及其形成条件研究[J]. 煤炭科学技术，2013，41(9)：66-70，74.

[7] 江怀友，宋新民，安晓璇，等. 世界页岩气资源勘探开发现状与展望[J]. 大庆石油地质与开发，2008，27(6)：10-14.

[8] 马玉龙，张栋梁. 页岩储层吸附机理及其影响因素研究现状[J]. 地下水，2014，36(6)：246-249.

[9] 赵佩，李贤庆，孙杰，等. 川南地区下古生界页岩气储层矿物组成与脆性特征研究[J]. 现代地质，2014，28(2)：396-403.

[10] 白生宝. 鄂尔多斯盆地南部延长组长 7 段页岩气储层评价[D]. 西安：西安石油大学，2015.

[11] 崔景伟，朱如凯，吴松涛，等. 鄂尔多斯盆地长 7 页岩油“甜点区”优选与分布[C]//中国矿物岩石地球化学学会. 中国矿物岩石地球化学学会第 15 届学术年会论文摘要集(4)，2015.

[12] 杨晓东，张苗，魏巍，等. 沁水盆地古县区块煤系“三气”储层孔隙特征对比[J]. 天然气地球科学，2017，28(3)：356-365.

[13] 陈益滨，康毅力，李相臣，等. 粒径对页岩吸附性能影响[C]//2016 年全国天然气学术年会论文集. 银川，2016：893-904.

[14] 童晓光,张光亚,王兆明,等. 全球油气资源潜力与分布[J]. 石油勘探与开发,2018,45(4):727-736.
[15] 江怀友,鞠斌山,李治平,等. 世界页岩气资源现状研究[J]. 中外能源,2014,19(3):14-22.
[16] 赵文智,贾爱林,位云生,等. 中国页岩气勘探开发进展及发展展望[J]. 中国石油勘探,2020,25(1):31-44.
[17] 徐旭辉,郑伦举,马中良. 泥页岩中有机质的赋存形态与油气形成[J]. 石油实验地质,2016,38(4):423-428.
[18] 李昌伟. 中国陆相与北美海相页岩气成藏条件对比及评价体系探讨[C]//2014 年中国地球科学联合学术年会——专题 10:流体地球科学与巨型成矿带及重大自然灾害成因论文集,2014.
[19] 李维岭,周进高,吴兴宁,等. 鄂尔多斯盆地南缘中寒武统张夏组鲕粒滩相储层特征及主控因素[J]. 海相油气地质,2021,26(1):25-34.
[20] 王政军,左虎,马乾,等. 南堡凹陷天然气地球化学特征与勘探方向[C]//2018 年全国天然气学术年会论文集(01 地质勘探),2018.
[21] 刘曰武,高大鹏,李奇,等. 页岩气开采中的若干力学前沿问题[J]. 力学进展,2019,49:1-236.
[22] 许冬进,廖锐全,石善志,等. 致密油水平井体积压裂工厂化作业模式研究[J]. 特种油气藏,2014,21(3):1-6.
[23] 刘立之. 涪陵页岩气田变方位水平井压裂工艺优化与应用[J]. 钻采工艺,2020,43(4):47-50.
[24] 王林,马金良,苏凤瑞,等. 北美页岩气工厂化压裂技术[J]. 钻采工艺,2012,35(6):48-50.
[25] 马雄强,李坤潮,韩波. 鄂尔多斯某区块致密油产能影响因素分析与优化研究[J]. 化工管理,2021(23):191-192.
[26] 刘新宇. 乌南油田提高单井产量工艺技术研究与应用[D]. 成都:西南石油大学,2013.
[27] 钱斌,张俊成,朱炬辉,等. 四川盆地长宁地区页岩气水平井组“拉链式”压裂实践[J]. 天然气工业,2015,35(1):81-84.
[28] 吴奇,胥云,王腾飞,等. 增产改造理念的重大变革:体积改造技术概论[J]. 天然气工业,2011,31(4):7-12,16.
[29] 范白涛,陈峥嵘,姜浒,等. 中国海油非常规和海上低渗储层压裂技术现状与展望[J]. 中国海上油气,2021,33(4):112-119.
[30] 吴传芝,赵克斌,孙长青,等. 天然气水合物开采技术研究进展[J]. 地质科技情报,2016,35(6):243-250.
[31] FENGHOUR A,WAKEHAM W A,VESOVIC V. The viscosity of carbon dioxide [J]. Journal of physical and chemical reference data,1998,27(1):31-44.
[32] 郭万奎,廖广志,邵振波,等. 注气提高采收率技术[M]. 北京:石油工业出版社,2003.
[33] 李孟涛,单文文,刘先贵,等. 超临界二氧化碳混相驱油机理实验研究[J]. 石油学报,2006,27(3):80-83.

[34] ISHIDA T, CHEN Y Q, BENNOUR Z, et al. Features of $CO_2$ fracturing deduced from acoustic emission and microscopy in laboratory experiments [J]. Journal of geophysical research: solid earth, 2016, 121(11): 8080-8098.

[35] ISHIDA T, AOYAGI K, NIWA T, et al. Acoustic emission monitoring of hydraulic fracturing laboratory experiment with supercritical and liquid $CO_2$ [J]. Geophysical research letters, 2012, 39(16): L16309.

[36] CHEN Y Q, NAGAYA Y, ISHIDA T. Observations of fractures induced by hydraulic fracturing in anisotropic granite [J]. Rock mechanics and rock engineering, 2015, 48(4): 1455-1461.

[37] ZHANG X W, LU Y Y, TANG J R, et al. Experimental study on fracture initiation and propagation in shale using supercritical carbon dioxide fracturing [J]. Fuel, 2017, 190: 370-378.

[38] FERNØ M A, HAUGE L P, ROGNMO A U, et al. Flow visualization of $CO_2$ in tight shale formations at reservoir conditions [J]. Geophysical research letters, 2015, 42(18): 7414-7419.

[39] 衡帅,杨春和,郭印同,等.层理对页岩水力裂缝扩展的影响研究[J].岩石力学与工程学报,2015,34(2):228-237.

[40] 郭印同,杨春和,贾长贵,等.页岩水力压裂物理模拟与裂缝表征方法研究[J].岩石力学与工程学报,2014,33(1):52-59.

[41] OLSON J E, DAHI-TALEGHANI A. Modeling simultaneous growth of multiple hydraulic fractures and their interaction with natural fractures [C]//SPE Hydraulic Fracturing Technology Conference, Texas, 2009.

[42] 宋磊,张晓飞,王毅琳,等.美国页岩气压裂返排液处理技术进展及前景展望[J].环境工程学报,2014,8(11):4721-4725.

[43] 杨金华,郭晓霞,邱茂鑫,等.未来油气勘探开发领域的颠覆性创新[J].世界石油工业,2019,26(6):23-29.

[44] 丁雁生,陈力,谢燮,等.低渗透油气田"层内爆炸"增产技术研究[J].石油勘探与开发,2001,28(2):90-96.

[45] 田和金,张新庆,张杰,等.液体药高能气体压裂技术[J].天然气工业,2004,24(9):75-79.

[46] 王安仕,吴晋军.射孔-高能气体压裂复合技术研究[J].西安石油学院学报(自然科学版),1997,12(4):12-18.

[47] 薄其众,葛刚,马功联.高能气体压裂技术与应用[J].海洋石油,2003,23(3):69-71.

[48] 孙焕泉,蔡勋育,胡德高,等.页岩气立体开发理论技术与实践:以四川盆地涪陵页岩气田为例[J].石油勘探与开发,2023,50(3):573-584.

[49] 王治平,张庆,刘子平,等.斜坡型强非均质页岩气藏高效开发技术:以川南威远地区龙马溪组页岩气藏为例[J].天然气工业,2021,41(4):72-81.

[50] 李彦超,王一萱,张庆,等.体积压裂工艺2.0技术与实践:以威远页岩气为例[C]//第33届全国天然气学术年会(2023)论文集(03非常规气藏),2023.

# 第4章 煤层气开发前沿

## 4.1 煤层气定义及成藏

### 4.1.1 煤层气的定义

煤层气是一种非常规天然气,赋存在煤层及其围岩中,是煤的伴生矿产资源,主要成分是甲烷。煤层气一般应用于工业燃料、化工、发电和居民生活燃料等领域[1]。

与常规天然气相比,煤层气在赋存与产出方面有其显著的特殊性。其中,最为特殊的是其储层为自生自储、多重孔渗的"有机"储层[2],这导致煤层气的赋存状态主要是吸附态,在控气地质因素、产出机理、开采方式及产出特征等方面与常规天然气存在差异。同时,煤层是煤层气的载体,而煤炭本身就是一种重要的矿产资源,这一自然属性与其他化石能源矿产不同。鉴于上述特殊性,煤层气的勘探开发技术不仅有常规天然气勘探开发技术的来源、借鉴甚至直接移植,而且具有自己的独特性和与采煤技术交叉融合的耦合特性。因此,煤层气开发技术是一个与常规天然气和煤炭开发技术既有联系又有区别的复杂技术系统。

### 4.1.2 煤层气的成藏

煤层气主要有两种形成方式:生物成因和热成因。在煤层气中,纯生物成因气含量往往比热成因气含量低。尽管这个原则不是绝对的,但一般来说,生物成因的瓦斯含量很少高于4～6 $m^3/t$,而优质煤可以超过20 $m^3/t$。从生物成因向热成因的转变是一个缓慢的过程,因此可能会有混合在一起的生物成因气和热成因气[3]。

#### 4.1.2.1 生物成因气和产生它的微生物

地球表面以下的生物量占据巨大比例,达到了一半的地球生物量。这些生命体主要是微生物,对于植物残留物的分解和泥炭及劣质煤中甲烷的产生都有着重要作用。如果甲烷源自微生物,则可认为是生物成因。这些微生物深埋在地下500～1 000 m。通常煤中微生物组合包括数百个类群,但人们普遍认为只有一个较小的子群——产甲烷菌能够代谢甲烷[4]。

总体来说,有上百种细菌和古菌对甲烷产生都有特殊作用。甲烷产生始于细菌,最后由古菌完成。对于生物成因甲烷的形成,存在一个不断发展的研究体系,但人们认为还有很多细节尚待被发现。

古菌是一种厌氧微生物,主要生长在高盐和高温条件下。实验室研究表明,影响生物源产生甲烷的主要因素包括温度、pH和表面积。温度略微升高(由22 ℃升至38 ℃)

会使室内甲烷产量增加 300%。pH 从 7.4 降低到 6.4 会使甲烷产量增加 680%。煤炭颗粒尺寸的减小会导致甲烷产量增加 200%。最新研究表明，氢含量和表面积增加可能会促进微生物活动，进而产生更多的甲烷。实验室研究表明，储层水的 pH、表面积和温度必须恰到好处，才能在甲烷产生之前准确判断其产量[5]。这些储层条件的变化可以解释为什么在一些盆地中有高产气田，而在其他情况下气体成分似乎变化很大或根本没有生物成因甲烷。

控制甲烷在煤储层的形成和使用正确的微生物菌群来“接种”煤储层，可实现产生甲烷的目标。已经有大量试验研究开始探索如何利用微生物来促进煤层气的形成和提高其产量。这些试验研究包括使用特定的微生物菌群来增加煤层气产量，利用有机肥料和废弃物来提供适当的营养条件，以及探索如何将这些技术应用于实际煤层气开发中。

#### 4.1.2.2　热成因气的生成

高挥发分烟煤镜质组反射率达到一定值时会生成热成因气体，生成过程取决于时间、热量和压力等因素，可能产生多种气体，如甲烷、二氧化碳、氮气、硫化氢及乙烷和丙烷等。不同煤层的有机组成和盆地埋藏史等因素也会影响气体生成过程的可变性和结果，这些因素包括有机组合物的体积、地层温度、气体的理论容量、气体种类及可以预测的气体种类等[3]。相对纯生物成气的煤，具有高变质程度的煤能够生成和保留更多的热成因气体，这可能有两个方面的原因：其一，含气量高；其二，煤脱挥发分将产生比生物成气更多的气体。然而，较高变质程度的煤并不总是能比低变质程度的煤产生更多的气体，这是由于压力损失或温度升高均会降低气体的饱和度。

#### 4.1.2.3　赋存机理

煤层气有 3 种基本状态，即游离态、吸附态和溶解态。煤层气生成初期以吸附态形式赋存在煤岩微纳米孔隙中，当吸附空间不足时，在煤孔隙中会出现游离气及溶于水中的溶解气，这就是典型的吸附成藏机理[1]。3 种状态处于一个动态平衡过程中，其中吸附态为主，占 70%～90%，游离态占 10%～20%，溶解态很少，具体的比例取决于煤变质程度和埋藏深度等因素。因此，煤层气的存在方式、成藏特征与常规圈闭气藏有较大差别[3]。煤层气主要以吸附作用为主，游离气和溶解气比例很小，因此不需要通常的圈闭存在。只要有较好的盖层条件，能够维持相当的地层压力，无论在储层的构造高部位还是低部位，都可以形成气藏[6]。

(1) 游离态

游离状态下，煤层气以自由气体状态存在于煤的割理和其他裂隙孔隙中，可以自由运动，其动力是压力。当气体迁移进入裂隙网络中呈游离态后，可按常规气体研究。

煤的孔隙或裂隙中有一部分自由气体为游离态气体。这种赋存状态的气体符合气体状态方程。

对理想气体而言，其状态方程为：

$$pV = \frac{M}{\mu}RT \tag{4-1}$$

式中　$p$——气体压力，Pa；

　　$V$——气体体积，$cm^3$；

$M$——气体质量，kg；

$\mu$——摩尔质量，kg/mol；

$R$——摩尔气体常数，J/(mol·K)；

$T$——绝对温度，K。

而非理想气体不能用式(4-1)描述，如 $CO_2$、$CH_4$ 等，而是满足真实气体状态方程——范德瓦耳斯方程。

$$\left(p+\frac{M^2 a}{\mu^2 V^2}\right)\left(V-\frac{M}{\mu}b\right)=\frac{M}{\mu}RT \tag{4-2}$$

式中　$a,b$——常数，可由试验求得。

为方便起见，实际应用中常引入气体的压缩因子 $Z$，式(4-1)可改写为：

$$pV = ZnRT \tag{4-3}$$

式中　$n$——物质的量，$n=\dfrac{M}{\mu}$。

对压缩因子 $Z$ 可定义为：在给定温度、压力条件下，真实气体所占体积($V_T$)和相同条件下理想气体所占体积($V_I$)之比。

$$Z=\frac{V_T}{V_I} \tag{4-4}$$

表示气体压缩的另一种方法是等温压缩系数($C_g$)法，即在一定温度下，随压力改变，气体体积的变化率为：

$$C_g=\frac{1}{p}-\frac{1}{V}\frac{\partial V}{\partial p} \tag{4-5}$$

故可得：

$$C_g=\frac{1}{p}-\frac{1}{Z}\frac{\partial Z}{\partial p} \tag{4-6}$$

对理想气体而言，$Z=1$，而真实气体的 $Z$ 值随温度、压力会发生变化。

(2) 溶解态

煤层气储集大多是饱和水的，在一定的压力条件下必定有一部分煤层气要溶解于水，其溶解度可用亨利定律描述：

$$p_b = K_c c_b \tag{4-7}$$

式中　$p_b$——溶解于液体上方的气体平衡分压；

$K_c$——亨利常数；

$c_b$——气体溶解度(摩尔分数)。

另一种表示方法为：

$$c_b=\frac{1}{K_c}p_b=K_c' p_b \tag{4-8}$$

式中　$K_c'$——溶解常数。

(3) 吸附态

煤的吸附状态下，分子在其内表面的吸附力一部分指向煤的内部且已达到饱和，另一部分指向空间且没有饱和。因此，在煤的表面产生吸附场，吸附周围的气体分子，这是一种物理现象。煤层气吸附在煤基质的内表面上，其吸附量与煤层气储层中的压力呈非线性函数关系，可用 Langmuir（朗缪尔）等温吸附方程描述：

$$V(p)=\frac{V_L p}{p_L+p} \tag{4-9}$$

式中　$V(p)$——吸附量，$m^3/t$；

$V_L$——朗缪尔体积，$m^3/t$；

$p_L$——朗缪尔压力，MPa；

$p$——煤储层压力，MPa。

随着压力增加，煤层气的吸附和聚集得到了有利的促进，这是由于吸附量 $V(p)$ 也相应增加。反之，随着压力降低，煤层气开始解吸并逐渐释放。在一定条件下，被吸附的气体分子可以从煤的内表面解吸，呈游离状态。虽然煤层气可以溶于水形成溶解气，但数量较少。随着煤变质程度的加深，在压力的作用下，煤层气会以单分子形式形成单分子层，并紧密吸附在煤基质内表面上。这种吸附现象可以扩大孔隙，其中一部分煤层气分子进入煤基质后可以形成新的孔隙[7]。

## 4.2　煤层气开发前沿技术

统计数据显示，我国超过 95％的煤层属于低透气性煤层[8]。由于我国煤炭开采不断向深部进军，深部煤层面临的瓦斯压力大、渗透率低等问题越来越严重，严重制约了我国煤层气高效开采。解决此问题的关键在于提高目标煤层的透气性，从而提高煤层气抽采效率。煤储层改造强化煤层气抽采技术的本质是通过改变煤层孔隙结构、煤体地应力分布等因素，构造大范围缝网，为煤层气提供流动通道，以达到增产的目的。本节从技术原理、工艺装备及工程实践等方面介绍几种针对低透气性煤储层的代表性改造技术。

### 4.2.1　水力压裂

#### 4.2.1.1　技术机理

水力压裂技术最早应用于油气田的开发，以提高油气井产量。1965 年，煤炭科学研究总院沈阳研究院首次将水力压裂技术应用于煤层强化抽采瓦斯领域[9]。水力压裂通过外界机械力产生高压水在煤岩体中形成人工裂缝，一方面可以通过静态高压水压开煤层，为煤层气流动提供通道；另一方面通过构造人工裂缝，将煤体原生裂缝连通，形成一个相互交织的多裂缝网络，从而有效提高煤层透气性及瓦斯抽采量（图 4-1）。

美国、加拿大和澳大利亚等国家已在煤层气开发领域取得了一定成就，而我国在以高阶煤为主的煤层气开采方面研究相对较晚。美国是煤层气开发较早的国家，形成了氮气泡沫压裂和连续油管压裂等成熟技术，但由于煤层的地质条件区域差异大，且具有天然裂缝和端割理发育及非均质等特点，常规水力压裂虽然能提高煤层气产量，但产量增加效果有限。我国经过多年的探索，已经形成了压裂改造技术，以常规活性水压裂液为主，如活性水压裂、水力波及压裂、间接压裂、连续油管压裂、暂堵转向压裂等，以及无水/少水的高能气体压裂、泡沫压裂、超临界 $CO_2$ 压裂等压裂工艺技术（表 4-1）。

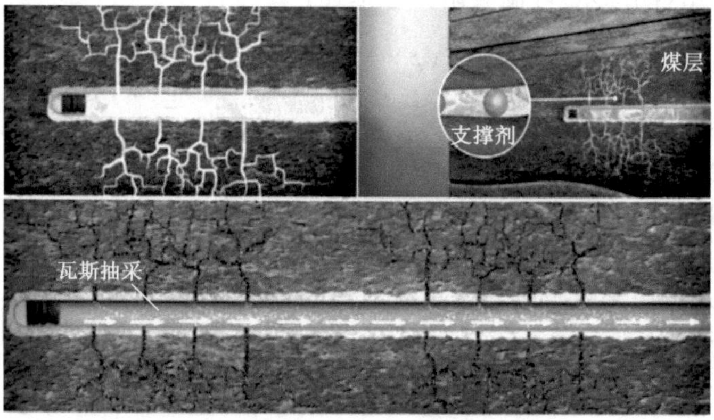


图 4-1　矿井下水力压裂机理

**表 4-1　不同压裂工艺技术对比分析**

| 压裂工艺 | 优点 | 缺点 | 适用性 |
| --- | --- | --- | --- |
| 活性水压裂 | 低污染，低成本，易返排 | 摩擦阻力高，易窜层，携砂能力差 | 适用于裂隙较发育，水敏性不明显的煤层 |
| 水力波及压裂 | 擅长解决煤层气解吸扩散问题 | 对井间距、井组位置等要求较高 | 适用于面端割理以及天然裂缝发育的煤层，尤其适用于多井同时压裂的情况 |
| 间接压裂 | 针对薄煤层压裂简单，效果好；可有效避免煤粉产出 | 厚煤层压裂复杂，效果差 | 适用于薄煤层或碎软低渗煤层，尤其是顶底板为脆性砂岩的煤层 |
| 连续油管压裂 | 作业时间比较短，能够连续作业；适应性好、功能多；自动化程度高 | 工艺复杂，压裂施工成本高，油管寿命短，风险高 | 主要适用于多层浅煤层，尤其是小井眼压裂以及薄煤层分层压裂 |
| 暂堵转向压裂 | 可有效解决裂缝闭合、喉道堵塞、近井污染等导致裂缝失效问题 | 暂堵剂的研发与稳定性评价以及地应力分布下的裂缝转向机理尚未明确 | 适用于纵向上岩性叠置，薄层夹层及薄互层发育的煤层或纵向上存在小隔夹层的厚煤层 |
| 高能气体压裂 | 不需要大型压裂设备与支撑剂；施工操作简单；对地层伤害程度极低；形成裂缝不受地应力影响 | 裂缝的控制难度相对较高，适用范围也十分有限 | 只适用于脆性地层 |
| 氮气泡沫压裂 | 携砂能力强，滤失小，较易造长面宽的裂缝，对地层伤害较小 | 压裂成本较高，操作难度较大 | 适用于构造煤 |
| 等离子脉冲压裂 | 安全环保，对储层无伤害，操作简单，施工周期短 | 压裂效果维持时间存在不确定性，选井要求比较高 | 适用于解理发育，远离逆断层的煤层气井 |

4.2.1.2　活性水压裂

活性水压裂是我国煤层气改造应用最为广泛的首要技术，是指采用一定活性剂等化学添加剂混合的清水作为压裂液，并加入少量支撑剂对裂隙较发育且孔渗性较好的煤层进行压裂，能有效沟通井筒与煤层天然缝网。该压裂方式具有低污染、低成本、易返排等优点，但同时存在摩擦阻力高、易出现煤粉堵塞、易窜层和携砂能力差等问题。目前，活性水压裂主要用于对中高阶煤煤层气的开发，在浅部煤层气井应用效果较好。晋煤集团在晋城等区块采用活性水压裂，平均单井产气量超过 3 000 $m^3/d$。然而，由于韩城 PSC 区块煤储层本身存在差异，产生水锁伤害，改造效果不理想。

4.2.1.3　水力波及压裂

水力波及压裂是指针对天然裂缝、面端割理发育的煤层，采用大体积压裂液同时对多口煤层气井进行压裂，增加水力波及范围，利用井间干扰作用有效沟通缝间及井周储层的面端割理，将煤层压碎，有效增大储层改造体积。该压裂工艺可有效解决煤层气解吸扩散问题，但煤层开发通常是丛式密集布井，难以避免出现压窜的风险，因此对布井方式要求极高。同时，针对相对较软的煤层，诱导应力作用范围有限，应进一步探索多井同时压裂诱导应力作用对裂缝网络的改造效果。2015 年，在沁水盆地柿庄北区块对 5 口直井进行了先导性试验，结果表明水力波及压裂比常规压裂波及体积更大、见气更早，同时实施井及邻井产量大幅增加，5 口井平均日产气量提高了 5 倍。2019 年，沁水盆地现场选用活性水进行常规水力压裂与小井组同步水力波及压裂施工 37 口井，首批投产的 21 口井日产气量约为 15 000 $m^3$，说明单井压裂加同步水力波及压裂组合施工压裂效果显著。

4.2.1.4　间接压裂

间接压裂又称间接顶板压裂，是指压裂层段与薄煤层或碎软低渗煤层顶板间隔一定距离，从而实现造长缝的压裂技术，进而有效沟通储层，改善煤层渗透率，间接对煤层进行改造。间接压裂可有效解决压裂施工过程中碎软低渗煤层易受伤害、压裂液滤失量大、压裂裂缝延伸困难等难题，可提高裂缝长度与延伸范围，以实现高效压裂改造的目的。然而，对于厚煤层，压裂施工复杂，效果不理想。美国圣胡安 Fruitland 煤层与皮森斯 Cameo 煤层应用了大量间接压裂技术，生产实践证明了间接压裂增产效果明显优于直接压裂，尤其是具有促进裂缝在煤层内延伸的显著优势。我国在鄂尔多斯和沁水盆地等地区开展了大量现场试验。2019 年，洪山殿矿区通过对碎软低渗煤层采用"大排量、大砂量、高前置液比、中砂比"的压裂施工方式，取得了单井日产气量为 1 850 $m^3$ 的产气效果，证明了间接压裂在碎软低渗煤层的可行性与适用性。同年，在郑庄区块实施 14 口井，见效 9 口井，平均日产气增量超过 500 $m^3$，实现了长期稳产的目标，增产效果较好。

4.2.1.5　连续油管压裂

连续油管压裂技术是指对层位较多且薄的煤层将压裂液或支撑剂通过油管或环空注入，对煤层进行压裂改造，改善煤层渗透率，从而达到增产的目的。通过连续油管压裂，可以分隔和压裂无限多个阶段，但施工成本高、工艺复杂，压裂过程中采用大直径油管造成油管寿命低，受油管尺寸及强度影响压裂风险高。加拿大在 1988 年已将连续油管压裂技术成功应用于浅煤层的开发。经过不断发展，我国连续油管压裂也形成了以连续油管环空加砂压裂为主，包括连续油管定向喷砂射孔拖动压裂、连续油管底封喷砂射孔压裂等多种新压裂工艺在内的技术。2017 年,在鄂尔多斯盆地东缘首次利用连续油管定向喷砂射孔拖动压裂技术成功实施了 4 口井,证实了该项技术在煤层气开发方面具有可定向性、安全性、清洁性、高效性和实用性的独特优势,与常规压裂的效率对比如图 4-2 所示。集美 4 井运用连续油管环空加砂压裂技术,该技术具有可针对煤层定点压裂,施工时间短等优势,压裂后实现连续 5 个月稳定日产气量 2 000 $m^3$ 以上。

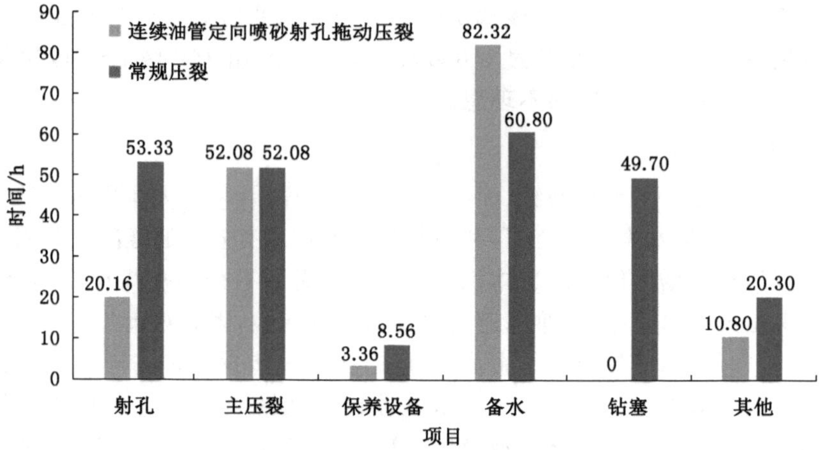


图 4-2 连续油管定向喷砂射孔拖动压裂与常规压裂的效率对比图

连续油管底封喷砂射孔压裂技术在松藻矿区高阶构造煤中的首次应用,成功证明了该压裂工艺具有封隔可靠、转层灵活、施工时效高及施工后井筒清洁等优点,为煤层气井组开发试验奠定了良好的基础。

#### 4.2.1.6 无水压裂

与水力压裂技术相比,无水压裂技术是一种采用非水基液作为压裂介质进行岩石压裂、实现油气开发或者增产的技术。总体来说,无水压裂技术具有缓解水资源压力、环境风险小、储层伤害小、地面风险低等特点。根据压裂液的不同,无水压裂技术可分为二氧化碳($CO_2$)压裂、氮气压裂、泡沫压裂、液化石油气压裂、高能气体压裂及七氟丙烷压裂等。下面简要介绍 $CO_2$ 压裂、氮气压裂和泡沫压裂。

(1) $CO_2$压裂

$CO_2$压裂技术是指在油气开采中,将液态 $CO_2$ 作为压裂介质注入储层,形成裂缝,增加溶解气的能量,从而达到开发或增产的技术。$CO_2$压裂技术主要适用于水敏性地层的干性压裂,主要是将天然沙粒、树脂涂敷砂或高强度陶瓷材料等支撑剂和液态 $CO_2$一同注入,同时 $CO_2$需要增加黏度来携带支撑剂。20 世纪 80 年代,加拿大和苏联取得了 $CO_2$压裂技术巨大成功,仅加拿大就有超过 1 200 次成功的 $CO_2$压裂。与水力压裂技术相比,$CO_2$压裂技术的优点在于:① 对地层伤害小。$CO_2$压裂液不含水,在压裂过程中受热膨胀后全部气化并回流到井筒,对裂缝周围的相对渗透率和毛细管压力伤害最小。② 可减少流体阻塞,对地下环境污染少。$CO_2$压裂液在井筒和储层中压裂后气化膨胀,洗井排液,对地下水和地表水的污染较少。③ 能提高压裂和裂缝扩展的效率,产气量高。美国肯塔基州、宾夕法尼亚州等地泥盆系页岩的压裂结果表明,一些井的平均产气量是传统水力压裂方法的 5 倍。

④ 有利于促进页岩中甲烷的解吸。

$CO_2$压裂技术存在的不足如下：① 当井底压力快速下降时，$CO_2$会形成“圣诞树”形状的冰层，套管最终会阻碍气流，需要加入氮气来遏制冰的形成，同时减少井运营成本。② 该技术可能导致 $CO_2$ 排放到大气中，不利于缓解全球气候变化。③ 大量的超临界 $CO_2$ 的运输会带来安全隐患，且运输费用昂贵。

(2) 氮气压裂

氮气压裂技术是指将氮气作为主要的压裂液体，携带支撑剂注入井下，形成裂缝，开发油气资源的技术。氮气压裂技术的发展分为 3 个阶段：第一阶段是在 20 世纪 60 年代，氮气作为辅助流体注入；第二阶段是在 20 世纪 70 年代末，将氮气和 $CO_2$ 加入水力压裂中，形成泡沫压裂；第三阶段是在 20 世纪 90 年代以后，采用高浓度氮气（体积浓度可达 60%）携带支撑剂作为压裂液用于石油天然气增采，该阶段才真正属于无水压裂的范畴。氮气压裂技术具以下优点：① 氮气作为可广泛获取的气体，价格相对较低，能减少地层开发的成本；② 氮气是惰性气体，不会对岩层造成伤害；③ 整个系统不使用水，排除了岩石膨胀的可能性；④ 不使用水还可以消除地层油水乳状液，否则需要使用额外的化学剂；⑤ 清除气体过程简单，气体能轻易移除，清理过程快速。然而，氮气压裂技术也存在一些问题，如高速率气流中如何置放支撑剂、如何避免侵蚀、如何避免首次压裂产生的裂隙导致支撑剂沉淀问题、氮气运输费用高昂。

氮气泡沫压裂技术是一种以氮气泡沫作为压裂液的压裂技术，具有携砂能力强、滤失量小、较易造长而宽的裂缝及地层伤害较小等特点，特别适用于低压、低渗及水敏性煤层的改造。但该工艺压裂成本较高，操作难度较大。同时，泡沫压裂液的稳定性及压裂效果有待进一步研究[10]。该技术在美国、加拿大煤层气井压裂增产中应用已相当普遍，黑勇士盆地煤层气开采大多数都采用氮气泡沫压裂工艺[11]。目前，国内氮气泡沫压裂还处于攻关阶段，氮气泡沫压裂技术在潘河气田 PH1-6 井、PH1 井得到应用，其压后产气量是邻井产气量的 1.5 倍。2016 年在延川南煤层气田西南部深煤层开展了 2 口井的氮气泡沫重复压裂，平均单井日产气量增幅超过 1 000 $m^3$。延川南煤层气田现场针对1 口高应力、低渗透的井应用了该技术，增产效果显著。

(3) 泡沫压裂[12]

泡沫压裂技术是指采用 $CO_2$、氮气为内相，压裂基液（水）为外相，加入增稠剂及多种化学添加剂形成泡沫液体，结合压裂工艺，以达到改造油气层的目的。页岩气储层使用泡沫压裂已有超过 30 年的时间。该方法是水力压裂的改进，通过氮气分散以制造不同速率的泡沫。与水力压裂相比，泡沫压裂技术的优点有：① 可降低蒙脱石和伊利石膨胀的程度，但不能完全消除黏土胀大现象；② 黏度较高；③ 返排效果好；④ 使用的水较少，对岩石伤害较小；⑤ 泡沫压裂液可在裂缝面形成阻挡层，从而极大地降低压裂液向地层内的滤失速度和滤失量。泡沫压裂技术的缺点主要有：① 流体中支撑剂浓度低；② 泡沫系统成本较高，与水基压裂相比，经济性较低；③ 泡沫流变性较差；④ 需要在地表提供高泵注压力。

### 4.2.2 水力冲孔

#### 4.2.2.1 技术机理

水力冲孔通过高压水射流破坏孔壁周围煤体，在钻孔内诱导小型突出，利用水流冲出煤体所产生的空间，使煤体应力得以释放，渗透性得以提高。此方法可以有效解决煤层透气性差、瓦斯抽采难度大等问题[13]。水力冲孔射流压力较低，流量较大，可以排出软煤层冲孔过程中的大量落煤，是一种较为适合松软煤层的卸压增透手段[14]。国际社会对水力冲孔的研究始于20世纪70—80年代。1968—1972年，苏联率先提出了沿巷道周边开卸压槽的防突措施水力冲孔技术[15]。20世纪80年代，美国圣胡安盆地煤层气开发工程现场首次开展了水力冲孔技术应用，该盆地4 000多口井中约1/3采用水力冲孔完井，相比而言产量增加了3～20倍。我国水力冲孔研究起步较早，1958年重庆南桐矿区率先开展了水力冲孔防突工作。根据1958—1959年北京、焦作、南桐等矿区的水力冲孔试验，对冲孔工艺、设备、系统及效果检测方法作了初步总结。此后，水力冲孔技术逐步在全国范围得到推广[16]。

水力冲孔一般先施工抽采钻孔，再换用水力冲孔喷头冲击钻孔周围的煤体。水的作用主要体现在两个方面：一方面，冲孔孔穴使周围煤体得到一定程度的卸压，瓦斯气体解吸量增加；另一方面，煤体被水润湿，可塑性增强，煤体内的应力集中程度降低。与常规钻孔抽采相比，水力冲孔形成的孔穴直径较大，卸压范围扩大，有利于提高抽采效果。另外，其影响半径相对较大，可间接减少突出煤层处理的钻孔施工量，弥补常规预抽煤层瓦斯方式的不足。

煤层瓦斯抽采效果主要由煤层渗透率决定。在造穴过程中，穴道周围煤体受到强烈的应力扰动作用，渗透率大幅度提高。在造穴结束后，煤体渗透率的演化过程主要受瓦斯抽采过程中有效应力的改变和基质收缩效应的影响。为研究冲孔造穴煤体渗透率的演化规律，在研究过程中做如下假设：① 将冲孔造穴过程中的应力扰动对煤层渗透率的改变等效为对初始渗透率的改变，即在这个过程中仅考虑地应力的改变，且改变是瞬间完成的，忽略在此期间的瓦斯流动；② 瓦斯抽采过程中瓦斯流动所引起的有效应力增加和基质收缩效应是在造穴过程中改变了初始渗透率的基础上对渗透率产生的进一步影响。高压射流冲孔造穴过程中钻孔周围煤体的渗透率演化模型如图4-3所示。

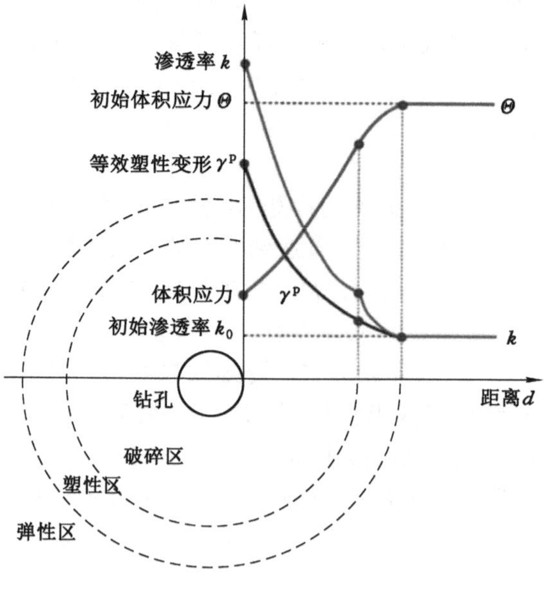


图4-3 基于体积应力和煤体等效塑性变形的钻孔周围煤体的渗透率演化模型

#### 4.2.2.2　工程实例

通过构建高压射流冲孔造穴模型并进行数值计算，研究煤体内渗透率的演化规律，并在新景矿进行冲孔措施现场试验。高压射流冲孔造穴的工业性试验在阳泉矿区新景矿 3 号煤层进行。新景矿 3 号煤层为强突出煤层，煤体内平均瓦斯含量为 18.17 $m^3/t$，瓦斯压力为 1.30～2.26 MPa，煤的坚固性系数平均为 0.45，煤质较软；煤层透气性系数为 0.018 8～0.137 7 $m^2/(MPa^2 \cdot d)$，钻孔百米流量衰减系数为 0.068 7～1.594 2 d，为较难抽采煤层。为消除 3 号煤层掘进期间的煤与瓦斯突出危险，采取高压射流冲孔造穴措施促进区域预抽煤层瓦斯。在新景矿 3 号煤层掘进工作面掘进期间实施顺层钻孔预抽煤巷条带瓦斯防突措施，对同一区域的 2 个工作面进行对比分析，其中南五正巷掘进工作面采取顺层条带预抽瓦斯防突措施，而北九正巷掘进工作面则采取顺层钻孔水力冲孔造穴抽采瓦斯技术措施。水力造穴单循环设计钻孔 5 个（1# ～5#），主孔长 80 m，共 36 个穴位。造穴位置从 20 m 处开始，20～40 m 造穴位置间距为 10 m，40～80 m 造穴位置间距为 7 m；造穴水压为 20 MPa，造穴孔单穴设计长 1 m，造穴半径为 0.4 m。冲孔造穴钻孔及工艺设计示意图如图 4-4 所示。

在采取防突措施后，对掘进工作面的瓦斯抽采数据均进行了监测，2 个掘进工作面的瓦斯抽采数据监测结果如图 4-5(a)所示。南五正巷掘进工作面预抽煤巷条带瓦斯的钻孔个数多于北九正巷水力冲孔造穴瓦斯抽采工作面钻孔个数，但瓦斯抽采数据远低于水力冲孔造穴瓦斯抽采工作面。在南五正巷掘进工作面预抽煤巷条带瓦斯的过程中，该工作面的平均瓦斯抽采浓度约为 3%，而水力冲孔造穴工作面的瓦斯抽采浓度可达 30% 以上。在瓦斯抽采纯量方面，预抽条带瓦斯掘进工作面的瓦斯抽采纯量约为0.15 $m^3/min$，水力冲孔造穴掘进工作面的瓦斯抽采纯量可达 1.0 $m^3/min$。通过这些瓦斯抽采数据可以看出，采用冲孔造穴技术以后，掘进工作面的瓦斯抽采钻孔数量由原来的 21 个减少为 5 个，钻孔数量大幅减少，但瓦斯抽采数据大幅提高。根据防突规定，在掘进工作面的巷道掘进过程中，需要进行突出危险性的局部预测及局部效果检验。新景矿 3 号煤层主要采用钻屑瓦斯解吸指标 $K_1$ 对防突措施效果进行检验。在巷道掘进过程中实测的钻屑瓦斯解吸指标数据如图 4-5(b)所示。由于掘进工作面钻孔设计的发散特性，随着钻孔间距逐渐增大，瓦斯抽采越来越困难，从而导致巷道掘进过程中钻屑瓦斯解吸指标逐渐增大。在南五正巷掘进巷道掘进 30 m 之后，钻屑瓦斯解吸指标开始超标，此时需要补充局部防突措施。在北九正巷掘进工作面采用顺层钻孔水力冲孔造穴措施结束后，经过瓦斯抽采，巷道在每个消突区域掘进过程中的钻屑瓦斯解吸指标均降低到临界值以下，从而保证了整个巷道的施工安全。

谭东升等[17]在某煤矿底抽巷开展现场试验，并进行了冲孔与割缝卸压增透对比试验。试验结果表明，冲孔后施工时间比使用水力割缝减少了 26.7%。刘英振等[18]在某煤矿现场采用煤层底板巷水力冲孔方法消突后，巷道瓦斯抽采总量提高了 2.58 倍。任培良[19]在某煤矿底板巷实施水力冲孔试验，卸压增透半径最高达到 5 m。李雷等[20]开展了“三软”煤层水力冲孔试验，发现瓦斯抽采浓度最大增加了 2.4 倍，瓦斯抽采流量最大增加了 9.22 倍，现场应用效果显著。此外，随着研究趋于深入，众多学者也提出了一系列复合型技术并开展了现场应用（表 4-2）。

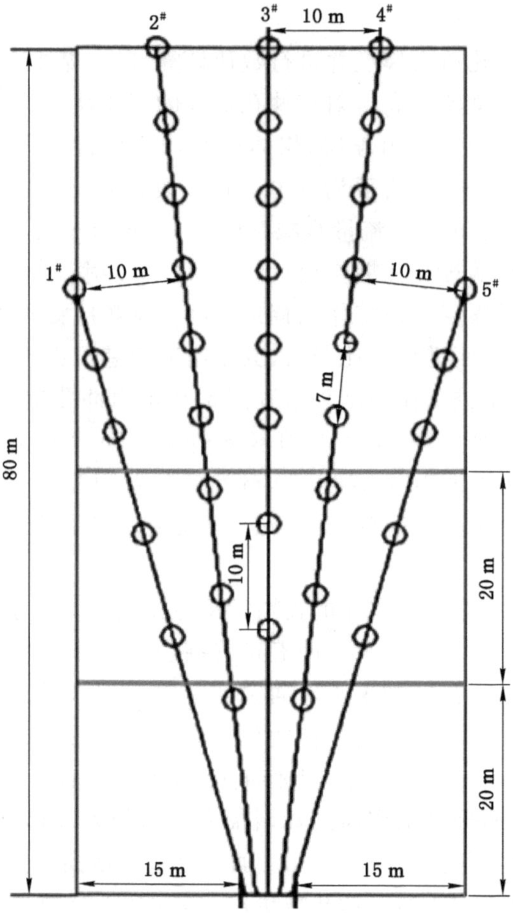


图 4-4　冲孔造穴钻孔及工艺设计示意图

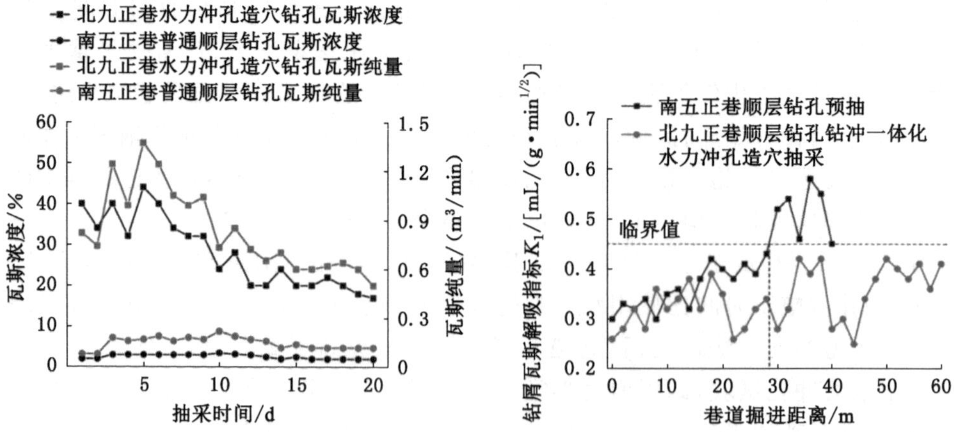


(a) 瓦斯抽采数据对比　　(b) 钻屑瓦斯解吸指标对比

图 4-5　不同措施的瓦斯抽采数据对比以及巷道掘进过程中的钻屑瓦斯解吸指标对比

表 4-2　水力冲孔联合增透关键参数

| 技术 | 压力/MPa | 流量/(L/min) | 使用场景 |
| --- | --- | --- | --- |
| “钻-冲”一体化技术 | 5.0～31.5 | ≤400 | 普遍适用于Ⅲ—Ⅳ类软煤 |
| “钻-冲-割”一体化技术 | ≥40.0 | ≥100 | 煤体坚固性系数小于 1.8 |
| “水力压裂-水力冲孔”联合增透技术 | 压裂:25.0～70.0,<br>冲孔:19.7～40.0 | 压裂≤1 100,<br>冲孔≤200 | 煤体坚固性系数大于 0.5 |
| “水力冲孔-预裂爆破”复合增透技术 | 200 | 200 | 煤质较松软煤层 |

## 4.2.3　水射流割缝

### 4.2.3.1　技术机理

采用密集钻孔等传统增透技术存在钻孔工程量大、单孔抽采范围有限、瓦斯浓度及抽采效率低等问题,已逐渐难以满足我国井下作业需求。过去几十年,我国学者围绕水力割缝强化瓦斯抽采技术室内试验[21]、数值模拟[22]及现场应用[23]开展了深入的研究。水力割缝强化瓦斯抽采技术,是在巷道内向煤层中钻孔,通过高压水射流在抽采钻孔煤层范围内定点径向切割或上、下来回切割,割缝过程中大量瓦斯和破碎煤体沿钻孔排出,在煤层中形成圆盘形缝槽,利用水流将切割下来的煤渣带出孔外,缝槽周围煤体暴露面积增大,煤层内部导流通道数量与连通性(微观裂隙)增加,为煤层内部卸压瓦斯解吸和流动创造了良好的条件。同时,高压水射流所产生的应力波和声波可减弱瓦斯的吸附力,为瓦斯脱附提供能量,且割缝过后在煤储层中所产生的多组缝槽形成了充分的卸压空间,煤体原始应力状态和裂隙张开度均发生了改变,进一步促进储层压力降低[24],在将突出潜能有效释放的同时可最大限度地缓解局部应力集中、增透煤层(图 4-6)。

### 4.2.3.2　工程实例

煤矿井下水射流割缝技术已经在重庆大学、太原理工大学等单位,平顶山、焦作、淮南、淮北、晋城、义马等多个矿区取得良好经济效益[25]。高亚斌等[26]在某煤矿现场开展水射流割缝卸压现场应用,发现割缝后预抽瓦斯穿层钻孔数减少了 32.5%、钻孔长度减少了 42.9%。卢义玉等[27]提出了利用自激振荡脉冲水射流在煤层中割缝增透以缩短石门揭煤时间的新思路。某矿现场应用表明,割缝后瓦斯释放量提高了 44 倍,钻孔数量减少了 60%,工期缩短超 70 d,极大地缩短了石门揭煤时间。李宗福等[28]采用“压裂-割缝”复合增透措施预抽瓦斯。Lu 等[29]提出了顺层钻孔割缝技术,在某煤矿采用高压(40～60 MPa)水射流割缝技术,使瓦斯抽采效率提高 3～6 倍。林柏泉等[30]针对钻孔割缝卸压网络化增透机制开展了现场应用,发现卸压后透气性系数提高了 122 倍,钻孔抽采流量提高了 3.5 倍,抽采浓度提高了 2.3 倍,预抽达标时间缩短了一半。

潞安矿区余吾煤矿 3 号煤层埋藏深度为 700 m,煤层平均厚度为 6 m,煤层原始瓦斯含量为 11.5 $m^3/t$,煤的坚固性系数 $f$ 为 0.4～0.8,煤层透气性系数为0.052 4 $m^2/(MPa^2 \cdot d)$,钻孔瓦斯流量衰减系数为 0.11～0.25 $d^{-1}$[16]。3 号煤层具有埋藏深、煤层厚、瓦斯含量高及透气性差等特点,普通钻孔抽采效果较差,抽采达标时间较长。超高压水力割缝试验地点选在

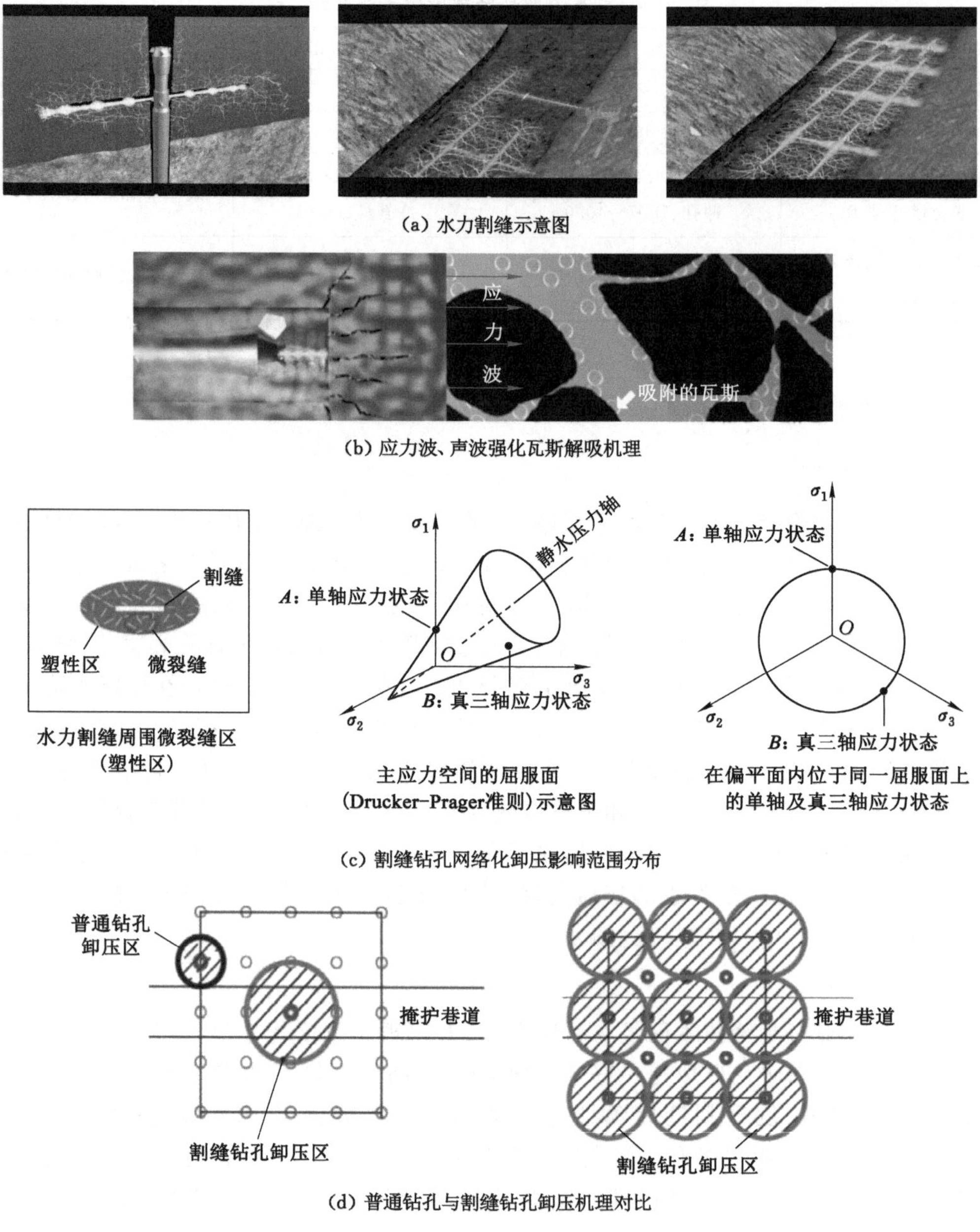


图 4-6　水射流割缝卸压机理

余吾煤矿 N1103 工作面运输巷 1 100 m 位置。为便于效果对比，设计施工 36 个钻孔，其中 A1—A5 钻孔为普通钻孔(对比钻孔)，孔深为 135 m，孔间距为4 m；B1—B31 钻孔为割缝试验钻孔，孔深为 100～135 m，孔间距为 5 m，割缝间距为 2～4 m/刀，单刀割缝时间为 5～8 min，单孔割缝刀数为 20～43 刀。工作面顺层钻孔超高压水力割缝剖面如图 4-7 所示。B1—B31 割缝试验钻孔的超高压水力割缝压力为 90～95 MPa，在割缝过程中煤体被切割为均匀的小颗粒，粒度为 0.2～1.0 cm，在水和螺旋钻杆的共同作用下，排水排渣均较顺畅，割缝过程中未出现憋孔和堵孔现象。割缝组与对比组钻孔在抽采时间内单孔平均瓦斯抽采浓度变化曲线如图 4-8 所示，可以看出：割缝组钻孔单孔平均瓦斯抽采浓度（甲烷体积分数）最小为 56.0%，最大为 82.3%，平均为 67.2%；对比组钻孔单孔平均瓦斯抽采浓度最小为 34.7%，最大为 66.4%，平均为 46.7%。割缝组钻孔日均瓦斯抽采浓度是对比组普通钻孔的 1.44 倍。

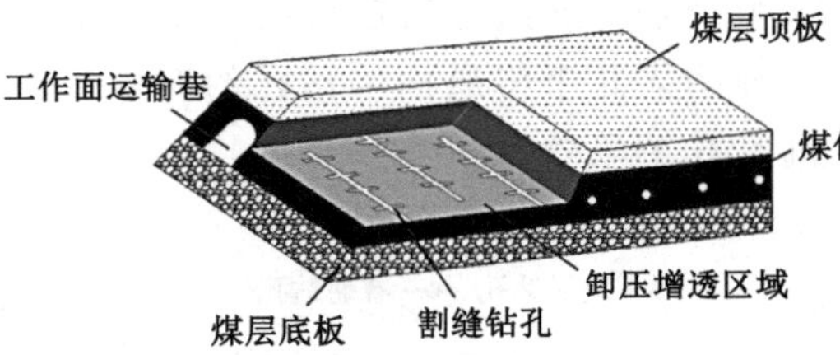


图 4-7　工作面顺层钻孔超高压水力割缝剖面示意图

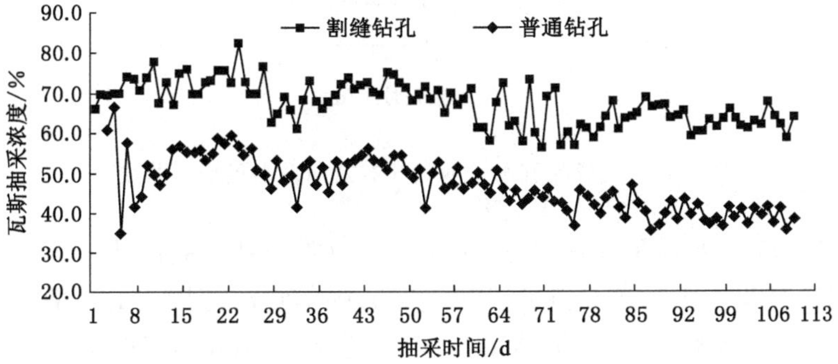


图 4-8　割缝钻孔与普通钻孔平均瓦斯抽采浓度变化曲线

割缝组与对比组钻孔在抽采时间内单孔平均瓦斯抽采纯量变化曲线如图 4-9 所示，可以看出：割缝组钻孔单孔平均瓦斯抽采纯量最小为 0.035 $m^3$/min，最大为 0.080 $m^3$/min，平均为 0.051 $m^3$/min；对比组钻孔单孔平均瓦斯抽采纯量最小为 0.005 $m^3$/min，最大为 0.030 $m^3$/min，平均为 0.017 $m^3$/min。割缝组钻孔单孔平均瓦斯抽采纯量是对比组普通钻孔的 3 倍。

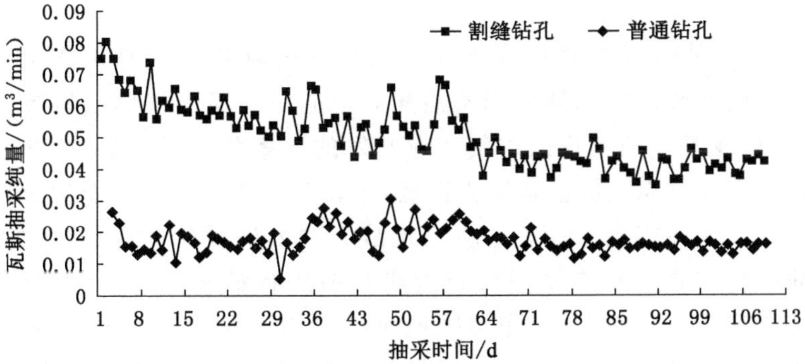


图 4-9　割缝钻孔与普通钻孔平均瓦斯抽采纯量变化曲线

在抽采 60 d、90 d、120 d、180 d 后，分别对割缝组钻孔与对比组钻孔进行残存瓦斯含量测试，以残存瓦斯含量降到 8 $m^3/t$ 以下为标准，分析其有效抽采半径。实测得到：在抽采 60 d、90 d、120 d、180 d 后，割缝组钻孔的有效抽采半径分别为 0.92 m、1.28 m、1.62 m、2.10 m，而对比组钻孔的有效抽采半径分别为 0.28 m、0.38 m、0.50 m、0.59 m。割缝组钻孔的平均有效抽采半径是对比组普通钻孔的 3.4 倍，如图 4-10 所示。超高压水力割缝后钻孔的有效抽采半径明显高于普通抽采钻孔的有效抽采半径，能够减少钻孔数量，缩短抽采达标时间，提高钻孔抽采效率。

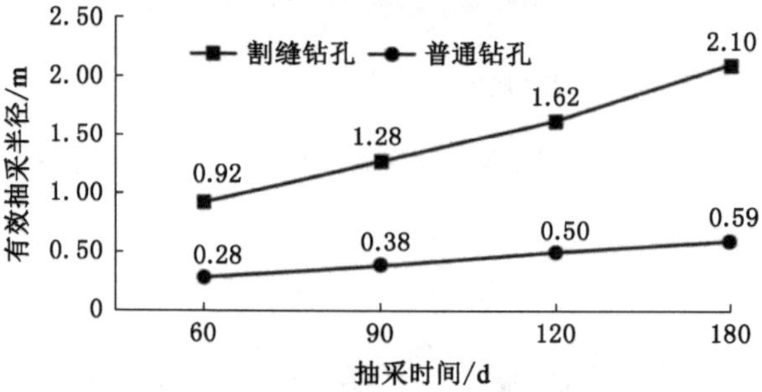


图 4-10　割缝钻孔与普通钻孔有效抽采半径变化曲线

按施工长度 100 m 巷道工程量计算：超高压水力割缝钻孔间距为 5 m，需施工 20 个钻孔，单个钻孔施工时间为 6 h，单孔割缝时间为 4 h，则 100 m 范围内的抽采钻孔施工时间为 200 h。普通抽采钻孔间距为 2 m，需施工 50 个钻孔，单个钻孔施工时间为 6 h，则 100 m 范围内抽采钻孔施工时间为 300 h。同等条件对比可知，采用超高压水力割缝技术后，预抽煤层区域钻孔的施工时间可缩短约 30%。抽采达标时间对比基于试验区域瓦斯抽采达标条件下瓦斯含量实测结果，在钻孔间距为 5 m 条件下，超高压水力割缝钻孔抽采达标时间为 8 个月；普通钻孔在钻孔间距为 2 m 条件下，抽采达标时间为 14 个月。对比同等条件可知，采用超高压水力割缝技术后，钻孔的抽采达标时间可缩短 40%左右。

### 4.2.4　地面井卸压

#### 4.2.4.1　概述

煤层气单井产量低已成为制约我国煤层气产业持续快速发展的关键因素。究其原因，主要是我国煤层气开发技术体系仍不能充分适应我国煤层气储层地质条件[31]。与美国、加拿大、澳大利亚等成功实现煤层气商业开发的国家相比，我国含煤地层经历多期构造运动，地质条件更为复杂，渗透率普遍较低，地层破碎严重，难采资源分布广、占比高。因此，我国煤层气开采在客观上面临着更大挑战。国内外最初的煤层气抽采模式源于煤矿瓦斯抽采，即在煤矿井下对本煤层及邻近层瓦斯进行抽采，以降低瓦斯含量和瓦斯压力，保障煤矿生产安全。随着 20 世纪美国地面煤层气开发的迅速发展，我国借鉴美国地面井“排水降压采气”的模式，即通过在煤层内构建裂缝通道，增加煤层渗透率，并通过排水来降低煤层压力进行煤层气开发，形成了以钻井、压裂、排采为核心工艺流程的开发技术体系[32]。现如今，“排水降压采气”仍是我国煤层气地面开发的主要模式。为确保采煤过程安全高效,“十一五”以来,我国发展形成了煤层气与煤炭协调开发模式,通过协调煤层气抽采和煤炭开采在时间和空间上的关系,并充分利用煤矿采动卸压效应,采用井上下联合抽采的方式对煤层气进行抽采。在国家科技重大专项支持下,煤层气与煤炭协调开发模式使我国煤矿区煤层气的开发取得了重大成效,表明该模式对煤矿区煤层气储层具有良好的适应性。

针对地面煤层气开发,无论是地面井排水降压开发模式还是煤层气与煤炭协调开发模式都取得了显著成效,煤层气抽采量逐年提高。针对中浅层、高阶煤、原生结构煤的煤层气开发,我国已经形成了较为成熟的技术体系。截至目前,我国已经建成了沁水盆地及鄂尔多斯盆地东缘两大煤层气产业化基地。然而,对于复杂难采煤层气储层,地面井排水降压存在着降压效率低、降压范围小等难题。煤层气与煤炭协调开发模式则受限于煤矿区。这种局面导致我国目前煤层气井平均单井日产量仍然很低,若不计源外煤系气产量,平均单井日产量不足 1 000 $m^3$,严重制约着我国煤层气产业的发展[20]。由此,仅靠适应少数地区煤层气储层地质条件的开发模式还远不足以支撑我国煤层气大产业的建设,必须发展能够适应复杂、广泛地质条件的煤层气开发模式和相应技术体系。

研究我国煤层气开发的地质制约因素,基于改变地应力诱导储层压降原理,综合地面煤层气开发方式与矿井瓦斯(煤层气)抽采方式,提出了地面井卸压的煤层气开发模式,分析了不同煤层气开发模式的地质适应性,提出了地面井卸压的关键理论与技术及基于不同地质条件的煤层气开发模式布局,旨在为提高煤层气储层压降效率、增加煤层气单井产量提供理论支撑,助力我国煤层气产业发展。制约我国煤层气开发的主要地质因素相比常规油气储层与页岩气储层而言,煤层气赋存状态特殊,煤层物性及构造条件更加复杂多变,这是导致目前我国煤层气产业面临技术瓶颈的主要因素。从煤层气运移过程角度分析我国煤层气开发普遍性制约因素和不同地区特殊的地质制约因素,有助于为探索适应煤层气储层地质条件的开发方式以及为提高煤层气单井产量提供重要依据。

综上所述,我国煤层气储层地质条件的普遍特征叠加不同地区煤层气储层地质条件的差异特性,在客观上制约了煤层气的解吸运移行为,成为我国煤层气开发的地质制约因素,如表 4-3 所示。对于特定地区煤层气开发技术的突破则可能依赖适应特定地质条件的开发模式取得突破,但就全国复杂多变的煤层气地质条件而言,当前的开发技术体系还远远无法满足我国煤层气产业发展的需求。必须针对普遍性地质因素发展适应更广泛地质条件的开发模式才能有望实现我国的煤层气高产量、大产业目标。

#### 4.2.4.2　关键理论

(1) 改变应力诱导储层压降传递机理

煤层卸压高效开发煤层气方法尽管借鉴了矿井瓦斯(煤层气)增透中的卸压理念,但又完全不同于矿井瓦斯抽采。因此,需要深入分析通过改变应力诱导储层压降传递的机理,揭示改变应力后储层微观与宏观动态变化及其对煤层压降传递的影响,构建改变应力诱导储层压降的本构方程及量化模型。

(2) 卸压煤层煤层气的解吸、运移和产出规律

研究卸压条件下煤层气在煤基质孔隙中的解吸,在孔裂隙系统中运移及在井筒中产出规律。此外,在卸压空间的切割过程中,将产生大量的固相颗粒,因此,应对卸压空间内固相颗粒的产生、运移及分布规律进行深入研究。

**表 4-3　我国煤层气井低产主要地质制约因素统计表**

| 地质因素分类 | | 相关特征描述 | 工艺适应性 |
|---|---|---|---|
| 普遍性因素 | 特征 | 赋存：① 煤层气主要以吸附态存在；② 含气饱和度低。<br>通道：① 力学强度低，具应力敏感性；② 易破碎产生煤粉；③ 构造煤分布广，裂隙连通性差。<br>动力：① 储层压力低，储层能量弱；② 毛细管压力大，运移阻力大；③ 裂隙含水饱和度高，气水两相流动复杂 | ① 煤层钻井过程中成孔难；<br>② 压裂过程中难以构建广域导流通道；<br>③ 排采过程中难以保证流体的连续平稳产出 |
| | 影响 | 赋存：① 煤层气井短时间内难以达到产气峰值；② 储层压力降低至临界解吸压力才能发生解吸。<br>通道：① 流体运移通道易坍塌堵塞；② 构造煤中难以构建导流通道。<br>动力：① 煤层气生产是缓慢长期的过程；② 煤基质内的流体压力难以释放 | |
| 差异性因素 | 煤阶 | 低阶煤含气量低，含气饱和度低，风化带深度大，储层欠压；鄂尔多斯盆地东缘、二连盆地、准噶尔盆地广泛分布中低阶煤 | 低阶煤借鉴国外的钻、压、排工艺，效果不佳 |
| | 埋深 | 埋深增大，地应力高，渗透率低，有效应力高，含气饱和度高，游离气比例大；鄂尔多斯盆地东缘、准噶尔盆地、云南等地广泛分布深部煤层 | 深部煤层压裂改造效果差，排采稳产难度大 |
| | 产状 | 煤层倾角增大，裂隙通道构建难度大，气水分异显著；准噶尔盆地广泛分布大倾角煤层 | 大倾角煤层垂直井适应程度低 |
| | 层数 | 多煤层层间储层压力、产水、产气干扰严重；我国煤层普遍发育多层叠置煤层 | 同井筒合层排采难度大 |
| | 煤体结构 | 构造煤吸附能力强，力学强度低，煤粉含量高，裂隙连通性极差；我国西南、东北大部分地区，山西沁水盆地北部，河南，安徽等地广泛分布构造煤 | 松软煤钻井易塌孔，压裂造缝难度极大，排采产粉量大 |
| | 气藏类型 | 煤系气储层中煤层、页岩、致密砂岩气储层条件差异大，多类型、多相态、多层分布；我国鄂尔多斯盆地东缘、滇东—黔西、准噶尔盆地广泛分布煤系气储层 | 煤系气压裂改造效果不佳，排采中难以稳产；多类型气藏接替开发方案不明确 |

(3) 卸压空间配置与煤层气产能关系

卸压空间的创造对于诱导储层压力的传递及煤层气的运移具有至关重要的作用。对于沿定向井切割创造卸压空间而言，定向井的布置，缝槽的长、宽、高，以及煤层顶板切割或煤层内切割会对储层压降效果产生不同的影响。此外，卸压空间配置与煤层气井产能关系对煤层气开发具有深刻的现实意义。

4.2.4.3　*开发方式展望*

卸压空间的构建是实现煤层卸压的关键，地面井卸压的煤层气开发模式通过在地面实施定向钻井，并沿钻孔通过高压水射流等技术切割形成卸压空间。具体而言，既可以沿定向井分段切割卸压，也可以连续切割喷射形成大直径定向井卸压。

(1) 定向井分段切割卸压开发煤层气

定向井切割卸压开发煤层气工艺流程主要包括地面定向钻井和分段水力射流切割两个过程。通过地面井工厂化作业，在不同方位实施多分支定向井并沿定向钻孔分段实施高压水射流切割，尽可能扩大煤层卸压范围，提高煤层气采收率。根据定向井的类型，可将定向井设计为丛式井、多分支水平井及 L 形井等。对卸压空间(缝槽、孔洞)的长度、宽度、高度、角度、间距等空间配置参数及卸压范围依据地层的应力状态、地质构造、岩层物理性质等地质与工况条件进行测算和设计。对于松软破碎煤层，为了提高钻井井眼稳定性，可将钻孔轨迹布置在煤层顶板，并向煤层定向切割造卸压空间。该开发方式能够节约地面用地成本和钻井成本，以适应复杂地表条件。由于地面煤层气开发是在原位煤层条件下开展的，其应力条件、储层压力条件、作业条件及工艺手段完全不同于矿井下瓦斯抽采。为了保障切割后煤层导流效果，该开发模式则需要对储层原生裂缝发育走向及岩石力学性质进行充分分析，并且克服定向切割技术挑战，以便对卸压空间走向、间距、宽度及形态等参数布置进行精细规划和控制。

使用地面定向井＋水力割缝卸压方法高效开发深部煤层气的流程主要包括地面定向钻井和分段水力割缝两个过程。根据煤层的倾斜程度，定向井可设计为水平井、倾斜井等。根据定向井数量，可设计为单定向井、多分支定向井和丛式井。将水射流器置于定向井目标点位，然后利用高压水射流对井壁和近井地带进行切割作业，使其形成盘状缝槽，调整水射流器到另一个目标点位继续进行水力切割，最终沿井筒形成立体割缝体系。煤层气定向井水力割缝方法如图 4-11 所示，以水平井为例，其他类型定向井原理与该井型一致。定向井轨迹及煤层当中水射流点位，水力缝槽长度、宽度、角度、间距等参数依据具体的地质构造、储层物性、应力状态等地质与工况条件进行测算和设计。为了确保煤层气定向井井眼的稳定性，钻井作业后需要对煤层进行完井作业，因此，水力割缝是在定向井完井工程后的施工作业。定向井水力割缝方法工程装备主要包括钻井装备、水力割缝装备及定位测量装备。其中，定向井钻井装备包括钻头、动力钻具、随钻测量仪、地面钻机等。水力割缝装备主要包括水射流器、旋转水尾、高压水管、高压泵与地面操作台等。对于深部煤层气定向井水力割缝而言，由于地下管线长且井眼轨迹多变，还需要在水射流器端部加装射流测量仪对水射流器进行精确定位并测量储层岩石和缝槽物性参数。深部煤层气储层普遍具有储层压力大、地应力高、渗透率低等特点。因此，该方法将利用深部煤层地应力高的特点，通过在煤层定向钻井，并在定向井中分段实施高压水力割缝，在煤层中切割产生多组盘状缝槽，沟通天然裂缝，诱导产生裂隙，从而提高煤层渗透率，缩短流体扩散、渗流路径，增大煤层卸压范围与程度，并强化煤层气解吸与运移，以达到提高煤层气井产量的目的。

煤层气储层为裂缝型储层，煤层内发育天然裂隙系统，定向钻井可以提高煤层天然裂缝的钻遇率，增强天然裂缝与井眼的连通性。此外，通过在裂缝中分段水力割缝，在煤层内形成数米到数十米长、数十厘米到数米宽的缝槽，可大大增加人工导流通道与天然裂缝的连通性，如图 4-12 所示。受区域构造应力作用影响，煤层外生节理系统在空间上一般沿一定方位共轭发育。因此，为了最大限度地沟通天然裂缝与水力缝槽，定向钻井的方位设计及水力缝槽分段间距应充分考虑天然裂缝的走向及发育程度。

(2) 大直径定向井卸压联合垂直井开发煤层气

定向井卸压联合垂直井抽采是指充分利用卸压与排水对降低储层压力的叠加效应，联合降压与分井排采的方式进行高效开发煤层气。通过在地面一定距离平行实施直径数米的

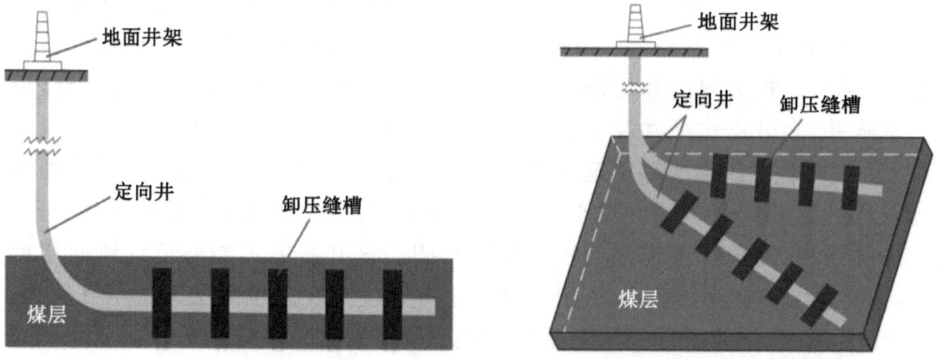


(a) 定向井分段切割垂直剖面　　(b) 多分支定向井分段割缝

图 4-11　定向井分段切割卸压的煤层气开发方式

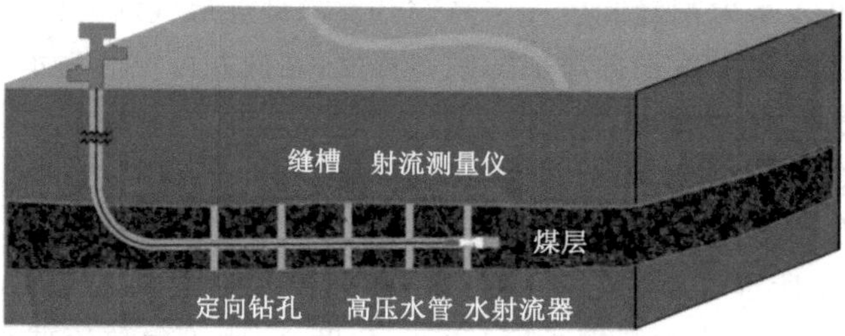


图 4-12　煤层气水平井＋水力割缝卸压方法

定向井，相当于在煤层中建立采煤巷道，利用大直径定向井创造的大型卸压空间，对井筒周围数十米至数百米的煤层进行卸压。同时，在平行定向井之间钻进垂直井对煤层气进行排采(图 4-13)。垂直井的数量和间距依据目标地区定向井和垂直井的降压区大小确定。该开发方式需要在定向井中切割直径为数米的圆柱形卸压空间，因此，水力切割过程必然会产生大量固相颗粒，需要采用可克服大量切割固相颗粒返排的关键技术。该开发方式适应于地表钻井条件良好、煤层厚度较大地区的煤层气开发。无论是在定向井分段切割卸压还是大直径定向井卸压的煤层气开发方式中，高压水射流技术均是实现煤层卸压的关键技术。我国在煤矿井下瓦斯(煤层气)抽采增透实践过程中，已经发展了十分成熟的自激振荡及高压磨料水射流割缝、水力冲孔、径向水力喷射等高压水射流技术，成功研发了多功能割缝装置、高压密封钻杆、高压密封输水器等高压水射流增透关键装备，在重庆、贵州、四川、河南等多地煤矿中取得了良好的卸压增透应用效果。高压水射流技术已经具备了良好的技术与装备基础，矿井下高压水射流关键技术与装备为地面井卸压的煤层气开发模式的快速推广应用奠定了重要基础。

通过构建卸压空间，改变应力状态诱导储层压降，可提高储层压降传递效率，可以强化煤层气的解吸，以提高煤层气的解吸速率。同时应力状态发生改变，诱导煤岩层发生移动变形，不仅可显著增加流动通道数量和张开度，还可以提高储层渗透率。此外，煤体的膨胀变形还能够扩大煤层孔裂隙容积，降低煤层气在基质孔隙及微裂隙中运移的毛细管阻力，从而提高煤层气的运移动力，促进煤层气产出。矿井水力化增透技术实践表明，无论是原生结构

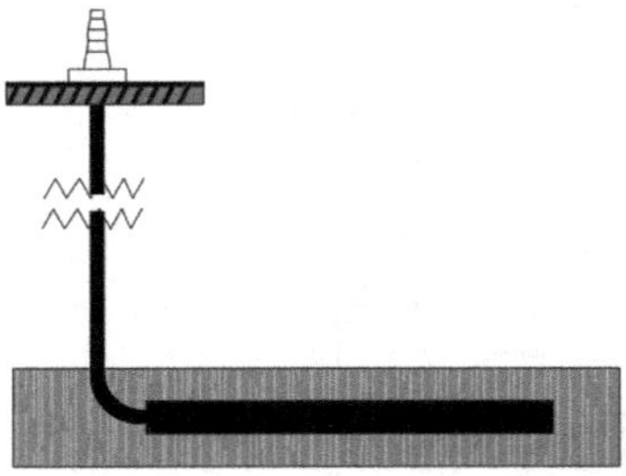

(a) 定向井剖面图

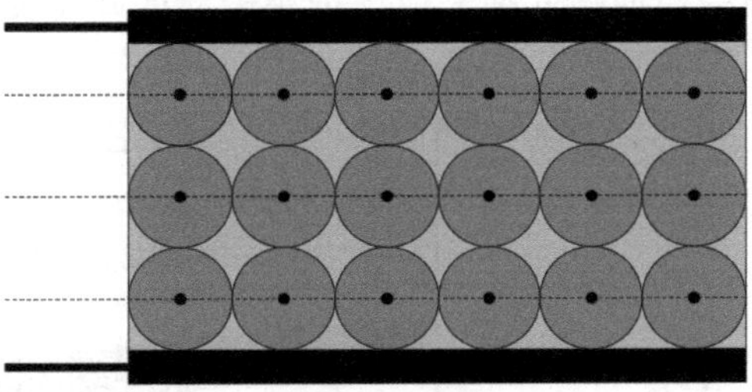

(b) 切割的圆柱形卸压空间

图 4-13　定向井卸压垂直井抽采的煤层气开发方式

煤和碎裂煤(硬煤)还是碎粒煤和糜棱煤(软煤),均能够通过高压水射流措施进行卸压增透改造。因此,相比水力压裂技术而言,水射流技术对不同煤体结构煤层的适应程度更高。此外,由于水射流切割创造卸压空间是地应力释放的过程,从而避免了水力压裂过程中应力向煤层深部传递形成应力集中而引起远端煤层渗透性伤害。随着我国对深部煤层气勘探开发力度的逐渐增大,深部煤层气开发已经成为我国煤层气开发的重要方向。深部煤层一般具有地应力高、有效应力大、渗透率低的特点,在煤层气产出过程中随着储层压力的降低,有效应力对储层渗透性的伤害相比浅部煤层更大。对于深部煤层而言通过创造卸压空间释放地应力,能够显著降低有效应力对煤层渗透性的伤害。当前我国煤矿开采的最大深度不足 1 500 m,对于埋深超过 1 500 m 的深部煤层,可通过地面井卸压提高煤层气的开发效率。综上所述,地面井卸压的煤层气开发模式在赋存状态、通道及动力方面均有利于煤层气的运移产出,且具有较为普遍的地质适应性。在实践过程中,还需要结合具体的煤层气赋存特征、地应力状态及煤层物性条件,针对性发挥地面井煤层卸压的优势及适应性。

## 4.3　煤层气开发实例

目前世界上对煤层气资源开发利用的主要方法之一是采用地面钻井抽采技术。近年来,我国在山西晋城、阳泉等矿区的煤层裂隙发育、渗透性好、可抽采性好的地区通过地面钻井抽采地下煤层气,已形成规模,但在其他煤层渗透率低的矿区,地面钻井抽采原始状态下的煤层气抽采效果差,抽采成本高,规模化进行煤层气开采尚处于试验研究阶段。

### 4.3.1　淮南矿区地面井+保护层开采

淮南矿区煤及煤层气资源丰富,区内煤炭储量为 500 亿 t,煤层气资源量为 5 928 亿 $m^3$,是华东地区重要的能源基地,也是我国高瓦斯含量、低煤层渗透性、煤层群等开采条件最复杂的矿区之一[33-34]。国内多名学者从煤层气流动特征、采动区地面井变形规律、煤层气抽采效果等方面进行了大量研究,为地面钻井抽采瓦斯提供了理论基础。近年来,随着矿区开采规模不断扩大,瓦斯治理工程与生产接替的矛盾越来越突出,淮南矿区试验把井下瓦斯抽采工程转移到地面,试验地面钻井替代井下高(底)抽巷抽采被保护层采动区卸压瓦斯技术(图 4-14),不仅实现了被保护层煤层瓦斯(煤层气) 区域性开采的目标,也解决了井下瓦斯治理岩巷工程滞后影响生产接替的难题[35]。以下以淮南矿区朱集矿 1242(1)保护层工作面为例，围绕地面钻井抽采被保护层采动区卸压瓦斯展开论述[36]。

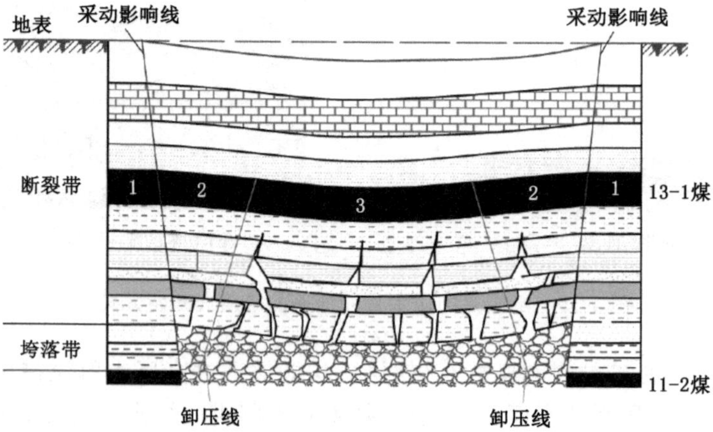


1—压缩变形区；2—部分解吸区；3—卸压充分解吸区。

图 4-14　保护层上覆采动区范围

#### 4.3.1.1　朱集矿 1242(1) 保护层工作面概况

1242(1)保护层工作面走向长 1 200 m，倾斜长 220 m，煤层倾向为 116°～156°，倾角平均为 3°，平均煤厚为 1.4 m，直接顶为平均 12 m 厚的致密、块状泥岩或细砂岩薄层，再向上为 6 m 厚层状细砂岩基本顶；采动区被保护层 13-1 煤层实测最大瓦斯含量为 9.02 $m^3/t$，实测最大瓦斯压力为 3.8 MPa，上方 10～12 m 为直接顶、发育 1～2 层不稳定煤线，再向上为单层6.3 m 厚的基本顶关键层（平均单轴抗压强度为 140 MPa，岩石坚固性系数为 13.7）。工作面瓦斯治理措施设计采用 7 口地面钻井抽采采动区被保护层卸压瓦斯。

#### 4.3.1.2　地面钻井布置设计

由于采煤工作面采空区中部对应上覆采动区的关键层下方离层裂隙最发育，淮南矿区开采层上覆层间距 80 m 处关键层正好位于 13-1 煤层被保护卸压层上方 10～12 m 处，是 13-1 煤采动后卸压解吸瓦斯富集处，故将地面钻井工作管布置到此处。然而，采动区造斜或采用分支钻孔均易受采动影响而损坏，故淮南矿区地面钻井均采用立井，一般设计布置在沿倾斜工作面中部，而由于 1242(1)工作面上阶段 11-2 煤和 13-1 煤均采毕，为避免钻井受上阶段已采区采动影响，地面钻井布置沿倾斜向工作面中部下移约 20 m，沿走向靠近开切眼和停采线的钻孔位置设计，按采动裂隙椭抛带宽度开切眼处为基本顶初次来压步距、回采线附近为 2 个周期来压步距宽度设计，或按“O”形圈要求按工作面见方即面宽的 1/3 设计布置，落点位置在 13-1 煤上方 10 m 处。根据朱集东矿 11 煤矿压观测数据，11 煤回采基本顶的初次来压步距一般为 38 m，周期来压步距一般为 17 m，故 1242(1)工作面第 1 口井距开切眼走向位置基准点以 13-1 煤被保护层上覆的关键层位置为设计钻孔地面对应位置，计算得第 1 口地面钻井距开切眼的走向距离最大为 68 m，最后 1 口井距停采线的走向距离为 64 m，按工作面见方的 1/3 计算为 73 m。最终实际确定工作面布置 7 口地面钻井，均布置在沿工作面倾向中部偏下；沿走向间距为 180～220 m，第 1 口地面钻井距开切眼 60 m，最后 1 口地面钻井距终采线 75 m。

根据关键层理论，在采场上覆岩层中存在多层坚硬岩层时，下伏关键硬岩破断其上覆全部岩层或局部岩层的下沉变形是协调同步的，换言之，下伏主关键层的断裂步距一般不大于上覆亚关键层的断裂步距，所以距开采层层间距越远的关键硬岩其破坏程度越小。该矿统计资料表明：钻井破坏一般发生在开采工作面揭露钻井后 150 m 范围内 50 m 的倍数处；通过地面钻井抽采情况也能发现，当工作面采过地面钻井 50 m 时(即 3 个周期来压步距)其瓦斯抽采纯量会有下降波动，后重新恢复或保持下降水平一段时间，分析认为距开采层工作面 80 m 以远的 13-1 煤层上方的关键硬岩破断步距大约为开采层工作面 3 个周期来压步距，即 50 m。因此，地面钻井布置间距一般考虑避开此断裂步距倍数，故 1242(1)工作面钻井间距设计为180～190 m(小于实际考察的有效抽采半径 300 m)。此外，在开采层工作面回采时，要求技术部门加强工作面周期来压观测，结合 13-1 煤上方的关键硬岩断裂步距分析，在开采层 11-2 煤工作面周期来压时，预计对应 13-1 煤上方的关键硬岩即将破断前，降低开采速度，减轻周期来压的强度以实现减小对地面钻井结构的破坏。

#### 4.3.1.3　地面钻井结构设计

淮南矿区基岩面以上均为埋深 300～400 m 的松软深厚表土层，其中存在多层含水流沙层，地面钻井通过此区段必须采取加固处理措施。由此可见，距开采层 80 m 以外的覆岩位移大幅减小，破断对地面钻井的剪切破坏相应减小，通过计算分析采取强抗固井措施可以满足覆岩剪切破断的要求，因此在此区段采取了整体强抗固井措施。此外，由于13-1 煤层上 10～12 m 软弱直接顶上方为厚硬关键层，保护层工作面回采后此关键层下方离层裂隙最发育，被保护层 13-1 煤层卸压瓦斯会大量上浮富集在此，是抽采钻孔的最佳抽采段。因此，地面钻井布置从地表开孔(孔径 350 mm，一开)直接延伸到开采层上方 80 m 被保护层 13-1 煤层顶板上方 10 m 处的关键层位置(再向下布置钻井工作管)，对应 $\phi$273 mm×10.16 mm 和 $\phi$177.8 mm×9.19 mm 双层石油套管，钻井二路套管外环间隙均采用石油固井技术注入石油 G 级水泥全封闭固井，即进行“软岩-强抗”“远岩-强抗”固井措施。地面钻井套管参数见表 4-4，地面钻井布孔结构如图 4-15 所示。

**表 4-4　地面钻井套管参数**

| 位置 | 套管直径/mm | 套管壁厚/mm | 钢级 | 备注 |
|---|---|---|---|---|
| 13-1 煤顶板上方 10 m | 273.0 | 10.16 | N80 | 实管(外层) |
| 13-1 煤顶板上方 10 m | 177.8 | 9.19 | N80 | 实管(里层) |
| 13-1 煤顶板以上 10 m 向下至 11-2 煤顶板以上 7 m | 177.8 | 13.72 | N80 | 花管 |

13-1 煤顶板以上 10 m 向下至 11-2 煤顶板以上 7 m 的钻井段是抽采被保护层卸压瓦斯和 11-2 煤采空区瓦斯的通道，必须保证该区域煤、岩裂隙与钻井保持畅通，不能采取封堵固井措施。此外，开采层 11-2 煤上方基本顶及关键岩层的“O-X”形破断由于靠近开采层，受采动扰动的剪切破断应力超过原岩应力的 4～8 倍，产生的“反弹”与压缩量也是最大的，也不宜采用强抗措施。为此地面钻井向下延伸自 13-1 煤顶板开始采用 $\phi$245 mm 孔径钻探，然后“掏穴”扩孔至 $\phi$420 mm，再下入 $\phi$177.8 mm×13.72 mm 单层石油花管(图 4-15)，花管口连接 7.5 m 长的 $\phi$177.8 mm×13.72 mm 石油套管，与$\phi$273 mm×10.16 mm 的套管重

叠，花管下口下至11-2煤顶板以上7 m，不固井，既避让采动应力挤压堵塞眼孔和硬岩断裂错断管路，煤、岩裂隙卸压瓦斯又通过花管与钻井连通，煤层段掏穴也增大了卸压煤体自由面。即采用“近岩、硬岩-掏穴扩大钻孔孔径避让”使覆岩破断。

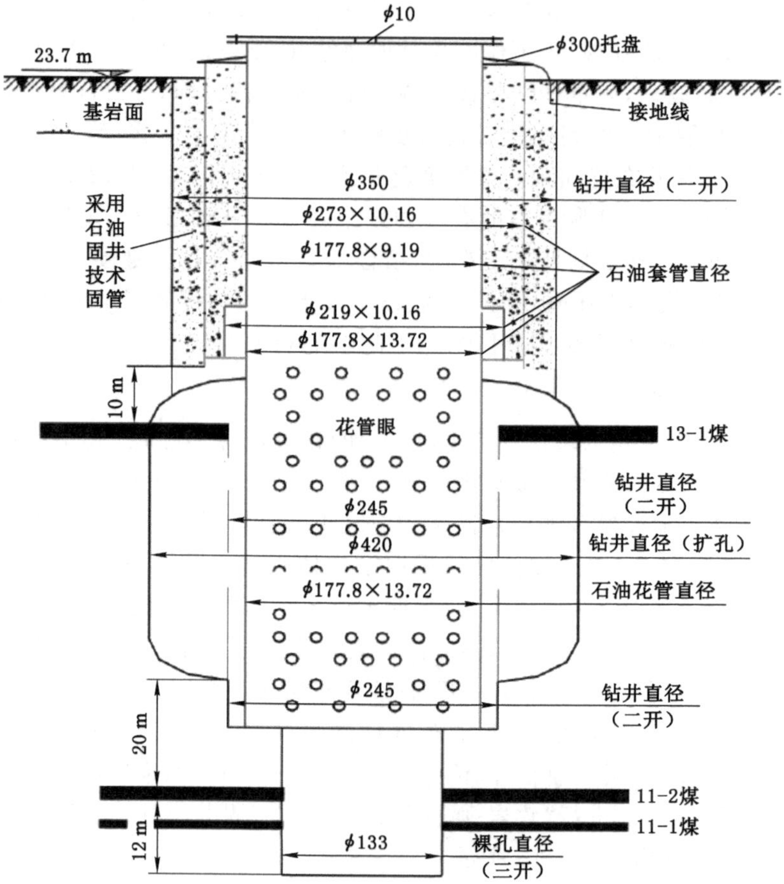


图 4-15　地面钻井结构

此外，选择其中一口钻井试验实施V形大直径钻孔，护孔、固孔工艺同上，但一开钻孔、双层套管尺寸分别为ϕ445 mm、ϕ339.7 mm×10.92 mm、ϕ244.5 mm×13.84 mm，二开钻孔、工作管花管尺寸分别为ϕ311 mm、ϕ244.5 mm×13.84 mm，既防剪切破断，又能提升抽采效果。

#### 4.3.1.4　地面钻井采动区卸压瓦斯抽采效果分析

由瓦斯抽采纯量变化图（图4-16）可见：1242(1)采煤工作面于2013年8月底开始回采，9月初采过1号地面钻井15 m开始，抽采纯量很快上升到6 $m^3/min$，采过钻井35 m后抽采纯量达20 $m^3/min$，一直维持一个半月，最大抽采纯量为28 $m^3/min$，直到工作面采过3号地面钻井，仍维持10 $m^3/min$的抽采纯量，然后降到4～5 $m^3/min$，并一直维持不变至停抽；其他钻井在工作面采过15 m后，抽采纯量也维持在10～20 $m^3/min$，但在采过其后续钻井且后续钻井发挥作用后，抽采纯量大幅下降至1～2 $m^3/min$，甚至衰竭，钻井之间存在抽采相互影响；而大直径的5号地面钻井在发挥作用后抽采效果最好，抽采纯量一个月内均维持在 20 $m^3$/min 以上，最大超过 30 $m^3$/min。

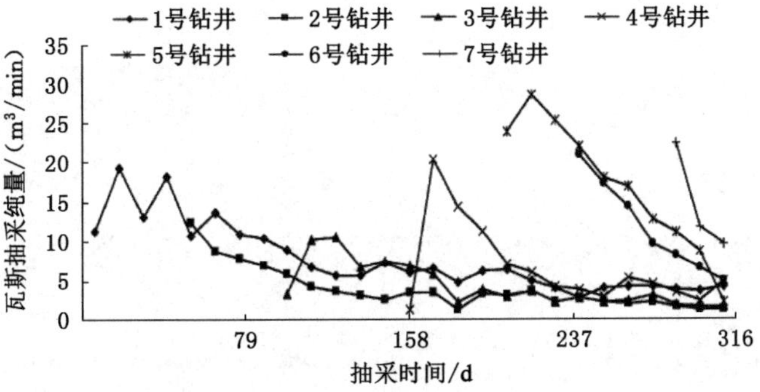


图 4-16　1242(1)工作面地面钻井瓦斯抽采纯量变化情况

综合分析可见，单井平均抽采瓦斯量为 272 万 $m^3$，设计直径为 244.5 mm 工作管，相比直径为 177.8 mm 工作管的钻井，瓦斯抽采量增加 69%。布置在工作面中部的钻井抽采纯量相对均衡，被保护层卸压瓦斯在一定时间内也被有效抽出，以满足被保护层有效消突卸压的目标；布置在采动裂隙连通的“O”形圈内的第 1 口井和第 7 口井均能保持长时间高效抽采模式，总抽采量相对较高，按抽采率计算和通过后期掘进验证都证明布置在“O”形圈内的 2 口钻井通过强化抽采，对应被保护的 13-1 煤实现了垂直保护。整体垂直保护范围的 13-1 煤经采动卸压抽采，从强突出煤层变为低瓦斯煤层，实测被保护层有效保护区域内残余瓦斯压力为 0.2 MPa，残余瓦斯含量为 3.61 $m^3$/t。被保护层工作面设计运输巷按垂直保护范围布置，煤巷掘进过程中验证瓦斯均不超标，巷道最大月单进达 288.5 m，平均月单进均达 200 m 以上。

### 4.3.2　晋城模式：“四区联动”井上井下联合抽采

#### 4.3.2.1　联合抽采模式理论基础

“井上下联合”分别体现在空间与时间两方面：空间上表现为地面抽采与井下抽采多种技术相结合；时间上则表现为规划区、准备区、生产区、采空区在煤层气抽采时序上的层层递进，与煤矿开采衔接紧密关联。根据采矿权范围内煤层气及煤炭资源禀赋特点，结合煤层气抽采技术与煤炭开采工艺，对全矿区所有可采煤层气进行采前抽、采中抽、采后抽等全层位、全时段精准科学抽采，形成全矿区、全层位、全时段整体抽采模式，实现煤层气与煤炭两种资源安全高效协调开发。煤矿区煤层气四区联动井上下联合抽采以“规划区地面预抽全域快降、准备区联合抽采高产高效、生产区井下抽采精准达标、采空区地面钻采消患减排”为技术架构，实现了安全高效、科学有序地开采煤炭和煤层气两种资源，达到了“减少温室气体排放、保障煤矿安全生产、补充绿色气体能源”三重功效，如图 4-17 所示[37]。

依据煤矿开采安全允许阈值预测模型和煤与煤层气共采“四区”时空划分特点，建立了两者间的对应关系。在此基础上，采用安全掘进容许最高瓦斯含量、安全掘进容许最高瓦斯压力、安全生产容许最高瓦斯含量和安全生产容许最高瓦斯压力等参数，划分了“四区”的安全界限，并结合煤层气(瓦斯)抽采技术特点，形成了针对“四区”的煤层气抽采技术体系，如表 4-5 所示。

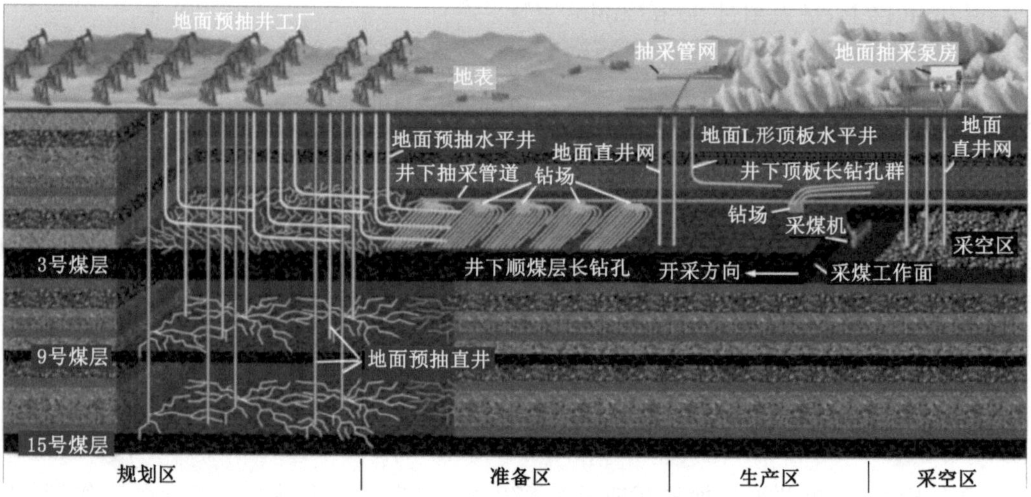


图 4-17 “四区联动”井上下联合抽采模式(新晋城模式)示意图

**表 4-5 煤层气“四区联动”抽采技术体系**

| 抽采区域 | 规划区 | 生产矿井或在建矿井 | | |
|---|---|---|---|---|
| | | 准备区 | 生产区 | 采空区 |
| 抽采条件 | 原始煤层瓦斯含量高于 16 $m^3/t$ 时，至少提前 8～10 年超前预抽 | 提前 3～5 年实施，先抽后采 | 半开放条件下气相渗流瓦斯含量低于 8 $m^3/t$，瓦斯压力低于 0.74 MPa | 卸压开放条件下气相渗流顶底板及其覆岩被破坏后的采空区 |
| 抽采顺序 | 超前预抽 | 煤与煤层气共采先抽后采 | 煤与煤层气共采边抽边采 | 采后抽采 |
| 抽采模式 | 地面抽采 | 井上下联合抽采、采动区抽采 | 井下精准抽采和采动区抽采 | 采空区抽采 |

规划区、准备区、生产区和采空区“四区”的划分并不是一成不变的，每个区的范围、功能和作用均会随着煤矿生产采掘作业的推进而发生动态演变。一般而言，规划区预抽 5～10 年后将转化为准备区，准备区抽采 3～5 年后转化为生产区，生产区随后又转化为采空区，如图 4-18 所示。

4.3.2.2 *矿区抽采实践*

(1) 规划区地面预抽技术体系

晋城矿区寺河矿作为典型的高瓦斯突出矿井，经 20 多年的规划区地面预抽，实现了规划区煤层气含量的全域快降，矿井瓦斯超限次数由最高年份的 28 次降低至近些年的 0 次，提高了生产效率且节约了生产成本。在寺河矿东五盘区，地面预抽效果更显著。寺河东五盘区共有 141 口煤层气地面预抽井。编号 PZ01—PZ07 的潘庄 7 口试验井组施工时间较早，生产时间从 1994 年 12 月一直持续至今。2004—2005 年又陆续施工了编号“SH-”的 134 口井，自 2006 年 2 月起抽采至今。

2015 年施工了 5 口抽采效果检验井，测试结果表明，东五盘区剩余煤层含气量为 9.09～

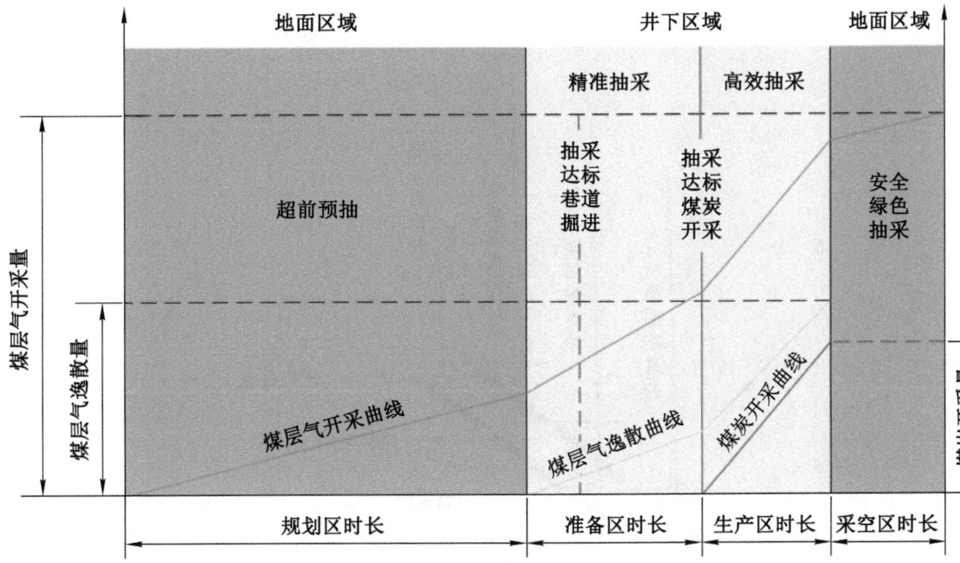


图 4-18　“四区”动态演化示意图

18.65 $m^3/t$，平均为 12.09 $m^3/t$，总体上 3 号煤层含气量降幅达 53%。经过 15 年的地面预抽后，东五盘区 3 号煤层含气量平均降幅超过 55%，规划区煤层气地面抽采效果显著。目前，该盘区的 5310、5311 工作面已顺利完成安全高效采煤，实现了高瓦斯煤层的低瓦斯开采。

在碎软低渗煤层发育区，地面煤层气预抽技术也由最初的垂直井技术发展成水平井分段压裂技术，且取得了显著的抽采效果。2017ZX-U-01 井是赵庄矿第 1 口顶板水平井，井眼轨迹控制在煤层顶板上方 2 m 左右，下套管后定向打孔分段压裂，于 2019 年 1 月开始抽采，水平井组最大日产气量为11 156 $m^3$，稳定日产气量为 4 000～5 000 $m^3$，之后日产气量降为 1 730 $m^3$。截至 2022 年 3 月，累计产水量为 23 792 $m^3$，井组累计产气量为 461.24 万 $m^3$，测算煤层含气量降幅达 42%。

(2) 准备区井上下联合抽采技术体系

准备区是煤炭生产矿井近期(一般为 3～5 年)即将进行回采的区域。准备区煤层气井上下联合抽采技术主要通过井下定向长钻孔与地面井压裂影响区沟通，利用压裂影响区渗透率得到大幅提升和井下开放空间使抽采压差增大的优势，构成立体抽采网络，提高煤层气抽采效率，实现井上下联合快速抽采，如图 4-19 所示。

该技术已在晋城矿区成庄矿、寺河矿、赵庄矿等得到应用，单孔抽采量提高了 5 倍以上，掘进工作面预抽达标时间缩短了 57%，有效缓解了抽掘采接替紧张局面，解放了生产力，促进了矿井的高产高效。

在赵庄矿一盘区的地面井压裂影响区内，与压裂区外相比，井下钻孔在抽采期间百米钻孔瓦斯流量提高了 10.5%，瓦斯浓度平均提高了 4.1%；在掘进期间，巷道绝对瓦斯涌出量比压裂区外降低了 13.8%，如图 4-20 所示。

在成庄矿四盘区，采用井下顺煤层长钻孔和煤层顶板长钻孔，抽采地面井压裂影响区内煤层的瓦斯。压裂影响区内的百米钻孔瓦斯流量是区外的 1.33～17.46 倍，压裂影响区内瓦斯浓度是区外的 1.19～1.71 倍，如表 4-6 所示。

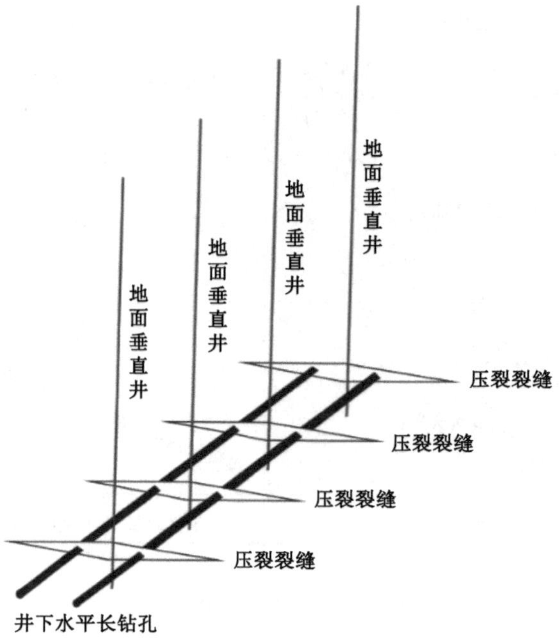


图 4-19　准备区地面井压裂井下长钻孔联合抽采技术

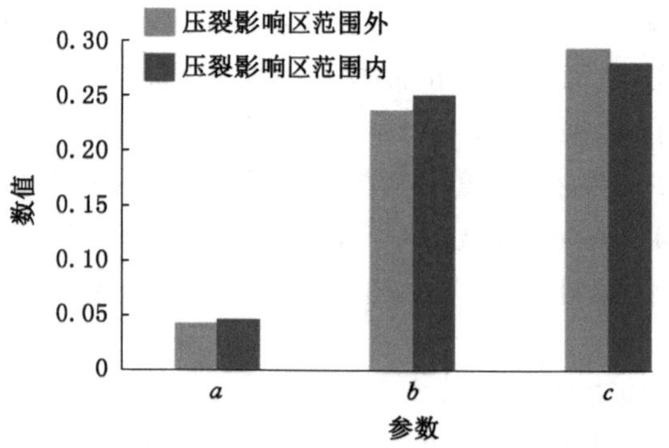


*a*—百米钻孔瓦斯流量/[$m^3$/(min·hm)];*b*—瓦斯浓度/%;*c*—巷道绝对瓦斯涌出量/($m^3$/min)。

图 4-20　煤层压裂影响区内外煤层气抽采效果对比

**表 4-6　压裂影响区内外抽采效果对比**

| 井号 | 百米钻孔瓦斯流量/[$m^3$/(min·hm)] | | 瓦斯浓度/% | |
|---|---|---|---|---|
| | 压裂区内 | 压裂区外 | 压裂区内 | 压裂区外 |
| CZYC-07 | 0.015 | 0.009 0 | 72 | 56 |
| CZYC-08 | 0.036 | 0.027 0 | 83 | 68 |
| CZYC-09 | 0.220 | 0.012 6 | 89 | 75 |
| CZYC-10 | 0.026 | 0.012 0 | 77 | 45 |
| CZYC-11 | 0.021 | — | 82 | — |

寺河矿西三集中回风巷地面井压裂影响区井下钻孔最高抽采纯量为 8.8 $m^3$/min，平均抽采纯量为 5.21 $m^3$/min，最高抽采浓度为 92%，平均抽采浓度为72.5%，累计抽采时间达 9 个月，累计抽采瓦斯纯量为 204.81 万 $m^3$。

(3) 生产区精准抽采技术体系

基于采动扰动剧烈和井下工程全开放的特点，运用定向钻机精准完成了区域递进式顺层钻孔、穿层钻孔及高位定向长钻孔等，精准均衡抽采工作面煤层气，有效解决了常规钻孔轨迹不可控、易形成抽采盲区及抽采效果差等难题，实现了生产区井下抽采精准达标，确保万无一失。同时，针对生产区上隅角瓦斯积聚的问题，采用地面 L 形井进行生产区煤层气地面抽采。

① 井下区域递进式定向长钻孔精准均衡抽采技术

对于地面预抽存在的降量（瓦斯含量）减压（瓦斯压力）不均衡的难题，研发煤矿井下大功率定向钻机，采用井下定向长钻孔融合瓦斯含量定点取样测试和构造探测等技术建立融合剩余瓦斯、地层及构造等信息的井下区域递进式定向长钻孔精准均衡抽采技术，与地面预抽井协同配合，对目标煤层进行全区域精准覆盖，递进抽采，整体均匀降低目标煤层的瓦斯含量，提高抽采效率，实现煤层气抽采无盲区，如图 4-21 所示。

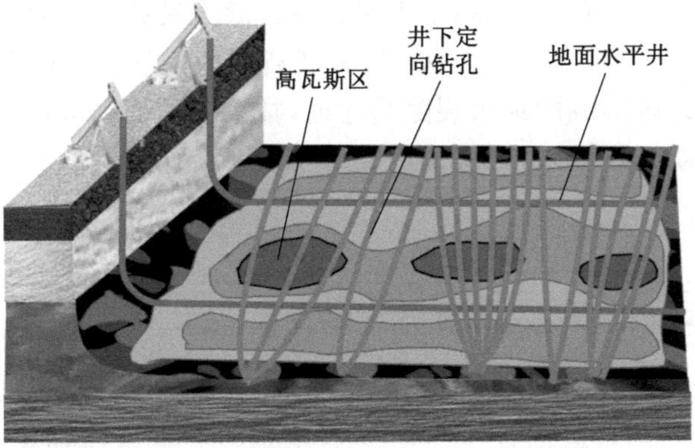


图 4-21　井下区域递进式定向长钻孔精准均衡抽采

该技术在赵庄矿、长平矿、寺河矿、成庄矿等示范矿井累计施工定向钻孔 $2.2\times10^6$ m，单个钻孔长度达 400 m，成孔率达 70%，取得了良好的煤层气抽采效果。赵庄矿、长平矿施工的井下顶板长钻孔群平均日瓦斯抽采量为 2.7 万 $m^3$，采动区瓦斯抽采率达 70.8%，保障工作面日产量可达 2.8 万 t。此外，井下区域递进式定向长钻孔精准均衡抽采技术在山西焦煤集团也得到了很好的推广应用。

② 采动区地面 L 形井抽采技术

高瓦斯矿井生产区，受采动卸压影响，本煤层和邻近层涌出的大量瓦斯运移到采煤工作面和巷道中，且易在巷道的上隅角积聚，给矿井通风带来巨大挑战。在顶板断裂带完成地面大直径 L 形水平井，进行地面负压抽采，以达到代替高抽巷的目的，高效解决高产工作面上隅角瓦斯超限问题，如图 4-22 所示。

寺河矿 3313 工作面 L 形井水平段长度大于 800 m，垂直井孔径达 377 mm，已试验的 L 形井在工作面正常生产条件下平均日抽采纯量达 1.15 万 $m^3$，最高达 3.2 万 $m^3$，瓦斯浓度最高达 96%，为采煤工作面高效生产提供了安全保障。

图 4-22　L 形水平井抽采技术

③ 井下顶板高位定向钻孔群“以孔代巷”技术

井下顶板高位定向钻孔群进行瓦斯抽采时，利用巷道内钻场，在工作面回采之前，以大倾角上仰开孔钻进至煤层顶板；然后，利用随钻测量定向钻进技术进行造斜钻进先导孔，对实钻钻孔轨迹进行实时准确测量和精确控制，使钻孔进入工作面回采后的采空区“O”形圈断裂带内，并沿其延伸；先导孔完成后，下入扩孔钻具增大钻孔直径，以增加与断裂带接触面积。由于施工钻孔长，且主要孔段均在“O”形圈断裂带内延伸，钻孔可长期稳定存在。钻孔以工作面回采时采动卸压形成的顶板裂隙为通道，抽采工作面释放的瓦斯，从而实现了工作面采动区和采空区瓦斯高效抽采，原理如图 4-23 所示。

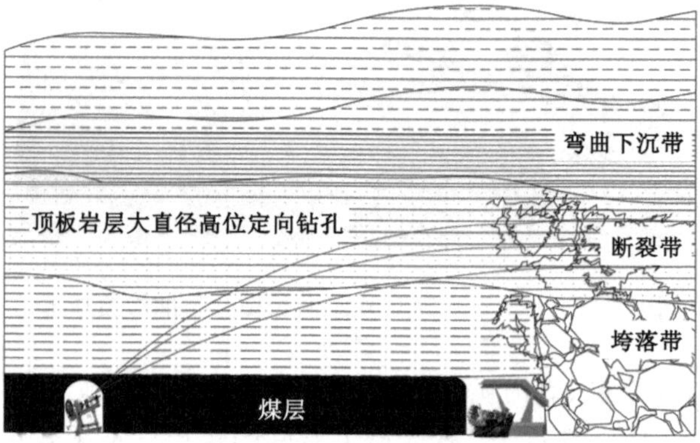


图 4-23　顶板高位定向钻孔瓦斯抽采示意图

井下顶板高位定向钻孔群“以孔代巷”技术在寺河矿和成庄矿进行了示范应用，完成工程进尺 34 241 m，平均孔深达 418 m，在提高了抽采钻孔钻进效率的同时，也提升了井下瓦斯的抽采效果。

(4) 采空区地面钻采技术体系

我国煤矿经过长期开采，采空区数量巨大，开采后的残留煤炭、邻近不可采煤层、顶底板含气含煤岩层中仍残存大量的煤层气资源并向采空区积聚。针对煤炭采空区煤层气资源赋存规律不清、资源量评估困难、采空区裂隙发育层位难选、钻井液漏失及安全抽采技术缺乏等技术难题，形成了煤矿采空区地面钻采技术。针对采空区地层松散、裂隙发育的特点，将抽采井井身结构由二开优化为三开，二开固井封闭断裂带上部含水层，三开下入割缝套管护壁(图 4-24)。在采动影响的裂隙发育区，采用压缩氮气钻井工艺，用氮气取代泥浆或空气作为循环介质，以避免堵塞产气裂隙、有效抑制瓦斯爆炸、保证钻井安全性。

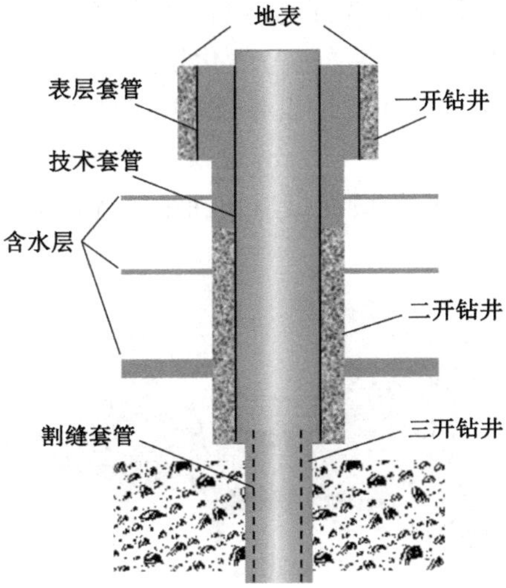


图 4-24　采空区煤层气井井身结构示意图

废弃矿井采空区地面钻采技术已在晋城、西山、阳泉等山西重点煤矿区完成了 129 口井的示范推广，累计抽采利用煤层气 1.28 亿 $m^3$，相当于减排 $CO_2$ 192 万 t，有效消除了煤矿井下采空区瓦斯积聚造成的安全隐患，增加了清洁能源资源，为我国废弃矿井采空区煤层气开发提供了示范(图 4-25)。

(a) 煤矿采空区分布式提纯系统

(b) 低浓度煤层气直接燃烧制热系统

图 4-25　煤层气高效利用设施

## 4.3.3　西南地区井下水力压裂技术

### 4.3.3.1　现场应用方案

(1) 应用煤矿概况

测试煤矿位于贵州金沙西南部，该煤矿设计生产能力为 150 万 t/a，可采储量为 10 621 万 t，属于突出矿井。主采的 9 煤层瓦斯含量大、压力高(实测标高 +787 m 及以上，原始瓦斯含量为 23.42 $m^3/t$，瓦斯压力为 2.05 MPa)。目前矿井主要采用底抽巷施工穿层钻孔、本煤层顺层钻孔、专用瓦斯治理巷等预抽煤层瓦斯措施，但由于煤层透气性差、钻孔瓦斯抽采效率低，区域煤层瓦斯抽采达标周期长、矿井采掘接续紧张、瓦斯治理成本高。

结合测试煤矿开拓布置和采掘接替情况，拟在二采区 20915 工作面瓦斯治理专用巷施工 9 煤层顺层钻孔，进行水力压裂煤层增透与强化抽采测试，对测试煤矿 9 煤层开展区域瓦斯高效抽采技术研究工作。测试区间测试设备(图 4-26)位于 20195 工作面瓦斯治理专用巷 242～422 m 处，该区间煤层埋深约为 482 m，煤层平均厚度约为 3.3 m，煤层倾角为 8°～12°，煤体坚固性系数 $f$ 为 1.5～2.7，根据煤层埋深推算煤层原始瓦斯含量为 18.89 $m^3/t$。

图 4-26　压裂设备

(2) 压裂参数设计

① 压裂方式：9 煤层顺层钻孔水力压裂方式设计为整体压裂。

② 压裂液：为避免压裂液污染煤层，水力压裂施工压裂液选用清水。

③ 煤层破裂压力估算：煤层破裂压力常采用地面钻孔注入/压降试井测试方法进行直接测定，试验井田内尚未进行地面钻孔注入/压降试井，测得 9 煤层平均破裂压力梯度约为 1.13～2.99 MPa/hm。计算得到 9 煤层破裂压力为 5.45～14.41 MPa。

④ 压裂用水量计算：依据 9 煤层压裂影响范围、煤层厚度、含水率等参数，计算得到压裂钻孔 YL1 和 YL2 的压裂用水量为 475 $m^3$，YL3 的压裂用水量为 605 $m^3$。

⑤ 钻孔参数设计：测试钻孔类型及钻孔布置参数如表 4-7 所示。

**表 4-7　钻孔类型及钻孔布置参数**

| 钻孔类型 | 钻孔编号 | 开孔位置 | 钻孔结构 | 孔径/mm | 孔深/m |
|---|---|---|---|---|---|
| 压裂钻孔 | YL1 | 20915 工作面瓦斯治理专用巷 K0+267 m 处 | 二开 | 一开 153，二开 94 | 200 |
| | YL2 | 20915 工作面瓦斯治理专用巷 K0+322 m 处 | 二开 | 一开 153，二开 94 | 200 |
| | YL3 | 20915 工作面瓦斯治理专用巷 K0+382 m 处 | 二开 | 一开 153，二开 94 | 200 |
| 考察钻孔 | KC1 | 20915 工作面瓦斯治理专用巷 K0+242 m 处 | 一开 | 94 | 90 |
| | KC2 | 20915 工作面瓦斯治理专用巷 K0+297 m 处 | 一开 | 94 | 90 |
| | KC3 | 20915 工作面瓦斯治理专用巷 K0+352 m 处 | 一开 | 94 | 90 |
| | KC4 | 20915 工作面瓦斯治理专用巷 K0+422 m 处 | 一开 | 94 | 90 |
| 抽采钻孔 | 第 1 组 | 间距 3 m | 一开 | 94 | 163 |
| | 第 2 组 | 间距 5 m | 一开 | 94 | 175 |
| | 第 3 组 | 视前 2 组效果综合决定 | 一开 | 94 | 180 |

(3) 钻孔布置设计

为了保证水力压裂施工的顺利进行,同时保障水力压裂效果,在压裂钻孔 50 m 内不能有钻孔或巷道。在巷道掘进过程中,巷帮两侧 15 m 内已经施工了钻孔进行瓦斯抽采,因此,压裂钻孔距离巷道掘进头安全距离设置为 70 m,距已经施工的钻孔 50 m。

测试共设计 3 个压裂钻孔,沿巷道掘进方向钻孔编号依次为 YL1、YL2、YL3,分别位于 20915 工作面瓦斯治理专用巷 K0+267 m、K0+322 m、K0+382 m 处上帮,向 20913 工作面方向施工。

压裂钻孔采用二开结构(图 4-27),其中一开为开孔段,孔深为 72 m,孔径为 153 mm,施工完成后向孔内布置 $\phi$127 mm 套管,采用"两堵一注"水泥砂浆带压封孔,封孔完成后凝固 72 h,随后扫孔进行打压测试,压力不低于 6 MPa、稳压时间不小于 30 min 为封孔合格;二开孔径为 94 mm,孔深为 128 m。

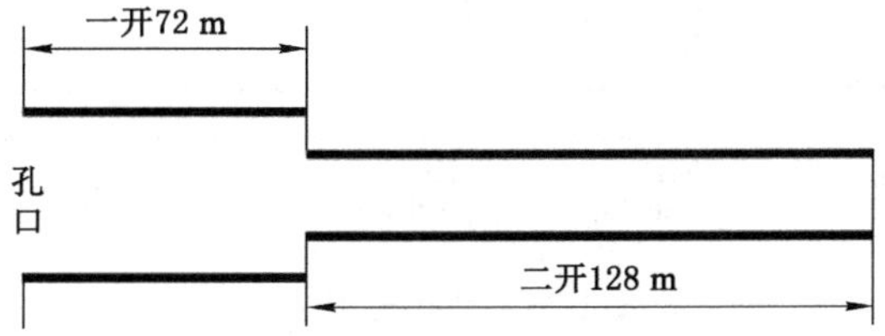


图 4-27 压裂钻孔孔身结构

采取水力压裂增透煤层后,需在压裂钻孔和考察钻孔之间施工瓦斯抽采钻孔,以提高瓦斯抽采效率。抽采钻孔设计两种布置方式:一种是矿方现有瓦斯抽采钻孔布置方式,考察钻探工程量不变的前提下所节省图 4-28 所示钻孔施工情况的抽采时间;另一种是加大钻孔间距,考察不改变抽采达标时间前提下所减少的钻探工程量。设计第 1 组测试抽采钻孔间距为3 m,孔深为 163 m,初步设计第 2 组测试抽采钻孔间距为 5 m(根据第 1 组钻孔实际抽采效果确定),第 3 组测试抽采钻孔间距根据第 1 组和第 2 组钻孔瓦斯抽采效果综合确定。考察不同钻孔间距下的瓦斯抽采情况,以确定抽采钻孔的合理布置方式。

4.3.3.2 *应用效果分析*

水力压裂施工结束后,在压裂钻孔和考察钻孔之间施工抽采钻孔,抽采钻孔孔深为 163 m,孔径为 94 mm,封孔深度为 8 m,钻孔间距为 3 m。钻孔施工完成后进行封孔连抽,并监测第 1 组抽采钻孔瓦斯浓度,累计监测 1 个月,压裂前后抽采钻孔瓦斯浓度变化情况如图 4-29 所示。

由图 4-29 可以看出:煤层在经过水力压裂后,部分抽采钻孔的瓦斯浓度变化达到 50%左右。这是因为在高压水的作用下,煤层内部的裂隙得以扩展,煤层的变形影响范围逐渐扩大,裂隙之间相互贯通,从而有利于瓦斯通道的形成,使得煤层的透气性及孔隙率得到改善,促进瓦斯流动,大量瓦斯流向抽采钻孔,抽采钻孔内的瓦斯浓度大幅度提高。为进一步分析压裂钻孔 YL1、YL2 和 YL3 对煤层的压裂效果,对考察钻孔 KC1、KC2、KC3 和 KC4 进行 30 d 的平均瓦斯流量数据统计,并与常规抽采钻孔的平均瓦斯流量数据进行对比,如图 4-30 所示。

由图 4-30 可以看出,考察钻孔的瓦斯流量明显高于未压裂煤层常规抽采钻孔的瓦斯流

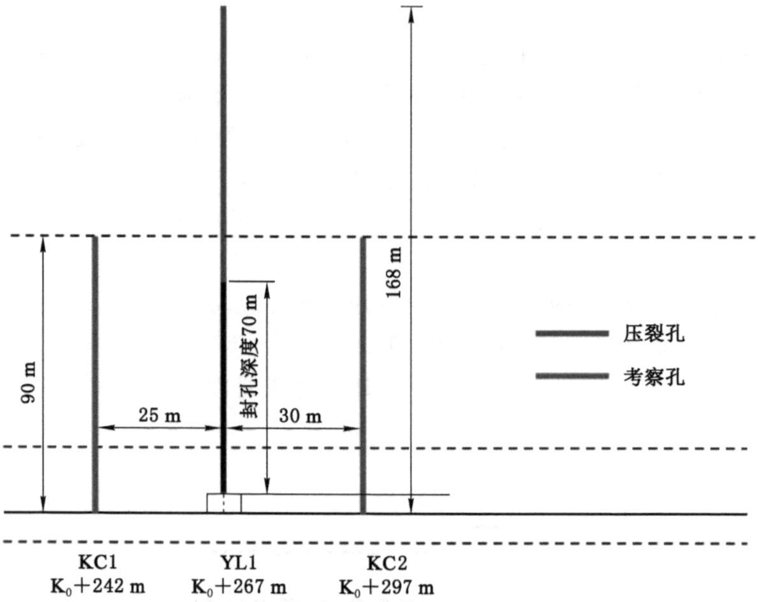


图 4-28 钻孔施工情况

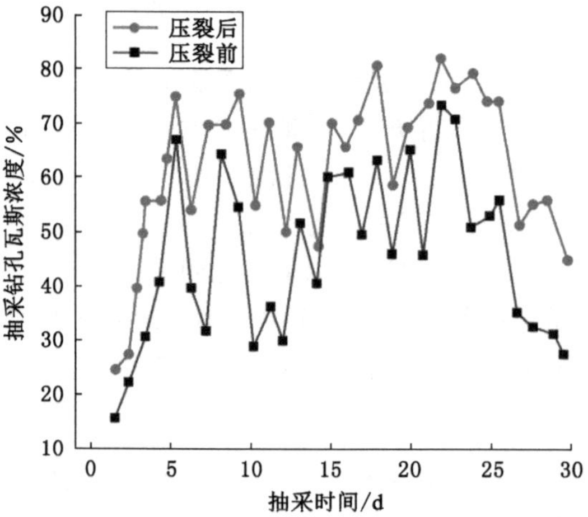


图 4-29 压裂前后抽采钻孔瓦斯浓度变化情况

量。由此可知，水力压裂能够有效改善煤层的瓦斯流动条件，促进瓦斯流动，从而提高煤层瓦斯抽采量。现场测试数据表明，压裂区域抽采钻孔瓦斯纯量平均为 0.120 $m^3$/min。同时，收集测试煤层瓦斯治理专用巷压裂区域以外 12 个常规钻孔瓦斯流量数据，计算得出百米钻孔瓦斯纯量平均为 0.038 $m^3$/min。压裂区域瓦斯纯量是未压裂区域的 3 倍左右。通过现场测试数据计算得出：压裂区域内瓦斯累计抽采量为 25 920 $m^3$，而压裂区域外瓦斯累计抽采量为 10 756 $m^3$。对比数据可知，水力压裂后瓦斯抽采量较未压裂区域有大幅度提高。因此，可以看出水力压裂能够有效提高区域煤层瓦斯治理效率及瓦斯抽采量，从而达到消突的目的。

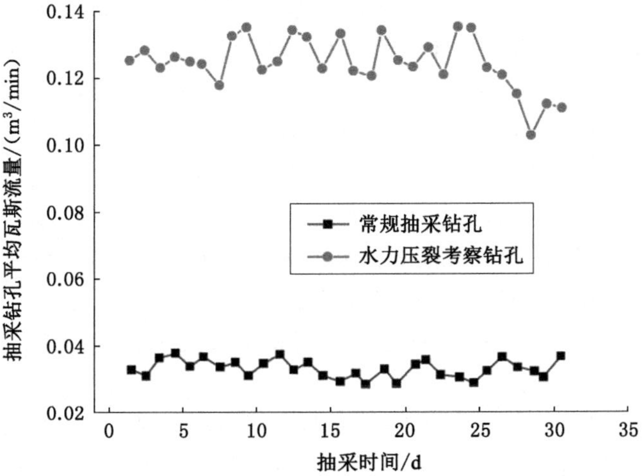


图 4-30　抽采钻孔瓦斯流量

# 参考文献


[1] 卢海平,张庆玉,赵春红,等.浅议天然气、煤层气、页岩气成藏特征及勘探开发[J].中国矿业,2020,29(增刊 2):398-401.

[2] 张遂安.煤层气资源特点与开发模式[J].煤田地质与勘探,2007,35(4):27-30.

[3] 魏晔.煤层气成因及产地研究[J].山西科技,2014,29(6):64-66.

[4] 秦勇.中国煤层气成藏作用研究进展与述评[J].高校地质学报,2012,18(3):405-418.

[5] 李相方,蒲云超,孙长宇,等.煤层气与页岩气吸附/解吸的理论再认识[J].石油学报,2014,35(6):1113-1129.

[6] 薛会,张金川,刘丽芳,等.天然气机理类型及其分布[J].地球科学与环境学报,2006,28(2):53-57.

[7] 马东民.煤层气吸附解吸机理研究[D].西安:西安科技大学,2008.

[8] 钟敏.高瓦斯低透气性煤层抽采增透技术研究现状与发展方向[J].科技经济市场,2013(11):15-18.

[9] 张有狮.煤矿井下水力压裂技术研究进展及展望[J].煤矿安全,2012,43(12):163-165,172.

[10] BADEJO I S. Coalbed methane development and environmental sustainability in Alberta[J]. SSRN electronic journal,2007.

[11] BAKER G, SLATER S. The increasing significance of coal seam gas in eastern Australia[R]. [S. l. :s. n. ],1980.

[12] 王梓麟,时婧玥,徐栋,等.煤储层无水压裂技术现状及展望[J].钻采工艺,2024,47(1):80-86.

[13] 王恩元,汪皓,刘晓斐,等.水力冲孔孔洞周围煤体地应力和瓦斯时空演化规律[J].煤炭科学技术,2020,48(1):39-45.

[14] 李鹏.水力冲孔增透瓦斯抽采技术研究[J].煤炭技术,2015,34(5):142-144.

[15] ROZANTSEV E S,VERSHININ N G,RUDAKOV V A. Properties of burst-prone Kuzbass seams as a criterion for assessing the applicability of hydraulic flushing of cavities[J]. Soviet mining science,1969,5(2):179-182.

[16] 俞启香.煤巷掘进预防煤及瓦斯突出的技术:超前水力冲孔[J].北京矿业学院学报,1959(4):52-57.

[17] 谭东升,张世杰,燕林.松软煤层穿层钻孔水力冲孔与水力割缝卸压增透效果研究[J].山东煤炭科技,2021,39(5):162-163,169.

[18] 刘英振,刘彦伟,郝天轩.水力冲孔掩护煤巷掘进技术研究与应用[J].煤炭科学技术,2013,41(11):82-85.

[19] 任培良.水力冲孔卸压增透技术的研究与应用[D].焦作:河南理工大学,2009.

[20] 李雷,周少玺."三软"低透气性煤层水力冲孔增透效果分析与评价[J].煤炭技术,2021,40(9):90-93.

[21] 张永将,孟贤正,季飞.顺层长钻孔超高压水力割缝增透技术研究与应用[J].矿业安全与环保,2018,45(5):1-5.

[22] 刘非非,黄渊跃,徐全,等.进退式高压水射流割缝对煤层卸压增透效果的影响[J].煤矿安全,2014,45(9):165-168.

[23] 刘生龙,朱传杰,林柏泉,等.水力割缝空间分布模式对煤层卸压增透的作用规律[J].采矿与安全工程学报,2020,37(5):983-990.

[24] 闫发志,朱传杰,郭畅,等.割缝与压裂协同增透技术参数数值模拟与试验[J].煤炭学报,2015,40(4):823-829.

[25] 张永将,黄振飞,季飞.基于水力割缝卸压的煤岩与瓦斯动力灾害防控技术[J].煤炭科学技术,2021,49(4):133-141.

[26] 高亚斌,林柏泉,杨威,等.高突煤层穿层钻孔"钻-冲-割"耦合卸压技术及应用[J].采矿与安全工程学报,2017,34(1):177-184.

[27] 卢义玉,葛兆龙,李晓红,等.脉冲射流割缝技术在石门揭煤中的应用研究[J].中国矿业大学学报,2010,39(1):55-58.

[28] 李宗福,孙大发,陈久福,等.水力压裂-水力割缝联合增透技术应用[J].煤炭科学技术,2015,43(10):72-76.

[29] LU T K,ZHAO Z J,HU H F. Improving the gate road development rate and reducing outburst occurrences using the waterjet technique in high gas content outburst-prone soft coal seam[J]. International journal of rock mechanics and mining sciences,2011,48(8):1271-1282.

[30] 林柏泉,张其智,沈春明,等.钻孔割缝网络化增透机制及其在底板穿层钻孔瓦斯抽采中的应用[J].煤炭学报,2012,37(9):1425-1430.

[31] 卢义玉,李瑞,鲜学福,等.地面定向井+水力割缝卸压方法高效开发深部煤层气探讨[J].煤炭学报,2021,46(3):876-884.

[32] 李瑞,卢义玉,葛兆龙,等.地面井卸压的煤层气开发新模式[J].天然气工业,2022,42(7):75-84.

[33] 桑树勋，秦勇，姜波，等. 淮南地区煤层气地质研究与勘探开发潜势[J]. 天然气工业，2001，21(5)：19-22.

[34] 孔祥喜，唐永志，李平，等. 淮南矿区松软低透煤层煤层气开发利用技术与思考[J]. 煤炭科学技术，2022，50(12)：26-35.

[35] 李琰庆，唐永志，唐彬，等. 淮南矿区煤与瓦斯共采技术的创新与发展[J]. 煤矿安全，2020，51(8)：77-81.

[36] 甘林堂. 地面钻井抽采被保护层采动区卸压瓦斯技术研究[J]. 煤炭科学技术，2019，47(11)：110-115.

[37] 李国富，张遂安，季长江，等. 煤矿区煤层气"四区联动"井上下联合抽采模式与技术体系[J]. 煤炭科学技术，2022，50(12)：14-25.

# 第5章 致密砂岩气开发前沿

## 5.1 致密砂岩气定义及成藏

### 5.1.1 致密砂岩气的定义

致密砂岩气(tight sand gas 或 tight sand stone gas),又称致密气(tight gas),通常是指低渗-特低渗砂岩储层中,无自然产能,需通过大规模压裂或特殊采气工艺技术才能产出具有经济价值的天然气。该定义同样适用于煤层气、页岩气及致密碳酸盐岩储层气。

#### 5.1.1.1 致密砂岩气的常规定义及划分标准

致密砂岩的主要特点为砂岩储层致密。“致密”是一个描述性的词语,不同国家、学者在不同的历史时期对其有不同的定义。1980 年,美国政府将致密气藏定义为岩石气渗透率小于 0.1 mD 的储层气藏。这个定义具有政治意义,决定一口致密储层气井是否需要缴纳联邦税或州税。Law[1]对致密气物性上限的界定与此相同。2010 年中国石油天然气集团公司制定行业标准界定致密气为覆压基质渗透率(原地渗透率)小于 0.1 mD 的气藏。德国认为致密气藏指储层平均有效气渗透率小于 0.6 mD 的气藏。英国将储层渗透率小于 1 mD 的气藏定义为致密气藏。美国地质勘探局(USGS)认为致密气藏圈闭于矿物高度混杂的砂岩、页岩或石灰岩地层中,具有很低的渗透率和孔隙度。常规天然气在钻井之后可以很容易开采,而致密气藏天然气需要采用水力压裂等措施才能有效开采。Holditch[2]认为致密气藏是指需经大型水力压裂改造措施,或者采用水平井、多分支井才能产出工业气流的气藏。邹才能等[3]认为致密砂岩气为孔隙度<10%、原地渗透率$<0.1\times10^{-3}$ $\mu m^2$或空气渗透率$<1.0\times10^{-3}$ $\mu m^2$、孔喉半径<1 μm、含气饱和度<60%的砂岩中储集的天然气,一般无自然工业产量,但在采取一定经济条件和技术措施后,可以获得工业天然气产量。2022 年,我国制定了国家标准《致密砂岩气地质评价方法》(GB/T 30501—2022),在此标准中将覆压基质渗透率不足$10^{-4}$ $\mu m^2$的砂岩气称为致密砂岩气,如表 5-1 所示。

**表 5-1 砂岩储层按覆压基质渗透率分类情况**

| 分类 | 高渗 | 中渗 | 低渗 | 特低渗 | 致密 |
|---|---|---|---|---|---|
| 覆压基质渗透率/($10^{-3}$ $\mu m^2$) | >50 | >10~50 | >1~10 | >0.1~1 | ≤0.1 |

致密砂岩气在北美已经得到充分的开发利用,美国致密砂岩气产量占据非常规天然气生产的主导地位。2008 年,美国 900 个气田中致密气生产井超过 40 000 口,年产气量为

1 880 亿 $m^3$，占美国陆上天然气产量的三分之一。据国际能源机构估算，世界范围内天然气剩余技术可采储量中，致密砂岩气储量为 $7.6\times10^{13}$ $m^3$，占非常规天然气资源的 23%，占总天然气资源的 10%，具有很大的资源潜力[4]。

#### 5.1.1.2　致密砂岩气的储层划分参数及地质定义

(1) 致密砂岩气的储层划分参数

渗透率是致密砂岩气储层划分的一个重要参数。实际应用中，渗透率采用不同的定义和参考值，如地层渗透率、空气渗透率、有效渗透率及绝对渗透率等。实际上，地层渗透率与空气渗透率存在较大差异，一般含水饱和度增加、上覆地层压力增加都会导致空气渗透率显著降低，岩样在含水饱和度为 55%时，空气渗透率仅为干样的 1/7～1/3；地层压力为 3.5～35 MPa 时，地层渗透率仅为克氏渗透率的 1/25～1/2。

由此可见，致密砂岩气藏最重要的参数是地层渗透率、原岩应力、含水饱和度和孔隙度。然而，在许多国家，致密气藏是由流量来定义的，而不是用渗透率来定义的；也有学者认为致密气藏的界定应由许多物理因素和经济因素共同决定。

(2) 致密砂岩气的地质定义

致密砂岩气储层与常规砂岩储层具有相似的岩石矿物组成及相同的沉积环境，但在孔隙结构上存在显著差异。常规砂岩储层以孔喉半径大于 1 μm 的微米级孔隙为主，而致密砂岩气储层主要包含孔喉半径小于 1 μm 的纳米-亚微米级孔隙[5]。致密砂岩气藏的地质定义可表述为在非浮力驱动下，以游离气为主、吸附气为辅，以区域性大面积分布形式聚集在致密砂岩中的气藏。对于常规砂岩储层而言，天然气通过浮力克服储层毛细管阻力驱替自由孔隙水在圈闭中聚集成藏。然而，在致密砂岩中，天然气的浮力难以克服储层毛细管阻力，只能通过气体膨胀的方式驱替孔隙中自由水。

### 5.1.2　致密砂岩气藏的分类

目前，根据研究方向的不同，致密砂岩气藏有多种分类方式，如根据致密砂岩气藏的成因、储层致密化过程、天然气运移的流体动力特征、致密砂岩成藏与构造演化关系特征及其不同成藏规律、致密砂岩气所处的构造部位分类等[6]。

#### 5.1.2.1　根据致密砂岩气藏的成因分类

(1) 成藏分类

庞雄齐等[7]根据致密砂岩气藏的成因机制将其分为致密常规砂岩气藏、致密深盆砂岩气藏及致密复合型砂岩气藏。

致密常规砂岩气藏发育于沉积盆地深部，成因和产状特征与常规油气藏类同[8]。其特征为储层后期致密化(天然气充注之后)，源岩可近源也可远源聚集，气水分布服从重力分异原理，呈气上水下分布模式。其概念模式如图 5-1(a)所示。

致密深盆砂岩气藏发育于沉积盆地深部深坳区或向斜带中。其特征为储层前期致密化(天然气充注之前)，并要求储层孔隙度和渗透率应分别小于 12%和 $1\times10^{-3}$ $\mu m^2$。近源或直接聚集成藏是其最有利的形成条件，气水一般呈倒置关系分布，气藏压力可为异常高(低)压，且一般分布于盆地或坳陷深部或宽缓的斜坡上。其概念模式如图 5-1(b)所示。

致密复合型砂岩气藏发育于沉积盆地深部的深坳区、背斜带或斜坡上。在盆地深部条件下，先期形成的常规气藏和后期的深盆气藏叠加复合形成复合型气藏。成藏过程具体表现为，常规气藏到致密常规气藏，再与深盆气藏叠加形成致密复合型气藏。其概念模式如图 5-1(c)所示。

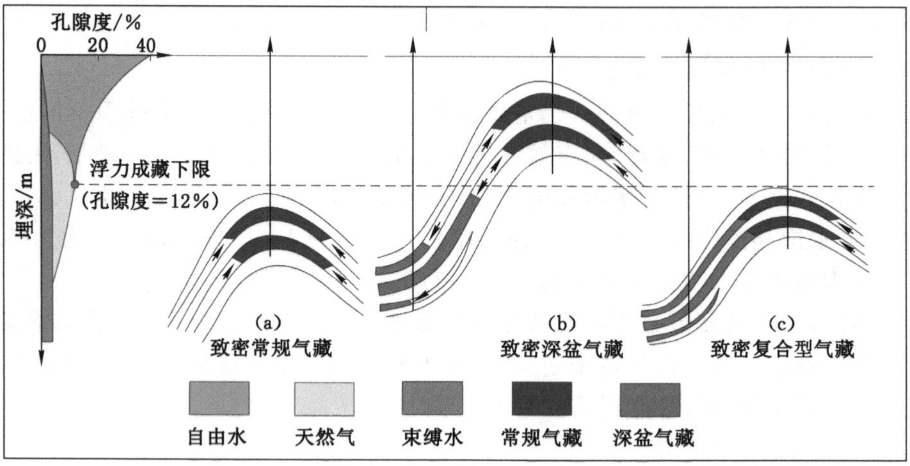


图 5-1　根据致密砂岩气藏的成因分类

(2) 成藏过程

致密常规砂岩类气藏成藏过程为：① 烃源岩大量生排烃；② 已排出的天然气受浮力等作用影响，运移并聚集形成常规气藏；③ 生排烃高峰结束后，储层开始致密化，一部分先期保存的气体排出并运移聚集形成次生气藏，同时仍有部分气体残留在储层中；④ 储层致密化结束后，由于构造改造作用部分残留气得以排出并形成构造裂缝型气藏。此成藏过程可简记为烃源岩生排烃→运聚成藏→储层致密化→构造改善的过程。

致密深盆砂岩类气藏成藏过程为：① 在烃源岩生排烃高峰前，储层已致密；② 排出烃慢慢蓄积并逐渐进入致密砂岩气储层中，形成气下水上的气藏；③ 当烃源岩生排烃且聚集成藏的效率高于天然气扩散损失效率时，散失气仍可在上倾构造带聚集成次生气藏。此成藏过程可简记为储层致密化→气体充注→聚集成藏。

致密复合型砂岩类气藏成藏过程为：① 烃源岩生排烃并运聚成常规气藏；② 致密深盆气藏形成(也可与常规气藏同时形成)；③ 在构造埋深过程中，常规油气藏储层逐渐致密化；④ 常规致密气藏与深盆气藏复合叠加归一化形成致密复合型气藏。此成藏过程可简记为常规气藏形成→致密深盆气藏形成→常规气藏致密化→致密复合型气藏形成的演化过程。

### 5.1.2.2　根据储层致密化过程分类

(1) 姜振学等[9]根据源岩排烃史和储层致密化过程的先后关系将致密砂岩气藏分为两类，如图 5-2 所示。如果储层致密化过程发生在源岩生排烃高峰期天然气充注之前，即储层先致密，则称为储层先期致密深盆气藏型(简称为“先成型”深盆气藏)；如果储层致密化过程发生在源岩生排烃高峰期天然气充注之后，即储层后致密，则称为储层后期致密气藏型(简称为“后成型”致密气藏)。

“先成型”深盆气藏在气藏成藏时储层物性已经变得致密，“后成型”致密气藏在气藏成藏时储层并非致密，而是由于受后期成岩演化或构造挤压而变得致密。两种致密砂岩气藏

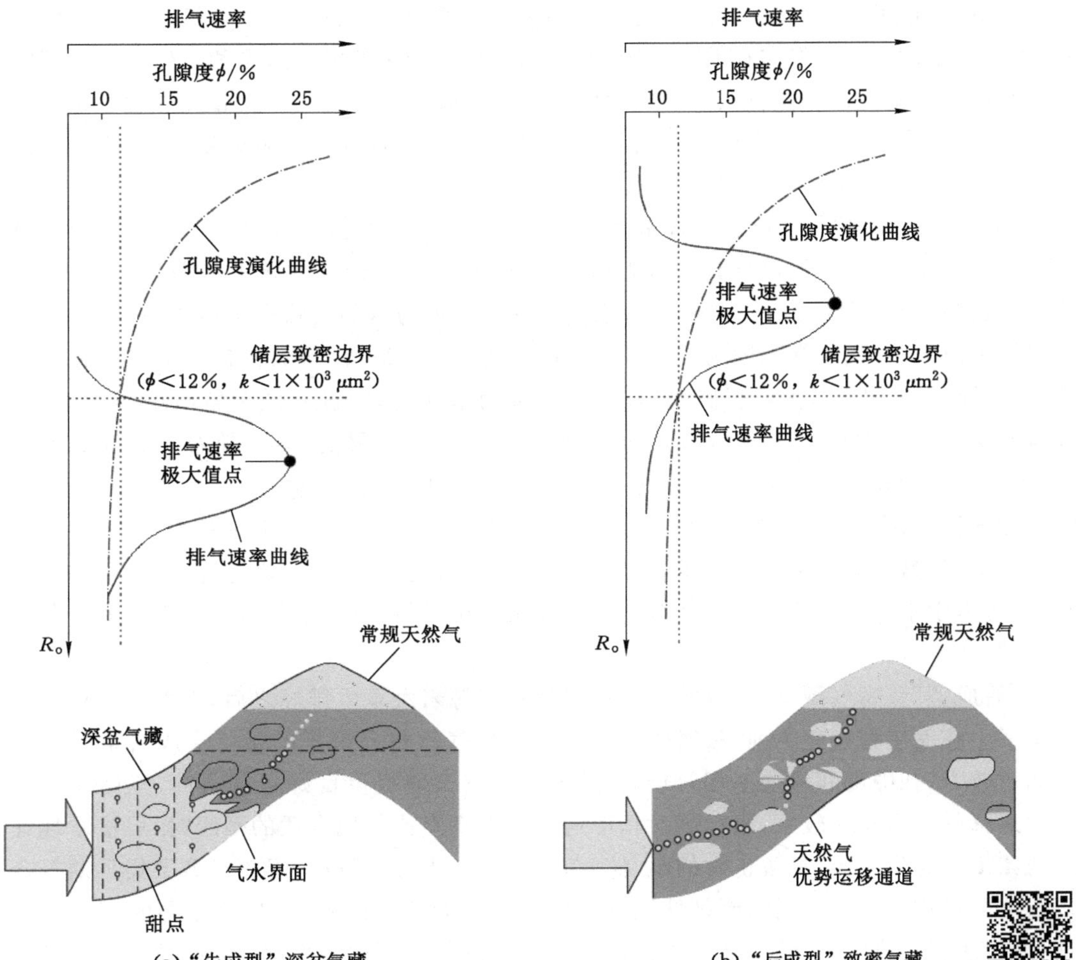


图 5-2　根据储层致密化过程分类

的地质储量都很大，“先成型”深盆气藏由于致密储层大面积分布，含气厚度大、范围广，可形成所谓的“满盆气藏”，但天然气的储量丰度较低；而“后成型”致密气藏由于受常规构造、地层、岩性圈闭的控制，分布范围相对较小，连通性相对较差，含气面积最大不超过圈闭范围。“先成型”深盆气藏的储量计算通常视储层的体积而定，而“后成型”致密气藏则依据圈闭规模及充满度而定。

“先成型”深盆气藏对源岩条件要求相对苛刻，要求源岩有机质含量高、干酪根类型以Ⅲ型为主、演化程度高、分布面积大、厚度大等，而且更关键的是生、排气高峰出现的地质时代较晚且持续时间较长，乃至现今仍有较强的生气能力，这是深盆气藏动态圈闭具有一定规模并能保存至今的最重要的物质保证。“先成型”深盆气藏不需要传统意义上的圈闭条件，力平衡界面是该类圈闭的最大边界。深盆气藏圈闭类型主要为生烃补给与散失平衡的动态圈闭，动态性特征较强，在深盆气藏圈闭的内部通常发育一些由相对高孔渗的砂体（甜点）形成的圈闭类型，一般以岩性圈闭、成岩圈闭及裂缝圈闭为主。

“后成型”致密气藏要求的源岩相对“先成型”深盆气藏要宽泛得多，气体来源多样，既可一次性供应,也可多期供应,成藏后与源岩的关系不密切。“后成型”致密气藏圈闭以静态为主,可有短暂的动态。气藏在储层致密化以前,圈闭类型主要以构造型和岩性地层型圈闭为主。在储层致密化以后,气体已无法大规模运移,在晚期构造运动以及叠加裂缝系统作用的改造下,形成了以古构造、古圈闭为背景的多种类型复合圈闭,如构造-岩性、构造-成岩、断层-岩性及断层-背斜等圈闭,含气面积最大不超过圈闭范围。

(2) 对“先成型”和“后成型”致密砂岩气藏的形成过程很多学者已做了大量研究。对于“先成型”致密砂岩气藏,最早有人认为这种特殊的、非常规的气藏属于水动力造成的“悬挂式”气藏;Masters[10]认为,气水相对渗透率的变化可以为这种气藏提供遮挡条件,水饱和度高可以形成水堵,当水饱和度为60%时,岩石对气几乎不渗透,从而在含气部位上方形成水堵封闭;Brown 等[11]认为,这种气藏是由毛细管力造成的,即进入低渗岩石中的天然气,在克服孔隙中充满水的毛细管压力之前,它们是不会发生运移的,只有随着天然气的不断补给,下倾部位的孔隙压力增大,气体才会克服毛细管限制力向上倾方向运移。庞雄奇等[12]将深盆气藏成藏机理总结为力学平衡(供气热膨胀力+气体浮力=毛细管力+静水压力)和物质平衡(深盆气藏赋集气量=源岩供给气量-盖层散失气量-气水边界散失气量)两种机理,通过力学平衡可以确定深盆气藏的最小埋藏深度,通过物质平衡可以确定深盆气藏的圈闭范围。

“后成型”致密气藏,储层致密化过程发生在气源岩大量生排烃之后,天然气大规模运移聚集发生在储层致密化之前,致密化前后都有天然气运移和聚集的条件。成岩早期储层物性相对较好,孔隙度和渗透率相对较高,既能储集气又能提供良好运移条件,气体在储层中二次运移的阻力相对较小,当运移过程中遇到构造高点或其他合适的圈闭时,可按常规气藏的成藏模式聚集分异,具备正常的生、储、盖组合和气水分布特征,因此气藏聚集早期符合常规气成藏机理。从生烃高峰到某储层进入致密化前的那一段时间,是该储层的聚集关键时期,源岩大量生排气后,储层在成岩作用或构造挤压作用下逐渐致密化,储层中的天然气由于孔隙格架逐渐被压缩,孔隙逐渐减小,气体逐渐被排出孔隙中,圈闭中气体的容积逐渐变小,地层压力不断升高。当储层致密化超过致密化边界时,气体已无法大规模运移和聚集,但是在晚期构造运动相对强烈的地区,天然气后期改造比较严重,早期天然气聚集分布的格局进入晚期重新分配、调整、富集的复式成藏的过程。

#### 5.1.2.3 根据天然气运移的流体动力特征分类

(1) 李昂等[13]根据天然气运移的流体动力特征将致密砂岩气藏分为活塞充注型致密砂岩气藏、混合驱替型致密砂岩气藏及置换聚拢型致密砂岩气藏三种成藏类型。

① 活塞充注型致密砂岩气藏主要分布在构造凹陷区或向斜带。烃源岩与储层邻近接触。源岩多为含煤地层,且供气充足。在烃源岩进入生气门限之前储层已经致密化,这种先期致密的源储配置关系为大范围发育以垂向近生气中心聚集的致密砂岩气藏提供了有利条件。砂体厚度很大,储集空间以溶孔和粒间孔为主,断层、裂缝是天然气运移的优势通道。致密砂岩气富集程度受烃源岩生烃强度和沉积体系控制,“甜点”受有利沉积相带控制。

② 混合驱替型致密砂岩气藏主要分布在前陆盆地前缘斜坡或古克拉通盆地构造掀斜斜坡,一般斜坡倾角较小。这类气藏煤系源岩遍布全盆地,砂体大面积分布,源储交互或近邻叠置。由于含气面积大,也称为连续型气藏[14]。气藏本身物性差,其下倾方向无边底水,

存在气水倒置现象。天然气运移成藏的方式以垂向运移和就近运移为主，部分储层孔渗较好，可形成"甜点"。

③ 置换聚拢型致密砂岩气藏一般分布在前陆盆地前缘隆起或挤压型盆地褶皱构造高部位，属背斜构造型致密砂岩气藏。其成藏特征类似于常规气藏，气体向上运移以浮力为主，向下排替地层水，气水无倒置现象。气藏所处部位一般构造活动强烈，断层的存在对致密储层具有一定的改善作用，提高了致密砂岩气藏的成藏效率。

(2) 这种致密砂岩气藏的分类主要是由于天然气在致密程度不同的砂岩储层中运移的模式不同。

① 活塞充注型致密砂岩气藏：在向斜低部位处(图 5-3 中 $M$ 点以下)，孔喉半径极其微小。此时，储层中几乎没有自由水，浮力对气体运移的作用甚微，天然气突破毛细管阻力和静水压力主要依靠自身的膨胀力。当气体进入储层后，呈"活塞式"开始驱替孔隙中的水，形成气水倒置的现象，最终形成致密砂岩气藏，也称"深盆气藏"。这种气藏内部任意一点的地层压力等于气水界面之上的静水柱压力与气藏内该点至气水界面处的气柱压力之和[15]。

② 混合驱替型致密砂岩气藏：天然气趋于向相对优质的部位运移。沿储层上倾方向，孔喉半径增大，微裂缝逐渐增多，储存条件变好，气体遂将孔隙水驱替到上倾方向的储层中(图 5-3 中 $S$-$M$ 处)。在此处，孔隙中自由水增多，天然气受浮力作用增强。因此，驱替孔隙水的力也变为气体膨胀力和浮力两种力。当两种力之和小于毛细管阻力与上覆水柱压力之和时，气体无法向上继续突破，将被封存在储层之中。其气水边界处为致密气藏圈闭所能达到的最大范围。这种由气体膨胀力和浮力联合驱替的成藏模式称为混合驱替型致密砂岩气藏。

③ 置换聚拢型致密砂岩气藏：当气源充足时，天然气继续向上运移，此时储层致密程度渐渐趋于常规储层。图 5-3 中的 $S$ 点称为"临界孔喉直径"，在 $S$ 点以上，天然气向上运移的动力以浮力为主[16]。驱替孔隙水的过程类似于油气在常规储层中的驱替过程。由于重力分异作用，天然气充注到圈闭高势区，并把孔隙水置换到气场下部，气水倒置现象消失。在构造强烈的地区，已形成的气藏受到挤压作用，储层变得致密，因此可以形成具有超高压的致密气藏，这类气藏可称为"致密常规气藏"。

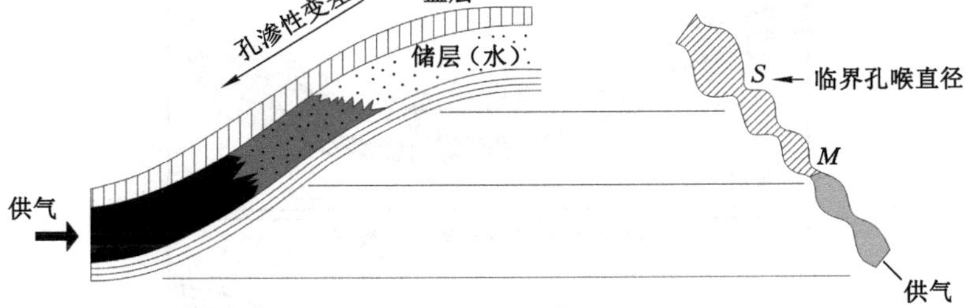


图 5-3　天然气运移的流体动力特征

5.1.2.4　根据致密砂岩成藏与构造演化关系特征及其不同成藏规律分类

(1) 董晓霞等[17]依据致密砂岩成藏与构造演化关系特征及其不同成藏规律，将致密砂岩气藏分为"改造型"致密砂岩气藏和"原生型"致密砂岩气藏。"改造型"致密砂岩气藏的储层致密化既可发生在源岩生排烃高峰期天然气充注之前，也可发生在天然气充注之后。若储层后期致密，则对早期天然气聚集起着锁闭作用，晚期构造作用形成裂缝使气藏得到活化；若储层先期致密，则油气成藏主要依赖于晚期构造作用所形成的裂缝系统，以改善致密储层储渗能力。该类气藏的形成机理基本与常规天然气藏一样，但受后期改造作用影响大，成藏多受构造演化控制。

"原生型"致密砂岩气藏的储层致密化过程发生在源岩生排烃高峰期天然气充注之前。深盆气藏是一种机理类型，可定义为致密储层中与源岩紧密相连存在的气水倒置关系气藏。深盆气成藏不受构造圈闭控制，微弱的构造作用是成藏的有利条件。北美地区发现的致密砂岩气皆属于此类；虽然我国深盆气藏有利分布区域广泛，但我国对深盆气藏的勘探和认识滞后于国外，目前还处于初期阶段，且我国深盆气成藏条件与国外存在较大差异。

(2)"改造型"致密砂岩气藏与"原生型"致密砂岩气藏，在成藏条件、成藏特征及成藏机理上均存在明显差异。"改造型"致密砂岩气藏的气源来源丰富，分别为近源、远源、一次性供气及多期供气。其盖层属常规盖层封闭，气水关系服从重力分异作用，气上水下分布。其输导系统主要依靠后期构造作用形成的断层-不整合面及裂缝系统。

"原生型"致密砂岩气藏的前期致密使其源藏伴生，源储一体，盖层除常规盖层以外，还有气水力平衡。气水关系不服从重力分异作用，呈气下水上分布。受到天然气散失和气源补给作用，气水界面位置不是恒定不变的，因此没有优势输导通道，主要是侧向排驱水运移。

#### 5.1.2.5 根据致密砂岩气所处的构造部位分类

李建忠等[6]按致密砂岩气藏在盆地中所处构造部位，将致密砂岩气藏分为低缓斜坡型、背斜构造型和深部凹陷型致密砂岩气藏，如图 5-4 所示。

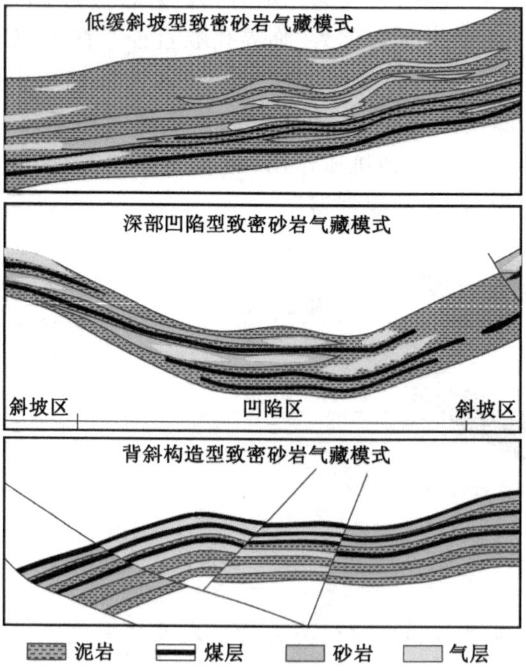


图 5-4 根据致密砂岩气所处的构造部位进行的致密砂岩气藏分类

低缓斜坡型致密砂岩气藏位于不对称盆地(前陆盆地前缘斜坡或古克拉通盆地构造掀斜斜坡)的平缓斜坡区,斜坡区倾角较小,一般小于2°,致密砂体叠置连片,大面积含气。致密砂岩气聚集范围同样受烃源岩生烃强度和沉积体系控制,"甜点"受有利沉积相带控制。该类气藏物性较差,但连续含气且气源供应充足,下倾方向无边底水,气水分布呈倒置特征。富含致密砂岩气的斜坡区域一般长期存在,经历陆表海、海陆交替和内陆河湖等沉积环境,冲积扇-河流-三角洲-湖泊沉积体系大规模叠置发育,互层发育煤系、泥页岩等烃源岩,可形成多套不同时期、不同成因的源储纵向交错叠置砂体。

背斜构造型致密砂岩气藏一般位于前陆盆地前缘隆起或挤压型盆地褶皱构造高部位,气藏特征类似于常规气藏,具有构造高部位相对富集、顶部封盖、气水分异等特征。致密砂岩气的富集程度受喜马拉雅期构造分异作用和裂缝发育程度控制,美国绿河盆地派恩代尔气田即背斜构造型致密砂岩气田。我国四川盆地、塔里木盆地、渤海湾盆地、吐哈盆地和准噶尔盆地等地均发现有背斜构造型致密砂岩气藏。

深部凹陷型致密砂岩气藏位于构造凹陷区或向斜带,具有大范围含气特征,其存在不完全受水柱高度影响,气水分布呈倒置特征,近似于"深盆气藏",通常储层物性差(孔隙度≤12%,覆压基质渗透率≤$10^{-4}$ $\mu m^2$),但气源供应充足。该类气藏天然气来源大多数以直接型气源岩为主,致密砂岩气富集程度受烃源岩生烃强度和沉积体系控制,"甜点"受有利沉积相带控制。

### 5.1.3 致密砂岩气藏特征

在我国发现的致密气藏中,其储层特点与普通的陆相砂岩储层基本一致,但由于储层压实严重和不同地质作用的影响,致密气藏与常规储层的特征有些许差异。例如,致密砂岩气藏的地质特征、多藏特征、含水饱和度特征、产水特征、储层吸附气特征及压力特征等。

#### 5.1.3.1 致密砂岩气藏地质特征

致密砂岩气藏大多分布在盆地中心或盆地构造的深部且呈大面积连续分布,故又称为深盆气藏、盆地中心气藏或连续分布型气藏等。致密砂岩气储层与常规砂岩储层相比,二者在沉积背景和环境、成岩演化、孔隙类型、孔喉结构、孔喉连通性、毛细管压力及应力敏感性等方面均有较大差异,常规砂岩与致密砂岩气储层特征对比见表5-2。

**表5-2 常规砂岩与致密砂岩气储层特征对比**

| 地质特征 | 常规砂岩储层 | 致密砂岩气储层 |
|---|---|---|
| 储层岩石组分 | 石英颗粒含量高,长石、岩屑含量低 | 长石、岩屑含量相对较高 |
| 成岩演化 | 多为中成岩阶段以前 | 中、晚成岩阶段 |
| 孔隙类型 | 原生、次生混合孔隙 | 次生孔隙为主 |
| 孔喉连通性 | 喉道短,连通性好 | 席状、弯曲片状喉道,连通性差 |
| 孔隙度/% | 12~25 | 3~12,一般小于10 |
| 覆压基质渗透率/($10^{-3}$ $\mu m^2$) | >0.1 | ≤0.1 |
| 束缚水饱和度/% | 较低,一般为25~50 | 高,一般为45~70 |

表 5-2(续)

| 地质特征 | 常规砂岩储层 | 致密砂岩气储层 |
|---|---|---|
| 岩石密度/($g/cm^3$) | <2.65 | 2.65～2.74 |
| 毛细管压力 | 低 | 较高 |
| 储层压力 | 一般情况下正常或略低于正常 | 多为高异常地层压力 |
| 应力敏感性 | 弱 | 强 |
| 原地采收率/% | 75～90 | 15～50 |
| 埋藏深度 | 浅—中等 | 深 |
| 气水关系 | 重力分异明显(无气水倒置关系) | 重力分异不明显(部分存在气水倒置关系) |

根据我国陆相坳陷盆地的地质条件，致密砂岩气还具有以下地质特征：① 均为煤成气，组分以烷烃气为主，甲烷含量最高，烷烃气具正碳同位素系列，非烃气(主要是 $CO_2$和 $N_2$)含量低；煤系烃源岩广覆式发育、源储紧邻、近距离垂向运移成藏，大面积“立体”含气，局部富集。② 储层物性差、非均质性强，主要为陆相与海陆过渡相沉积，孔隙度、渗透率均比较低。平均孔隙度为 4%～12%，覆压下渗透率多小于 0.1 mD。③ 含气井段长，纵向上发育多套气层，单层厚度薄且横向变化快，有效砂体呈不连续的透镜状展布，在纵向上呈叠置状分布，气藏局部富集。④ 气水关系复杂，受储层非均质性和构造作用等影响，呈现气水倒置、气水间互和气水界面不明的多样性与复杂性。⑤ 埋深偏大，如鄂尔多斯盆地上古生界、四川盆地须家河组埋深一般为 2 000～5 200 m，准噶尔、塔里木盆地埋深一般为 3 800～7 000 m，塔里木盆地库车坳陷埋深一般约为 8 000 m。⑥ 地层压力异常，如四川盆地、库车前陆盆地为异常高压，压力系数为 1.5～1.8。⑦ 砂体多呈透镜状，我国致密砂岩气储层以陆相沉积为主，单层厚度薄且非均质性很强，在高成岩和低孔渗条件下很有可能会形成不连续的透镜状砂体。例如，东濮坳陷沙河街组，砂体多为小型三角洲、湖底扇、重力流水道成因，目前发现的致密砂岩气层多属透镜状性质。

#### 5.1.3.2 致密砂岩气多藏特征

致密砂岩气大气田气藏规模小、数量多，具有多藏特征。无论是海相还是陆相、层状还是透镜状砂岩，致密砂岩气都以小型多藏为特征，其成因除了沉积、成岩因素造成储层强非均质性而形成夹层、岩性致密隔挡、成岩封闭带等多种形式天然气渗流阻滞带外，更重要的是，由于储层致密、喉道为纳米-微米级、水相普遍呈润湿相等特征，天然气流动时受到的阻力较大，启动压力和含水饱和度等因素对天然气渗流影响较大。在驱动压力较小时，天然气一般不能流动，只有当驱动压力梯度达到启动压力临界值后，天然气才开始流动。对于同一致密砂体，由于渗透率的非均质性，天然气通过低渗砂体时所需启动压力较大，如果流动压差达不到天然气临界启动压力，天然气就不会发生流动。因此，即使是同一砂体，也有可能形成多个气藏。致密砂岩气储层渗流能力受含水饱和度影响也比较大。Masters 认为在低渗砂岩储层中，狭窄孔隙喉道中高含水饱和度可以使气相渗透率几乎降低至零，当低渗储层含水饱和度为 60%时，岩石对天然气几乎完全不渗透。叶礼友等[18]认为，当致密砂岩含水饱和度为 60%～80%时气相渗透率基本降至零，当含水饱和度大于 30%时气相渗透率下降较快。因此，高含水饱和度形成的渗透屏障会分隔天然气在储层中的连续分布，形成储集砂体连续，而气藏不连续的多藏分布状态。

由于致密砂岩气藏一般为多个压力系统气藏组成的大气田，很难形成区域上具有一个压力系统才可能形成的真正的气水倒置。无论是勘探阶段还是开发阶段，致密砂岩气多藏这一特征决定了致密砂岩气勘探开发需要密井网，而不是常规气藏那样的稀井广探和稀井开发。

#### 5.1.3.3 致密砂岩气藏含水饱和度特征

致密砂岩气藏中的流体包括天然气和地层水，地层水包括束缚在黏土矿物和微毛细管中的束缚水和可以自由流动的可动水。致密砂岩气层与高渗砂岩气层最大的区别在于高渗砂岩气层中的束缚水含量小且近似为固定值，而受储层非均质性的影响，致密砂岩气层中的束缚水含量变化较大，有高含水饱和度气层，也有低含水饱和度气层。致密砂岩气储层孔喉细小，毛细管压力大，成藏过程中天然气充注驱水比较困难，含水饱和度普遍较高；然而，即使地层含水饱和度高达40%～60%，储层也仅产气而不产水，这是由于储层中的水为束缚水而非可动水。含水饱和度与致密砂岩气储层物性线性回归研究表明，含水饱和度与孔隙度和渗透率均具有较好的相关性，孔隙度和渗透率越低，岩石的含水饱和度越高；大致以渗透率1 mD为界，大于1 mD的储层含水饱和度基本为定值，而小于1 mD的储层含水饱和度变化非常大，这是由于储层越致密微孔隙越发育，束缚水含量越高，从而导致致密砂岩气储层含水饱和度变化非常明显；当岩石的孔隙度小于10%或渗透率小于1 mD时，含水饱和度大多大于40%。

致密砂岩气储层还存在超低含水饱和度特征。通常认为原始地层中储层流体驱替已达到平衡，原生水处于束缚状态，因此当气层产纯气时的原始含水饱和度即束缚水饱和度。勘探开发实践证实，纯气层的原始含水饱和度与束缚水饱和度可能相等，也可能比束缚水饱和度低，张浩等[19]把含水饱和度远低于束缚水饱和度的这一状态称为超低含水饱和度现象或者亚束缚水饱和度现象。

致密砂岩气储层含水饱和度成因与油气藏形成后储层的温度、压力、矿物组成及孔隙结构发生变化有关，也与气藏的蒸发作用有关。气藏形成一般要经历相当长的地质时间，地层条件下气藏中天然气的含水量取决于地层的温度和压力。Bennion等[20]的试验结果显示，在压力为1.013 MPa与温度为15.6 ℃的条件下1 000 $m^3$的天然气能够携带14 kg水，在压力为27.57 MPa与温度为100 ℃的条件下1 000 $m^3$的天然气能够携带1 136 kg水，这表明随着温度的升高与压力的增大，天然气的携水能力显著增强，储层中有更多的束缚水被蒸发汽化，随着天然气的运移不断被携带出储层，从而增大了地层水被携带到上覆地层的可能性，有利于超低含水饱和度气藏的形成。致密砂岩气藏超低含水饱和度形成与天然气大量生成及聚集成藏过程密切相关，伴随烃类生成、运移及聚集，烃源岩和储集岩中地层水不断被天然气排替。天然气生成以热裂解气为主要阶段后，大量天然气注入储集岩中与其他地层流体一起向外排驱，在渗透率较低层段或盖层排驱不易通过时，地层流体聚集形成高压，在储集岩中形成裂缝，进行“幕式排液”作用。

受致密砂岩气储层具有超低含水饱和度特征的影响，钻井中外来工作液侵入储层使含水饱和度增加的过程是从原始含水饱和度增至束缚水饱和度，再从束缚水饱和度增至100%。在正压差和毛细管力作用下，外来水及工作液侵入地层会导致气井周围含水饱和度升高，从而在井筒和气层之间形成一水相段塞，天然气要流向井筒就必须驱替开这一水相段塞，否则气井就不会有产能，另外驱替不完全也会造成产能下降。气驱替水相段塞是使含水饱和度逐渐下降的过程，如果外来水与地层水的黏度、界面张力及接触角相近且储层未受到损害，气驱替水过程能使含水饱和度降到束缚水饱和度，但不可能降到原始含水饱和度。通常含水饱和度从 100％下降到束缚水饱和度过程中所造成的水锁称为暂时性水锁；同时，由于天然气返排外来工作液最多只能将含水饱和度降至束缚水饱和度而不能降至原始含水饱和度，这样就造成一部分水锁永远不能解除，这部分水锁称为永久性水锁。永久性水锁导致的渗透率损害率与储层渗透率密切相关，储层渗透率越低，束缚水饱和度与原始含水饱和度差值越大，永久性水锁渗透率损害率也越大。

5.1.3.4　致密砂岩气藏产水特征

致密砂岩大面积含气是因为成熟烃源岩与储层紧邻，供烃条件优越是关键因素，天然气充注强度决定了气与水的分布。此外，由于致密砂岩气储层宏观非均质性强，天然气优先充注于相对高孔渗储集体中，相对低孔渗储集体充注程度低或难以充注，储层部分或全部保留着原生地层水，从而在平面上或纵向上形成气与水复杂分布的特征。当进行储层压裂改造时，这样的含水层与气层紧邻，压裂裂缝易于沟通产水层。从储层微观孔喉结构角度分析，致密砂岩产水也与储层微细孔隙发育有关。图 5-5 是气驱水渗流试验典型储层孔喉和水分布图，试验表明大孔隙、大喉道内的水为自由水，易于驱动，小孔隙和小喉道内的水可动性差。石英砂岩为水润湿相，大孔隙壁水膜厚度小，小孔隙壁水膜厚度大，试验中增大驱替压差，小孔隙水和孔隙壁水膜可以流动。因此，当成藏过程中天然气充注强度低时，开发时特别是后期生产压差增大时，小孔隙水和孔隙壁水膜开始流动而产水。

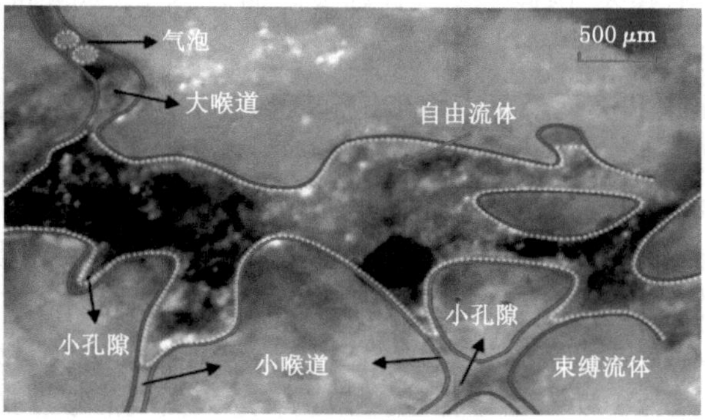


图 5-5　气驱水渗流试验储层孔喉和水分布

5.1.3.5　致密砂岩气储层吸附气特征

常规砂岩储层气以游离态为主，煤层气以吸附态为主，页岩气以吸附和游离态为主。目前对致密砂岩气储层天然气赋存形式的研究较少，大多数学者只研究砂岩中的游离气，而忽略了致密砂岩吸附气的存在。欧成华等[21]对气藏砂岩储层的吸附能力及其特征进行了研究，认为储层岩心介质对烃类混合气体的吸附现象是客观存在的，且数量不容忽视，不考虑吸附气的砂岩储层气藏的计算储量比考虑吸附气的至少少 5％。魏新善等[22]采用等温吸附仪对致密砂岩样品进行了吸附气含量甲烷等温吸附试验测试，计算出致密砂岩样品地层条件下吸附气含量为 0.71～1.71 $m^3/t$，平均为 1.02 $m^3/t$。景兴鹏等[23]也对鄂尔多斯盆地东部某试验井样品进行了等温吸附试验，恢复至储层压力为17.21 MPa时，计算得吸附气含量理论值为16.26 $m^3/t$，由于其使用的是煤层气等温吸附试验方法，其计算数值与魏新善等的研究差距较大，但也可说明使用不同试验方法均可得出致密砂岩具有吸附能力的结论。

对于致密砂岩来说，越是致密(颗粒越细、孔隙度和渗透率越低)，吸附气含量越高，这是因为当以颗粒为点接触时，岩石的表面积即所有颗粒的总表面积。砂岩的砂粒越细，其比表面积越大，骨架分散程度越高。由于致密砂岩的粒度很小，其比表面积很大，可见致密砂岩的真实吸附能力直接受砂岩比表面积的影响。致密砂岩吸附气的存在，对于致密砂岩气储层含气特征及渗流规律的正确描述、进行正确的单井产能预测、精确计算致密砂岩气资源量及评估储量都具有重要的意义。

#### 5.1.3.6 致密砂岩气藏压力特征

传统观点认为，致密砂岩气藏不是异常低压就是异常高压，难以形成正常压力，异常压力是深盆气、盆地中心气或连续型气藏的典型特征，如美国皮申斯盆地的鲁里森致密气田，加拿大阿尔伯塔盆地艾尔姆沃斯致密气田，我国四川盆地川西中坝致密气田、塔里木盆地库车坳陷大北气田等。上述认识主要基于致密砂岩气不受水的浮力影响这一条件，同时致密砂岩气多处于相对封闭的系统，与区域地层水不连通，不可能与静水压力一致而形成正常压力。

近年来，通过对鄂尔多斯盆地上古生界致密砂岩气压力系统的研究，并结合前人研究成果，可以看出致密砂岩气中也存在正常压力系统，且变化复杂。气藏的封闭状态对地层压力演化具有重要的控制作用。对封闭体系来讲，致密气、常规气压力演化规律是一致的，地层压力异常主要受地层抬升幅度和剥蚀量的控制；对非封闭体系来讲，常规气与区域地层水处于连通体状态，补给充分，属正常压力，而致密砂岩气处于半连通或连通状态，可形成异常或正常压力，正或负异常与气藏压力演化阶段有关，但最终趋向是负异常。鄂尔多斯盆地上古生界致密砂岩气地层压力演化过程能很好地解释致密砂岩气多种压力并存的现象。压力统计表明，盆地致密砂岩气正常压力占29.0%、负异常压力占58.1%、正异常压力占12.9%，具有异常与正常压力并存的特征。鄂尔多斯盆地致密砂岩气多种压力系统并存的模式并非致密气的唯一模式，如阿尔伯塔盆地下白垩统从深盆高压异常含气区到盆地斜坡低压含气异常区再到盆地边部正常压力含水区，致密气具有独特的压力演化模式，但其多种压力系统并存的理论依据是一致的。

#### 5.1.3.7 致密砂岩气藏开发特征

目前我国已在鄂尔多斯盆地的石炭二叠系、四川盆地三叠系的须家河组和库车坳陷的侏罗系实现了致密砂岩气藏的规模效益开发。致密气藏开发具有“三低一快一长”的特点：① 气井自然产能低，需要压裂改造才能获得工业产能。② 气井产量低，累计产气量、可采储量不高。直井平均日产气量为 $2.0\times10^3 \sim 1.2\times10^4$ $m^3$，累计产气量一般为1 000万～6 000万 $m^3$，单井可采储量一般为 $2.0\times10^3 \sim 1.2\times10^4$ $m^3$；水平井平均日产气量为 $1.5\times10^4 \sim 8.0\times10^4$ $m^3$，累计产气量为2 000万～20 000万 $m^3$。③ 气藏采气速度和采收率均较低，采气速度一般小于3%，采收率低于30%。④ 气井稳产期短，初期递减快，后期趋于稳定。一般气井稳产期小于3年，气井早期递减率为20%～40%，采用井间接替的方式保持气田稳产。⑤ 气井生产周期长，具有较长的低产及低压开采期，一般为 30 年以上。

### 5.1.4 致密砂岩气成藏条件及机理

#### 5.1.4.1 致密砂岩气成藏条件

(1) 储层倾角平缓、构造稳定

区域性稳定的构造背景，有利于致密砂岩气藏形成、保存。向斜轴部或构造下倾方向具有储层倾角平缓、构造稳定等特点，是致密砂岩气发育的有利构造部位。从国外典型致密砂岩气藏构造条件看，一般发育在深部凹陷、构造下倾方向或下部层位及构造向斜深部，形成气水倒置的模式。在稳定的区域构造背景下，断裂或褶皱不发育，凹陷中心区源岩最先进入大量生排气阶段，致密砂岩气主要在构造下倾方向或下部层位、地层倾角平缓的致密储层大面积发育，易于满足致密砂岩气藏的特殊地质条件；更重要的是，盆地的稳定沉降尤其是近晚期沉降可以使气源岩成熟度增大、生排气高峰期变晚，充足的气源使致密砂岩气藏分布范围不断扩大，至少保持聚散动平衡，否则即使地质历史时期形成了致密砂岩气藏，由于后期抬升剥蚀、地层温度下降、气源供应不足，先期形成的致密砂岩气藏也会出现不断萎缩的局面，直至完全消失。

负向构造单元内的致密砂岩气层系通常具有平缓的地层倾角。盆地中心埋藏深度大，并且盆地中心部位通常是源岩最有利的发育部位，在源岩之上的储层发育面积大，且由盆地中心向盆地边部物性变好，地层倾斜角度合适，两翼地层平缓分布，致密砂岩气藏主要赋集在盆地中心或构造下倾方向。美国和加拿大发现的致密砂岩气藏多分布于向斜轴部或构造下倾部位，这些盆地多属前陆盆地或山间盆地。在原来水平地层状态下可能形成的致密砂岩气藏不一定能在地层倾斜一定角度后继续维持原来的存在状态。这是因为致密砂岩气藏的形成受储层物性控制，由于孔渗条件差(孔隙度低、渗透率小)，天然气运移阻力较大。当地层发生倾斜后，储层中原有或新注入的天然气将发生显著的顺层运移，削弱了天然气进入或在致密储层中保存的能力，促进了气水存在的分层性，即由于各致密储层孔渗物性差异而产生了天然气饱和度的分布差异。当地层倾斜角度达到一定程度后，致密砂岩气成藏的地层条件将遭到破坏。

(2) 气源充足

根据资料统计，致密砂岩气藏中天然气的来源有多种途径，主要的气源岩是以Ⅲ型干酪根有机质为主的含煤地层，含煤地层的发育为致密砂岩气藏提供了充足气源。岩性以煤、高碳泥岩为最佳，成熟度越高生气量越大。只有源岩演化程度较高、气源充足、储层物性较差，天然气才能大规模进入储层并向上整体排驱早先占据储层的孔隙水，才能满足气藏形成后供气与散失这一动态平衡的需要。而Ⅲ类母质，尤其是含煤的烃源岩层在生气上具有先天的优越性，它们生排出的天然气量远远大于液态烃量，而且主要以游离态的形式向外供运，因而有利于驱替储层中的孔隙水形成致密砂岩气藏。通过对国内外典型致密砂岩气成藏的地质条件的分析可以发现，致密砂岩气藏的形成大多与煤层有关，如新墨西哥州圣胡安盆地气田、阿尔伯塔盆地牛奶河气田及我国的鄂尔多斯盆地气田。一方面，煤层能够提供充足的气源，生气数量巨大，生气高峰出现的地质时代较新，生气高峰期持续较长，甚至现今还在生气，为致密砂岩气藏的形成提供了充分条件；另一方面，与煤层伴生的碎屑岩层因受沉积作用控制和成岩作用影响，往往较致密或渗透性较低[24]。

（3）致密储层发育

致密储层的发育，是保证天然气成藏的前提，要求成藏的临界孔隙度小于 10%～20%、渗透率小于 $10^{-4}$～$10^{-3}$ $\mu m^2$。致密气藏储层的岩性通常可以为致密的砾岩、砂岩、粉砂岩以及粉砂质泥岩，要满足致密气的形成条件，其储层必须为致密状，北美地区主要的致密气藏储层孔隙度分布范围集中于 7%～12%，一般小于 10%，渗透率通常低于 0.1～1 mD，主要表现为储层致密、孔隙度小、渗透率低。

致密含气砂岩的成因是多方面的，起主导作用的是沉积作用和成岩作用。致密砂岩形成的早期主要以沉积作用为主，而中、后期则主要以成岩作用为主。致密砂岩气藏的沉积条件表现为沉积、沉降迅速，碎屑物质成分复杂，分选性差，泥质含量高，后期的成岩作用又比较强烈，因而有利于致密砂岩层的形成，相应的陆相沉积环境为滨浅湖相、沼泽相、河流沼泽相及三角洲相等。

致密砂岩气多分布于向斜盆地轴部、单斜构造的下倾部位或者是深凹陷中心，或者是低势能区的下伏层位。据张金亮等[25]的研究，这些盆地多属于克拉通边缘盆地或周边盆地，而且盆地经过两大发展阶段，即前期的陆棚阶段和后期的前渊阶段。前渊致密砂岩区多紧靠物源区，沉积活跃，沉降快速。因海陆交互环境的存在，含煤地层发育，成岩作用又加快了致密储层的形成，故特殊的构造-沉积环境成为致密砂岩气形成的有利场所。

（4）源储紧邻、大面积叠置

源储紧密叠置，储层上倾方向有遮挡或尖灭，有利于形成储层对源岩在空间上的有效包裹。如阿尔伯塔盆地中，致密砂岩气藏储层主要是白垩系致密砂岩层系，包括整套中生代地层；储层虽然物性差，但大面积饱含气。每一储层透气性、渗透性均在其上倾方向的斜坡区较好，向下倾方向的探盆区变差，孔隙度降至 10%以下，渗透率减小到低于$5.0\times10^{-4}$ $\mu m^2$，储层物性变差的原因主要是高含泥量的快速沉积和强烈的压实与胶结作用。国内的大多致密砂岩地层中，气源岩分布层位多，与储层互层或相邻，气源岩生成的致密砂岩气直接或者经过短途运移进入储层，源储相通，气源岩与储层的分布叠合区域就可以作为致密砂岩气成藏勘探的大致区域。

致密砂岩气藏的形成除了满足动平衡条件以外，还必须有致密储层与有效源岩大面积接触的特征条件。这是致密砂岩气藏的无边底水及其储层的致密性特点对成藏条件的特殊要求，即要求源岩和储层之间具有特殊的有效关系，要求储层与源岩大面积接触并直接相邻，形成致密储层对源岩在空间上的紧密包裹。致密砂岩气藏源岩多位于紧邻致密储层的下方，源岩生成的天然气一经排出即可进入致密储层并整体排驱致密储层中的孔隙水富集成藏。储层和源岩通常呈指状交错形式，源岩和储存的大面积接触保证了致密砂岩气藏的形成。

（5）良好的保存条件

我国中新生代构造变动强烈，后期沉降和构造经历复杂，与北美的沉积模式、地质条件等有很大不同。因此，良好的保存条件同样对致密砂岩气藏起着至关重要的作用。

断裂和裂缝的发育是致密砂岩气成藏的主要障碍。两者以不同的方式影响致密砂岩气藏的存在。断裂是一种破坏性因素，首先，断裂及其附属产生的一系列裂缝可以导致致密砂岩气藏分布的不连续，甚至会完全破坏致密砂岩气藏；其次，断裂，特别是大量分布的裂缝束破坏了致密砂岩气藏的形成条件,使得致密砂岩气藏在微观成藏机理上就根本无法形成。换言之,断裂或者裂缝的大面积发育,会对致密砂岩气藏产生很大的破坏作用,使得难以形成致密砂岩气藏。

#### 5.1.4.2 致密砂岩气成藏机理

目前,常规致密砂岩气先成藏后致密,分布特征类似于常规气藏,针对其成藏机理的研究已较为成熟。针对致密深盆砂岩气的研究仍在继续,且复合型致密砂岩气成藏机理研究的关键也取决于深盆气的研究近况。因此,研究和分析深盆气的成藏机理至关重要。通过对世界范围内几个典型深部致密砂岩油气藏进行剖析和实验室物理模拟研究,其结果表明深盆气藏具有与常规油气藏明显不同的特征。不同学者从不同角度对致密深盆砂岩气进行研究,提出了不同的封闭机理,包括水封闭机理、相对渗透率屏障、上浮受阻封闭机理、侧向断层-垂向盖层封闭机理、地层-成岩作用复合封闭机理、动态平衡封闭机理及驱动压差封闭机理等。

(1) 水封闭机理

当致密砂岩层渗透率下降至一定程度时,微孔隙毛细管压力因水锁效应增大,气体无法运移形成盖层。杨晓宁等[26]对塔里木盆地英吉苏凹陷侏罗系致密砂岩的水锁效应进行试验,结果表明,当致密砂岩层含水饱和度高于50%时,相对渗透率下降至致密砂岩不含水时的1‰以下。Berry[27]通过研究 San Juan 盆地中的低压气藏,认为水向下倾方向的流动使气藏得以保存,并提出了水动力封闭机理。Masters 通过对 San Juan 盆地、Denever 盆地和 Sweetgrass Arch 盆地气田部分储层中气水关系的研究认为,储层中上倾方向高孔高渗高含水饱和度的储层水向下倾方向低孔低渗低含气饱和度储层中的流动使得气藏得以保存,如图5-6所示。Masters 还发现在高含水饱和度低渗储层的气水交界处,孔喉中的水可使气体渗透率几乎降低为零,在含气部位上方形成"相对渗透率屏障"的水堵封闭。Byrnes[28]在不同围压下气体渗透率的试验中证实,致密砂岩渗透率强烈依赖于围压。而高孔渗试验表明,高压时气体渗透率减小。同时,Walls 等[29]的研究指出,地层条件下砂岩随压应力的增大会出现渗透率骤减的现象。这从侧面表明,含水饱和度较高时,压力随之增大,砂岩储层渗透率降低,气体得以被水体封闭保存成藏。

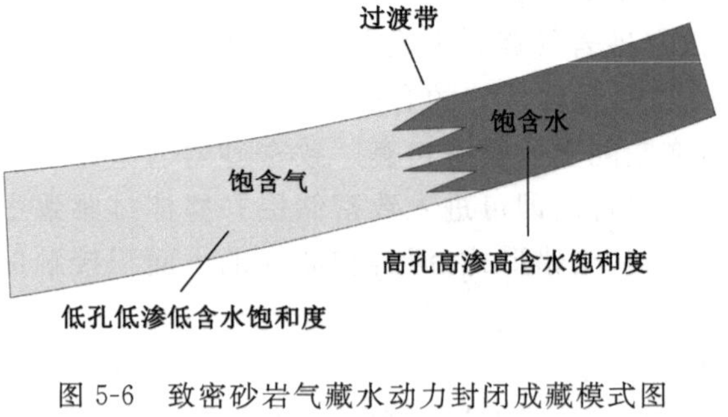


图5-6 致密砂岩气藏水动力封闭成藏模式图

然而,针对这种水封闭机理,Masters 认为存在的主要问题是,形成的这种"水封闭"体系能否持续存在至今,在地质时间尺度内能否保持水动力(上倾向下倾方向的水动力)条件的稳定。而且,即使以上条件可以满足,还得保证高含气致密砂岩气储层上倾方向有高孔高渗高含水储层的存在。

（2）上浮受阻封闭机理

储层孔隙空间随埋深增大呈逐渐减小的趋势，但束缚水孔隙所占空间比例相对增大。储层孔隙空间内流体组成与致密常规气藏成藏过程相关，地层条件下随天然气充注阶段不同而变化。常规致密砂岩气藏为储层后致密，天然气先充注，其气体聚集成藏方式为整体向上排驱自由水。基于地层条件下孔隙流体的组成和演化特征（图 5-7），Gies[30] 认为，对大多数深盆气藏而言，均存在气水倒置现象。这样储层下部气藏缺少地层水，气没有相应向上运移的浮力，以致气体在低渗砂岩中上浮受阻而出现对气的封闭作用。Gies 模拟试验研究表明，在低渗砂岩中，当气相压力较高时，水与气相互制约，气不能在水中上浮，水也不能穿过含气带；但当气相压力降低时，水可以自由通过含气带流至孔隙底部，气体则可借机在水中上浮。气在上浮过程中，如果砂岩储层孔隙度较低，由孔隙底部到孔喉时便会破坏水流动的连续性，致使其上浮再次受阻；如果上浮“路过”的砂岩储层孔隙度较高，气不会因孔喉过小而上浮受阻，而会受浮力作用顺利迅速运移。Brown 等[31] 从毛细管阻力的角度出发，认为气很难运移的主要原因在于，在低渗储层中气体浮力难以克服孔隙水的毛细管阻力。由此可见，缺乏浮力是气在低渗砂岩中上浮受阻而封闭保存的重要原因。

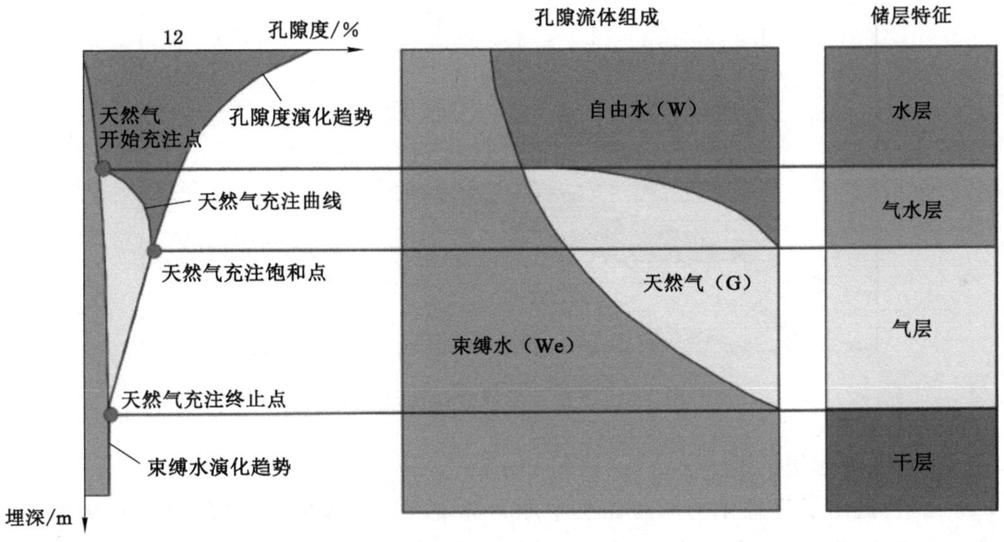


图 5-7　储层孔隙演化地质模型与储层流体组分地质解释概念模型

若缺乏浮力是导致气在低渗砂岩中上浮受阻而封闭成藏的原因，则地下自由水活动门槛深度的界定与主控因素的研究将成为该封闭机理的核心问题。

（3）侧向断层-垂向盖层封闭机理

断层面在油气运移过程中可作为油气运移通道或起到遮挡作用。Montgomery 等[32] 发现 Jonah 油田上白垩系 Lance 地层砂岩致密气藏（深盆气藏）侧向封闭边界是两条交错的封闭断层。垂向盖层作为“房盖”加强了气藏的封闭保存。然而，这种封闭条件具有特殊的地域性，适用于侧向上是受断层封堵、垂向上有盖层覆盖的气藏（如 Jonah 气藏），而绝大多数致密气藏缺乏侧向受断层封堵的条件。因此，此机理具有一定局限性，应用范围有限。

（4）地层-成岩作用复合封闭机理

地层-成岩作用复合封闭可能存在于两类地层：① 经历过深埋藏、复杂成岩作用的深层地层；② 现阶段浅埋藏的较老岩层、主要因其矿物组成而呈现致密的岩层。在储层孔隙系统中，一种流体很难驱替另一种流体，即气在低渗储层中上浮受阻封闭作用。然而，对阿尔伯塔盆地白垩系 Spirit River 地层层序的研究表明，上浮受阻封闭机理的前提条件是孔喉在一定的大小范围内，并认为这种“渗透率屏障”是储层砂岩成岩作用形成的封闭带（图 5-8）。这说明预想的成岩作用封闭机理具有动态特征，而不是常规的静态封闭系统。这是由于储层受地层控制，而封闭是由成岩作用形成的，因此 Spirit River 气田应为地层-成岩作用复合封闭的结果。地球化学数据证实，正是由于成岩作用的存在，砂岩的孔隙度和渗透率降低，仍有一些盆地中心气在足够致密的储层中得以保存。否则，盆地中将不会存在有价值的气藏。Khavari-Khorasani[33]研究其他盆地烃类流体后指出，致密气藏的封闭机制一般为地层封闭或成岩作用封闭或两者共同作用。

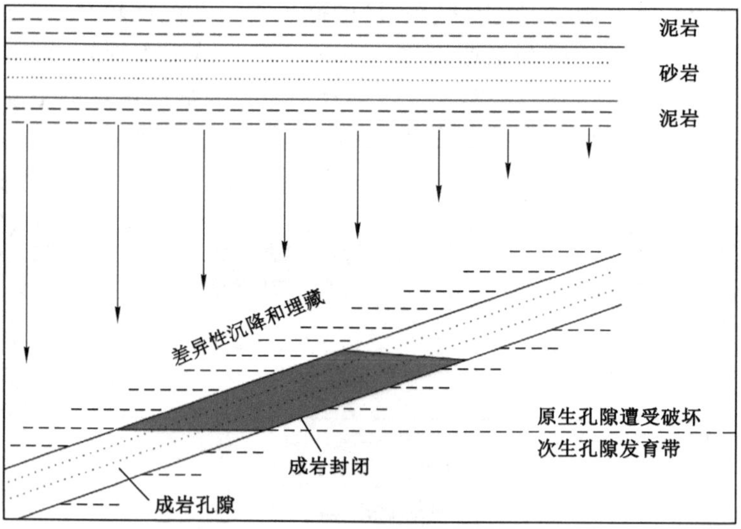


图 5-8　致密砂岩成岩作用封闭带

（5）动态平衡封闭机理

Law 等[34]提出了理想化的低渗储层中压力异常气体积聚模式，低渗储层孔隙网络成型（图 5-9），天然气积聚速率较逸散速率高，低压气藏以动态圈闭形式保存。埋藏深度增加，孔渗性在成岩作用下降低。烃源岩持续供排天然气并驱替游离水及弱束缚水进入上倾含水岩层，孔隙压力较区域静水压力高。

动态平衡封闭机理受认可度较高。储层致密化和毛细管压力形成的动态封闭表现为力平衡和物质平衡。力平衡点与能形成气藏圈闭分布范围有关。向下的毛细管压力和静水压力与向上的气体膨胀力和浮力处于平衡状态，则气藏分布范围稳定。物质平衡点处表现的源岩生排气总量和气水界面处天然气各方向逸散量，与气藏形成条件有关。当供气总量大于逸散总量时，气藏成型或气藏范围扩大；当供气总量小于逸散总量时，气藏规模缩减或消失。

气藏异常压力特征、异常气水关系与成藏相关。源岩供排游离态天然气进入孔渗性较差、孔喉半径较小的致密储层。浮力较难克服毛细管压力使气体向上运移，天然气赋存于邻近排气烃源岩的储层内。天然气排供量增加，储层气体积聚量增多，气体压力增大，从而形

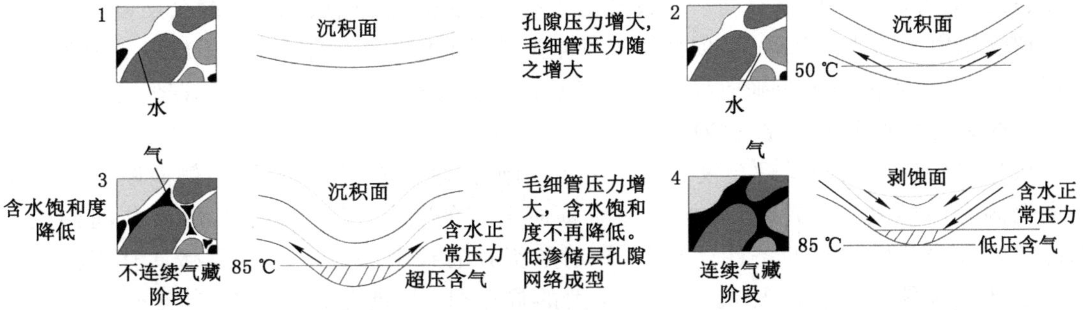


图 5-9　不同埋藏阶段的气藏聚集及其孔隙网络、流体演化模式

成异常高压。此阶段气体膨胀力较致密储层毛细管压力大，气体向上驱替地层水形成异常气水关系。Surdam[35] 对落基山地区 Laramide 盆地异常压力区带岩层的研究表明，致密砂岩气藏积聚成藏主要控制机制为毛细管压力和异常压力的平衡作用。

（6）驱动压差封闭机理

Spencer[36] 基于对 Rocky Mountain 地区气藏的研究提出了驱动压差封闭机理，认为在最大储层压力梯度与岩石破裂压力梯度大致相当时，快速排出的烃类可导致储层产生裂缝。此处的高压意味着储层内的气藏或油藏以连续分布的形式存在，而不存在动态封闭机理。Berkenpas[37] 指出孔隙大小是控制气体上浮的关键因素。在地质条件一定时，孔隙和孔喉半径越小，气体运移需要克服的界面阻力就越大，在浮力不足以克服阻力的情况下就无法实现气体运移。此时存在的气水差异驱替压力作用，则会对气藏运聚成藏起到至关重要的作用。张金亮等[38] 认为驱动压差封闭机理与前人提出的动态平衡封闭机理不同，深盆气藏的保存不需要动态平衡条件。Fall 等[39] 利用流体包裹体分析方法对 Southern Piceance 盆地深盆气成藏模式进行研究发现，储层发育的裂缝系统与气体成熟度演化具有同时性，并认为天然裂缝是储层内在因素之一。就驱动压差封闭机理而言，垂向源岩断裂和超压是油气成藏的关键，成藏动力机制为压差驱动油气运聚。

#### 5.1.4.3　不同成藏机理探讨

前人针对深盆气提出的多种成藏动力学机制，在实际应用或理论分析中均存在一定的局限性。综合现有研究可知，这些成藏机理是相辅相成的。既不能单纯地认为某种成藏机理一定适用于所有气藏，也不能一味地认为哪种成因机理更准确，而只能讲哪种机理适用面更广，更贴近其真正成因，更能为致密砂岩气藏的勘探开发提供更具实际意义的理论指导。

从“气-水相互作用”角度分析：① 水封闭机理，实质上是水动力（静水压力与毛细管压力）与气动力（气体浮力与供气热膨胀力）的力学平衡，与动态平衡封闭机理的力平衡机制一致，但要求储集体上倾方向的储层具备高孔高渗高含水饱和度的特征。② 上浮受阻封闭机理为饱含气低含水的低渗砂岩中，气体由于缺乏浮力不足以上浮，又因气相压力也较高，水不能通过含气带。因此，这种封闭机理实质上也可理解为气体浮力与静水压力平衡作用的结果。③ 动态平衡封闭机理，除了要保证力学平衡（供气热膨胀力＋气体浮力＝毛细管压力＋静水压力）之外，还要求实现物质的平衡（深盆气藏赋集气量＝源岩供给气量－盖层散失气量－气水边界散失气量）。

从“驱动压差”成藏角度分析，其主要成藏模式为“上生下储”，关键因素是垂向源岩的断裂和超压，动力机制是压差驱动。在成藏过程中，当烃源层与储层之间的剩余压差大于浮力及毛细管压力等阻力之和时，会促使油气发生运移，因此源储压差便决定了成藏的深度与富集程度。然而，目前尚不明确此种机理如何形成大多数深盆气气水倒置的情况。因此，暂且理解为这是无气水倒置深盆气的情况。

从“直接遮挡”封闭机理角度分析：① 侧向断层-垂向盖层封闭机理，侧向断层沿储层侧向上倾方向形成遮挡封闭，再加上气藏垂向上方的盖层“直接覆盖”，两者共同构成了保障致密砂岩气藏保存的条件。然而，并不是所有的致密深盆砂岩气藏都具有侧向断层的构造地质条件，因此，这种机理具有很大的局限性，只能是形成致密深盆砂岩气藏的“充分不必要条件”。② 地层-成岩作用复合封闭机理，则从根本上认为致密砂岩气藏的“致密”和“成藏”是由于在地层成岩作用（如沉积物的胶结、交代、结晶、压实、淋滤、水合和生物化学作用等）下，孔渗减小而导致储层“致密”，又因储层“致密”而保留下一部分气体，从而形成了气藏。

综合上述分析，可以看出各种机理之间的相互联系。宏观上来看，“驱动压差”→“直接遮挡”→“气-水相互作用”机理呈依次递进的趋势。其中“驱动压差”机理可直接形成气藏，“直接遮挡”封闭可进一步对气藏保存起到“初步堡垒”的作用，“气-水相互作用”又进一步是气藏储层内部的微观封闭机理。

## 5.2 全球致密砂岩气资源

### 5.2.1 世界致密砂岩气藏分布

国内外致密砂岩油气藏分布广泛，资源潜力大，勘探前景好。世界上利用现有勘探开发手段可开采的致密砂岩气储量为(10.5～24.0)×$10^{12}$ $m^3$，居非常规气之首[40]。据统计，全球已发现或推测有致密砂岩气的 70 多个盆地，主要分布在北美、欧洲和亚太地区，最具代表性的有美国圣胡安盆地和加拿大阿尔伯塔盆地。目前国外开发的大型致密砂岩气藏以深盆气藏为主，主要集中在加拿大西部和美国西部；致密油气藏最早在加拿大阿尔伯塔盆地被发现，后在美国绿河、红色沙漠等盆地被发现，近期又在哈萨克斯坦被发现。国内的致密砂岩油气藏主要分布在鄂尔多斯盆地、四川盆地、准噶尔盆地、松辽盆地和渤海湾盆地等地。其中，鄂尔多斯盆地的延长组致密砂岩、四川盆地的侏罗系致密砂岩及准噶尔盆地的二叠系云质岩等是我国致密油资源分布范围广且储量规模大的重点区域。原国土资源部于 2015 年曾组织相关石油公司对四川、塔里木、松辽等盆地的致密油气资源进行了评估，结果显示当前国内的致密油资源量达 1.466×$10^{10}$ t，致密气资源量达 3.29×$10^{13}$ $m^3$，且正在连年增长。

(1) 北美洲

北美洲共评价致密砂岩气盆地 23 个（Alberta 盆地、Anardarko 盆地、Appalachian 盆地、Arkoma 盆地、Bighorn 盆地、Black Warrior 盆地、Columbia 盆地、Denver 盆地、EasternGreat 盆地、Greater Green River 盆地、Gulf Coast 盆地、Hanna 盆地、Mchigan 盆地、Paradox 盆地、Park 盆地、Permian 盆地、Power River 盆地、Raton 盆地、San Juan 盆地、Uinta 盆地、Piceance 盆地、Wind River 盆地、Los Angeles 盆地）。目前北美洲已发现的致密砂岩气盆地已有 58%进入商业开发阶段（轻度开发的盆地占 7%），还有部分也已进入勘

探阶段(35%),其开发程度远远领先其他大区。致密砂岩气藏主要分布在前陆盆地(88%),在克拉通盆地(8%)和裂谷盆地(4%)也有发育,以海相沉积环境为主(64%),陆相沉积环境次之(29%),海陆过渡相沉积环境最少(7%);评价层沉积时代主要集中在白垩纪(45%)和古近纪及新近纪(24%);储层平均埋深主要集中 1 000～3 000 m 范围内(62%),1 000 m 以下的占 16%,3 000 m 以上的占 28%;总体评价有利区面积较大,以 10 000 $km^2$ 以上的为主(48%),5 000～10 000 $km^2$ 范围内的占 17%,1 000～5 000 $km^2$ 范围内的占 14%,1 000 $km^2$ 以下的占 21%[41]。源岩时代与储层时代较一致,以白垩纪(52%)、古近纪和新近纪(16%)为主,源岩岩性以泥页岩(55%)和煤岩(40%)为主,生物气阶段的源岩较少(7%),其他成熟阶段(26%)、高成熟阶段(33%)和过成熟阶段(33%)均有发育,干酪根类型以Ⅱ型(42.5%)和Ⅲ型(57.5%)为主[42]。

(2) 南美洲

南美洲共评价致密砂岩气盆地 4 个(Maracaibo 盆地、San Jorge 盆地、Neuquen 盆地、Putumayo-Oriente-Maranon 盆地),目前南美洲已发现的致密砂岩气盆地进入了勘探阶段。致密砂岩气藏主要分布在前陆盆地(60%),在克拉通盆地(20%)和裂谷盆地(20%)也有发育,沉积环境以海相为主(75%)、陆相次之(25%);评价层沉积时代主要集中在侏罗纪(40%)和白垩纪(40%),古近纪和新近纪(20%)次之;储层平均埋深主要集中在 3 000 m 以上范围内(75%),3 000 m 以下占 25%;总体评价有利区面积较大,以 10 000 $km^2$ 以上的为主(75%),5 000～10 000 $km^2$ 范围内的占 25%。源岩时代与储层时代较一致,以白垩纪(67%)、侏罗纪(33%)为主,源岩岩性以泥页岩为主,源岩成熟度以成熟阶段(40%)和过成熟阶段(40%)为主,高成熟阶段(20%)也有发育,干酪根类型以Ⅱ型(33%)和Ⅲ型(67%)为主。

(3) 非洲

非洲共评价致密砂岩气盆地 3 个(AbuGharadiq 盆地、Northern Egypt 盆地、Timimoun-Ahnet 盆地),目前非洲已发现的致密砂岩盆地还处于轻度开发阶段。致密砂岩气藏主要分布在被动大陆边缘盆地,在克拉通盆地也有发育,以海相沉积环境为主,陆相沉积环境次之;评价层沉积时代主要集中在侏罗纪,奥陶纪次之;储层平均埋深主要集中在 1 000～2 000 m 范围内,2 000～3 000 m 次之;总体评价有利区面积较大,10 000 $km^2$ 以上、1 000～5 000 $km^2$、小于 1 000 $km^2$ 范围均有评价。源岩时代与储层时代较为一致,以侏罗纪、白垩纪为主,还有志留纪,源岩岩性以泥页岩为主,煤岩次之,源岩成熟度以高成熟阶段和过成熟阶段为主,成熟阶段次之,Ⅱ型和Ⅲ型干酪根均有发育。

(4) 大洋洲

大洋洲共评价致密砂岩气盆地 3 个(Eromanga-Cooper 盆地、Gippsland 盆地、Perth 盆地),目前大洋洲已发现的致密砂岩气盆地还处于轻度开发阶段。致密砂岩气藏主要分布在克拉通盆地,在裂谷盆地也有发育,以陆相沉积环境为主,还发育有海相和海陆过渡相沉积环境;储层平均埋深主要集中在 3 000 m 以上,2 000～3 000 m 次之;总体评价有利区面积中等,以 1 000～5 000 $km^2$ 的为主,5 000～10 000 $km^2$ 的次之。源岩时代与储层时代较一致,二叠纪、侏罗纪、白垩纪均有发育,源岩岩性以煤岩为主,泥页岩次之,源岩成熟度以生物气阶段和成熟阶段为主,高成熟阶段和过成熟阶段次之,干酪根类型以Ⅱ型和Ⅲ型为主。

(5) 欧洲

欧洲共评价致密砂岩气盆地6个(Northwest German盆地、Dnieper-Donets盆地、North Sea盆地、Timan-Pechora盆地、Anglo-Dutch盆地、Pannonian盆地),目前欧洲已发现的致密砂岩气盆地大部分进入开发阶段。致密砂岩气藏主要分布在裂谷盆地(50%),在克拉通盆地(17%)和前陆盆地(33%)也有发育,所处的沉积环境则是海相和陆相均匀发育;评价层沉积时代主要集中在石炭纪(33%)和二叠纪(33%),还有部分处于白垩纪(17%)、古近纪和新近纪(17%);储层平均埋深主要集中在1 000 m以上,其中1 000～3 000 m和3 000 m以上均有发育;总体评价有利区面积较大,以10 000 $km^2$以上的为主(83%),5 000～10 000 $km^2$范围内的占17%。源岩时代的高峰期略早于储层评价时代,以石炭纪(37.5%)、泥盆纪(25%)为主,源岩岩性以煤岩(44%)和泥页岩(33%)为主,源岩成熟度以生物气阶段(44%)和高成熟阶段(56%)的源岩为主,干酪根类型以Ⅱ型(44%)和Ⅲ型(56%)为主。

(6) 中东

中东共评价致密砂岩气盆地两个(Risha盆地、Ghawar盆地),目前中东已发现的致密砂岩气盆地处于轻度开发阶段。致密砂岩气藏主要分布在克拉通盆地,以陆相沉积环境为主;评价层沉积时代主要集中在奥陶纪和志留纪;储层平均埋深主要集中在2 000～3 000 m范围内;总体评价有利区面积较大,以超过10 000 $km^2$的为主。源岩时代与储层时代较一致,以奥陶纪和志留纪为主,源岩岩性以泥页岩为主,源岩主要发育在高成熟阶段和过成熟阶段,干酪根类型以Ⅱ型为主。

(7) 亚洲

亚洲共评价致密砂岩气盆地3个(Indus River盆地、Krishna-Godavari盆地、Cambay盆地),目前亚洲已发现的致密砂岩气盆地已进入开发阶段。致密砂岩气藏主要分布在裂谷盆地,沉积环境是海相和陆相均有发育;评价层的沉积时代在二叠纪、白垩纪和古近纪及新近纪;储层平均埋深主要集中在1 000～3 000 m范围内;总体评价有利区面积较大,以5 000～10 000 $km^2$的为主(48%),10 000 $km^2$以上的次之[43]。源岩时代与储层时代较一致,以白垩纪、古近纪和新近纪为主,源岩岩性以泥页岩为主,煤岩次之,源岩成熟度以成熟阶段为主,高成熟阶段和过成熟阶段次之,干酪根类型以Ⅱ型和Ⅲ型为主。

### 5.2.2 国内致密砂岩气资源分布

#### 5.2.2.1 鄂尔多斯盆地上古生界致密砂岩气

主力层位为山西组山1段、山2段和石盒子组盒8段,气层厚度为30～60 m,储层孔隙度为4%～10%,渗透率小于1 mD,目前苏里格地区已探明和基本探明致密气地质储量为$3.32\times10^{12}$ $m^3$。按照致密砂岩气成藏主控因素,综合确定主力气层有利分布范围,其中,盒8段有利分布范围为7.7万$km^2$,山西组有利分布范围为3.5万$km^2$[44-46]。通过对苏里格气田剖析,获得盒8段与山西组气藏的关键参数(表5-3)。采用类比法计算得出致密砂岩气地质资源量为$5.9\times10^{12}$～$8.1\times10^{12}$ $m^3$,其中山西组地质资源量为$9.0\times10^{11}$～$1.3\times10^{12}$ $m^3$,盒8段地质资源量为$5.0\times10^{12}$～$6.8\times10^{12}$ $m^3$。按技术采收率为50%～55%计算,鄂尔多斯盆地山西组与盒8段致密砂岩气技术可采资源量为$2.9\times10^{12}$～$4.0\times10^{12}$ $m^3$。

**表 5-3　苏里格气田山西组与盒 8 段气藏关键参数**

| 层位 | 盒 8 段 | 山西组 |
| --- | --- | --- |
| 埋深/m | 3 000～3 590 | 3 050～3 680 |
| 孔隙度/% | 6～12 | 6.57 |
| 渗透率/mD | 0.93 | 0.55 |
| 含气面积/$km^2$ | 6 748 | 4 015 |
| 探明储量/($10^3$ $m^3$) | 7 980 | 2 537 |
| 储量丰度/($10^8$ $m^3/km^2$) | 1.18 | 0.63 |
| 含气面积系数/% | 65～75 | 50～60 |

#### 5.2.2.2　四川盆地须家河组致密砂岩气

主力层位分别为须二段、须四段和须六段，气层单层厚度为 3～8 m，累计厚度为 20～50 m，储层孔隙度为 6%～10%，渗透率为 0.01～0.5 mD，目前已发现气藏 38 个，探明地质储量 6 116 亿 $m^3$。此外，须一段、须三段、须五段气源岩段也有多口井获工业气流，亦是重要的致密气发育层系。按照须家河组致密砂岩气成藏主控因素，确定须二段、须四段和须六段有利含气面积分别为2.6 万 $km^2$、1.5 万 $km^2$ 和 1.4 万 $km^2$。通过对川中地区须家河组各层段典型致密砂岩气藏进行剖析，可得到评价的关键参数，采用类比法，计算出须家河组致密砂岩气地质资源量为 $3.5\times10^{12}$～$4.7\times10^{12}$ $m^3$，如果考虑须一段、须三段、须五段，合计预测地质资源量为 $4.3\times10^{12}$～$5.7\times10^{12}$ $m^3$，按技术采收率为 40%～50%计算，技术可采资源量为 $2.0\times10^{12}$～$2.9\times10^{12}$ $m^3$。

#### 5.2.2.3　塔里木盆地库车坳陷致密砂岩气

主力气层为白垩系巴什基奇克组与中下侏罗统，区域盖层为古近系膏泥岩层，目的层埋深为 5 500～8 000 m，砂岩储层孔隙度为 5%～10%，渗透率小于 1 mD，气层厚度为 50～150 m。已发现致密砂岩气藏 5 个，大北气田已探明致密气地质储量为 1 093 亿 $m^3$。按照库车地区深层致密砂岩气成藏主控因素，确定致密砂岩气藏分布范围约为 8 000 $km^2$，并通过对大北气田剖析，采用类比法计算出库车深层致密砂岩气地质资源量为 $2.7\times10^{12}$～$3.4\times10^{12}$ $m^3$。按技术采收率为 55%～60%计算，技术可采资源量为 $1.5\times10^{12}$～$1.8\times10^{12}$ $m^3$。

我国主要盆地致密砂岩气地质资源量为 $1.99\times10^{13}$～$2.68\times10^{13}$ $m^3$，技术可采资源量为 $9.3\times10^{12}$～$1.34\times10^{13}$ $m^3$。

我国致密砂岩气资源量主要分布在陆上含煤地层的沉积盆地中，共有致密砂岩气地质资源量 $1.7\times10^{13}$～$2.39\times10^{13}$ $m^3$，技术可采资源量 $8.1\times10^{12}$～$1.14\times10^{13}$ $m^3$，均占全国致密砂岩气资源总量的 86%左右(表 5-4)。其中，鄂尔多斯盆地石炭二叠系致密气技术可采资源量为 $2.9\times10^{12}$～$4.0\times10^{12}$ $m^3$，四川盆地三叠系须家河组致密气技术可采资源量为 $2.0\times10^{12}$～$2.9\times10^{12}$ $m^3$，塔里木盆地侏罗系-白垩系致密气技术可采资源量为 $1.5\times10^{12}$～$1.8\times10^{12}$ $m^3$，三者合计技术可采资源量为 $6.4\times10^{12}$～$8.7\times10^{12}$ $m^3$，约占全国陆上致密气资源总量的 78%。

按照中国海洋石油总公司确定的近海海域致密气评价标准(海域按孔隙度 5%～15%、渗透率小于 10 mD 划为致密气，与陆上标准不同)，我国东海、莺歌海、珠江口 3 个近海盆地的致密气技术可采资源量为 $1.1\times10^{12}$～$2.0\times10^{12}$ $m^3$，约占全国致密气资源总量的 14%。

随着海域含油气盆地地质认识程度的提高和勘探开发技术的进步，海域将是未来致密砂岩气勘探开发的重要接替领域。从致密气赋存的层系看，我国致密气资源埋深普遍偏大，中部地区的鄂尔多斯盆地上古生界、四川盆地三叠系须家河组埋深一般为 2 000～5 200 m；西部地区的准噶尔、塔里木、吐哈等盆地致密气资源埋深一般为 3 800～7 000 m，塔里木盆地库车地区致密气资源埋深甚至可达 8 000 m 左右；东部和海上诸盆地致密气目的层以白垩系、古近系和新近系为主，埋深一般为 2 000～4 500 m。

**表 5-4　我国主要盆地致密砂岩气资源量**

| 盆地 | 盆地面积/($10^4$ $km^2$) | 地质资源量/($10^{12}$ $m^3$) | 技术可采资源量/($10^{12}$ $m^3$) |
|---|---|---|---|
| 鄂尔多斯盆地 | 25.0 | 5.9～8.1 | 2.9～4.0 |
| 四川盆地 | 20.0 | 4.3～5.7 | 2.0～2.9 |
| 松辽盆地 | 26.0 | 1.3～2.5 | 0.5～0.9 |
| 塔里木盆地 | 56.0 | 2.7～3.4 | 1.5～1.8 |
| 吐哈盆地 | 5.5 | 0.4～0.8 | 0.2～0.4 |
| 渤海湾盆地(陆上) | 13.8 | 1.2～1.5 | 0.6～0.7 |
| 准噶尔盆地 | 13.4 | 1.2～1.9 | 0.5～0.8 |
| 东海盆地 | 24.1 | 1.0 | 0.4～0.7 |
| 莺歌海盆地 | 9.9 | 1.2 | 0.4～0.8 |
| 珠江口盆地 | 20.3 | 0.7 | 0.3～0.5 |
| 合计 | 214.0 | 19.9～26.8 | 9.3～13.5 |

# 5.3　致密砂岩气开发前沿技术

## 5.3.1　富集区预测评价技术与优化布井技术

### 5.3.1.1　富集区预测评价技术

优选富集区实施滚动开发是该类气藏开发的基本策略[47]。富集区预测是在沉积演化史、构造史和成岩演化史分析基础上，建立储层成因模型，分析有利储层发育的控制因素，揭示富集区分布的地质规律。川中地区须家河组致密砂岩气藏富集区受主分流河道叠置带和构造的双重控制[48]。在地质模型指导下，利用地震叠前道集资料进行 AVO(振幅随炮检距变化方法)分析或反演求取储层的弹性参数是预测气层富集分布区的有效手段。叠前储层预测以 AVO 理论为基础，在资料收集中要采用足够大的偏移距以获取完整的 AVO 信息[49]，在处理过程中要注重叠前动力学特征的高保真性，资料解释要充分挖掘资料中的 AVO 信息。叠前预测主要有3 种方法，分别为广角 AVO 属性分析、弹性参数反演和弹性阻抗反演。该技术可解决泥岩、含气砂岩、强胶结砂岩及高含水砂岩在混杂分布背景上的气层识别问题，目前已在广安、合川和安岳气田建产区块优选和井位部署中得到成功应用。

在致密砂岩气储层评价方面，利用核磁共振技术可进行双孔隙模型可动流体评价和含气饱和度定量评价，从而获得地层有效孔隙度、渗透率、自由流体和束缚流体体积、孔隙结构等与储层物性和产能有关的地质信息，进而正确评价气藏开发潜力[50]。利用阵列测井可以实现气水层的准确识别。阵列测井气水层识别技术具有分层能力强、层厚影响小和井眼影响规律性好等优点，根据不同探测深度的多条测量曲线能较好地判断侵入剖面和侵入性质，定量评价薄层、计算含水饱和度和识别油水界面，目前已能够有效分辨 0.3 m 的薄层。

5.3.1.2　优化布井技术

针对致密砂岩气大面积分布、丰度低的特点，为提高高效井成功率和储量动用程度，需要优化布井，主要包括井位优选、井眼轨迹设计和井网优化 3 个方面。优化布井技术是集地震、地质、测井和气藏工程等多学科为一体的综合技术[51]，需要将气藏的滚动描述与优化布井相结合。

以大型复合砂体分级构型为理论基础的优化布井技术在苏里格气田得到了成功应用。一级构型描述辫状河体系的分布，通过地质-地震综合预测，部署开发评价井，落实含气范围；二级构型描述辫状河体系内高能河道带的分布，通过砂层组预测和含气性检测，预测"甜点储渗体"富集区，部署骨架井；三级构型描述单砂体，通过井间储层预测部署加密井，提高储量动用程度。根据开发实践建立了苏里格致密砂岩气田密井网优化 5 步程序方法：① 定量地质模型约束井距设计；② 试井评价卸压范围优化井距；③ 干扰试井进行井距验证；④ 数值模拟优化区块井网部署；⑤ 经济评价约束经济极限井距。通过井位优化，苏里格气田单井可采储量超过 2 000 万 $m^3$ 的相对高效井的比例由评价期的 60%提高到 75%以上，井网由初期的 800 m×1 200 m 加密到 600 m×800 m，动用程度提高了 10%，且有进一步加密的潜力。

在直井密井网取得成功的基础上，开展了丛式井和水平井的优化部署。在油气较富集区块采用丛式井组，减少井场占地面积，并有利于开展钻完井和储层改造的工厂化作业。一个井组辖井 5～7 口，分批实施钻井，并通过先期实施井不断优化后续井的靶位，形成井网密度为 2～3 口/$km^2$ 的不规则井网。苏里格气田气层非均质性强，需要选择性地实施水平井。在水平井开发试验阶段，多采用先以直井方式部署骨架井落实区块气层展布特征、再部署水平井的开发策略，或是在先期直井井网的基础上，通过井间对比和储量动用程度分析部署加密水平井，但这种部署方式效率较低。目前，苏里格气田正在开展基于三维地震气藏描述的水平井整体部署开发试验，利用地质模型约束下的叠后与叠前三维地震信息，建立气藏三维数据模型，精细刻画单砂体的分布，进而进行水平井轨迹优化设计和多种井型的整体部署。

### 5.3.2　排水采气技术与超前注水技术

5.3.2.1　排水采气技术

在部分含水饱和度较高的区块，针对其致密气单井产量低、携液能力差的特点，形成了以泡沫排水为主体的排水采气技术，开发了多种系列起泡剂和消泡剂，形成了不同类型气井配套成熟的加注工艺及加注参数。泡沫排水采气是针对产水气田开发而研发的一项助采工艺技术，具有施工容易、收效快、成本低、不影响日常生产等优点，在出水气井中得到了广泛应用[52]。同时，针对致密气藏的特点，开展了速度管柱、柱塞气举、压缩机气举等多项攻关试验。对于日产气量大于 5 000 $m^3$、积液不严重的连续生产井，可采用泡沫排水；对于日产气量大于 5 000 $m^3$、积液较严重的气井，可采用速度管柱；对于日产气量大于 2 000 $m^3$ 的间歇生产井，可采用柱塞气举；对于日产气量小于 2 000 $m^3$ 的间歇生产井，可采用合理工作制度实现间歇开井；对于水淹停产井，可使用压缩机气举。

#### 5.3.2.2 超前注水技术

超前注水是指注水井在采油井投产之前进行注水，当采油井投产时，泄油面积内含油饱和度不低于原始的含油饱和度，地层压力比原始地层压力高，并建立起有效驱替系统的一种注采方式。

低渗-特低渗油藏目前多采用注水保持地层压力的开发方式，由于低渗-特低渗油藏渗流阻力大，非均质性强，地层能量补充困难，油井注水受效较慢。开发过程中，地层压力、采油指数、采液指数等生产指标下降较快[53]。为提高单井产量、保持稳产，长庆油田创新性地提出了“超前注水”理论，研发了适合低渗油藏注水提高采收率的配套工艺技术。

(1) 注水工艺技术

特低渗油藏补充地层能量困难、注水不均衡，主要原因包括：① 储层渗透率低，流体渗流阻力大；② 油层厚度大，纵向非均质性强，隔夹层较发育，吸水能力差异大；③ 注入水与岩性不配伍，地层中易结垢形成堵塞；④ 注入水与地层水不相溶，在孔喉处易形成较大的毛细管阻力。近年来，通过高压欠注机理研究、岩心分析及单层吸水能力试验，研发出采用阻垢和分散成垢晶体来有效降低流动阻力、分层注水均衡补充地层能量等方法，形成了降压增注注水技术与精细分层注水技术。

① 降压增注注水技术：该技术适用于注入困难的低渗储层，共有整体降压、局部增压、聚能冲压解堵 3 种增注方式。整体降压增注以筛选出适合目标区的降压增注药剂为目标，在注水站进行投加，药剂随注入水进入地层深部，达到防膨、防垢、清垢等目的，降低注水井注入压力。局部增压增注主要是利用离心增压注水泵进行增压注水。聚能冲压解堵增注则主要利用聚能冲压弹在井中燃烧产生的冲力将井筒内液体往复向上推冲，从而在套管内产生宽幅水振荡，进而在油层井段形成强力返排作用，将炮眼和近井地带的杂质、钻井液滤液等堵塞物排出；此外，聚能弹在燃烧产生冲力的同时也伴随高温高压射流，作用于射孔炮眼，径向冲压地层，在射孔炮眼的四周形成 3～5 m 的放射状微裂缝，并同步进行酸化，酸液可更有效、更大范围地进入地层，从而有效解除近井地带和深部的污染堵塞，提高井筒附近地层的渗流能力，以达到储层改造和降压增注的目的。

② 精细分层注水技术：该技术适用于油层厚度大、隔夹层较发育、纵向非均质性强的低渗储层，分为小卡距、小套管井、桥式偏心多段 3 种分注方式。小卡距分注主要通过在油管中下入磁定位测试仪器定位井下配注工具，以实现精准分注，该技术成熟、操作简便、结果准确，但施工时间长、测试成本较高；小套管井分注主要针对特低渗油藏部分注水井采用直径 114.3 mm(4.5 in)小套管笼统注水而研发，将 Y341-95 可洗井封隔器、坐封滑套等井下工具组成工艺管柱，封隔器坐封后，当压力达 20 MPa 时打掉坐封滑套，实现油套分注，可洗井封隔器结构简单、坐封可靠；桥式偏心多段分注综合桥式偏心技术，配套封隔器逐级解封技术、磁定位技术和管柱锚定技术，以实现大井斜、深井、小卡距多段分层注水，同时配套研发了下压式逐级解封封隔器、双解封式逐级解封封隔器及非金属水力锚等工具。

(2) 注采井网优化技术

特低渗储层均发育不同程度的天然裂缝，在注水开发过程中，注入水易沿砂体轴向裂缝水窜形成“指进”，从而造成平面及纵向上注采的不均衡。多年的实践表明，合理优化注采井网可有效缓解注采不均衡现象。菱形反九点井网[图 5-10(a)]具有较好的适应性和灵活调整性，可实现裂缝系统与井网的优化配置。该井网注水井和角井连线与裂缝走向平行，且放大了裂缝方向的井距，有利于提高压裂规模、增加人工裂缝长度、提高单井产量、延长稳产期及减缓角井水淹速度；同时缩小了排距，可提高侧向井的受效程度。至开发后期，当裂缝线上的角井含水量上升到一定程度后实施转注，变为矩形五点井网[图 5-10(b)]，可最大限度地提高基质孔隙的波及体积。

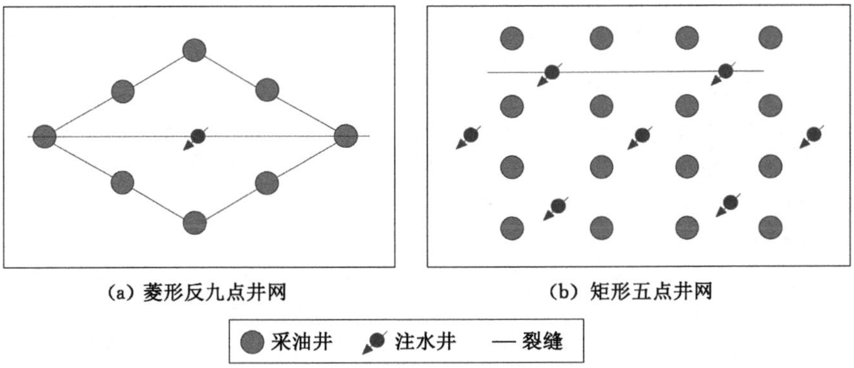


图 5-10　注采井网优化示意图

为保证较好的经济效益，低渗油田合理井网密度应控制在经济极限井网密度和经济最佳井网密度之间；对于经济风险较大的油田，可以选用靠近经济最佳井网密度参数；合理的注采井距可根据储层物性、裂缝发育程度、平面及纵向非均质性和经济效益等因素综合确定。

(3) 温和超前注水技术

低渗、特低渗油田注水开发难于建立有效驱替压力，见效程度低。超前注水在油井投产前提前投注，提高地层压力，使地层压力保持在合理水平，从而在油水井之间建立起有效的压力驱替系统，有利于提高单井产量。然而，如果注水压力过高，注水井附近地层快速增压，应力场发生变化，容易诱发原本闭合的天然裂缝开启，并以水井为中心，在薄弱面产生新生缝，形成动态裂缝带，注入水会沿裂缝突进。为避免该不利因素的影响，长庆油田提出了小水量、长周期的温和超前注水技术，该技术在注水强度设计上主要有两个关键点：① 最大注入压力小于裂缝开启压力和地层破裂压力，可有效防止原生裂缝的开启和地层破裂产生新生缝，从而杜绝注入水沿裂缝突进；② 最小注入压力必须满足能有效克服启动压力梯度，建立有效的驱替压力系统，保证单井产量尽可能提高。该技术兼顾了裂缝开启、地层破裂及启动压力梯度之间的矛盾，可有效提高地层压力，降低压敏效应，避免注入水沿裂缝突进，使地层压力分布相对均匀，有利于油田保持较长时间稳产、高产。

## 5.3.3　储层改造技术

储层改造技术是为了提高油气井产量或注水井的注水量而对储层采取的一系列工程技术措施的总称。主要针对储层特性与生产状况，研究与其相适应的经济有效的技术措施，以提高井筒与储层的连通性，从而达到增产增注的目的。储层改造技术是采油工程的一个重要领域，尤其是对于开发低渗、特低渗油气田，或者对于近井筒附近受污染的中、高渗油气田，为了达到工业油气流，储层改造技术是必不可少的。储层改造技术主要包括两大类，分别为压裂技术和酸化技术。

其中，压裂技术是指在高压下向储层注入不同介质的液体(如水、酸、泡沫、高能气体等)，使储层产生一条或多条具有一定导流能力的裂缝，从而有利于油气从储层流向井筒的技术。

5.3.3.1 定向射孔压裂技术

定向射孔压裂技术适用于最大主应力与最小主应力差小于 5 MPa、厚度大于 10 m 的致密储层。通过定方位射孔，改变起裂方向，强制裂缝转向，同层内平面上可形成相互独立的多条 S 形裂缝，扩大人工裂缝系统控制的泄流体积，进而提高单井产量(图 5-11)。

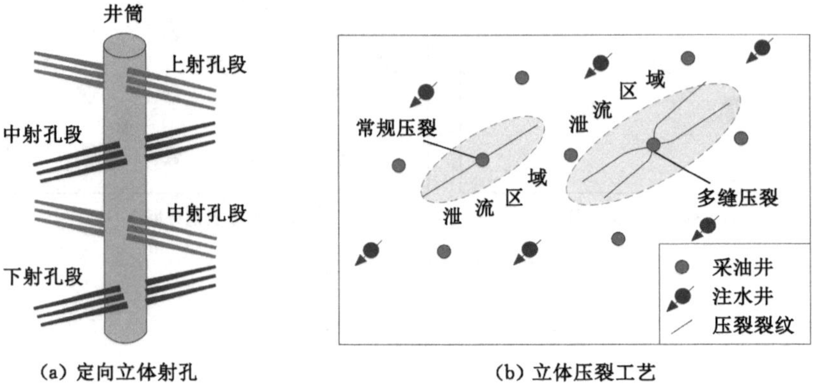


图 5-11 定向立体射孔及压裂工艺示意图

数值模拟和物理模拟试验表明，当水平应力差值减小时最小地应力方向上裂缝延伸距离增加，当定向射孔压裂时水力裂缝转向半径增大，当水平应力差值超过 6 MPa 时裂缝转向比较困难；当射孔方位与最大主应力方向呈一定夹角时，裂缝先沿射孔孔眼方向起裂，然后转向最大主应力方向，且随着射孔方位与最大主应力方向的夹角增加，裂缝的转向半径增加，目前夹角初步优选为 45°。长庆油田低渗油藏共 246 口井应用该技术施工，单井初期平均日增油量为 0.4～0.8 t，整体试验效果较好。

5.3.3.2 多级加砂压裂技术

储层厚度大、层内无明显隔夹层的油(气)井，常规压裂存在支撑剂在下部沉降现象，支撑剂在纵向铺置不均，油层上部难以有效改造，储量动用不充分。

多级加砂压裂将总砂量通过合理的多次泵注输送至储层中，第一级压裂后停泵，等待支撑剂沉降、裂缝闭合，然后进行下一级压裂，逐级铺置。由于第二级压裂的前置液受下部铺置的支撑剂的影响，裂缝向下延伸受阻，迫使支撑剂向上铺置，达到改善支撑剂纵向铺置剖面的目的，从而提高油层上部裂缝导流能力。长庆油田低渗油藏应用该技术施工 2 000 余口井，与邻井相比，试验井单井平均日增油量为 0.3～1.0 t。

5.3.3.3 多级暂堵压裂技术

对于天然微裂缝发育、上下遮挡条件较好、最大与最小主应力差值较小的低渗储层，采用多次加入暂堵剂、强迫裂缝转向、形成多条次生裂缝的施工方法，可有效扩大泄流面积。由于初次压裂裂缝的存在，随着油(气)井的开采，储层中会产生诱导应力，从而改变初始地应力状态，这为重复压裂过程中裂缝发生转向提供了可能。

暂堵压裂技术[54-56]通过在压裂施工中向地层实时加入暂堵剂，老裂缝张开后，暂堵剂与支撑剂混合后进入原有裂缝，混合物在高渗透带聚集并产生滤饼桥堵，阻碍和限制裂缝继续延伸和发展，后续压裂液无法进入裂缝和高渗透带，从而导致井底压力上升。当裂缝内净压力达到微裂缝开启压力或新裂缝破裂压力时，微裂缝或新裂缝开启，随后续携砂液的继续加入，微裂缝或新裂缝延伸、扩展成为新的支裂缝，沟通老裂缝未动用的油气层。暂堵剂在施工后溶于地层水或压裂液，不会对储层造成二次污染。

从现场实际应用效果来看，实施暂堵压裂后，施工压力明显升高，单井产量增加，含水率稳中有降，达到了控水增油的目的。2014—2015 年，长庆油田 D1 油藏共实施暂堵转向重复压裂 46 井次，成功率为 93.4%，平均单井日增油量为 1.59 t，采取措施后含水率由 47.6%下降到 39.7%[57]。

#### 5.3.3.4　*直井多层压裂技术*

多层系的低渗气藏，单井增加动用层数并结合单层体积压裂改造，可有效提高单井产量。为此，研发了连续油管带底封分层压裂和套管固井滑套阀多层压裂的新型分压技术，以实现低渗气藏直井多层开发。

（1）连续油管带底封分层压裂

该技术集成了射孔、压裂、隔离等技术，首先将连续油管工具串下入第一段预改造位置并定位，通过上提下放坐封锚定器及封隔器，实施连续油管喷砂射孔，环空泵注压裂，同时油管小排量泵注基液。第一段压裂结束后，上提连续油管封隔器、连续油管至第二段预改造位置进行射孔、压裂作业。该技术具有分层压裂层数和段数不受限制、起下压裂管柱快、可实时监测井底压力、作业周期短及施工效率高的优点。

（2）套管固井滑套阀多层压裂

该技术通过将滑套与套管连接一同下入目的层段固井完井，逐级投入飞镖打开滑套实现分层压裂。球座通过前一级压裂时的压力传递缩径而形成，避免了常规分层压裂工具球座逐级缩径对压裂级数的限制。该压裂方式无须射孔，可直接压裂，能够实现压裂生产一体化，缩短投产时间。

2010 年以来，长庆油田低渗气藏完成 8 口井连续油管带底封分层压裂，平均单井改造 5.1 层，平均试井产气量是邻井的 1.5～2.0 倍；同时完成 15 口井 74 层套管固井滑套阀多层压裂，最多实现一次连续分压 9 层。产气测试结果表明，该技术有效提高了单井产量。

#### 5.3.3.5　*水平井多段压裂技术*

水平井多段压裂技术利用水力压裂方法对水平井进行分段、分簇的储层改造。该技术可以提高水平井的有效改造体积和产能，适用于低渗、致密油气藏。水平井多段压裂技术主要包括以下几种工艺。

（1）水力喷砂体积压裂

该技术采用多喷射器同时喷砂，实现由单簇到多簇射孔的转变；携砂通道从油管变为环空，采用"套管大排量加砂、油管小排量补液"注入方式，辅以新型钢带式封隔器、防反溅喷射器等关键工具，可解决高压高排量压裂问题；提升封隔器的封隔有效性，可满足长时间大规模压裂。水力喷砂体积压裂技术具有可减少喷嘴损伤、成本低、操作简便的优势，目前可实现一趟管柱 10 段以上、每段 2～4 簇的压裂施工。

（2）裸眼封隔器体积压裂

该工艺以裸眼封隔器为载体，在完井作业时一次性下入压裂管柱，通过封隔器坐封实现各水平井改造井段的封隔，依次投球打开不同级差的滑套，建立油管与上部储层之间的连通通道，同时封堵下部已改造层段，实现对水平井段的多段压裂改造，待开井返排后即可投产。

裸眼封隔器体积压裂技术可实现一趟管柱完成多段定点改造，具有井下工具少、工序简单、作业效率高、井控风险低及工艺管柱性能可靠的优点，可适用于浅、中、深层水平井的分段压裂。然而，该技术对水平段井眼轨迹要求较高，完井程序复杂，周期长。

(3) 水力泵送复合桥塞分段多簇压裂

该技术在引进的"水力泵送桥塞分段多簇压裂"技术基础上发展而来，通过攻关试验，解决了复合桥塞设计与选材、多级点火射孔、工具串安全泵送及压后易钻等技术难题，实现了技术国产化，并在现场试验取得成功。该技术采用射孔和桥塞坐封联作的方式，一趟管柱完成射孔作业和封隔器封隔下部层段，实现分段压裂改造，同时实现分级射孔，配合暂堵材料完成多簇压裂，增加单段压裂改造体积，实现分段多簇压裂。该工艺具有封隔可靠性高、井筒完善程度高、分层压裂段数不受限制的优点。

现场应用表明，复合桥塞分段多簇压裂技术提效增产效果显著，排量最大可达 15 $m^3/min$，入地液量最高为 $2\times10^4$ $m^3$，单段射孔 3～6 簇，裂缝带宽度为 110～140 m，相比分段压裂提高了 75%。

水平井钻井技术的发展和建井成本的降低，使得长井段水平井成为有效开采低渗油藏等难动用储量、非常规储层的核心技术。水平井分段压裂技术是增加单井控制储量、提高单井产能的一项重要技术。非常规长井段水平井渗透率低、渗流阻力大，需压开多条裂缝形成油气渗流通道，增加渗流能力，增大油气渗流通道和泄油面积，以提高单井产量。储层和完井地质特点决定了对压裂技术的需求，压裂时如何优选入井材料和分段工具实现各段间的有效封隔，满足储层、井筒需要是保证水平井改造有效性的重要方面。

#### 5.3.3.6 酸化技术

酸化技术是指在低于储层破裂压力下向储层注入化学剂(如盐酸、有机酸等)，使其与储层中的某些物质发生化学反应，溶解或移除近井地带的堵塞物质，以恢复和提高近井地带的渗透率。提高酸化压裂效果的关键在于获得更长的酸蚀裂缝和更高的裂缝导流能力。其主要技术思路包括：采用高效缓速酸及配套材料延缓酸岩反应速度，减少酸液滤失，增大酸液有效作用距离；优化酸化压裂工艺，实现酸液的均匀分布及对地层的非均匀刻蚀，提高酸蚀裂缝导流能力；采用清洁、低伤害环保材料减轻酸化压裂对地层的伤害。

## 5.4 苏里格致密砂岩气藏水平井开发实例

### 5.4.1 苏里格地区致密砂岩气藏区域地质概况及有利地质因素

#### 5.4.1.1 苏里格地区致密砂岩气藏区域地质概况

鄂尔多斯盆地位于我国北方大陆中部，是我国非常重要的能源盆地，又称陕甘宁盆地，是我国第二大沉积盆地及我国第二大含油气沉积盆地。盆地总体横跨陕西、山西、甘肃、宁夏、内蒙古自治区5个行政区域，面积达25万$km^2$，桌子山、六盘山位于盆地以西，与六盘山、银川盆地相对的是西缘构造冲断带，盆地南面是渭河盆地，南至秦岭，北面为阴山和大青山，并与河套盆地为邻，纵观盆地中的地貌整体来看可称为“盆、山格局”。现今鄂尔多斯盆地本部的主体轮廓大体上呈矩形(包括若干地堑与小盆地，属于干旱半干旱黄土高原与沙漠草原地貌)，南北与东西方向的总长度分别为700 km和400 km。

鄂尔多斯盆地资源量丰富，其中石油资源排名全国第四，是我国重要的油气资源产区，对于促进国民经济稳定发展、保障国家战略安全具有非常重要的现实意义。苏里格气田坐落于鄂尔多斯盆地伊陕斜坡中北部，构造相对单一，地层平缓，呈东高西低的趋势，整体地层倾角一般不超过1°。行政地域位于我国内蒙古自治区鄂尔多斯市乌审旗和陕西省榆林市境内，南部靠近靖边气田，东部与榆林气田为邻。地表为沙漠、草地覆盖，地面海拔一般为1 200～1 300 m，地形相对平缓。区内属内陆性半干旱气候，年降水量小、蒸发量大，年最高气温为36 ℃，最低气温为−28 ℃。交通条件较差[58-61]。

#### 5.4.1.2　苏里格地区致密砂岩气藏水平井开发有利地质因素

(1) 区域构造简单、平缓

研究区构造相对简单、稳定，构造上呈东高西低的趋势，为一区域性西倾大单斜，整体倾角不超过1°，仅在局部地区发育小幅度的鼻状隆起，不存在目的层缺失、断层发育等情况，气田整体构造较为平缓，有利于水平井轨迹的现场控制，对水平井钻井技术的要求相对较低。从构造方面来看，研究区适合大规模的水平井推广应用。

(2) 顺古河道方向砂体沉积稳定

根据前人研究成果，研究区盒8段储层沉积物源主要来自北部，多期河道在垂向上叠加、平面上交叉，一般在河道交汇处，砂体具有堆积速度快、厚度大、延伸方向与古水流方向一致的特征，尤其是水下分流河道部位的砂体，具有砂体发育厚度大、平面连续性好等优势，能大幅提高水平井有效钻遇率[62]。

总体来看，由于顺古河道方向的砂体物源主要来自北部，从而使得研究区北部区域的砂体发育程度要高于西部区域。同时受沉积阶段河道发生偏移的影响，不同区域不同层位的砂体发育程度也存在显著差异。本书研究区以盒$8_{下}^{2}$整体发育程度最高，其次为盒$8_{下}^{1}$、盒$8_{上}^{2}$、盒$8_{上}^{1}$。顺古河道方向整体表现出砂体厚度分布均匀，连通性好，水下分流河道在纵剖面上呈透镜状。

(3) 主力气层优势明显

主力气层盒$8_{下}^{2}$相对其他小层具有砂体厚度大、平面上分布稳定、储层物性特征好及含气饱和度高的优势，仅单独对盒$8_{下}^{2}$进行水平井开发就能取得较好的效果(表5-5)。

**表5-5　苏东南地区盒8储层气层有效厚度统计表**

| 层位 | 气层有效厚度/m | | |
|---|---|---|---|
| | 平均值 | 最大值 | 最小值 |
| 盒$8_{上}^{1}$ | 3.48 | 11.5 | 1.3 |
| 盒$8_{上}^{2}$ | 3.33 | 8.4 | 0.9 |
| 盒$8_{下}^{1}$ | 3.41 | 9.0 | 0.9 |
| 盒$8_{下}^{2}$ | 3.74 | 14.6 | 0.9 |

5.4.1.3 苏 53 区块地质概况

(1) 苏 53 区块地理位置

苏 53 区块位于苏里格气田的西北部，区域构造属于鄂尔多斯盆地伊陕斜坡北部中带，行政区属内蒙古自治区鄂尔多斯市的鄂托克后旗所辖，东、西接苏 76、苏 75 区块，南接苏 10、苏 11 区块。地表为沙漠、草地，地面海拔一般为 1 350～1 510 m。基本探明天然气地质储量为 956.42 亿 $m^3$，含气面积为 662.8 $km^2$。

(2) 苏 53 区块目的层特征

苏 53 区块水平井目的层为盒 $8_{下}^{4+5+6}$ 小层，水平段部署在盒 $8_{下}^{5}$、盒 $8_{下}^{6}$ 小层。岩性主要为灰白色砂砾岩、含砾砂岩、不等粒砂岩与绿灰色、紫红色泥岩不等厚互层。从完钻的水平井统计数据分析，水平段中泥岩占 13.5%，目的层的泥岩易水化膨胀、缩径。气层压力系数为 0.7～0.9。地层及岩性描述见表 5-6。

**表 5-6 地层及岩性表[63]**

| 地层 | | | | | 设计分层 | | |
|---|---|---|---|---|---|---|---|
| 界 | 系 | 统 | 组 | 段 | 岩性 | 底深/m | 厚度/m |
| 中生界 | 侏罗系 | 中统 | 直罗组 | | 灰绿色、紫红色泥岩和浅灰色砂岩互层 | 1 266 | 430 |
| | | 下统 | 延安组 | | 深灰色、灰黑色泥岩与灰色砂岩互层，夹多层煤，底为厚层状砂砾岩 | 1 596 | 330 |
| | 三叠系 | 上统 | 延长组 | | 上部为泥岩夹粉砂岩、细砂岩、碳质页岩及煤层，中部以厚层块状砂岩为主夹砂质泥岩、碳质页岩 | 2 146 | 550 |
| | | 中统 | 纸坊组 | | 上部为灰绿色、棕紫色泥岩夹砂岩，下部为灰绿色砂砾岩 | 2 466 | 320 |
| | | 下统 | 和尚沟组 | | 棕红色、紫红色泥岩夹同色砂岩及砂砾岩 | 2 566 | 100 |
| | | | 刘家沟组 | | 灰色、灰白色块状砂岩夹同色泥岩及砂砾岩 | 2 856 | 290 |
| 古生界 | 二叠系 | 上统 | 石千峰组 | | 下部为紫红色砂岩与泥岩互层，上部为棕红色含钙质结核 | 3 136 | 280 |
| | | 中统 | 石河子组 | | 褐色、灰绿色泥岩，浅灰色、灰白色含砾粗砂岩，中粗粒砂岩及灰绿色岩屑石英砂岩。主要含气层系 | 3 381 | 245 |
| | | 下统 | 山西组 | | 灰色、灰白色含砾中粗粒岩屑砂岩、石英砂岩夹薄粉砂岩、黑色泥岩及煤层。主要含气层系 | 3 451 | 70 |
| | 石炭系 | 上统 | 太原组 | | 东大窑灰岩，6# 煤层，斜道灰岩，7# 煤层，毛儿沟灰岩，庙沟灰岩。含气层系 | 3 481 | 30 |
| | | | 本溪组 | | 8# 煤层，晋祠砂岩，铁铝土质岩和砂泥岩，局部夹生物灰岩。含气层系 | 3 511 | 30 |

## 5.4.2 侧钻水平井钻井技术

小井眼开窗侧钻水平井钻井技术，是在定向井、水平井、侧钻井、小井眼钻井技术基础上发展起来的一种综合钻井技术，是一项复杂的系统工程。影响该工程的主要因素有开窗方式、测量工具、下部钻具组合性能、剖面类型、老井眼轨迹、钻进参数、入靶准确度及地层特点等。此技术在一定程度上代表了钻井工艺的发展水平。

5.4.2.1　剖面优化设计

苏里格气田侧钻水平井采用 $\phi$118 mm 钻头在 $\phi$139.7 mm 套管内侧钻，钻完井施工过程中面临轨迹难控制、易卡钻、完井工具下入困难等诸多难题。同时，由于侧钻水平井是在井间动用剩余气，受井网控制，靶前距不宜超过 400 m[64-65]。综合工程地质因素，优化钻井剖面设计，采用“双增”剖面，造斜率为(4°～5°)/30 m，靶前距为 350～400 m，斜井段轨迹平滑、摩擦阻力扭矩低，在保证合理的靶前位移的情况下解决了钻井施工和完井管串顺利下入的问题(图 5-12)。

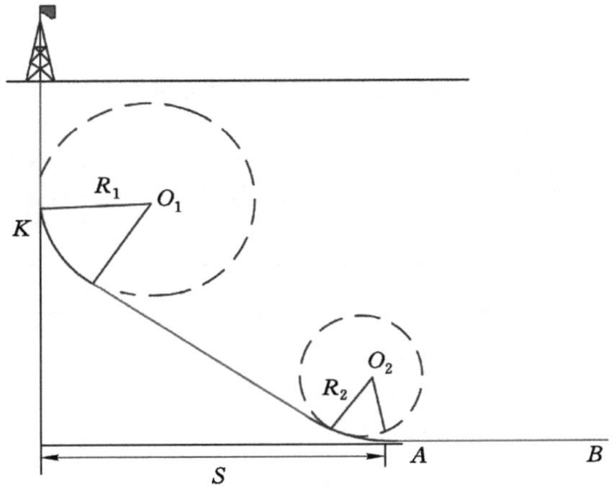


$R_1$、$R_2$—曲率半径；$S$—靶前距/位移；$K$—开窗点；

$O_1$、$O_2$—曲率中心；$A$—水平段入靶点；$B$—水平段终点。

图 5-12　侧钻水平井“双增”剖面示意图

5.4.2.2　一体化开窗技术

侧钻水平井开窗指在目的层上部选取稳定开窗点，利用开窗工具在原井眼 $\phi$139.7 mm 气层套管中打开侧钻通道的作业方式。其主要工序包括斜向器下入及坐封，套管开窗、修窗等。开窗、修窗一般分初级阶段、骑套阶段、出套阶段、修窗阶段和试钻阶段[66]。苏里格气田侧钻水平井优先使用一体化开窗工具，实现坐封、开窗、修窗一趟钻，井均开窗时间为 1.61 d，较使用分体式开窗工具减少了 0.42 d。

一体化开窗工具主要包括周向/轴向双套卡瓦错定结构的斜向器、旋转/上提双保险结构的丢手机构和高强度硬质合金铣锥（图 5-13）。同时配合陀螺摆方位技术，实现一趟钻精准、高质量开窗，保证开窗后井斜方位符合设计要求。一体化开窗钻具组合由 $\phi$114 mm/118 mm 高效一体式开窗工具、陀螺定位接头、$\phi$105 mm 钻铤、$\phi$211 mm×8 mm 特变扣、$\phi$88.9 mm 加重钻杆及 $\phi$88.9 mm 钻杆组成。

5.4.2.3　钻井提速技术

（1）个性化 PDC 钻头。通过对老井资料的统计分析，计算得出侧钻井段地层岩石力

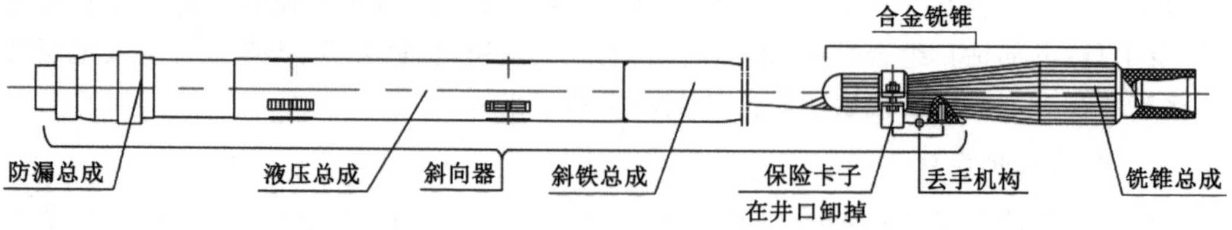


图 5-13 一体化开窗工具示意图[67]

学参数和可钻性级值(表 5-7)。针对苏里格气田地层特点,优选聚晶金刚石复合片,优化刀翼结构和水眼布局,设计个性化 5 刀翼 PDC 钻头,提高了钻头切削性能和延长了其使用寿命,大幅提高了单只钻头进尺与平均机械钻速,单井平均节约钻头 7 只,节省起下钻时间 5～6 d。

**表 5-7 地层岩石力学参数及可钻性级值**

| 井号 | 抗压强度 (平均值 / 最小值—最大值) /MPa | 压入硬度 (平均值 / 最小值—最大值) /MPa | 可钻性级值 (平均值 / 最小值—最大值) | 研磨性指数 (平均值 / 最小值—最大值) |
|---|---|---|---|---|
| 苏 11-A | 97.0 / 21.7 ～ 141.5 | 1 480 / 125 ～ 2 327 | 5.19 / 2.40 ～ 6.07 | 4.65 / 1.27 ～ 6.48 |
| 苏 10-B | 95.0 / 20.8 ～ 171.9 | 1 440 / 114 ～ 2 876 | 5.10 / 2.33 ～ 6.49 | 4.56 / 1.23 ～ 7.67 |
| 苏 53-C | 107.0 / 20.5 ～ 158.2 | 1 670 / 111 ～ 2 632 | 5.39 / 2.31 ～ 6.31 | 5.06 / 1.21 ～ 7.13 |

(2) 高性能等壁厚螺杆。优化设计并推广使用高性能等壁厚螺杆,压耗由常规螺杆的 5 MPa 降低到 3 MPa,平均使用时间由 52 h 增加到 108 h(最长使用寿命为 136 h),提高了约 1 倍。

(3) $\phi$88.9 mm 小接箍钻杆。推广应用了双台阶式矮牙扣 $\phi$88.9 mm 小接箍钻杆,与 $\phi$73 mm 常规钻杆相比,内压耗降低了 30%,排量提高了 1～2 L/s,泵压同比降低了 2～3 MPa,同时提高了环空返速,增强了携岩效果。

(4) 水力振荡器。水力振荡器模拟试验表明,钻柱中连接两个水力振荡器将大大降低在轴向和屈曲方面所受的应力和摩擦阻力影响。针对侧钻水平井定向段易发生拖压、黏卡问题,优选水力振荡器等减摩降阻工具,改善井下钻压传递效果,提高机械钻速。目前应用的两口井,平均钻井周期较之前缩短 1～2 d。当工具用于比较弯曲井眼中,或重力集中效应发生在离井底较远井段时,将工具组合在上部钻杆中能最大限度地发挥工具功能,一般推荐离钻头 240～300 m 位置。

#### 5.4.2.4 钻井液技术

针对石千峰组及石盒子组泥岩易发生剥落掉块、石盒子组因地层压力系数低及砂岩层微裂缝发育等原因易发生井漏的问题[68-69],研制了高性能复合盐钻井液体系。该体系通过加入 HY-260 及乳化沥青 QS-1、FT-1A 等强化广谱封堵材料，保持封堵剂含量在 6%以上，可有效封堵泥岩地层微孔隙以减少滤液侵入地层；采用复合盐加重实现低固相、低钻井液活度、强抑制性能以稳定泥岩井壁。在长泥岩段起下钻作业时，通过泵注高密度钻井液提高静液柱压力以防止井壁失稳等措施，确保侧钻水平井各井段顺利完工。侧钻水平井各段钻井液性能参数如表 5-8 所示。

**表 5-8　侧钻水平井各段钻井液性能参数**

| 钻井液性能 | | 造斜段（石千峰组—石盒子组） | 水平段（石盒子组） |
|---|---|---|---|
| 常规性能 | 密度/($g/cm^3$) | 1.13～1.18 | 1.17～1.18 |
| | 马氏漏斗黏度/s | 38～50 | 47～55 |
| | 滤失量/mL | <3 | <3 |
| | 泥饼厚度/mm | ≤0.5 | ≤0.5 |
| | pH | 9～10 | 9～10 |
| 流变性能 | 初切力/Pa | 1～3 | 2～4 |
| | 终切力/Pa | 2～6 | 3～8 |
| | 塑性黏度/(mPa·s) | 13～18 | 16～22 |
| | 屈服强度/Pa | 5～7 | 6～10 |
| 固相 | 含砂量/% | ≤0.2 | ≤0.2 |
| 摩擦阻力系数 | | 0.07 | 0.07 |

## 5.4.3　侧钻水平井钻井技术现场应用

2012—2013 年，苏 53 区块实施了具有代表性的 23 口水平井，累计总进尺为 97 823 m(含导眼进尺)。完成井平均机械钻速为 11.45 m/h，平均钻井周期为 41.83 d，平均建井周期为 52.30 d，平均水平段长度为 1 075.10 m。平均单井产气量是常规直井的 5～8 倍，但是成本只有常规直井的 3～4 倍。可见将水平井钻井技术系统地应用于苏里格区块后取得了明显的经济效益。下面对侧钻水平井苏 10-36-21CH 井进行现场应用研究。

苏 10-36-21CH 井位于苏里格气田苏 10 区块，构造位置为鄂尔多斯盆地伊陕斜坡北部中带，是一口 $\phi$139.7 mm 套管开窗侧钻水平井，设计靶点垂深为 3 376.70 m、靶前距为 300 m、方位为 358°，裸眼段长度为 1 200 m，水平段长度为 700 m，设计完钻井深为 4 246 m。该井于 2014 年 10 月 28 日在井深 3 003 m 进行套管开窗作业，井深 3 007 m 一次开窗完；2014 年 12 月 10 日完井，完井井深为 4 203 m，$\phi$118 mm 裸眼段长度为 1 200 m，其中水平段长度为 654 m，平均机械钻速为 1.78 m/h，建井周期为 47.5 d。

### 5.4.3.1　施工工艺流程

依据现场情况确定该井施工工艺流程如下：水泥回填→试压→钻塞→刮管、通径（通井规）→下导斜器→下陀螺仪器定位→导斜器锚定→一体化开窗施工→窗口修整→定向侧钻斜井段及水平段施工→完井。

### 5.4.3.2　施工难点

(1) 套管开窗作业。该井采用磨铣开窗技术。施工如遇以下几种情况均会导致开窗失败或开窗后方位偏差过大：

① 井眼准备不充分，导致开窗中途遇阻；

② 导斜器下不到位或者用陀螺仪调整导斜器方位时，坐不上键；

③ 铣削窗口时参数不当，导致导斜器发生轴向移动或窗口翻卷造成后期挂卡；

④ 当下钻过窗口时，操作不当易导致导斜器下移。

(2) 定向侧钻井段。当小井眼裸眼侧钻钻进时，由于入井的定向工具外径尺寸小、柔性大，抵抗地层力的能力弱，钻井参数、地层等因素对井眼轨迹控制效果非常敏感，已钻井眼对待钻井眼影响大，增斜率难以预测。目前力学分析模型考虑单一因素的情况较多，对现场施工缺乏指导性。

(3) 斜井段顺利入窗。由于该区块储层薄，对入窗精度要求高，井身轨迹需要根据随钻伽马和录井资料随时调整。这给入窗井眼轨迹控制造成了很大的难度，进一步加大了入窗施工风险。

(4) 水平段钻井。储层的不确定性导致水平段垂深调整频繁，水平段复合钻井轨迹变化无规律，滑动井段增加。27/8 钻杆钻压传递困难，抗扭能力低，水平段延伸能力有限。

(5) 井漏与井塌并存。“双石层”泥岩段处于井眼的增斜段，易吸水发生剥落和坍塌，同时泥岩段裂缝极为发育，钻进中极易发生坍塌，从而导致水平井易发生事故。因此，处理好石盒子组地层的井漏和井塌是确保该井安全钻井的关键。

(6) 参数要求严格。小井眼侧钻水平井，井眼曲率变化大，钻柱在造斜段会产生较大的弯曲应力，易造成钻具的疲劳损害。特别是在钻柱旋转时，弯曲井段的钻柱受应力作用极易产生疲劳失稳破坏。

#### 5.4.3.3 实际施工过程及效果

(1) 开窗过程

在确定开窗点前应参阅老井固井声幅资料及测井解释资料，尽量选择固井质量较好、水泥环分布均匀的井段，力争避开水泥窜槽、套管外无水泥的井段。开窗点应选择在岩性稳定、可钻性较好的砂岩井段，避开易垮塌、易缩径的泥岩地层。窗口以上井段套管要密封良好，窗口以上井段的老井套管在之后的钻井施工中将作为技术套管使用，因此，必须保证开窗点以上套管能够承受较高的套管内压。开窗前的试压工作检查套管的承压能力是个关键环节。

根据苏 10-36-21CH 井实钻情况，开窗位置选定 3 003 m，位于石千峰组下部，地层较稳定且固井质量合格。距套管接箍以下 3.05 m，无扶正器，井斜为 0.37°，有利于侧钻。

施工前用水泥将打开的气层封住，安装好防喷器并试压，下入单牙轮钻头钻水泥塞，控制钻压，下钻的钻具组合为：$\phi$118 mm 单牙轮钻头＋230 mm/210 mm 双母接头＋$\phi$73 mm 钻杆。水泥塞钻完后下通井规及刮管器通井。

为实现斜向器定向开窗一趟钻，该井采用了一体式斜向器。

钻具组合为：XD114×210 铣锥、导斜器一体式开窗工具＋211 mm×210 mm 定向接头＋$\phi$105 mm 钻链×2 根＋$\phi$73 mm 加重钻杆×23 根＋$\phi$73 mm 钻杆。

下入陀螺测量仪反复坐键测出磁性工具面，将导斜器摆到设计方位 355°～5°之间，取出仪器后开泵憋压，剪断上下卡瓦的螺钉，锥体活塞推动卡瓦向外移动，卡瓦牙嵌入套管壁。继续憋压 2～3 次至 25 MPa，将导斜器锚定在套管壁上。卸掉压力后，旋转钻具 15～20 圈或上提钻具超过 20 t，剪断铣锥与斜铁的连接螺钉即可进行开窗作业。在进行开窗作业时，钻压控制在 5～10 kN，转盘转速控制在 20～30 r/min。开窗过程中共使用 1 支铣锥。

在该井施工中，由于钻压均匀，扭矩平稳，钻速较快，仅用 10 h 就可磨进 4 m，实现一趟钻完成磨铣、开窗、修窗作业(表 5-9)。

**表 5-9 开窗工具使用记录表**

| 工具 | 井段/m | 进尺/m | 时间/h |
|---|---|---|---|
| 铣锥 | 3 303～3 307 | 4 | 10 |

(2) 定向侧钻井段

通过对起出的铣锥进行测量，外径仅磨小了 1 mm，故决定直接下定向钻具组合。下入 MWD(随钻测量仪器)进行斜井段施工。钻具组合为：$\phi$118.00 mm PDC 钻头＋$\phi$102 mm (1.5°或 1.25°) 螺杆＋211 mm×230 mm 变扣接头＋231 mm×211 mm MWD 定位接头＋$\phi$105 mm 无磁钻挺＋$\phi$73 mm 加重钻杆×12 根＋$\phi$73 mm 钻杆。

由以往施工经验可知，相同角度的螺杆滑动增斜效率与井眼直径成反比，由于该井设计靶前距为 300 m，设计斜井段井眼曲率为 5.8°～6°/30 m，使用 1.25°或 1.5°单弯螺杆施工斜井段，以防止井眼曲率过大。定向时需考虑套管磁干扰因素，应复合钻出开窗点 30 m 以上，待 MWD 测出的 GT、BT 值正常后方可进行定向钻进。

(3) 钻井参数的选择

$\phi$139.7 mm 套管开窗侧钻水平井使用 $\phi$73 mm 钻杆，接箍外径为 105 mm，井眼尺寸小、环空间隙小、循环泵压高。针对以上难点，需在施工前对钻井参数、钻具中和点及水力参数进行模拟设计。

依据设计井眼轨迹、井身结构及钻具组合可计算出钻井参数模拟数据，如表 5-10 所示。

**表 5-10 钻井参数模拟数据**

| 井深/m | 大钩载荷 | | | | | 地面扭矩 | | 摩擦阻力 | | | 中和点位置 | |
|---|---|---|---|---|---|---|---|---|---|---|---|---|
| | 起钻/(9.8 kN) | 下钻/(9.8 kN) | 滑动钻进/(19.6 kN) | 复合钻进/(19.6 kN) | 复合钻进/(29.4 kN) | 钻压 19.6 kN/(kN·m) | 钻压 29.4 kN/(kN·m) | 起钻/(9.8 kN) | 下钻/(9.8 kN) | 滑动/(9.8 kN) | 滑动钻进/m | 复合钻进/m |
| 3 000 | 38.31 | 34.16 | 32.36 | 34.16 | 33.16 | 1.53 | 1.77 | 2.16 | 2.00 | 1.82 | 2 830 | 2 830 |
| 3 220 | 43.02 | 37.44 | 35.59 | 38.09 | 37.09 | 1.91 | 2.19 | 2.94 | 2.64 | 2.51 | 3 011 | 3 038 |
| 3 520 | 46.12 | 39.06 | 37.04 | 40.36 | 39.37 | 2.33 | 2.65 | 3.78 | 3.29 | 3.36 | 3 134 | 3 214 |
| 3 820 | 47.29 | 38.64 | 36.46 | 40.67 | 39.68 | 2.75 | 3.08 | 4.65 | 4.03 | 4.24 | 3 065 | 3 231 |
| 4 250 | 48.48 | 37.83 | 35.58 | 40.81 | 39.82 | 3.21 | 3.54 | 5.71 | 4.98 | 5.27 | 2 974 | 3 232 |

由表 5-10 可得各井段多种钻进方式的扭矩、摩擦阻力、中和点变化情况。可根据实际钻进情况对钻井参数和钻具组合进行调整，达到最优钻进方式。

钻进过程水力分析如表 5-11 所示。

**表 5-11　钻进过程水力分析表**

| 井深/m | 总压降/MPa | 钻头压降百分比/% | 环空压降/MPa | 钻头处 ECD/($g/cm^3$) | 泵功率/W |
| --- | --- | --- | --- | --- | --- |
| 3 000 | 20.79 | 0.7 | 4.46 | 1.35 | 143 497 |
| 3 220 | 21.37 | 0.7 | 5.11 | 1.36 | 154 401 |
| 3 520 | 22.03 | 0.6 | 5.74 | 1.375 | 165 175 |
| 3 820 | 23.49 | 0.6 | 6.37 | 1.39 | 175 949 |
| 4 250 | 24.06 | 0.6 | 7.01 | 1.41 | 186 723 |

注：ECD—当量环空密度。

由钻进过程水力分析可以看出，绝大部分压降消耗在钻柱及环空内。应根据现场设备能力尽量提高排量，以满足清洗井底和携砂的要求。在水平井段，由于井眼直径和钻具内径小、井段不断延长、钻井液黏度较高，最高泵压达到取短起下、划眼作业破坏井底岩屑床的要求，才能基本满足井眼清洁要求。

(4) 斜井段施工措施

钻进时应随时对比分析实钻井眼轨迹与设计井眼轨迹的偏差，预测下一井段所需的造斜率，及时调整井眼轨迹。滑动加复合钻进保证井眼平滑，控制实钻井眼轨迹，确保顺利入窗。

该井斜井段使用的 $\phi$102 mm×1.25°螺杆实际造斜率为 15°～17°/30 m，使用的 $\phi$102 mm×1.5°螺杆实际造斜率为 18°～20°/30 m。复合增斜率取决于井底井斜。

如表 5-12 所示，苏 10-36-21CH 井前期轨迹严格按照设计要求，在 80°井斜后甲方要求 83°～84°稳斜下探气层，以控制复合增斜率。实际入窗垂深下调 5.11 m 至 3 381.8 m，靶前距为 316.81 m，斜井段长度为 564 m (3 003～3 567 m)，平均机械钻速为 2.57 m/h。

**表 5-12　复合钻进和滑动钻进对比表**

| 项目 | 数值 | 项目 | 数值 | 项目 | 数值 |
| --- | --- | --- | --- | --- | --- |
| 复合进尺/m | 359.00 | 复合累计钻时/h | 89.23 | 总进尺/m | 564.00 |
| 复合百分比/% | 63.65 | 复合机械钻速/(m/h) | 4.02 | 总纯钻时/h | 219.23 |
| 滑动进尺/m | 205.00 | 滑动累计钻时/h | 130.00 | 平均机械钻速/(m/h) | 2.57 |
| 滑动百分比/% | 36.35 | 滑动机械钻速/(m/h) | 1.58 | | |

环空间隙小，在起下钻过程中会产生较大的抽吸、激动压力。在满足小井眼轨迹控制的前提下，应尽量简化钻具结构。当下钻遇阻时，要先循环一周再划眼，时刻注意泵压变化，划一段巩固一段。扩眼时的砂子颗粒大且多，要控制扩眼进度。每次下钻到底后，先降低柴油机转速，单凡尔缓慢开泵，待钻井液返出正常、泵压正常后，再增大排量，逐渐调整到正常排量。

钻井液要清洁，携砂性、润滑性、井壁稳定性都要好。在高压油气层或易漏地层要分段循环下钻，每段都要循环彻底，在裸眼井段起下钻及首次起下钻时必须控制速度，防止突然遇阻、遇卡或者抽吸井喷、压漏地层等；钻具在套管内不能静止，要定期活动钻具，防止钻井液中的砂子沉淀卡钻；为防止钻具内外落物，在钻进、起下钻时应用好刮泥器。

滑动钻进时的钻井参数如下：钻压为 10～30 kN、排量为 7～9 L/s、泵压为 18～

21 MPa、泥浆密度为 1.15～1.21 g/cm³、泥浆黏度为 50～60 s。复合钻进时的钻井参数如下：螺杆转速为＋45 r/min、钻压为 20～30 kN、排量为 7～9 L/s、泵压为 18～21 MPa、泥浆密度为 1.15～1.22 g/cm³、泥浆黏度为 50～60 s。

（5）水平段施工措施

钻具组合：$\phi$118.00 mm PDC 钻头＋$\phi$102 mm（1°）螺杆＋$\phi$113 mm 球扶＋211 mm×230 mm 变扣接头＋231 mm×211 mm MWD 定位接头＋$\phi$102 mm 无磁钻铤＋$\phi$73 mm 加重钻杆×3 根＋$\phi$73 mm 钻杆（根据水平段长段进行调整）＋$\phi$73 mm 加重钻杆×7 根＋$\phi$73 mm 钻杆。

滑动钻进时钻井参数如下：钻压为 10～30 kN、排量为 7～8 L/s、泵压为 21～24 MPa、泥浆密度为 1.21～1.25 g/cm³、泥浆黏度为 50～60 s。复合钻进时的钻井参数如下：螺杆转速为＋45 r/min、钻压为 20～30 kN、排量为 7～8 L/s、泵压为 21～25 MPa、泥浆密度为 1.21～1.25 g/cm³、泥浆黏度为 50～60 s。

水平段钻进过程中及时修正实际钻进井眼轨迹与靶点要求轨迹的偏差，进行滑动调整时，采用少量多次原则。滑动井段进行划眼，确保井壁规则。每钻进 70 m 进行短起下作业。当钻速、砂样发生明显变化时应加密测点，及时纠正因为地层突变造成的井斜的突增突降。钻速过快时应当控制钻压，并在单根打完后进行短时间循环，下钻时应当进行分段循环。根据水平段长度及中和点位置调整钻具结构，防止因钻具疲劳损伤而发生事故。

预测水平段储层沿水平段方向构造下降，构造幅度为 1.6 m/km。由于目的层储层非均质性强、夹层发育，水平段轨迹控制难度大。小钻具结构刚性弱，在水平段复合增斜率高，扶正器有效保径磨损严重，特别是井底井斜超过 90°时可达 10°/100 m，从而导致滑动井段增加，井眼轨迹不平滑。今后可考虑加强扶正器耐磨性，同时水平段继续使用无磁钻铤提高钻具稳斜能力。

（6）钻头分析

优选的迪普 DD55C 钻头进尺和纯钻时间都比较稳定。滑动过程中无明显托压现象，工具面稳定且滑动机械钻速高。在斜井段和水平段都保持较高的技术指标，使用效果比较好。

由于石盒子组含大量泥岩，小井眼钻进排量小，前期钻头出井后均出现不同程度堵水眼与泥包现象。后期下钻过程中，采用分段循环及钻进过程中适时增加排量循环的方式予以解决（表 5-13）。单只钻头进尺最高为 198 m，机械钻速最高为 3.77 m/h。

**表 5-13　钻头使用情况记录表**

| 序号 | 钻头型号 | 使用井段/m | | 进尺/m | 纯钻时间/h | 机械钻速/(m/h) |
|---|---|---|---|---|---|---|
| | | 自 | 至 | | | |
| 1 | DD55C | 3 007 | 3 037 | 30 | 9.58 | 3.13 |
| 2 | DD55C | 3 037 | 3 142 | 105 | 29.22 | 3.59 |
| 3 | DD55C | 3 142 | 3 269 | 127 | 62.38 | 2.04 |
| 4 | DD55C | 3 269 | 3 369 | 100 | 71.15 | 1.41 |
| 原 1 | DD55C | 3 369 | 3 567 | 198 | 52.50 | 3.77 |
| 5 | DD55C | 3 567 | 3 748 | 181 | 49.31 | 3.67 |

(7) 实际钻进过程中各项钻井参数以及水力分析

随着井深增加，各方式下钻具扭矩与摩擦阻力情况如表 5-14 所示。垂深增加、钻具加长与泥浆性能调节后，各排量下循环泵压如表 5-15 所示。依据表 5-14 和表 5-15 所示参数可进一步优化钻井参数与钻具组合，确保安全与快速钻进。

**表 5-14 各方式下扭矩与摩擦阻力情况**

| 井深/m | 地面扭矩/(kN·m) | | 摩擦阻力/(9.8 kN) | | |
|---|---|---|---|---|---|
| | 复合钻进钻压 19.6 kN | 复合钻进钻压 29.4 kN | 起钻 | 下钻 | 滑动 |
| 3 000 | 2.8 | 3.2 | 0 | 1 | 1 |
| 3 150 | 3.2 | 3.5 | 1 | 1 | 1 |
| 3 350 | 3.3 | 3.7 | 2 | 2～3 | 2 |
| 3 550 | 3.6 | 3.8 | 3 | 3～5 | 3 |
| 3 750 | 4.1 | 4.5 | 4 | 3～5 | 4 |
| 3 950 | 4.5 | 4.8 | 4 | 4～6 | 4 |
| 4 250 | 4.8 | 5.2 | 6 | 6～8 | 6 |

**表 5-15 各排量下泵压**

| 井深/m | 排量/(L/s) | 泵压/MPa | 泥浆密度/($g/cm^3$) |
|---|---|---|---|
| 3 120 | 9.0 | 18.5 | 1.15 |
| 3 320 | 9.0 | 19.0 | 1.18 |
| 3 520 | 8.5 | 20.0 | 1.20 |
| 3 720 | 8.0 | 21.5 | 1.21 |
| 3 920 | 7.5 | 22.0 | 1.22 |
| 4 250 | 6.9 | 23.0 | 1.24 |

### 5.4.4 应用效果评价

#### 5.4.4.1 钻完井效果

截至 2022 年 6 月，苏里格气田 57 口侧钻水平井平均井深为 4 248.5 m，平均水平段长度为 743.7 m、最长为 1 000 m，平均钻井周期为 36.3 d，平均完井周期为 53.8 d，砂岩钻遇率达 91%，砂体高钻遇率保障了钻完井提速[70]。2011 年、2012 年在苏 10 区块开展两口井试验，平均钻井周期为 63.7 d，平均完井周期为 91.5 d，其中苏 10-32-ACH 井钻井周期达到了 91.7 d，平均事故复杂率为 45.1%，两口井丢段率为 41.8%。经过多年技术攻关和现场试验，推广应用阶段的平均钻井周期、完井周期分别降至 35 d、52.6 d，较初期分别提速 45.1%、42.5%，其中苏 10-30-BCH 井钻井周期为 15.88 d，为同气区最低；事故复杂率为 4.3%，降低 40.8%；近两年实现零丢段，钻完井技术得到大幅度提升，学习曲线基本形成(表 5-16)。

**表 5-16　苏里格气田侧钻水平井钻完井关键参数**

<table>
<tr><th>阶段划分</th><th>井数/口</th><th>完井方式</th><th>平均井深/m</th><th>平均水平段长度/m</th><th>平均钻井周期/d</th><th>平均砂体钻遇率/%</th><th>平均事故复杂率/%</th><th>压裂方式</th><th>平均完井周期/d</th><th>平均丢段率/%</th></tr>
<tr><td>先导试验（2011—2012 年）</td><td>2</td><td>裸眼完井</td><td>4 130.2</td><td>614.2</td><td>63.7</td><td>98.9</td><td>45.1</td><td>裸眼封隔器分段压裂</td><td>91.5</td><td>41.8</td></tr>
<tr><td>探索改进（2013—2015 年）</td><td>2</td><td>裸眼完井</td><td>4 168.0</td><td>627.0</td><td>42.2</td><td>79.8</td><td>21.8</td><td>裸眼封隔器分段压裂</td><td>47.9</td><td>37.8</td></tr>
<tr><td rowspan="2">推广应用（2016 年 1 月—2022 年 6 月）</td><td>48</td><td>裸眼完井</td><td rowspan="2">4 256.0</td><td rowspan="2">753.0</td><td rowspan="2">35.0</td><td rowspan="2">91.1</td><td rowspan="2">4.3</td><td>裸眼封隔器分段压裂</td><td rowspan="2">52.6</td><td rowspan="2">6.6</td></tr>
<tr><td>5</td><td>套管完井</td><td>小尺寸可溶桥塞</td></tr>
<tr><td>平均/合计</td><td>57</td><td>—</td><td>4 248.5</td><td>743.7</td><td>36.3</td><td>91.0</td><td>6.3</td><td>—</td><td>53.8</td><td>8.9</td></tr>
</table>

### 5.4.4.2　生产效果

截至 2022 年 6 月，投产时间满 1 个月的侧钻水平井共 42 口，首月井均日产气量为 3.8 万 $m^3$，平均单井累计增产 114.8 万 $m^3$；生产时间满 1 年的井有 34 口，平均单井日产气量为 2.8 万 $m^3$，首年单井平均增产 1 021.7 万 $m^3$。近年来，天然气产量的首月平均日产量由先导试验阶段的 2.0 万 $m^3$ 增加到推广阶段的 4.0 万 $m^3$，增产效果显著（表 5-17）。

**表 5-17　苏里格气田侧钻水平井关键生产数据**

| 阶段划分 | 生产时间满 1 个月井 | | | | 生产时间满 1 年井 | | | |
|---|---|---|---|---|---|---|---|---|
| | 井数/口 | 井口压力/MPa | 单井日产气量/($10^4$ $m^3$) | 单井增产/($10^4$ $m^3$) | 井数/口 | 井口压力/MPa | 单井日产气量/($10^4$ $m^3$) | 单井增产/($10^4$ $m^3$) |
| 先导试验（2011—2012 年） | 2 | 9.4 | 2.0 | 59.5 | 2 | 7.9 | 2.0 | 762.5 |
| 探索改进（2013—2015 年） | 2 | 10.0 | 3.7 | 109.7 | 2 | 7.4 | 1.7 | 587.9 |
| 推广应用（2016 年 1 月—2022 年 6 月） | 38 | 13.3 | 4.0 | 118.2 | 30 | 8.5 | 2.9 | 1 069.6 |
| 平均/合计 | 42 | 12.9 | 3.8 | 114.8 | 34 | 8.4 | 2.8 | 1 021.7 |

### 5.4.4.3　经济效果

综合考虑经济评价参数，取气价为 0.78 元/$m^3$，平均单位操作成本为 12 元/$m^3$，建立当内部收益率达 8%时侧钻水平井极限投资与单井 EUR 关系图版，测算气井不同投资对应的 EUR 值。在当前侧钻水平井单井成本为 1 580 万元的情况下，对应的 EUR 约为 3 600 万 $m^3$

(图 5-14)。应用递减曲线积分法、数值模拟法等方法计算得出投产满 1 年平均单井 EUR 值为 3 769 万 m³,能够取得较好的经济效益。

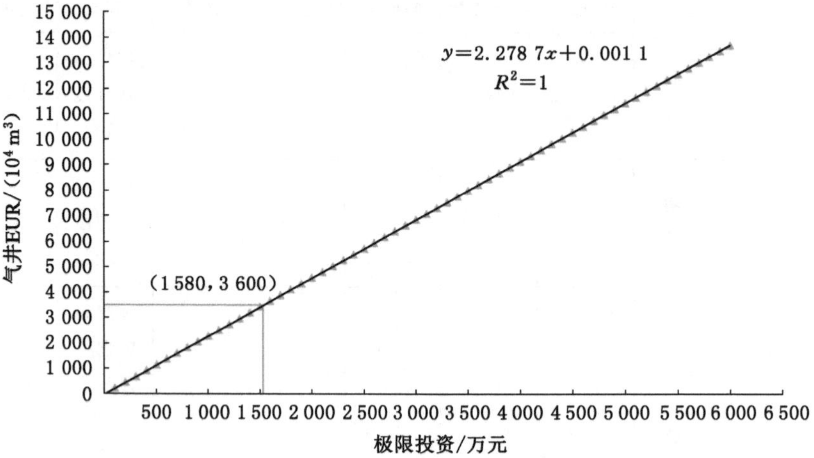


图 5-14 苏里格气田侧钻水平井 EUR 与极限投资相关关系图

# 参 考 文 献


[1] LAW B E. Basin-centered gas systems[J]. AAPG bulletin,2002,86(11):1891-1919.

[2] HOLDITCH S. Tight gas sands[J]. Journal of petroleum technology,2006,58(6):86-93.

[3] 邹才能,朱如凯,吴松涛,等.常规与非常规油气聚集类型、特征、机理及展望:以中国致密油和致密气为例[J].石油学报,2012,33(2):173-187.

[4] 麻书玮.吴堡地区上古生界致密砂岩气成藏地质条件研究[D].西安:西北大学,2020.

[5] 由凯.鄂尔多斯盆地中北部盒 8 段致密砂岩气成藏特征[D].成都:成都理工大学,2014.

[6] 李建忠,郭彬程,郑民,等.中国致密砂岩气主要类型、地质特征与资源潜力[J].天然气地球科学,2012,23(4):607-615.

[7] 庞雄奇,周新源,董月霞,等.含油气盆地致密砂岩类油气藏成因机制与资源潜力[J].中国石油大学学报(自然科学版),2013,37(5):28-37+56.

[8] 孙丽娜,张明峰,吴陈君,等.不同成因类型致密砂岩气成藏过程及机理研究进展[J].沉积学报,2015,33(5):1013-1022.

[9] 姜振学,林世国,庞雄奇,等.两种类型致密砂岩气藏对比[J].石油实验地质,2006,(3):210-214,219.

[10] MASTERS J A. Deep basin gas trap, western Canada: the container for Elmworth: abstract[R].[S. l. s. n.],1980.

[11] BROWN C A, CRAFTON J W, GOLSON J G. The Niobrara gas play: exploration and development of a low-pressure, low-permeability gas reservoir [J]. Journal of petroleum technology,1982,34(12):2863-2870.

[12] 庞雄奇,金之钧,姜振学,等.深盆气成藏门限及其物理模拟实验[J].天然气地球科学,2003,14(3):207-214.
[13] 李昂,丁文龙,何建华,等.致密砂岩气成藏机制类型及特征研究[J].吉林地质,2014,33(2):8-12.
[14] 赵靖舟,李军,曹青,等.论致密大油气田成藏模式[J].石油与天然气地质,2013,34(5):573-583.
[15] 张金川,金之钧,庞雄奇.深盆气成藏条件及其内部特征[J].石油实验地质,2000,22(3):210-214.
[16] 马新华,王涛,庞雄奇,等.深盆气藏的压力特征及成因机理[J].石油学报,2002,23(5):23-27.
[17] 董晓霞,梅廉夫,全永旺.致密砂岩气藏的类型和勘探前景[J].天然气地球科学,2007,18(3):351-355.
[18] 叶礼友,高树生,杨洪志,等.致密砂岩气藏产水机理与开发对策[J].天然气工业,2015,35(2):41-46.
[19] 张浩,康毅力,陈一健,等.致密砂岩气藏超低含水饱和度形成地质过程及实验模拟研究[J].天然气地球科学,2005,16(2):186-189.
[20] BENNION D B, THOMAS F B, MA T. Formation damage processes reducing productivity of low permeability gas reservoirs[R].[S.l.s.n.],2000.
[21] 欧成华,李士伦,易敏,等.高温高压下多种气体在储层岩心中吸附等温线的测定[J].石油学报,2002,23(1):72-76.
[22] 魏新善,胡爱平,赵会涛,等.致密砂岩气地质认识新进展[J].岩性油气藏,2017,29(1):11-20.
[23] 景兴鹏,刘洁,段宗怀,等.致密砂岩气含量试验测试技术[J].西安科技大学学报,2013,33(5):559-564.
[24] 张云峰,卢双舫,徐琴,等.深益气藏形成的主控地质因素[J].大庆石油学院学报,2003,27(4):5-8.
[25] 张金亮,张金功.深盆气藏的主要特征及形成机制[J].西安石油学院学报(自然科学版),2001,16(1):1-7.
[26] 杨晓宁,张惠良,朱国华.致密砂岩的形成机制及其地质意义:以塔里木盆地英南2井为例[J].海相油气地质,2005,10(1):31-36.
[27] BERRY F A F. Hydrodynamics and geochemistry of the Jurassic and Cretaceous systems in the San Juan basin,northwestern New Mexico and southwestern Colorado[R].[S.l.s.n.],1959.
[28] BYRNES A P. Effect of pressure and water saturation on permeability of western tight sandstones[R].[S.l.s.n.],2011.
[29] WALLS J D, NUR A M, BOURBIE T. Effects of pressure and partial water saturation on gas permeability in tight sands:experimental results[J]. Journal of petroleum technology,1982,34(4):930-936.
[30] GIES R M. Case history for a major Alberta deep basin gas trap:the Cadomin

formation[R]. [S. l. s. n. ],1984.

[31] BROWN C A,SMAGALA T M,HAEFELE G R. Southern Piceance basin model: Cozzette,Corcoran and Rollins sandstones[R]. [S. l. s. n. ],1986.

[32] MONTGOMERY S L,ROBINSON J W. Jonah field,sublette county,Wyoming:gas production from overpressured upper Cretaceous lance sandstones of the Green River basin[J]. AAPG bulletin,1997,81:1049-1062.

[33] KHAVARI-KHORASANI G. Free hydrocarbons in Uinta basin,Utah[J]. AAPG bulletin,1984,68(9):1193-1197.

[34] LAW B E,DICKINSON W W. Conceptual model for origin of abnormally pressured gas accumulations in low-permeability reservoirs[J]. AAPG bulletin,1985,69(8): 1295-1304.

[35] SURDAM R C. A new paradigm for gas exploration in anomalously pressured "tight-gas sands" in the Rocky Mountain Laramide basins[J]. AAPG Memoir,1997, 67(67):283-298.

[36] SPENCER C W. Hydrocarbon generation as a mechanism for overpressuring in rocky mountain region[J]. AAPG bulletin,1987,71(4):368-388.

[37] BERKENPAS P G. The Milk River shallow gas pool:role of the updip water trap and connate water in gas production from the pool[C]//SPE Annual Technical Conference and Exhibition,Dallas,1991.

[38] 张金亮,张金功,常象春.深盆气成藏机制及潜力评价[C]//2001 年全国沉积学大会摘要论文集,武汉,2001:173-174.

[39] FALL A,EICHHUBL P,CUMELLA S P,et al. Testing the basin-centered gas accumulation model using fluid inclusion observations: southern Piceance basin, Colorado[J]. Bulletin of the American association of petroleum geologists,2012, 96(12):2297-2318.

[40] 王朋岩,郈振阳.全球致密砂岩气资源分布特征与规律[J].中国锰业,2017,35(6): 23-29.

[41] DUTTON S P,LAND L S. Cementation and burial history of a low-permeability quartzarenite,Lower Cretaceous Travis Peak Formation,East Texas[J]. Geological society of America bulletin,1988,100(8):1271-1282.

[42] 张金川,金之钧.美国落基山地区深盆气及其基本特征[J].国外油气勘探,2000, 12(6):651-658.

[43] 龚小卫,李玮,乔中山,等.国内非常规油气勘探开发技术研究现状及难点分析[J].中国锰业,2017,35(3):108-111.

[44] 曹锋,邹才能,付金华,等.鄂尔多斯盆地苏里格大气区天然气近源运聚的证据剖析[J].岩石学报,2011,27(3):857-866.

[45] 赵文智,汪泽成,朱怡翔,等.鄂尔多斯盆地苏里格气田低效气藏的形成机理[J].石油学报,2005,26(5):5-9.

[46] 杨华,刘新社,孟培龙.苏里格地区天然气勘探新进展[J].天然气工业,2011,31(2):

1-8.

[47] 马新华，贾爱林，谭健，等．中国致密砂岩气开发工程技术与实践[J]．石油勘探与开发，2012，39(5)：572-579.

[48] 位云生，邵辉，贾爱林，等．低渗透高含水饱和度砂岩气藏气水分布模式及主控因素研究[J]．天然气地球科学，2009，20(5)：822-826.

[49] 郭晓龙，欧阳永林，陈海东，等．叠前地震反演技术在苏里格地区的应用[J]．天然气地球科学，2008，19(6)：840-843.

[50] 高辉，孙卫，田育红，等．核磁共振技术在特低渗砂岩微观孔隙结构评价中的应用[J]．地球物理学进展，2011，26(1)：294-299.

[51] 王勇，王宏，王彩丽，等．靖边气田优化布井技术及其在产能建设中的应用[J]．天然气工业，2002，22(6)：80-83.

[52] 李安建，王京舰，李建奇．泡沫排水采气工艺技术在苏里格气田的应用[J]．内蒙古石油化工，2008，34(23)：72-74.

[53] 胡文瑞，魏漪，鲍敬伟．中国低渗透油气藏开发理论与技术进展[J]．石油勘探与开发，2018，45(4)：646-656.

[54] 李建召，杨兆中，李玉涛，等．暂堵转向压裂裂缝扩展轨迹研究[J]．石油化工应用，2015，34(8)：26-31.

[55] 陈世栋，惠芳，陈博，等．胡尖山油田 A17 区块暂堵转向压裂技术研究[J]．石油化工应用，2014，33(8)：31-34.

[56] 邹鸿江，樊勇杰，孟庆聪．五里湾长 6 储层暂堵压裂工艺优化研究与应用[J]．钻采工艺，2016，39(6)：58-61.

[57] 刘建升，杨永刚，张红岗，等．微地震监测技术在暂堵压裂工艺中的应用[J]．石油化工应用，2016，35(8)：68-73.

[58] 何自新，付金华，席胜利，等．苏里格大气田成藏地质特征[J]．石油学报，2003，24(2)：6-12.

[59] 何顺利，兰朝利，门成全．苏里格气田储层的新型辫状河沉积模式[J]．石油学报，2005，26(6)：25-29.

[60] 李会军，吴泰然，马宗晋，等．苏里格气田优质储层的控制因素[J]．天然气工业，2004，24(8)：12-13，16.

[61] 李文厚，魏红红，马振芳，等．苏里格庙气田碎屑岩储集层特征与天然气富集规律[J]．石油与天然气地质，2002，23(4)：387-391.

[62] 郭智，贾爱林，薄亚杰，等．致密砂岩气藏有效砂体分布及主控因素：以苏里格气田南区为例[J]．石油实验地质，2014，36(6)：684-691.

[63] 卢海超．水平井钻井技术在苏里格区块的应用[D]．大庆：东北石油大学，2017.

[64] 王学正，韩永亮，王海霞，等．侧钻水平井分段压裂完井技术在气田的应用[J]．石油矿场机械，2014，43(12)：44-47.

[65] 陈世春，王树超．小井眼侧钻短半径水平井钻井技术[J]．石油钻采工艺，2007，29(3)：11-14.

[66] 高立军，王广新，郭福祥，等．大庆油田小井眼开窗侧钻水平井钻井技术[J]．断块油气

田,2008,15(4):94-96.

[67] 叶成林.苏里格致密砂岩气藏小井眼侧钻水平井配套技术发展与展望[J].中国石油勘探,2023,28(2):133-143.

[68] 王勇刚,陈岑,张年念,等.苏 3X-1 区块侧钻水平井优选方法研究[J].四川地质学报,2019,39(2):334-338.

[69] 吴敬涛,王振光,都振川.定向井开窗侧钻水平井的实践与认识[J].石油钻探技术,1997,25(1):1-3.

[70] 喻鹏,车航,刘汉成,等.苏 75-70-6H 水平井裸眼封隔器 10 级分段压裂实践[J].石油钻采工艺,2010,32(6):72-76.

# 第 6 章　天然气水合物开发前沿

## 6.1　天然气水合物定义及成藏

### 6.1.1　天然气体水合物

气体水合物是指在一定温度和压力条件下由小分子气体（如 $CH_4$、$C_2H_6$、$C_3H_8$、$CO_2$ 等）与水形成的结晶状笼形化合物[1]。在气体水合物中，水分子通过氢键结合形成晶穴，气体分子填充其中，每个晶穴通常仅能容纳一个气体分子（客体分子），气体分子与水分子之间通过范德瓦耳斯力相结合。气体水合物外观似雪花或冰浆，其分子通式为 $M \cdot nH_2O$，式中 M 代表生成水合物的气体分子，$n$ 代表生成水合物的水分子数。

不同于一般化合物，气体水合物中的气体分子仅填充于由水分子联结形成的笼状空腔中，各水分子之间通过氢键结合，而主、客体分子则通过范德瓦耳斯力结合，气体水合物的生成和分解存在相态的变化。水分子氢键的空间联结可以形成形态多样的晶格结构，但只有被客体分子填充的晶格结构才可以稳定存在，且填充率越高，形成的水合物晶体越稳定，晶格孔穴的填充率与客体分子的大小及气体逸度有关。客体分子和水分子形成的水合物晶胞可用 $aM \cdot nH_2O$ 表示（$aM$ 表示 $a$ 个客体分子，$nH_2O$ 表示 $n$ 个水分子）。

目前发现的稳定的气体水合物晶体结构包括Ⅰ型、Ⅱ型与 H 型 3 种。其中，Ⅰ型和Ⅱ型水合物结构形式比较常见且由两种笼形孔穴组成，H 型水合物有 3 种不同的孔穴结构。图 6-1 展示了水合物的孔穴组合方式及结构示意图。Ⅰ型、Ⅱ型和 H 型水合物的晶体结构参数如表 6-1 所示。

Ⅰ型水合物晶胞为立方晶体结构[2]，由 6 个大孔穴与 2 个小孔穴构成，其中大孔穴是由 12 个五边形和 2 个六边形组成的十四面体（$5^{12}6^2$），小孔穴为五边形十二面体（$5^{12}$），每个晶胞包含 46 个水分子。$5^{12}$ 孔穴由 20 个水分子组成，其形状近似为球形；$5^{12}6^2$ 孔穴则是由 24 个水分子组成的扁球形结构。当每个孔穴被单个客体分子占据时，其理想分子式表示为 $8M \cdot 46H_2O$ 或 $M \cdot 5.75H_2O$（M 表示客体分子，5.75 称为水合数）。Ⅰ型水合物仅可容纳客体分子直径 $d$ 约为 4.2～6 Å 的小分子，如烃类 $CH_4$、$C_2H_6$ 和非烃类 $N_2$、$CO_2$、$H_2S$ 等，是自然界中最常见的水合物。

Ⅱ型水合物晶胞为菱形晶体结构，每个晶胞包含 136 个水分了，由 8 个大孔穴与 16 个小孔穴构成，其中大孔穴是包含 28 个水分子的立方对称的准球十六面体（$5^{12}6^4$），由 12 个五边形和 4 个六边形组成，小孔穴为直径略小于Ⅰ型结构的 $5^{12}$ 孔穴的十二面体。对于Ⅱ型水合物，当所有孔穴都被客体分子占据时，其理想分子式可表示为 $24M \cdot 136H_2O$ 或 $M \cdot 5.67H_2O$。Ⅱ型水合物除可容纳如 $CH_4$、$C_2H_6$ 等小分子外，其大孔穴还可容纳 6 Å$<d<$

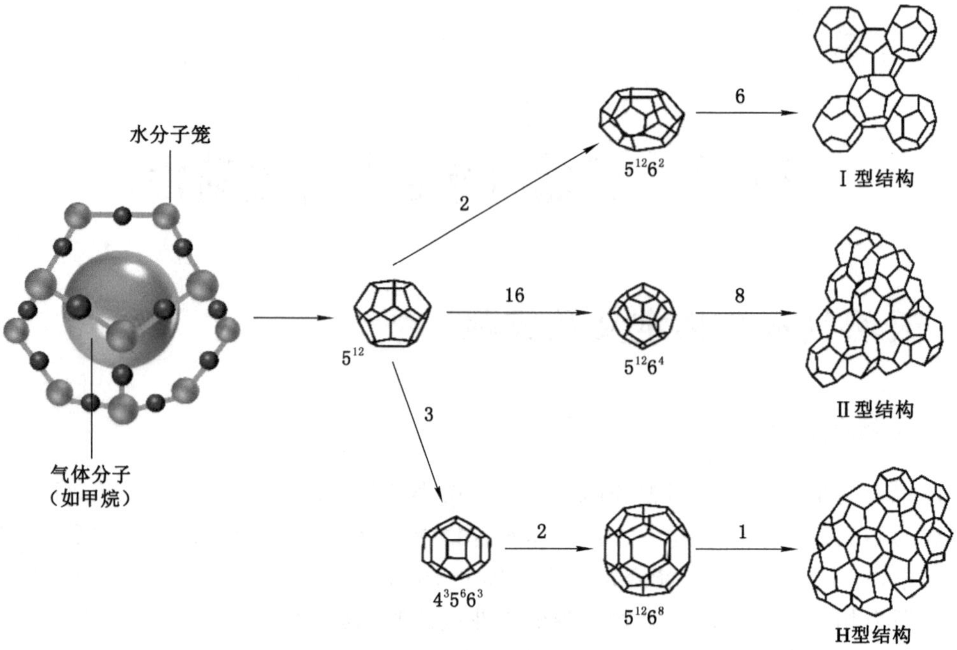


图 6-1　水合物的孔穴结构示意图

**表 6-1　三种气体水合物的结构参数**

| 结构类型 | I型水合物 | | II型水合物 | | H 型水合物 | | |
|---|---|---|---|---|---|---|---|
| 孔穴 | 小孔穴 | 大孔穴 | 小孔穴 | 大孔穴 | 小孔穴 | 中等孔穴 | 大孔穴 |
| 晶胞孔穴数/个 | 2 | 6 | 16 | 8 | 3 | 2 | 1 |
| 表述方式 | $5^{12}$ | $5^{12}6^2$ | $5^{12}$ | $5^{12}6^4$ | $5^{12}$ | $4^35^66^3$ | $5^{12}6^8$ |
| 平均孔腔直径/nm | 0.395 | 0.433 | 0.391 | 0.473 | 0.391 | 0.406 | 0.571 |
| 晶胞水分子数/个 | 46 | | 136 | | 34 | | |
| 晶体结构 | 立方型 | | 立方型 | | 六面体型 | | |
| 晶胞分子表达式 | $8M \cdot 46H_2O$ | | $24M \cdot 136H_2O$ | | $6M \cdot 34H_2O$ | | |

7 Å 的客体分子(如 $C_3H_8$、异丁烷),$H_2$ 作为单客体分子($d<4.2$ Å)时也将生成II型水合物。

H 型水合物为六方晶体结构,包含 34 个水分子,单晶中有 3 种不同的孔穴,由 3 个 $5^{12}$ 孔穴、2 个 $4^35^66^3$ 孔穴和 1 个 $5^{12}6^8$ 孔穴构成。其中,$4^35^66^3$ 孔穴是由 20 个水分子组成的扁球形的十二面体,$5^{12}6^8$ 孔穴是由 36 个水分子组成的椭球形的十二面体。对于 H 型结构的水合物,当所有孔穴都被客体分子占据时,其理想分子式可表示为 $6M \cdot 34H_2O$ 或 $M \cdot 5.67H_2O$。H 型水合物的“大笼”可容纳 7 Å$<d<$9 Å 的客体分子,如异戊烷和环辛烷将伴随着小分子气体(如 $CH_4$、$H_2S$ 或 $N_2$)生成 H 型水合物。H 型水合物早期仅见于实验室[3],1993 年其天然形态才在墨西哥湾大陆斜坡被发现。II型和 H 型水合物比I型水合物更稳定。除墨西哥湾外,在格林大峡谷地区也发现了I型、II型、H 型水合物共存的现象。

天然气水合物因其外观像冰而且遇火可以燃烧,也被称为“可燃冰”。天然气水合物燃烧后几乎不产生任何残渣，污染远小于煤、石油。从物理性质来看，天然气水合物的密度接近冰的密度，其剪切系数、电解常数和热导率均低于冰，而声波传播速度明显高于含气沉积物和饱和水沉积物，中子孔隙度低于饱和水沉积物，这些差别是物探方法识别天然气水合物的理论基础。水合物晶体密度为 800～1 200 kg/m$^3$，一般比水轻。当孔穴中没有客体分子时，结构Ⅰ型和Ⅱ型水合物的密度分别为 796 kg/m$^3$ 和 786 kg/m$^3$。典型气体水合物的密度见表 6-2。

**表 6-2　典型气体水合物的密度(273.15 K)**

| 气体 | $CH_4$ | $C_2H_6$ | $C_3H_8$ | $CO_2$ | $H_2S$ | $N_2$ |
|---|---|---|---|---|---|---|
| 分子量 | 16.04 | 30.07 | 44.09 | 44.01 | 34.08 | 28.04 |
| 密度/(g/cm$^3$) | 0.910 | 0.959 | 0.866 | 1.117 | 1.044 | 0.995 |

客体分子进入水溶液并形成过饱和溶液是水合物形成的必要条件，因此过饱和度是水合物形成的推动力。当疏水物质溶于水时，会形成类似水合物晶体的结构，使得水溶液的热容增大，同时其熵变和焓变均变为负值。当温度为 298 K、压力为 0.1 MPa 时，部分天然气组分溶于水的溶解度、溶解过程的焓变和熵变及摩尔热容数据见表 6-3。

**表 6-3　天然气组分的溶解度、焓变、熵变及摩尔热容**

| 组分 | 溶解度/(10$^5$ mol/L) | 焓变/(kJ/mol) | 熵变/(kJ/mol) | 摩尔热容/[kJ/(K·mol)] |
|---|---|---|---|---|
| 纯水 | — | — | −0.008 | — |
| $CH_4$ | 2.48 | −13.26 | −44.5 | 55 |
| $C_2H_6$ | 3.10 | −16.99 | −57.0 | 66 |
| $C_3H_8$ | 2.73 | −21.17 | −71.0 | 70 |
| $N_2$ | 1.19 | −10.46 | −35.1 | 112 |
| $H_2S$ | — | −26.35 | −88.4 | 36 |
| $CO_2$ | 60.8 | −19.43 | −65.2 | 34 |

气体水合物的基本性质与冰既有相似之处，又有较大差异。Dharma-wardana 对气体水合物的热导率进行了研究，发现水合物的热导率较小。他所研究的两种不同结构水合物晶体的热导率几乎相同[0.5 W/(m·K)]，只有Ⅰ$_h$结构冰的 1/5，且水合物的热导率与冰的热导率随温度的变化关系正好相反，其热导率随温度升高而缓慢增大，但水合物在远红外光谱等方面与Ⅰ$_h$结构冰相似。表 6-4 列出了结构Ⅰ型、结构Ⅱ型气体水合物及冰的光谱性能比较结果。

**表 6-4　结构Ⅰ型、结构Ⅱ型水合物及冰的光谱性能对比**

| 光谱性能 | Ⅰ型水合物 | Ⅱ型水合物 | 冰 |
|---|---|---|---|
| 晶胞空间系 | Pm3n | Fd3m | P6$_3$/mmc |
| 水分子数/个 | 46 | 136 | 4 |
| 晶胞参数(273 K) | 12 | 17.3 | $a$=4.52,$c$=7.36 |

表 6-4(续)

| 光谱性能 | Ⅰ型水合物 | Ⅱ型水合物 | 冰 |
|---|---|---|---|
| 介电常数(273 K) | 约 58 | 58 | 94 |
| 远红外光谱 | 229 $cm^{-1}$峰和其他峰 | 229 $cm^{-1}$峰和其他峰 | 229 $cm^{-1}$峰 |
| 水扩散相关时间/μs | >200 | >200 | 2.7 |

如果在水合物形成体系中有多种气体溶解于水中，则可形成多元气体水合物。早在1954 年，von Stackelberg 等的研究表明，$H_2S$、$CH_3CHF_2$都形成Ⅰ型水合物，然而在它们的混合体系中却生成了Ⅱ型水合物，这表明气体种类不同会对水合物的结构变化产生影响[2]。Hendriks 等的研究表明，二元体系 $CH_4+C_2H_6$、$H_2S+C_2H_6$、$N_2+C_2H_6$都可以形成Ⅱ型水合物，且在一定的组成范围内Ⅱ型水合物比Ⅰ型水合物的结构更加稳定。这是因为 $CH_4$和 $C_2H_6$在Ⅰ型水合物中为"竞争"关系，两种分子都想要占据Ⅰ型水合物中的大孔穴。随后经过进一步研究，运用 Gibbs 自由能模型对 $C_2H_6+CH_4$混合体系的结构转变点进行预测，发现当平衡气相中 $CH_4$的摩尔分数为 0.62 时，水合物结构将会由Ⅰ型向Ⅱ型转变。

水合物结构的转变可以用水合物分子的稳定性原理进行解释。客体分子的直径与水合物孔穴的直径比是判断水合物稳定性的重要依据。客体分子直径与孔穴直径比为 0.76～1.0 为典型的稳定结构，当直径比大于 1.0 时，表明客体分子对于孔穴来说太大，不易进入孔穴。从表 6-5 中列出的客体分子直径与水合物孔穴直径的比值可以看出，$CH_4$分子在Ⅱ型水合物的小孔穴中(直径比为 0.868)比在Ⅰ型水合物的小孔穴中(直径比为 0.855)更加稳定。然而，$CH_4$分子在Ⅰ型水合物的大孔穴中(直径比为 0.744)比在Ⅱ型水合物的大孔穴中(直径比为 0.655)要稳定得多，因此 $CH_4$一般生成Ⅰ型水合物。在超高压情况下，孔穴尺寸受到压缩，$CH_4$也可生成Ⅱ型水合物。对于 $C_2H_6$分子而言，在Ⅰ型水合物大孔穴中(直径比为 0.939)比在Ⅱ型水合物大孔穴中(直径比为 0.826)更稳定。其分子尺寸大于Ⅰ型、Ⅱ型水合物的小孔，只能占据大孔穴，因此 $C_2H_6$分子一般形成Ⅰ型水合物且只能占据其中的大孔穴。Ⅱ型水合物结构的单位晶胞中含有大量的小孔穴，$CH_4$分子在Ⅱ型水合物小孔穴结构中稳定性更好，而 $C_2H_6$分子只能占据Ⅰ型、Ⅱ型水合物中的大孔穴。以上可能是 $CH_4+C_2H_6$体系在一定的组成范围内可以形成Ⅱ型水合物的原因，同时这 3 个方面对水合物稳定性的影响程度也会决定所形成的Ⅱ型水合物结构的组成。

表 6-5　客体分子与孔穴的直径比

| 客体分子 | 水合物类型 | 客体分子直径/Å | 客体分子与孔穴的直径比 | | | |
|---|---|---|---|---|---|---|
| | | | $5^{12}$ (Ⅰ型) | $5^{12}6^2$ (Ⅱ型) | $5^{12}$ (Ⅱ型) | $5^{12}6^4$ (Ⅱ型) |
| $CH_4$ | Ⅰ型 | 4.36 | 0.855 | 0.744 | 0.868 | 0.655 |
| $C_2H_6$ | Ⅰ型 | 5.50 | 1.080 | 0.939 | 0.100 | 0.826 |

## 6.1.2　天然气水合物的成藏

天然气水合物赋存需要高压低温环境和充足气源，因此通常分布在深海、大陆边缘水下的陆坡带，高纬度的冻土层以及深湖底层[4-5]。由于天然气水合物比海水密度低，同时受限于 $CH_4$ 气体在海水中的低溶解度，水合物藏几乎不在海水中赋存，一般生成于海底 100～500 m 的沉积物中，温度为 0～15 ℃；冻土环境中的水合物在 200～1 100 m 深度范围内，温度为 −10～10 ℃[6]。海底沉积层和冻土层内水合物稳定条件如图 6-2 所示。

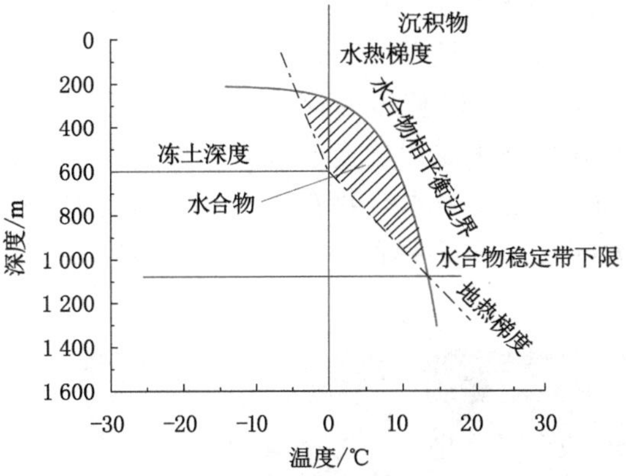

(a) 冻土层

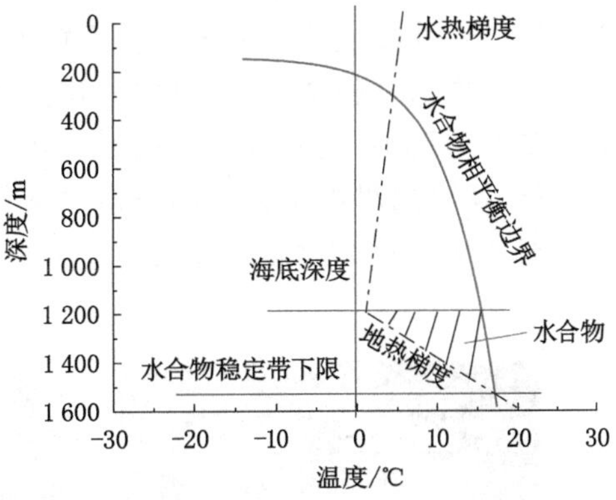

(b) 海底沉积层

图 6-2　冻土层及海底沉积层内水合物稳定条件

研究表明，天然气水合物的结构是由气源类型决定的，而气源类型又分为生物成因气源、热成因气源和混合气源[7]。微生物作用于有机质释放的 $CO_2$ 形成的生物成因气源，主要形成Ⅰ型水合物[8]；地层中的有机质在高压、高温条件下经热分解形成的热成因气源及由微生物气和热解气组合而来的混合气源，主要形成Ⅱ型水合物和 H 型水合物[9]。在南海、墨西哥湾和南海海槽等区域[10-13]发现的天然气水合物绝大多数属于结构Ⅰ型水合物。在祁连山多年冻土层和木里地区观察到结构Ⅱ型和 H 型水合物。根据不同的地质特征，可将自然界的天然气水合物储层分为四类[14]，如图 6-3 所示。

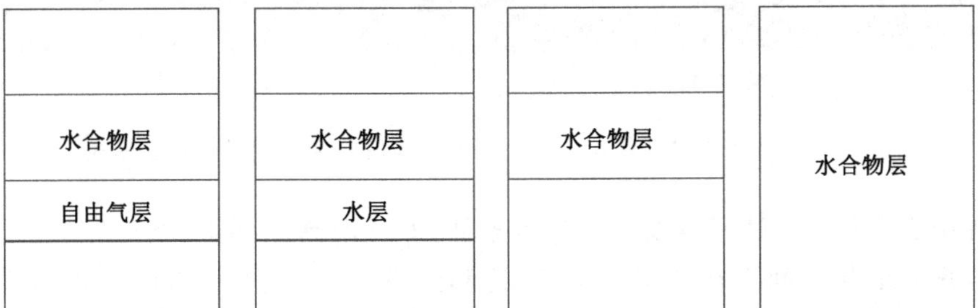

(a) Class 1　(b) Class 2　(c) Class 3　(d) Class 4

图 6-3　不同类别的天然气水合物储层

Class1 类水合物储层上方为低渗层，下方是自由气层，自由气层底部是低渗层，水合物储层孔隙中的流体是气体和水；位于气藏顶部的水合物层中的孔隙空间的水合物饱和度较高，使得水合物藏的有效渗透率较低，另外，这类水合物藏的热力学条件与天然气水合物相平衡条件接近，因此需要少量的能量来诱导解离[15]。Class1 类水合物储层适合天然气生产，该类型水合物储层的典型实例有阿拉斯加的 Sagavanirktok 油气田和俄罗斯的

Messoyakha 油气田[16-18]。

Class2 类水合物储层和 Class1 类相似，不同的是 Class2 类水合物储层下方是水层。这种类型的储层已在南海海峡东部和 Mallik 站点得到证实[19-20]。如果这类储层中天然气不能持续供应，则其中的天然气水合物饱和度被认为低于 Class1 类。

Class3 类水合物储层在上下低渗层之间只有水合物层。在南海海槽东部、Mallik 站点和 Mt. Elbert 处发现的大部分水合物藏被标记为 Class3 类[17-18,21]。

Class4 类水合物储层的地层分布与 Class3 类相近，但整体的储层渗透率极低，水合物零散分布在地层中，饱和度一般低于 10%，现有开采技术难以稳定开采该类储层[22]。

此外，从自然界中水合物的宏观产出状态看，自然界中水合物藏可分为孔隙充填型、裂缝充填型及块状水合物藏[23]，图 6-4 展示了从自然界中获得的不同赋存形式的天然气水合物。

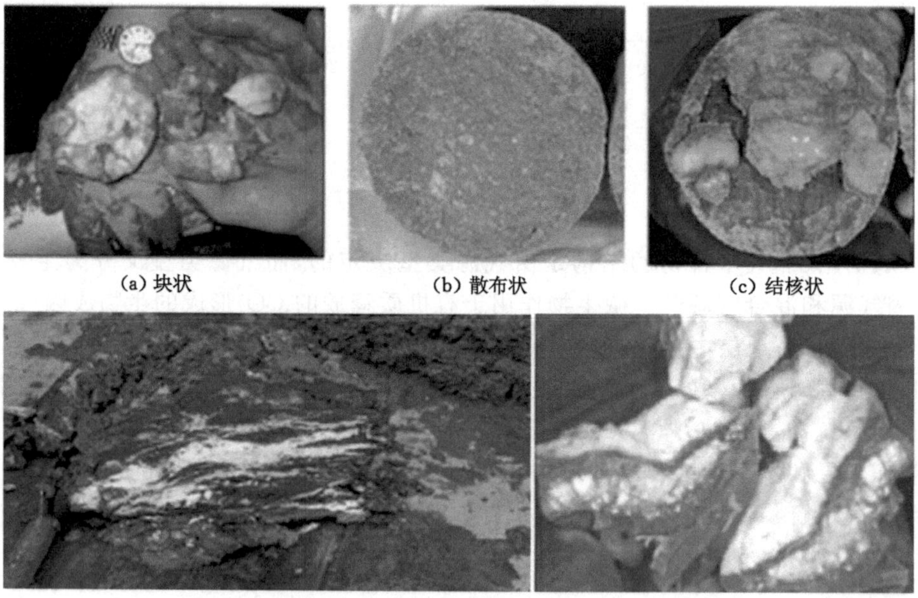

(a) 块状　(b) 散布状　(c) 结核状　(d) 纹理状　(e) 层状

图 6-4　自然界中水合物在多孔介质沉积物内复杂的赋存和胶结模式

自然界中水合物成藏通常需要 4 项基本条件，即低温高压环境、充足的气源、水相的存在及流体运聚通道与空间。在理想状态下，饱和天然气水合物中 $CH_4$ 与水分子的比约为 1∶6，相当于 1 $m^3$ 的天然气水合物在标准状态下可释放出约 164 $m^3$ 的气态 $CH_4$。在自然界中，高纬度冻土区的砂质沉积物、海底以泥质为主的裂隙发育的细粒沉积物和富砂质较粗沉积物均有利于生成高饱和度水合物。根据天然气水合物相平衡条件推测，全球大约 27%的陆地和 90%的海域是形成天然气水合物的有利区域[24]。据报道，已有 80 多个国家参与了天然气水合物的研究活动，其中加拿大、日本、中国、印度、美国、韩国、挪威和德国最近非常活跃，全球多达 230 个国家和地区存在天然气水合物。天然气水合物资源量巨大。自 20 世纪 80 年代以来，国内外研究者开始对天然气水合物中的 $CH_4$ 资源量进行评价。最新研究表明，天然气水合物中的 $CH_4$ 资源量为 $1.0\times10^{14}\sim5.0\times10^{14}$ $m^3$[2-3]，其中 90%以上的资源量赋存于海域(陆缘海床中),少量赋存于冻土带。国外天然气水合物发现于西伯利亚、阿拉斯加及加拿大北极圈内地下 130～2 000 m 处。仅阿拉斯加北坡库帕鲁河油田已证实的天然气水合物中 $CH_4$储量就达 $1.0\times10^{12}$ $m^3$[3],约为阿拉斯加常规天然气储量的一倍。陆地上的天然气水合物存在于 200～2 000 m 深处,主要分布于高纬度极地和高海拔地区的永久冻土带。一般认为,当海洋深度超过 500 m 时,海底沉积物所处的温度和压力环境即具备天然气水合物的形成条件。海底的天然气水合物主要存在于陆坡、岛坡及盆地的上表层沉积物中。

我国的天然气水合物储量丰富。2007—2019 年的勘探研究表明,我国天然气水合物的资源量约为 643 亿～845 亿 t 油当量[25-31]。2017 年,我国将天然气水合物列为第 173 个矿种[32],并将其开采列入中长期发展规划[33]。我国水合物主要分布于陆上高海拔、高纬度的冻土区和海上深水沉积物中,且往往富集在常规油气或煤发育且构造活跃的盆地内。这是由于前者满足低温高压和水相条件,后者可以提供充足的气源和流体运聚通道。近 20 年的地质调查成果表明:陆上冻土区中青藏高原和东北大小兴安岭是水合物主要赋存地带,但仅在青藏高原的木里盆地钻获水合物实物样品[34]。其他潜在分布区分别为:① 东北大小兴安岭冻土区,包括漠河盆地和根河盆地;② 青藏高原,主要包括羌塘盆地、祁连山哈拉湖地区、唐古拉山温泉盆地、昆仑山垭口断陷盆地和沱沱河盆地乌丽地区。冻土层厚度为 100～300 m,而水合物储层推测埋深一般不超过 800 m,厚度为 8.5～200 m,普遍小于80 m[34]。海上深水区水合物主要分布于南海北部陆坡的东沙海域、神狐海域、琼东南海域及东海的冲绳海槽,水深多为 900～1 500 m[35-37],均已取样证实。这些深水区所在盆地包括珠江口盆地、琼东南盆地、台西南盆地、西沙海槽盆地及东海冲绳海槽盆地等。水合物主要赋存于海底以下 300 m 以内未成岩地层中,横向连续性较好,但纵向非均质性强,通常包含多个矿层,最大厚度达 90 m[38]。

## 6.2　天然气水合物开发前沿技术

### 6.2.1　降压法

降压法通过降低水合物储层的孔隙气相压力至水合物相平衡压力以下,破坏水合物的相平衡条件,从而诱导水合物分解并产出 $CH_4$。自然界的天然气水合物主要赋存于海底,上覆厚度不一的泥质沉积覆盖层。由于覆盖层对海水无封盖能力,除了在热力学稳定边界上,水合物沉积层通常不含自由气。要降低水合物储层的压力,需要排水作业才能将近井区域储层的压力降到水合物的分解压力之下,如图 6-5 所示。随着离开排水井距离的增加,透水面积增大,压力梯度逐渐减小;随着排水时间的延长,降压区域的体积逐渐增大,但当增大到一定量后,排水体积流率和透水量相等,近井区域的压力梯度剖面也就固定下来,有效的降压区域(即压力小于水合物分解压力的区域)的体积也不再增加。然而,如果存在一个封盖层防止在降压过程中海水透入,则有效降压区域的体积可随着时间的延长不断扩大。因此在原始状态下,排水降压开采的时效性是很低的,要提高单井产量和延长产气周期,需要有一个封盖层。这也是笔者强调构建人工盖层的重要性和必要性的原因。对于排水降压法,由于不断有外部的水透入提供显热,储层温度不会有显著降低,故不需要额外加热。

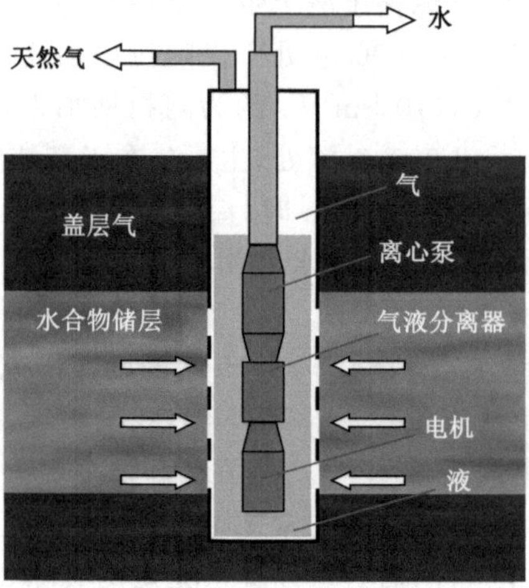


图 6-5　排水降压示意图

对于上覆封盖层、下伏游离气的理想水合物储层(图 6-6),降压和采气为同一个过程。合理的开采方案是钻穿水合物储层至下伏游离气层,先采出常规天然气,待产量降低后降低开采压力,使上方的天然气水合物分解,从而实现天然气的连续开采。这类水合物储层往往本身也含有游离气,而自由水的饱和度则比较低,是最适合简单降压开采的水合物储层。

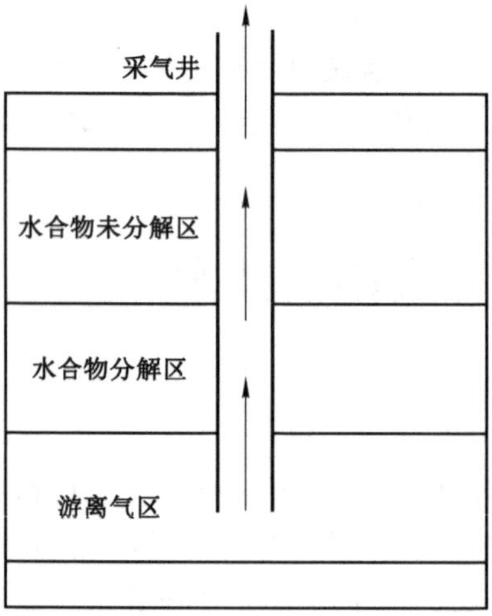


图 6-6　降压法开采水合物中的甲烷示意图

对于这类储层的排气降压开采法通常可以分为三个阶段:自由气采出阶段、储层显热维持水合物分解阶段和外界热量输入维持水合物分解阶段[39]。第一、二阶段的生产过程主要受降压速率的影响,而从环境向水合物储层的传热速率是影响第三阶段水合物开采的主要因素,此时水合物的分解速率非常慢。研究发现,最后 40%水合物的分解时间占整个水合物分解时间的 70%[40]。目前有一种新的观点,并在室内模拟试验中得到证实,即通过大幅度降压,将储层温度降到零度以下,水合物分解产生冰而不是液态水,需要的潜热显著降低,此时不需要外界热量的输入,水合物也能持续分解释放气体[41-42]。当然,对于这种开采思路，温度的控制很关键。如果温度能控制在 272 K 附近，水合物分解速率比较快；而温度降到 268 K 左右，水合物自保护效应会比较显著，分解速率很慢[43-46]。此类水合物储层在永久冻土带较易出现。

降压法的优点在于不需要连续激发，极具潜力且经济有效。然而，降压法开采也存在以下缺点：① 需要对生产速度和压力进行精确控制；② 需要将周期加热、化学增产、机械举升等方法相结合；③ 钻井的作业费用较高。

### 6.2.2　热激发法

热激发法是指在控制水合物储层压力变化幅度较小的条件下，通过提高水合物储层温度达到孔隙压力所对应的相平衡温度以上，促进天然气水合物分解产生天然气的方法[47]。目前提出的热激发方法有多种，包括：① 提取上层温暖的海水注入地层，优点是直接利用体积巨大的海水、不用对水加热额外耗能、操作简单、可循环使用，缺点是需要用长达千米以上的管道将水输送进地层，热量消耗大；② 注入温度较高的热水或热盐水或热蒸汽，这种方法的缺点是加热耗能和输送热损失巨大；③ 利用下部地热能，优点是消耗的能量少，缺点是地下设施建设复杂，且不是任何水合物储层上下都存在可利用的地热资源；④ 利用电磁或微波将地层加热，优点是加热快速、易控制，缺点是设备复杂、耗能高；⑤ 也有提出利用太阳能加热的方法，优点是清洁无污染，缺点是易受天气影响[48-51]。目前常用的注热方法主要为注热水法，其又包括单井吞吐注热水法和连续注热水法。

① 单井吞吐注热水法：首先将热水通过井筒注入地层中；然后关闭井口，让热水的热量充分发挥加热水合物储层的作用，并使水合物分解；最后打开井口，将天然气-水混合物经井筒采出。这种开采模式的优点是仅需一口井即可进行水合物开采，节省了钻井的成本；缺点是单次注入量有限、波及区域小，需多次进行注入-焖井-开采循环，且越往后，热水的能量利用率越低。影响单井吞吐注热水法开采效率的因素包括注水速率、注水温度及关井时间。

② 连续注热水法：在水合物储层中钻多口井，对其中 1 口井连续注入热水，同时，从采出井中采出天然气的开采模式，也称为多井注热水法。该开采模式的优点是热水能效相对较高，热水的辐射范围较大；缺点是需要的井数较多，前期打井成本较高。连续注热水法的影响因素包括热水注入温度、注入速率及注入井的位置等。

总的来说，这类热激发法的缺点是不仅要供给水合物分解相变的热量，还要加热沉积物、孔隙气体和液体，同时上下边界层存在散热，热量损失很大。因此，单独加热法开采水合物的效率较低，费用较高。同时，水合物一般位于冻土地区或深海等，因此建设和维护供热设备困难。

### 6.2.3　抑制剂法

抑制剂法是指在水合物储层附近注入化学抑制剂以打破天然气水合物的相平衡，使水合物失稳而分解的方法。水合物抑制剂可以分为热力学抑制剂(THIs)和动力学抑制剂(KHIs)两种，热力学抑制剂主要用来改变水合物相平衡，动力学抑制剂主要用来延迟水合物成核以及生长速率。水合物开采过程主要采用热力学抑制剂。在油气输送管线水合物灾害防治中水合物抑制剂主要用来抑制水合物的形成，而在天然气水合物的开采中，其主要作用是促进水合物的分解。常用的热力学抑制剂包括甲醇、乙二醇等醇类抑制剂及氯化钠、硫酸钠等盐类抑制剂。对于抑制剂法，影响水合物分解速率的因素包括抑制剂种类、浓度、注入速率及水合物-抑制剂的接触面积等。不同抑制剂的比较如表 6-6 所示。

**表 6-6　天然气水合物抑制剂比较表**

| 抑制剂 | 优点 | 缺点 |
|---|---|---|
| THI | ① 平稳、有效 | ① 高操作费用、成本 |
| | ② 容易理解 | ② 高剂量(质量分数为 10%～60%) |
| | ③ 可预见性 | ③ 有毒、有害 |
| | ④ 记录证明 | ④ 环境污染 |
| | | ⑤ 挥发损失 |
| | | ⑥ 盐析 |
| KHI | ① 低操作费用、成本 | ① 过冷度较低(小于 14 ℃) |
| | ② 低剂量(质量分数小于 1%) | ② 时间依赖 |
| | ③ 环境友好 | ③ 没有预测模型 |
| | ④ 无毒 | |
| | ⑤ 已在气田中试验 | |
| AA | ① 低操作费用、成本 | ① 时间依赖 |
| | ② 低剂量(质量分数小于 1%) | ② 高含水率 |
| | ③ 环境友好 | ③ 具体的测试系统 |
| | ④ 无毒 | ④ 相容性 |
| | ⑤ 过冷度范围宽 | ⑤ 缺乏经验 |
| | | ⑥ 没有预测模型 |

水合物抑制剂具有可降低初始能源输入的优点，但添加化学抑制剂较加热法作用缓慢、费用昂贵，且易造成环境污染，不适宜商业应用。海底水合物压力较高，因此不宜大规模使用水合物抑制剂进行开采，抑制剂法需要与其他开采手段联合使用。

## 6.2.4　$CO_2$-$CH_4$置换法

采用上述三类传统方法开采天然气水合物均会引起储层强度降低，从而引发边坡失稳、海底破坏等严峻的环境问题。而采用 $CO_2$-$CH_4$ 置换法能够在开采获得 $CH_4$ 的同时生成 $CO_2$ 水合物。$CO_2$ 水合物能够重新填充地层孔隙，从而在一定程度上恢复储层强度，不仅可以有效避免发生边坡失稳，同时也可实现 $CO_2$ 封存。因此，置换法具有显著的环境效益，是一项十分具有发展前景的开采方法。$CO_2$ 置换开采 $CH_4$ 水合物是利用 $CO_2$ 水合物以及 $CH_4$ 水合物相平衡不同的特性，将 $CH_4$ 开采出来的同时封存 $CO_2$。最初学者提出 $CO_2$ 置换 $CH_4$ 法开采天然气水合物是基于图 6-7 所示的 $CO_2$(气液)-$CH_4$-水(液、固)-水合物($CH_4$ 水合物、$CO_2$ 水合物)的相图。由图 6-7 可以看出，在区域 $A$、$B$，$CH_4$ 水合物处于热力学不稳定状态，而 $CO_2$ 水合物能够稳定存在。一般认为，将温度、压力控制在此区域，注入 $CO_2$ 可以置换 $CH_4$ 水合物中的 $CH_4$。此外，$CO_2$ 水合物形成释放的能量为 57.98 kJ/mol，$CH_4$ 水合物分解吸收的能量为 54.49 kJ/mol，可见 $CH_4$ 水合物分解所需的能量可由 $CO_2$ 水合物生成热提供，研究也表明这种置换反应的吉布斯自由能为负值，即说明 $CO_2$-$CH_4$ 置换反应是一个自发过程。实际上，注入 $CO_2$ 后首先产生的是吹扫效果，这是由于大量 $CO_2$ 的注入会显著降低流体相中 $CH_4$ 的分逸度，从而激化 $CH_4$ 水合物分解。分子模拟的结果也证实了这一点[52]。

许多学者认为在图 6-7 所示的 *C* 区，由于 $CO_2$ 的生成压力大于 $CH_4$，不适合采用 $CO_2$ 置换法。这其实是一种不正确的认识。事实上在 *C* 区，$CO_2$ 的注入仍会起到吹扫作用，以激发 $CH_4$ 水合物的分解，产生的 $CH_4$ 中的一部分会和 $CO_2$ 一起再次生成水合物，而 $CO_2$ 还是会在水合物中富集，从而起到一定的置换效果。虽然在 *C* 区 $CO_2$(液态)的生成压力比 $CH_4$(气态)高，但当 $CH_4$ 和 $CO_2$ 的混合气生成水合物时，水合物相中 $CO_2$ 的摩尔分数仍高于原料气。即使在 *E* 区，有限的吹扫作用仍然存在，同时仍有一部分 $CH_4$ 被置换。

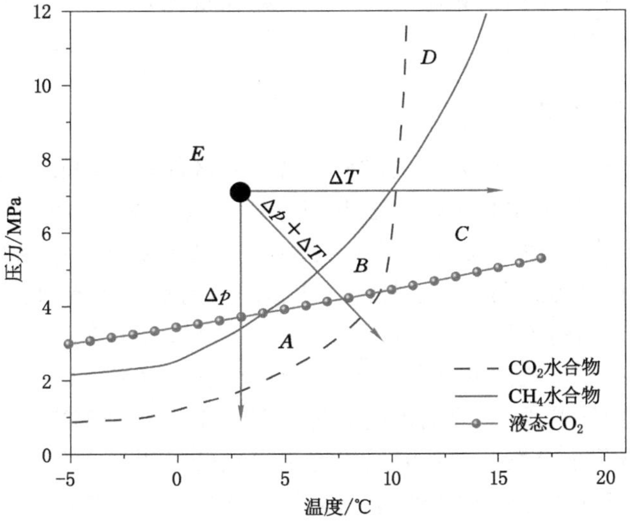


图 6-7　$CO_2$ 水合物和 $CH_4$ 水合物相平衡曲线图

由于置换反应过程中形成的 $CO_2$ 水合物附着在天然气水合物上，同时 $CO_2$ 极易形成水合物，从而阻止了 $CO_2$ 气体进一步向天然气水合物中扩散，导致反应不能持续进行，这限制了置换法开采天然气水合物的发展。为了强化置换开采，有学者提出加入惰性气体组分(不易形成水合物的组分，如 $N_2$)以增加吹扫作用的设想。采用纯 $N_2$ 或 $H_2$ 等惰性气体，$CH_4$ 水合物可以完全分解，效果和降压开采类似。不同的是储层的静压力并不需要降低，有利于保持储层力学稳定性，优于简单降压开采方法。但需要增加后续的采出气分离成本，尤其是对于 $N_2$ 和 $CH_4$ 的分离，目前还没有比较经济有效的分离方法。注入纯 $CO_2$ 和纯惰性气体为两种极端情形，前者主要作用是置换，后者则主要是吹扫。要兼顾吹扫和置换两方面的作用，应注入 $CO_2$ 和惰性气体的混合气。另一种强化 $CO_2$ 置换开采过程的思路则是采用超临界 $CO_2$。即在 $CO_2$ 注入水合物层之前，将 $CO_2$ 加热至其临界温度之上。研究指出，超临界 $CO_2$ 可以充分激活 $CH_4$ 水合物储层，同时分解产生的 $CH_4$ 更容易从储层中流出，该方法的 $CH_4$ 产量确实较高，但主要贡献也许来自热激作用[53]。

### 6.2.5 固体开采法

固体开采法的原理是直接对海底水合物地层进行挖掘采集，然后将采集的固体拖至浅水区，通过搅拌或者其他物理化学手段对其进行控制性分解。在南海北部珠江口盆地及琼东南盆地，天然气水合物分布区域分别为水深大于 860 m 和大于 650 m 的海区。研究结果表明，当水合物埋深约为 1 000 m 时商业开采价值最大[54]。

近年来，该方法逐渐演变成为混合开采法或泥浆开采法。

① 在原地将水合物分解为气液混合相，采集混合泥浆。

② 将这些泥浆导入作业船和海上平台进行进一步的处理。

该方法充分利用了海水的能量，克服了海底水合物分解效率低的缺点，但是水合物由深水区拖至浅水区时涉及复杂的三相流动且需要消耗大量能量，因此该技术距离实际商业化生产还需要突破许多技术瓶颈。

### 6.2.6 固态流化开采法

不同于常规天然气水合物开采方式在水合物赋存区原位实现相变过程，天然气水合物固态流化开采法是在不破坏水合物矿体结构（不发生相变）的条件下，将其整体运输到海洋平台进行后处理的方法，其基本思想如图 6-8 所示。首先是利用直接采掘的方法，破碎海底含水合物的沉积层，以获得含固态水合物的沉积物碎屑的粉碎环节，此环节的关键是保证水合物以矿体形式稳定存在，不发生相变过程；其次是将已破碎的含水合物沉积物与适量来自海面的热海水混合，生成可流动的水合物浆体的流化过程，热海水的引入会增加水合物相变风险，从而增大水合物管输难度，因此控制流化过程中水合物分解进程是本环节的关键；再次是通过密闭的管道将水合物浆体从海底输送到海面开采平台的管输环节，受海水温度梯度影响，水合物在管道内发生相变过程，会增大管输危险，因此，掌握管输环节升温过程中水合物分解特性是本环节的关键；然后是由开采平台上的密闭容器分解、分离水合物浆体，收集逸出天然气的后处理环节；最后是将分离后的泥沙，补充适量的海沙，回填到采空区，尽量保持海底原貌的回填环节[55]。简而言之，天然气水合物固态流化开采法是在不破坏结构的条件下将水合物矿体整体运输到海洋平台进行后处理的水合物开采方法。

该开采方法的优势包括：① 由于整个采掘过程在海底水合物矿产富集区进行，未改变天然气水合物的原始温度、压力条件，类似于构建一个由海底管道、泵送系统组成的人工封闭区域，起到常规油气藏盖层的封闭作用，从而使海底浅层无封闭的天然气水合物矿藏变成分解可控的人工封闭矿藏，可降低海底水合物大量分解风险，避免水合物分解可能带来的工程地质灾害和温室效应；② 利用天然气水合物在传输过程中温度、压力的自然变化，实现水合物在密闭输送管线范围内的可控有序分解，降低因水合物相变无序、剧烈发生引起的管输风险。从理论上来说，固态流化开采法是合理开采海洋浅层非成岩水合物的重要技术之一[56-57]。

### 6.2.7 机械-热联合开采法

机械-热联合开采法是为了克服常规开采方法中传热及开采效率低，同时考虑我国水合物地层的地质、力学特点而提出的一个新设想，因此也是一个全新的概念模型，需要攻克许

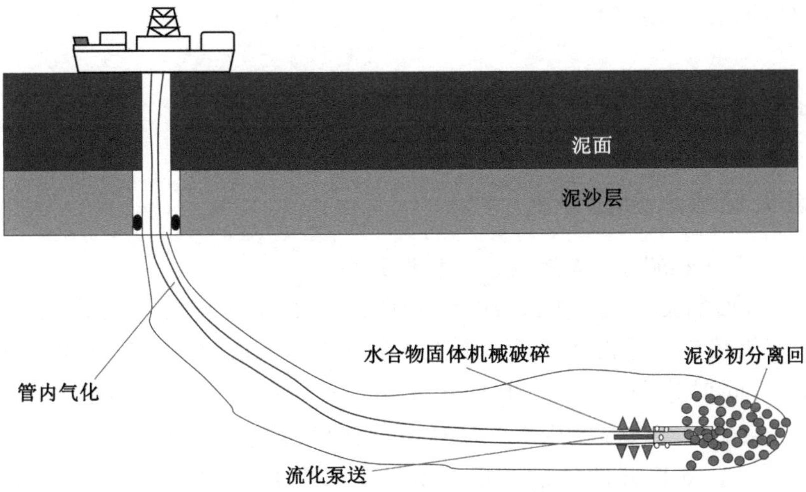


图 6-8　固态流化水合物开采方法的基本流程示意图

多的复杂工程科学问题[58-61]。机械-热联合开采法的基本思路是像采矿一样通过机械设备挖掘水合物地层并将水合物粉碎成小颗粒，然后与一定温度的海水掺混，沿管道输送一定距离后在分解仓/管道分解完毕，将沉积物土颗粒分离回填，并通过开采管道收集气体。其基本流程是：地下挖掘→粉碎→传送→与海水混合\分解\分离\回填→颗粒流输送→气体输送与收集(图 6-9)。

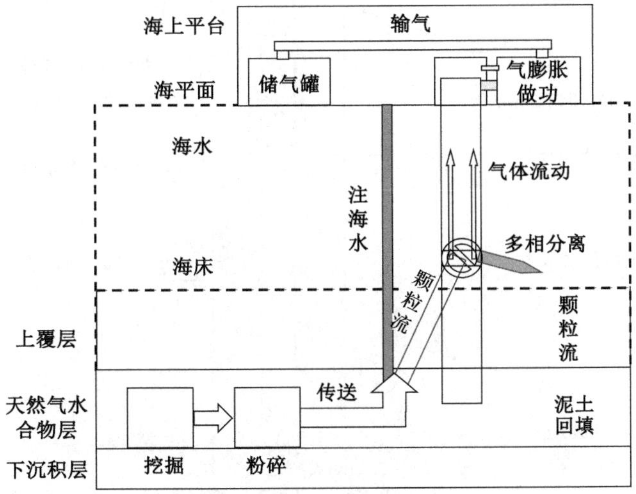


图 6-9　机械-热联合开采法的基本流程示意图

机械-热联合开采法相对其他方法有很高的开采效率，更适合水合物分布集中、储量大的未成岩的水合物地层。因此，对于不同的水合物成藏条件，还需根据经济性、开采效率等各个方面综合考虑，制定合适的开采方案。与固体流化开采法相比，机械-热联合开采法的最大特点是无须将水合物沉积物全部举升到海平面进行分解，而是使水合物在适当高度完全分解，在此处进行气-液-固的分离，最终只有分解产生的气体通过管道输送到海平面，不仅可节约管道输送所需要的能量，而且分解剩余的土颗粒回填到水合物地层中可以有效降低开采过程中的地层安全风险。

# 6.3 天然气水合物开发实例

## 6.3.1 陆域天然气水合物开发

(1) 加拿大 Mallik 冻土区天然气水合物试开采

2002 年 3 月，加拿大、日本、美国、印度和德国在加拿大麦肯齐三角洲的 Mallik 地区合作进行了冻土区天然气水合物试开采。本次试采进行了两口监测井 Mallik 3L-38 和 Mallik 4L-38 的钻进[62]，同时进行了生产井 Mallik 5L-38 的钻进。在监测井 Mallik 3L-38 和 Mallik 4L-38 安装了分布式温度传感器，同时对这两口井钻进过程中的泥浆携带出的气体进行了测量分析。在 3 口井的钻进过程中采用了 KCl 聚合物钻井液，有效降低了井内温度，从而维持了钻孔稳定性。图 6-10 为本次试采中的热钻井液循环示意图。本次试采采用热流体注入法将地表加热后的 KCl 聚合物钻井液注入井筒中，使 907～920 m 处的水合物层温度升高至52 ℃[63]，从而促进水合物分解。随后水合物分解气和钻井液共同返回地表，完成气体分离。在 5 d 多的热钻井液循环过程中，累计产气量为 468 $m^3$[64]，同时在开采结束至封井期间有 48 $m^3$[65] 天然气产出。

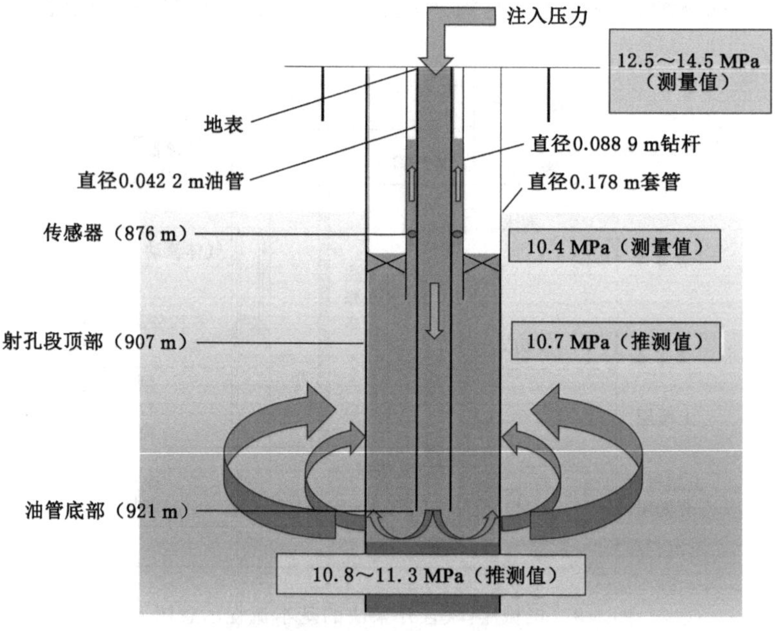


图 6-10 加拿大 Mallik 冻土区 2002 年天然气水合物热激发法开采过程中的热钻井液循环示意图

(2) 美国阿拉斯加北坡天然气水合物试开采

2012 年，美国成功将 $CO_2$ 置换法应用于阿拉斯加北坡的冻土区水合物试开采。14 d 内累计向储层中注入 6.1 $m^3$ 液态 $CO_2/N_2$ 混合气，其中 $CO_2$ 和 $N_2$ 的占比分别为 23% 和 77%。在混合气注入完成后进入为期 5 d 的关井阶段，其间井底压力从 1 420 psi 下降至

1 200 psi[66](1 psi＝6.895 kPa)。整个产气过程由自返排过程和喷射泵辅助返排过程组成。自返排过程持续了 33 h，其压力始终维持在水合物相平衡压力之上。辅助返排过程由低产气速率阶段、高产气速率阶段和增流阶段 3 个部分组成。在低产气速率阶段(约为 7 d)，井底压力始终维持在天然气水合物相平衡压力之上，以避免原位水合物的分解，甲烷气占总分解气的 70%(摩尔分数)。在高产气速率阶段(约为 2.5 d)，井底压力降至天然气水合物相平衡压力附近，甲烷气占总分解气的 90%(摩尔分数)。在增流阶段(约为 19 d)，井底压力降至天然气水合物相平衡压力以下，此时原位水合物分解，同时射孔处出现明显的温度下降。在整个开采过程中，累计产出甲烷气约为 24 000 $m^3$，同时 70%所注的 $N_2$ 和 40%所注的 $CO_2$ 被回收[67-68]。

(3) 我国祁连山冻土区天然气水合物试开采

2011 年 9 月—10 月，中国地质调查局先后通过降压和加热两种方法对祁连山冻土区的水合物进行试开采[69]。此次试采通过潜水泵对位于地下 146～305 m 的水合物储层进行抽水降压，促使水合物分解产气。随后在降压开采结束后，利用电磁、太阳能和热蒸汽 3 种方式对水合物储层进行加热辅助开采。此次试采累计产气 101 h，总产气量为 95 $m^3$。试采和模拟结果表明，加热法虽然能在初始阶段使产气量显著增加，但是耗损在加热储层上的热量过多导致增产效果有限。2016 年 10 月—11 月，中国地质调查局采用多水平井法对祁连山冻土区水合物藏进行试开采(图 6-11)，即通过 2 口水平分支井(SK-1、SK-2)和 1 口竖直主井(SK-0)对地下 350 m 深处的水合物储层进行试开采。在试采过程中，通过潜水泵对 SK-0 井进行抽水降压，在 23 d 内累计产气量为 1 078.4 $m^3$，最高日产气量为 136.55 $m^3$。其中 SK-1 井、SK-2 井与 SK-0 井的联合降压可以增大水合物储层暴露于生产井的面积，从而提升降压效果和促进水合物分解。

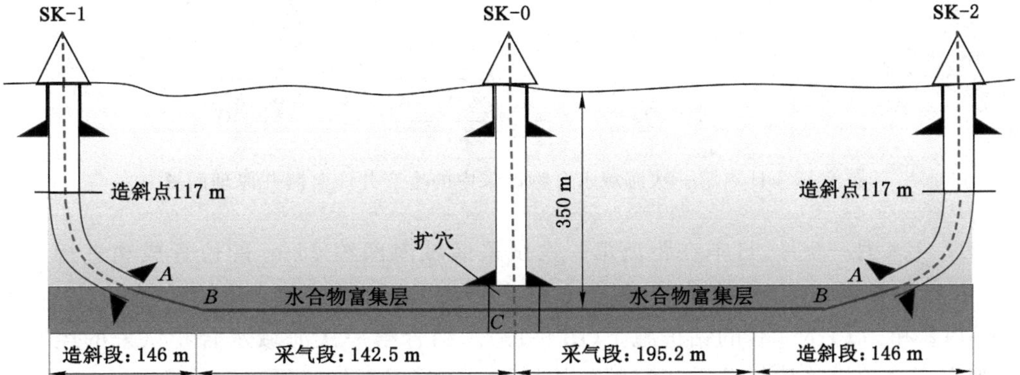


图 6-11　祁连山冻土区多水平井法开采水合物示意图

## 6.3.2　海域天然气水合物开发

截至目前，仅有我国和日本两个国家实施了海域水合物试采工程。2013 年 3 月 12 日—18 日，日本成功在 Nankai 海槽开展了全球首次海域水合物试采。此次试采在 6 d 内累计产气量和产水量分别为 119 500 $m^3$ 和 1 250 $m^3$[70-71]。本次试采共完成了 1 口生产井

(AT1-P)和2口监测井(AT1-MC和AT1-MT1)的钻进施工(图6-12)。在钻进过程中,通过地球物理测井获得了水合物饱和度、孔隙度和渗透率等一系列重要储层数据。同时在监测井中安装温度传感器用于检测水合物分解和储层热量流动情况。由于受到时间限制,未进行第三口监测井(AT1-MT2)的施工。生产井中安装的电潜泵可以对井底和储层进行有效降压,同时通过特殊的几何形状和离心式气液分离器实现气液分离。在电潜泵下方安装加热器,以防止水合物再形成导致井下设备损坏和管道堵塞。在试采第6天,产水量和产砂量突增导致井底压力快速上升,最终使产气停止。难以解决的产砂问题迫使工作人员进行关井操作,导致本次试采提前终止。此次试采揭示了水合物开采过程中的非均匀性气水产出特征和高产水带的存在,同时表明降压法应用于海域水合物短期试采具有可行性。然而,由于本次试采的持续时间较短,长期开采的可行性未得到充分验证。

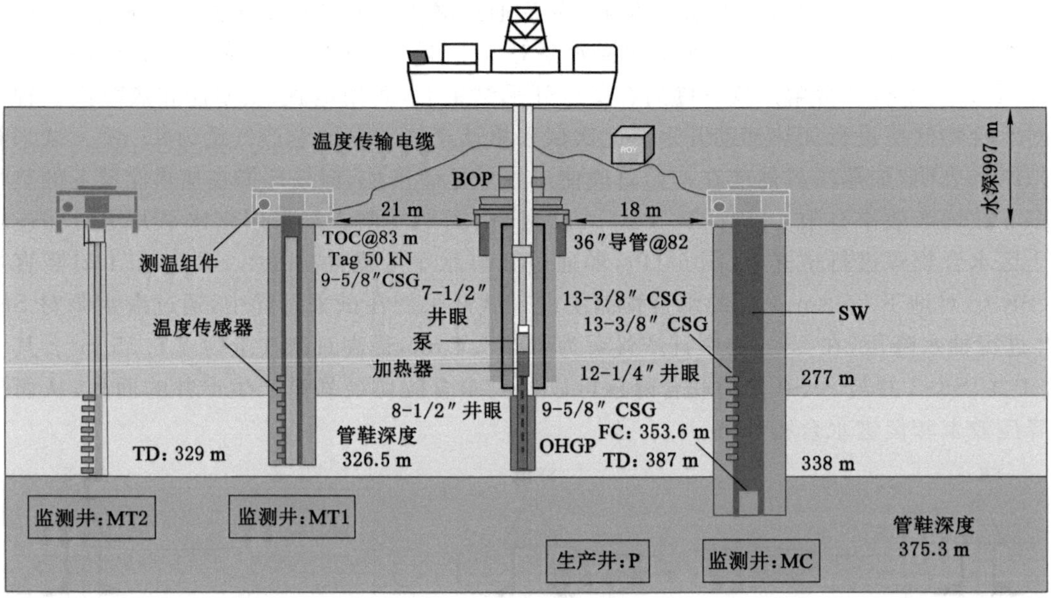


图6-12　日本第一次海域水合物试采中的生产井和监测井原理简图

2017年4月—6月,日本在距离第一次试采区域南部约75 m的位置成功进行了第二次海域水合物试采。此次试采完成了2口生产井(AT1-P2和AT1-P3)和2口监测井(AT1-MT2和AT1-MT3)的钻进施工(图6-13)。结合第一次海域水合物试采的经验和教训,采取以下3项措施确保开采过程的可持续性:① 采用更加坚固稳定的防砂装置;② 改进立管和海底系统,以增加流动可靠性,同时便于重新安装和切换作业;③ 采用更加先进的井下装置,从而更有效地实现气水分离。在AT1-P3井中采用预先膨胀的GeoFROM防砂装置,在AT1-P2井中安装井下膨胀的GeoFROM防砂装置。同时为了避免过度产水,对低水合物饱和度的高产水区进行封隔。生产井AT1-P2在12 d内累计产气量和产水量分别为41 000 $m^3$和920 $m^3$,同时在开采过程中出现了间断性出砂;生产井AT1-P3在24 d内累计产气量和产水量分别为222 500 $m^3$和8 200 $m^3$[70-71],未出现明显的出砂现象。

2017年5月10日—7月9日,我国成功使用地层流体抽取法在南海神狐海域进行了我国第一次海域水合物试采。此次试采是对资源量占比大且开采难度高的泥质粉砂型水合物

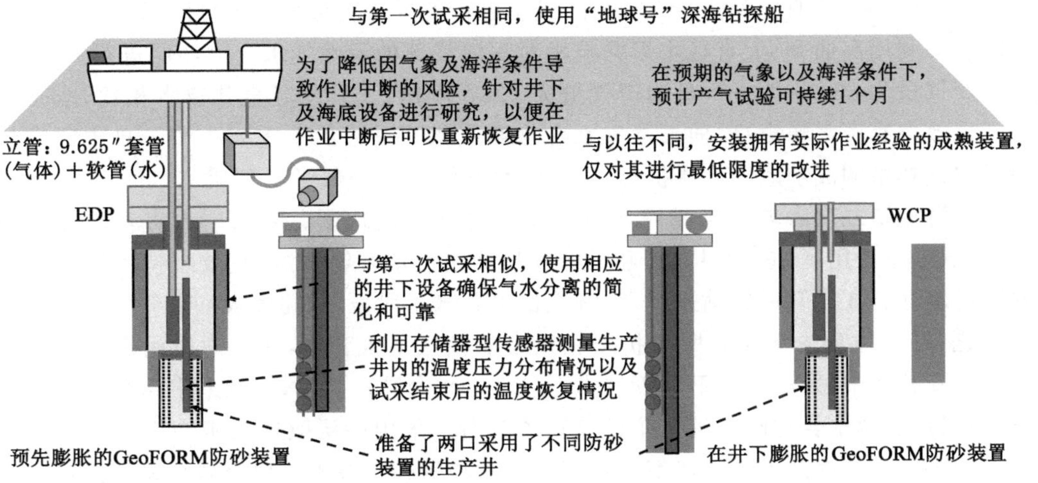


图 6-13　日本第二次海域水合物试采中的生产井和监测井原理简图

进行的首次开采，成功在 60 d 内产出 3.09×10$^5$ m$^3$ 天然气，日均产气量为5 151 m$^3$[72]。此次试采创新性地采取了水力割缝技术对低渗泥质粉砂型水合物储层进行增渗改造，有效地提高了产气速率。另外，尝试采用了微压裂技术以增加天然气水合物储层暴露于井筒的面积。使用套管完井增加了水合物开采过程的稳定性，并在套管外部填充砾石。这不仅能增加储层周围的渗透性，同时在储层变形情况下也能保证井周渗流通道的连续性。试采中所用的预填防砂管的挡砂精度可以达到 44 μm，在试采过程中共收集到 0.286 m$^3$ 的沉积物颗粒，颗粒直径为 2.60～28.96 μm，中值粒径为 8.49 μm。采用气水分离系统和抑制剂注入系统相结合的方式，有效地避免了井筒中二次水合物的形成。本次试采同时采用了“四位一体”环境监测系统对近海面大气、海水、海底和钻孔附近环境进行监测，确保了水合物开采安全进行(图 6-14)。

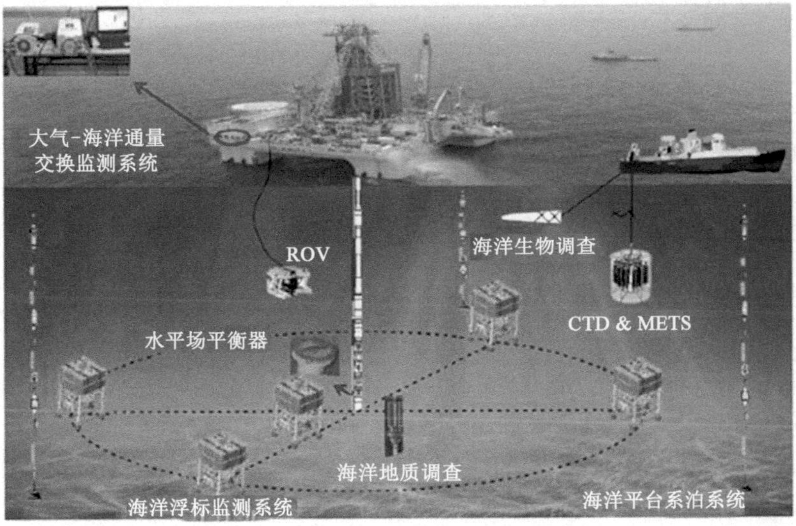


图 6-14　我国南海神狐海域第一次海域水合物降压试采“四位一体”环境监测系统

2020 年 2 月 17 日—3 月 18 日，我国成功进行了第二次海域水合物降压试采。此次试采首次成功利用高曲率、大直径水平井技术对深海浅部的天然气水合物储层进行开采，30 d 内累计产气量为 86.14 万 $m^3$，日均产气量为 2.87 万 $m^3$[35]。与竖直井技术相比，水平井技术使开采效率有了大幅提高，向天然气水合物商业化开采迈出了重要一步。自主研发的大直径吸力锚技术的成功应用大幅提高了井筒稳定性，同时降低了工程成本。图 6-15 为我国南海神狐海域第二次海域水合物降压试采水平井井身结构图。除采用大直径吸力锚技术外，本次试采还采用了 36″喷射导管和低密度强抑制性水基钻井液，有效维持了钻井过程中的井壁稳定性。在二开造斜钻进中，为解决试采井水平段长、狗腿度大和套管下入困难等一系列问题，钻井过程先采用导眼和扩眼相结合的模式下入套管，然后通过引鞋引导套管入井。在三开钻井中，采用动力下套管技术下入 9-5/8″套管。同时，在试采中结合井眼轨迹和甜点分布特征，对水合物储层进行差异化立体改造。采用储层改造技术使近井区域渗透率提高 4～6 倍，有效提升了产气速率。首创的双管注液控压技术可以有效地稳定井筒压力和避免井筒段塞流引起的压力激荡，同时可预防水合物二次生成。

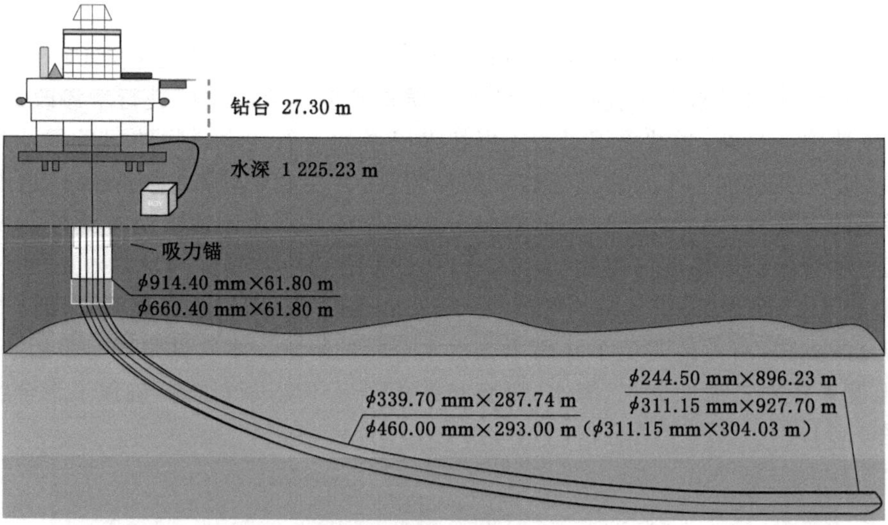


图 6-15　我国南海神狐海域第二次海域水合物降压试采水平井井身结构图

# 参考文献

[1] 王力峰，付少英，梁金强，等. 全球主要国家水合物探采计划与研究进展[J]. 中国地质，2017，44(3)：439-448.

[2] ZHANG M，NIU M，SHEN S W，et al. Review of natural gas hydrate dissociation effects on seabed stability[J]. Natural hazards，2021，107(2)：1035-1045.

[3] KURIHARA M，OUCHI H，NARITA H，et al. Gas production from methane hydrate reservoirs[C]//Proceedings of the 7th International Conference on Gas Hydrates (ICGH 2011)，Edinburgh，2011.

[4] KOH C A. Towards a fundamental understanding of natural gas hydrates[J]. Chemical

society reviews,2002,31(3):157-167.
[5] RIEDEL M,COLLETT T S. Observed correlation between the depth to base and top of gas hydrate occurrence from review of global drilling data[J]. Geochemistry, geophysics,geosystems,2017,18(7):2543-2561.
[6] 张旭辉,鲁晓兵,李鹏.天然气水合物开采方法的研究综述[J].中国科学:物理学 力学 天文学,2019,49(3):38-59.
[7] KIDA M, JIN Y, WATANABE M, et al. Chemical and crystallographic characterizations of natural gas hydrates recovered from a production test site in the eastern Nankai Trough[J]. Marine and petroleum geology,2015,66:396-403.
[8] KUDO K,YAMADA K,TOYODA S,et al. Spatial distribution of dissolved methane and its source in the western Arctic Ocean[J]. Journal of oceanography,2018,74(3): 305-317.
[9] BOSWELL R,COLLETT T S,FRYE M,et al. Subsurface gas hydrates in the northern gulf of Mexico[J]. Marine and petroleum geology,2012,34(1):4-30.
[10] YANG R,SU M,QIAO S H,et al. Migration of methane associated with gas hydrates of the Shenhu Area, northern slope of South China Sea[J]. Marine geophysical research,2015,36(2):253-261.
[11] PAULL C K, USSLER W, LORENSON T, et al. Geochemical constraints on the distribution of gas hydrates in the Gulf of Mexico[J]. Geo-marine letters, 2005, 25(5):273-280.
[12] MORIDIS G J, REAGAN M T, KIM S J, et al. Evaluation of the gas production potential of marine hydrate deposits in the Ulleung basin of the Korean East Sea[J]. SPE journal,2009,14(4):759-781.
[13] ASHI J,TOKUYAMA H,TAIRA A. Distribution of methane hydrate BSRs and its implication for the prism growth in the Nankai Trough[J]. Marine geology,2002, 187(1/2):177-191.
[14] LIU B, YUAN Q, SU K H, et al. Experimental simulation of the exploitation of natural gas hydrate[J]. Energies,2012,5(2):466-493.
[15] LIANG Y P,TAN Y T,LUO Y J,et al. Progress and challenges on gas production from natural gas hydrate-bearing sediment[J]. Journal of cleaner production,2020, 261:121061.
[16] GROVER T, HOLDITCH S, MORIDIS G. Analysis of reservoir performance of Messoyakha gas hydrate field[C]//The Eighteenth International Offshore and Polar Engineering Conference,Vancouver,2008.
[17] STERN L A,LORENSON T D,PINKSTON J C. Gas hydrate characterization and grain-scale imaging of recovered cores from the Mount Elbertgas hydrate stratigraphic test well,Alaska north slope[J]. Marine and petroleum geology,2011, 28(2):394-403.
[18] HUNTER R B, COLLETT T S, BOSWELL R, et al. Mount elbert gas hydrate

stratigraphic test well, Alaska north slope: overview of scientific and technical program[J]. Marine and petroleum geology,2011,28(2):295-310.
[19] BYBEE K. Natural gas technology/monetization: overview of the Mallik gas-hydrate production research well[J]. Journal of petroleum technology,2004,56(4):53-54.
[20] HUANG J W, BELLEFLEUR G, MILKEREIT B. Seismic modeling of multidimensional heterogeneity scales of Mallik gas hydrate reservoirs, Northwest Territories of Canada[J]. Journal of geophysical research: solid earth,2009,114(B7): B07306.
[21] HENNINGES J, HUENGES E, BURKHARDT H. In situ thermal conductivity of gas-hydrate-bearing sediments of the Mallik 5L-38 well[J]. Journal of geophysical research: solid earth,2005,110(B11):B11206.
[22] MORIDIS G J J, COLLETT T S S, POOLADI-DARVISH M, et al. Challenges, uncertainties, and issues facing gas production from gas-hydrate deposits[J]. SPE reservoir evaluation & engineering,2011,14(1):76-112.
[23] 宁伏龙,蒋国盛. 天然气水合物开采关键技术[C]//地球深部钻探和深地资源利用研讨会,武汉,2016.
[24] GIAVARINI C, HESTER K. Gas hydrates: immense energy potential and environmental challenges[R]. [S. l. : s. n. ],2011.
[25] 葛倩,王家生,向华,等. 南海天然气水合物稳定带厚度及资源量估算[J]. 地球科学,2006,31(2):245-249.
[26] 陈建文,梁杰,张银国,等. 中国海域油气资源潜力分析与黄东海海域油气资源调查进展[J]. 海洋地质与第四纪地质,2019,39(6):1-29.
[27] ZHANG G, YANG S, ZHANG M, et al. GMGS2 expedition investigates rich and complex gas hydrate environment in the South China Sea[J]. Fire in the ice,2014,14(1):1-5.
[28] ZHANG H, YANG S, WU N, et al. Successful and surprising results for China's first gas hydrate drilling expedition[J]. Fire in the ice,2007,7(3):6-9.
[29] YANG S, LIANG J, LEI Y, et al. GMGS4 gas hydrate drilling expedition in the South China Sea[J]. Fire in the ice,2017,17(1):7-11.
[30] YANG S, LEI Y, LIANG J, et al. Concentrated gas hydrate in the Shenhu Area, South China Sea: results from drilling expeditions GMGS3 & GMGS4[C]//Proceedings of the 9th International Conference on Gas Hydrates, Denver,2017.
[31] 何家雄,钟灿鸣,姚永坚,等. 南海北部天然气水合物勘查试采及研究进展与勘探前景[J]. 海洋地质前沿,2020,36(12):1-14.
[32] 天然气水合物成为我国第 173 个矿种[J]. 矿产保护与利用,2017(6):13.
[33] 张海啟,唐金荣,许振强. 中国天然气水合物勘查开发中长期规划(2010—2030)研究[J]. 科技成果管理与研究,2014(9):52-54.
[34] 祝有海,卢振权,谢锡林. 青藏高原天然气水合物潜在分布区预测[J]. 地质通报,2011,30(12):1918-1926.

[35] 叶建良，秦绪文，谢文卫，等. 中国南海天然气水合物第二次试采主要进展[J]. 中国地质，2020，47(3)：557-568.

[36] SHA Z B，LIANG J Q，ZHANG G X，et al. A seepage gas hydrate system in northern South China Sea：seismic and well log interpretations[J]. Marine geology，2015，366：69-78.

[37] WEI J G，LIANG J Q，LU J G，et al. Characteristics and dynamics of gas hydrate systems in the northwestern South China Sea：Results of the fifth gas hydrate drilling expedition[J]. Marine and petroleum geology，2019，110：287-298.

[38] 吴时国，王吉亮. 南海神狐海域天然气水合物试采成功后的思考[J]. 科学通报，2018，63(1)：2-8.

[39] ZHAO J F，ZHU Z H，SONG Y C，et al. Analyzing the process of gas production for natural gas hydrate using depressurization[J]. Applied energy，2015，142：125-134.

[40] LI X S，YANG B，ZHANG Y，et al. Experimental investigation into gas production from methane hydrate in sediment by depressurization in a novel pilot-scale hydrate simulator[J]. Applied energy，2012，93：722-732.

[41] WANG Y，FENG J C，LI X S，et al. Large scale experimental evaluation to methane hydrate dissociation below quadruple point in sandy sediment[J]. Applied energy，2016，162：372-381.

[42] KONNO Y，JIN Y，SHINJOU K，et al. Experimental evaluation of the gas recovery factor of methane hydrate in sandy sediment[J]. RSC advances，2014，4(93)：51666-51675.

[43] CHONG Z R，YIN Z Y，TAN J H C，et al. Experimental investigations on energy recovery from water-saturated hydrate bearing sediments via depressurization approach[J]. Applied energy，2017，204：1513-1525.

[44] SUN C Y，CHEN G J. Methane hydrate dissociation above 0 ℃ and below 0 ℃[J]. Fluid phase equilibria，2006，242(2)：123-128.

[45] YANG X，SUN C Y，SU K H，et al. A three-dimensional study on the formation and dissociation of methane hydrate in porous sediment by depressurization[J]. Energy conversion and management，2012，56：1-7.

[46] LEE J，PARK S，SUNG W. An experimental study on the productivity of dissociated gas from gas hydrate by depressurization scheme[J]. Energy conversion and management，2010，51(12)：2510-2515.

[47] CASTALDI M J，ZHOU Y，YEGULALP T M. Down-hole combustion method for gas production from methane hydrates[J]. Journal of petroleum science and engineering，2007，56(1/2/3)：176-185.

[48] NA S，LEI A，HUI D，et al. Discussion on natural gas hydrate production technologies [J]. China petroleum exploration，2016，21(5)：52-61.

[49] KAMATH V A. A perspective on gas production from hydrate[C]//The JNOC's Methane Hydrate International Symposium，1998.

[50] WAN L H, LI X S, LI G, et al. An experimental study on dissociation behavior of methane hydrate under hot brine stimulation[J]. Modern chemical industry, 2008, 28(7): 47-50.

[51] SONG Y C, RUAN X K, LIANG H F, et al. Research advance in thermal recovery of natural gas hydrate[J]. The Chinese journal of process engineering, 2009, 9(5): 1035-1040.

[52] BAI D S, ZHANG X R, CHEN G J, et al. Replacement mechanism of methane hydrate with carbon dioxide from microsecond molecular dynamics simulations[J]. Energy & environmental science, 2012, 5(5): 7033-7041.

[53] DEUSNER C, BIGALKE N, KOSSEL E, et al. Methane production from gas hydrate deposits through injection of supercritical $CO_2$[J]. Energies, 2012, 5(7): 2112-2140.

[54] 徐海良，林良程，吴万荣，等. 海底天然气水合物绞吸式开采方法研究[J]. 中山大学学报(自然科学版)，2011，50(3)：48-52.

[55] 伍开松，王燕楠，赵金洲，等. 海洋非成岩天然气水合物藏固态流化采空区安全性评价[J]. 天然气工业，2017，37(12)：81-86.

[56] 赵金洲，李海涛，张烈辉，等. 海洋天然气水合物固态流化开采大型物理模拟实验[J]. 天然气工业，2018，38(10)：76-83.

[57] 赵金洲，周守为，张烈辉，等. 世界首个海洋天然气水合物固态流化开采大型物理模拟实验系统[J]. 天然气工业，2017，37(9)：15-22.

[58] 刘乐乐. 水合物沉积物中水合物分解相变阵面演化研究[D]. 北京：中国科学院大学，2013.

[59] 张旭辉，鲁晓兵，刘乐乐. 天然气水合物开采方法研究进展[J]. 地球物理学进展，2014，29(2)：858-869.

[60] LI P, ZHANG X H, LU X B, et al. Study on gas hydrate dissociation in small bodies of hydrate-bearing sediments under water-heating condition[C]//Proceedings of the Twenty-sixth International Ocean and Polar Engineering Conference, Rhodes, 2016.

[61] 张旭辉，鲁晓兵. 一种新的海洋浅层水合物开采法：机械-热联合法[J]. 力学学报，2016，48(5)：1238-1246.

[62] 张金昌. 天然气水合物勘探开发：从马里克走向未来——加拿大北极地区天然气水合物勘探开发情况综述[J]. 地质通报，2005，24(7)：690-693.

[63] 左汝强，李艺. 加拿大 Mallik 陆域永冻带天然气水合物成功试采回顾[J]. 探矿工程(岩土钻掘工程)，2017，44(8)：1-12.

[64] KURIHARA M. Mallik 5L-38 gas hydrate thermal-production test through numerical simulation[R]. [S. l. : s. n. ], 2005.

[65] 祝有海. 加拿大马更些冻土区天然气水合物试生产进展与展望[J]. 地球科学进展，2006，21(5)：513-520.

[66] 李冰. 祁连山冻土区天然气水合物试采数值模拟及置换开采实验研究[D]. 长春：吉林大学，2016.

[67] 张炜. 天然气水合物开采方法的应用：以 Ignik Sikumi 天然气水合物现场试验工程为

例[J]. 中外能源,2013,18(2):33-38.

[68] SCHODERBEK D, FARRELL H, HOWARD J, et al. ConocoPhillips gas hydrate production test[R]. [S. l. :s. n. ],2013.

[69] 王平康,祝有海,卢振权,等. 青海祁连山冻土区天然气水合物研究进展综述[J]. 中国科学:物理学 力学 天文学,2019,49(3):76-95.

[70] YAMAMOTO K, WANG X X, TAMAKI M, et al. The second offshore production of methane hydrate in the Nankai Trough and gas production behavior from a heterogeneous methane hydrate reservoir[J]. RSC advances,2019,9(45):25987-26013.

[71] YU T, GUAN G Q, ABUDULA A. Production performance and numerical investigation of the 2017 offshore methane hydrate production test in the Nankai Trough of Japan[J]. Applied energy,2019,251:113338.

[72] LI J F, YE J L, QIN X W, et al. The first offshore natural gas hydrate production test in South China Sea[J]. China geology,2018,1(1):5-16.